Teubner-Reihe Wirtschaftsinformatik

P. Heine
Unternehmensweite Datenintegration

Teubner-Reihe Wirtschaftsinformatik

Herausgegeben von

Prof. Dr. Dieter Ehrenberg, Leipzig
Prof. Dr. Dietrich Seibt, Köln
Prof. Dr. Wolffried Stucky, Karlsruhe

Die „Teubner-Reihe Wirtschaftsinformatik" widmet sich den Kernbereichen und den aktuellen Gebieten der Wirtschaftsinformatik.

In der Reihe werden einerseits Lehrbücher für Studierende der Wirtschaftsinformatik und der Betriebswirtschaftslehre mit dem Schwerpunktfach Wirtschaftsinformatik in Grund- und Hauptstudium veröffentlicht. Andererseits werden Forschungs- und Konferenzberichte, herausragende Dissertationen und Habilitationen sowie Erfahrungsberichte und Handlungsempfehlungen für die Unternehmens- und Verwaltungspraxis publiziert.

Unternehmensweite Datenintegration

Modular-integrierte Datenlogistik
in betrieblichen Informationssystemen

Von Dr. Peter Heine
VNG – Verbundnetz Gas Aktiengesellschaft, Leipzig

 B.G.Teubner Stuttgart · Leipzig 1999

Dr. Peter Heine

Geboren 1968 in Wurzen/Sachsen. Von 1988 bis 1993 Studium der Informatik an den Technischen Universitäten Dresden und Clausthal. Diplomarbeit bei DATEV eG, Nürnberg. Seit 1993 berufliche Tätigkeiten bei Mummert + Partner Unternehmensberatung AG und VNG – Verbundnetz Gas AG, Leipzig. Projekt- leitung und -mitarbeit in den Schwerpunktbereichen Datenmanagement, Mana- gementunterstützung, Anwendungssystem-Schnittstellen, Geschäftsprozeß- Reengineering. Seit 1995 Vorlesungs- und Seminartätigkeit an der Universität Leipzig in Fächern der Wirtschaftsinformatik. Im Juni 1999 Promotion zum Thema „Modular-integrierte Datenlogistik in betrieblichen Informationssyste- men" an der Wirtschaftswissenschaftlichen Fakultät der Universität Leipzig.

ISBN-13: 978-3-519-00311-3   e-ISBN-13: 978-3-322-89214-0
DOI: 10.1007/978-3-322-89214-0

Die Deutsche Bibliothek – CIP-Einheitsaufnahme

Ein Titelsatz für diese Publikation ist bei
Der Deutschen Bibliothek erhältlich

Meinem Vater
Dr. Frank Heine

Geleitwort

Innerhalb der Wirtschaftsinformatik nehmen Fragestellungen der Integration, d.h. die Verknüpfung von Menschen, Aufgaben und Informationstechnik, einen wichtigen Platz ein. Horizontale, vertikale, zwischenbetriebliche Integration sowie Daten-, Funktions-, Vorgangs-, Prozeß-, Schnittstellenintegration und Integrierte Informationsverarbeitung (IV) sind die in diesem Zusammenhang am häufigsten genannten Problemstellungen bzw. Begriffe.

In der Praxis sind zahlreiche Unternehmen und Organisationen durch eine heterogene IV-Landschaft gekennzeichnet. Dadurch entstehen bezüglich der Verfügbarkeit von benötigten Daten für betriebliche Anwendungssysteme oft beträchtliche Schwierigkeiten, die sich aus dem Spannungsfeld von Zentralisierung und Dezentralisierung der IV, der veränderten Organisation, wie sie sich beim Übergang zu prozeßorientierten Strukturen ergibt und/oder aus den Anforderungen neu einzuführender Anwendungssysteme ableiten.

Diese kurz charakterisierte Situation bildet den Ausgangspunkt für das vorliegende Buch, in dem sich Herr Peter Heine mit der unternehmensweiten Datenintegration einer theoretisch und praktisch äußerst relevanten Problemstellung widmet, nämlich gewünschte Daten zum richtigen Zeitpunkt und in geeigneter Qualität für menschliche oder maschinelle Aufgabenträger bereitzustellen.

Peter Heine gelingt es, die auf dem Gebiet der Datenintegration in Theorie und Praxis festzustellenden Defizite als datenlogistisches Problem zu spezifizieren und durch das Konzept der modular-integrierten Datenlogistik zu überwinden. Die Lösungsidee basiert auf einer zentralen, integrierten Data Warehouse-Lösung und verteilten modularen Data Marts. Zu dem Modellierungskonzept gehört, neben daten-, funktions- und ablaufbezogenen Modellsichten, ein theoretisch bedeutsamer objektorientierter Modellierungsansatz für dezentrale Informationssysteme.

Die sternförmige Datenmodellierung wird durch das dargestellte Unimu-Schema weiterentwickelt. In diesem uniformen Datenschema wird das logische Datenmodell von der semantischen Ebene stark entkoppelt und die Semantik durch die drei Dimensionen Kennzahl, Zeit und Objekt in uniforme Datenstrukturen abgebildet.

Die entwickelten Lösungsansätze leisten einen wesentlichen Beitrag zum Erkenntnisgewinn innerhalb der Datenlogistik, einem noch neuen Forschungsgebiet der Wirtschaftsinformatik. In der ausführlichen Fallstudie werden die behandelten theoretischen Ergebnisse in einem Energieversorgungsunternehmen angewandt, wodurch sicherlich auch Praktiker wesentlich angesprochen werden.

Das vorliegende Buch wird aus den genannten Gründen eine breite Aufmerksamkeit in Wissenschaft und Praxis finden.

Leipzig, August 1999   Dieter Ehrenberg

Vorwort

Die Idee zu dieser Arbeit entstand aus praktischen Erfahrungen im Zusammenhang mit dem Datenmanagement in betrieblichen Informationssystemen. Der Bedarf an theoretischen Konzepten, die für die betriebliche Praxis verwertbar sind, war für mich die Motivation, ausgehend von aktuellen Problemen in Unternehmen, die Datenlogistik wissenschaftlich zu untersuchen.

Ich danke besonders meinem hochverehrten akademischen Lehrer, Herrn Prof. Dr. Dieter Ehrenberg, der die Arbeit mit viel Interesse und großem Engagement betreute und mich während der Promotionszeit in vielen Belangen unterstützte. Danken möchte ich weiterhin Herrn Prof. Dr. Kurt Aust, bei dem meine „zweite wissenschaftliche Laufbahn" im Rahmen von Vorlesungen begann, und Herrn Prof. Dr. Wolfgang Uhr für die konstruktive Diskussion in einem Seminar in Dresden. Den Mitarbeitern des Instituts für Wirtschaftsinformatik der Wirtschaftswissenschaftlichen Fakultät der Universität Leipzig danke ich für ihre Unterstützung, vor allem Frau Dr. Helge Petersohn, die eine kritische und deshalb sehr wertvolle Diskussionspartnerin für mich war.

Die VNG Verbundnetz Gas Aktiengesellschaft, Leipzig, ermöglichte mir, an sehr interessanten Projekten mitzuwirken sowie berufsbegleitend wissenschaftlich zu arbeiten und damit die Grundlage für die Promotion zu schaffen. Besonders bin ich Herrn Prof. Dr. Gerhardt Wolff für seine Unterstützung dankbar.

Erfolgreiche Projekte beruhen immer auf Teamarbeit. Da ich in meinem Buch viele Projektergebnisse theoretisch verwerte, möchte ich insbesondere den Leipziger und Berliner Kollegen der Mummert+Partner Unternehmensberatungs AG und Herrn Conrad Moeller von der Firma Business Intelligence, Borna, danken.

Am wichtigsten für das Gelingen dieser Arbeit war die große Unterstützung meiner Frau Angela. Ihr habe ich vor allem den zügigen Fortgang der Arbeit zu verdanken, da sie fast das gesamte Familienleben allein organisierte, insbesondere für unsere zwei kleinen Töchter Elisabeth und Laura, die oft auf Ihren Papa verzichten mußten. Daneben hat sie als fachkundiger Korrekturleser viele kleine Fehler in meinen Entwürfen entdeckt.

Meinem Bruder Ulrich danke ich für die organisatorische Unterstützung.

Den Grundstein für diese Arbeit legten meine Eltern. Besonders meinem Vater, der sich wie ich den Mühen einer externen Promotion unterzog, habe ich sehr viel zu verdanken. Ihm ist diese Arbeit gewidmet.

Leipzig, August 1999   Peter Heine

Inhalt

1 Einleitung

1.1 Einordnung des Buches

Die Wirtschaftsinformatik bewegt sich bei der Entwicklung geeigneter Organisationsformen und Technologievarianten für das betriebliche Informationssystem oft in einem Spannungsfeld konträrer Zielstellungen. Gegensätzliche Tendenzen, wie Funktions- und Prozeßorientierung der Anwendungssysteme, Integration und Verteilung des betrieblichen Informationssystems oder Dezentralisierung und Zentralisierung des Informationsmanagements führen zu permanenten Veränderungen organisatorischer und technologischer Strukturen in den Unternehmen.

In diese wechselnden Vorgaben für die Gestaltung von Informationssystemen ordnen sich neue betriebswirtschaftliche und informationstechnische Konzepte ein, die jeweils eine bestimmte Entwicklungsrichtung betonen. Beispiele für Dezentralisierungstendenzen sind auf technologischer Seite Client-Server-Entwicklung und verteilte Datenhaltung, in organisatorischer Hinsicht hierarchische Strukturen und voneinander abgegrenzte Unternehmensbereiche mit autonomer Verantwortung für das Informationsmanagement, sowie resultierend aus Organisation und Technologie auf speziellen Softwarelösungen basierende, funktionsorientierte Anwendungssysteme. Demgegenüber stehen Integrationskonzepte wie integrierte Standardsoftware, Geschäftsprozeßorientierung, unternehmensweite Datenmodellierung oder integriertes Informationsmanagement. Für Unternehmen ist es zunehmend schwieriger, ihr Informationssystem unabhängig von aktuellen Trends und ständig wechselnden Schlagworten zu gestalten, da langfristig stabile und praktikable Konzepte häufig fehlen.

Durch die Fragmentierung des betrieblichen Informationssystems ist in vielen Unternehmen die Integration betrieblicher Anwendungssysteme derzeit eine wesentliche Zielstellung des Informationsmanagements. Die Erfüllung betrieblicher Aufgaben erfordert zwar spezialisierte, auf bestimmte Funktionen ausgerichtete Anwendungssysteme. Gleichzeitig müssen jedoch bereichsübergreifende Geschäftsprozesse integriert durch das Informationssystem unterstützt werden. Neben wertschöpfenden Prozessen sind Managementaufgaben zunehmend informationstechnisch zu durchdringen. Trotz der Verfügbarkeit vieler Daten in unterschiedlichen Anwendungssystemen ist es für Unternehmen oft schwierig, diese in geeigneter Weise für die betriebliche Aufgabenerfüllung zu nutzen. Sowohl die wertschöpfenden als auch die managementunterstützenden Geschäftsprozesse erfordern die Integration existierender Anwendungssysteme mit definierten betriebswirtschaftlichen Funktionalitäten.

Bedeutung der Daten

Vor diesem Hintergrund greift das vorliegende Buch Probleme bei der Integration von Anwendungssystemen aus der Sicht des Datenmanagements auf. Den Daten als Träger der Informationen kommt innerhalb organisatorischer Veränderungen des betrieblichen Informationssystems eine große Bedeutung zu (*Abb. 1-1*). Gewachsene dezentrale Organisationsstrukturen führen oft zu einem fragmentierten, heterogenen Informationssystem mit einer ebensolchen Datenhaltung. Eine an Geschäftsprozessen und Informationsbedarf des Managements ausgerichtete Integration der Anwendungssysteme ist vor allem von einer geeigneten Organisation der Daten abhängig. *Abb. 1-1* verdeutlicht, daß die Datenorganisation nicht isoliert betrachtet werden kann, sondern in Organisationsformen des Informations- und Basissystems einzuordnen und analog zu diesen Systemen aus verschiedenen Sichten zu planen, zu steuern und zu kontrollieren ist.

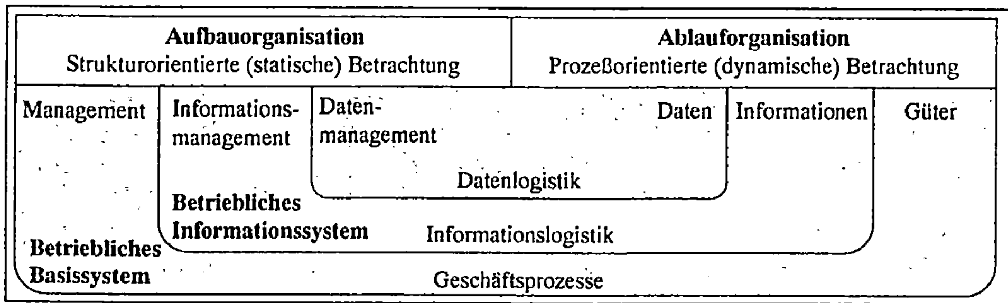

Abb. 1-1: Betriebliche Systeme und Organisationsschwerpunkte

Aufbau- und ablauforientierte Sicht

In vielen Unternehmen vollzieht sich ein Wechsel von funktionsorientierten zu prozeßorientierten Strukturen [Sche98a, 2 ff.]. Dies hat einen wesentlichen Einfluß auf das Informationsmanagement im allgemeinen und das Datenmanagement im speziellen. Im Zusammenhang mit dem Datenmanagement reicht es nicht aus, allein die Ablage und Speicherung der Daten und damit verbundene Datenmodelle zu betrachten. Weitaus problematischer sind häufig die in Geschäftsprozesse eingebetteten Datenflüsse mit Verarbeitungs- und Steuerfunktionen. Neben betriebswirtschaftlichen Funktionen der Anwendungssysteme müssen an den Schnittstellen folgende Aufgaben abgestimmt werden:

- Datenübergaben mit Transport- und Transformationsfunktionalitäten,

- Verantwortung für die Ablauflogik (Steuerflüsse, ereignisgesteuerte Prozesse) und

- Koordination von Teilprozessen in den einzelnen Anwendungssystemen.

Aufbau- und ablauforganisatorische Sichten des Informationssystems werden auf die Datenorganisation übertragen und führen zum Begriff der Datenlogistik (*Abb. 1-1*). Die Datenlogistik übernimmt als Querschnittsfunktion des Informationssystems die durchgängige Organisation der Datenflüsse unter Berücksichtigung räumlicher und zeitlicher Aspekte, so daß allen Anwendungssystemen die für ihre Aufgabenerfüllung notwendigen Daten in ausreichender Qualität und Quantität zur Verfügung stehen.

Zentralisierung und Dezentralisierung

Neben der Kombination aufbau- und ablauforientierter Sichten bietet das Spannungsfeld zentraler und dezentraler Organisationsformen betrieblicher Informationssysteme Raum für Diskussionen. Mit dem Data Warehouse-Konzept wird ein aktueller Ansatz für die zentrale Datenorganisation innerhalb dieser Arbeit genutzt. Das Konzept wird im Zusammenhang mit den speziellen Anforderungen der Datenlogistik betrachtet und erhält damit fernab der Schlagwortdiskussion eine konkrete Ausrichtung.

Eine Data Warehouse-Lösung soll als unternehmensweiter Datenpool die Informationsversorgung mit zuverlässigen, zeitrichtigen, genauen und verständlichen Informationen über das Geschäft sicherstellen [MuBe97, 31 f.]. Es besteht allerdings die Gefahr, daß sich bei der Umsetzung des Data Warehouse-Konzepts Fehler vorangegangener Konzepte wiederholen. Betriebswirtschaftliche Ansätze, wie Lean Production oder Total Quality Management, werden häufig nur auf bestehende informationstechnische Strukturen aufgesetzt, ohne notwendige Veränderungen des Informationssystems aktiv zu gestalten [PfWe94, 240 ff.; Wohl95, 27]. Gleiches gilt für informationstechnische Konzepte, wie das Data Warehouse, bei denen Fragen der organisatorischen Umgestaltung nicht berücksichtigt werden. Eine Data Warehouse-Lösung ist jedoch nicht nur eine Software, sondern vor allem Ausdruck einer „Unternehmensphilosophie" in bezug auf die Datenorganisation [Munk97, 36]. Diesen Gedanken folgend wird das Data Warehouse-Konzept als zentrale Integrationsplattform für Daten und Datenflüsse zwischen Anwendungssystemen unter Berücksichtigung gewachsener, verteilter Strukturen eines betrieblichen Informationssystem genutzt.

Dem Verteilungsaspekt des betrieblichen Informationssystems tragen verschiedene Ansätze der Wirtschaftsinformatik Rechnung. Unter den Modellkonzepten kommt das objektorientierte Paradigma den dezentralen, bereichszentrierten Strukturen in einem Unternehmen sehr nahe. Objektorientierung ist bisher in der Softwareentwicklung und Programmierung weit verbreitet. Zunehmend existieren auch Ansätze, bei denen die konzeptionelle Beschreibung von Informationssystemarchitekturen auf objektorientierte Modelle zurückgeführt wird. Innerhalb des Buches werden objektorientierte Prinzipien dafür genutzt, die Datenlogistik entsprechend der Organisationsform vieler Informationssysteme modular zu gestalten.

1.2 Ziel des Buches

Ziel des Buches ist die Entwicklung einer Konzeption für die Datenlogistik in verteilten Informationssystemen. Dazu sind geeignete Modelle als Grundlage informationstechnischer und organisatorischer Lösungen zu entwickeln. Eine zweckmäßige Arbeitsteilung zwischen den Anwendungssystemen auf der Basis modularer Daten-, Funktions- und Ablaufstrukturen ist mit der Systemintegration über eine zentrale Komponente für das Datenlogistikmanagement in Übereinstimmung zu bringen.

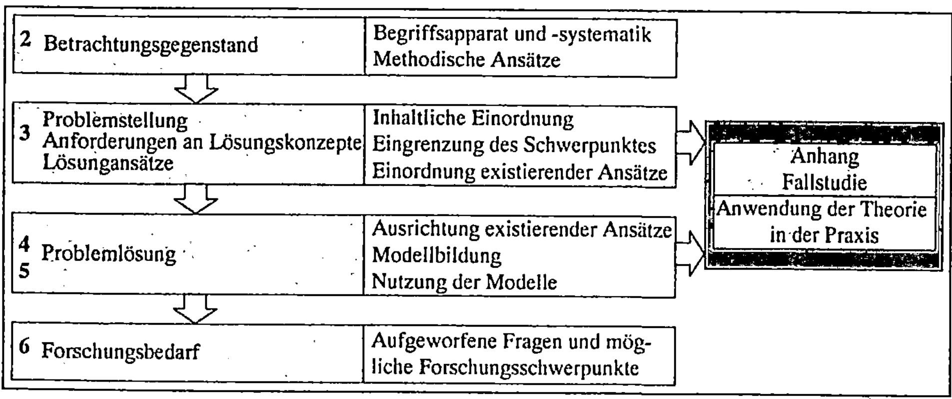

Abb. 1-2: Methodisches Vorgehen

1.3 Vorgehen und Aufbau des Buches

Die Vorgehensweise innerhalb der Buches ist in *Abb. 1-2* dargestellt. Das folgende Kapitel systematisiert den verwendeten Begriffsapparat und dient als methodische Grundlage. Im *3.* Kapitel werden die Problemstellung des Buches formuliert und existierende Ansätze aus der Literatur vorgestellt und eingeordnet. Im *4.* und *5.* Kapitel werden die im *3.* Kapitel diskutierten Ansätze auf der Basis der im *2.* Kapitel vorgestellten Systematik und Methodik zur Entwicklung einer umfassenden Problemlösung genutzt. Weiterführende Forschungsaufgaben, die mit den Ergebnissen der Arbeit im Zusammenhang stehen, sind Gegenstand des abschließenden *6.* Kapitels.

Die Akzeptanz und Praktikabilität eines theoretischen Konzeptes zeigt sich oft erst in der betrieblichen Praxis durch die Umsetzbarkeit in Projekten und die Nutzung über längere Zeiträume. In der abschließenden Fallstudie werden daher die erarbeiteten Erkenntnisse anhand praktischer Erfahrungen bestätigt.

Im folgenden werden Aufbau und inhaltliche Schwerpunkte des Buches sowie die Zusammenhänge der einzelnen Kapitel kurz charakterisiert. Am Anfang jedes Hauptkapitels wird außerdem ein kurzer Abriß zum jeweiligen Inhalt gegeben.

2. Kapitel

Zunächst werden Grundlagen betrieblicher Informationssysteme und insbesondere die im Buch verwendete begriffliche Systematik eingeführt (→2.1). Ein generischer Architekturrahmen für Informationssysteme bildet die Grundlage für die Kombination von Modellkonzepten zur Beschreibung der Datenlogistik aus unterschiedlichen Sichten (→2.2). Innerhalb des Buches werden verschiedene Modelltypen zur Daten-, Prozeß-, Funktions- und Objektmodellierung verwendet (→2.3). Eingesetzte Modellierungswerkzeuge sind:

- ARIS Toolset: Modellierung nach der Architektur Integrierter Informationssysteme (IDS Scheer AG),

- SOM*pro*: Nutzung von Modelltypen des Semantischen Objektmodells nach FERSTL/SINZ (Universität Bamberg, Lehrstuhl für Wirtschaftsinformatik, insbesondere Systementwicklung und Datenbankanwendung),

- ER*win*: Datenmodellierung (Logic Works GmbH).

Für Unternehmen bietet dieses Grundlagenkapitel eine Systematik, die in der Praxis eine saubere Begriffsverwendung sicherstellen und damit die innerbetriebliche Kommunikation erleichtern kann.

3. Kapitel

Dieses Kapitel dient der Problembeschreibung und -eingrenzung. Dezentrale Informationssysteme stehen mit technologischen und organisatorischen Entwicklungen im Zusammenhang. Dies führt zur Heterogenität der maschinellen Aufgabenträger und funktional ausgerichteter, verteilter personeller Verantwortung. Für die unternehmensweite Datenorganisation bedeutet es ebenfalls oft eine Fragmentierung und fehlendes bereichsübergreifendes Management.

Die verteilt gesteuerten und betriebenen Informationssysteme geraten durch Veränderungen und Anforderungen der Geschäftsprozesse zunehmend unter Druck. Unternehmerische Aufgaben können häufig nur von einem integrierten Informationssystem bewältigt werden. Die mit einer Integration verbundenen Informationsflüsse zwischen bisher autonom existierenden Teilinformationssystemen werden durch Kommunikationsprobleme, sowohl zwischen Anwendungssystemen als auch zwischen Personen, erschwert.

Vor diesem Hintergrund wird zunächst der Integrationsbegriff innerhalb des betrieblichen Informationssystems charakterisiert und dabei insbesondere eine eigene Klassifikation des Integrationsgegenstands vorgestellt (→*3.1*). Anforderungen der Aufgabenebene (Managementunterstützung und Geschäftsprozeßorientierung) und Entwicklungstendenzen der Aufgabenträger (Verteilung und Heterogenität) führen zur Notwendigkeit der Integration von Anwendungssystemen (→*3.2*). Eingeschränkt auf das Teilproblem der Informations- und Datenlogistik (→*3.3*) werden schließlich Anforderungen an ein diesbezügliches Integrationskonzept formuliert (→*3.4*):

□ logistische Funktionalität,

□ horizontale und vertikale Integration,

□ Integration von Daten und Datenlogistikprozessen,

□ Management und Modularisierung der Datenlogistik.

Nach der Untersuchung bestehender Ansätze in bezug auf die Anforderungen (→*3.5*) wird schließlich das Data Warehouse-Konzept als geeigneter Lösungsansatz herausgehoben und genau charakterisiert (→*3.6*). Der Vorstellung von Historie, Eigenschaften und Umfeld des Data Warehouse-Konzepts folgt eine an den Anforderungen der Datenlogistik ausgerichtete Beschreibung von Architektur, Funktionalität und Organisationsformen. Die sich ergebenden Fragen nach Maßstäben, Kriterien und Methoden der Einbettung einer solchen zentralen Komponente des Datenmanagements in ein gewachsenes betriebliches Informationssystem korrespondieren mit Problemstellungen der Datenlogistik.

4. Kapitel

Im *4.* Kapitel wird der Zusammenhang zwischen Datenlogistik und Data Warehouse-Konzept vertieft. Das Data Warehouse-Konzept ist eine mögliche Plattform für das Management der Datenlogistik und damit für die integrierte Kopplung heterogener Anwendungssysteme. Es bietet einen Ansatz, Datenlogistikprozesse in verteilten Informationssystemen unternehmensweit oder zumindest systemübergreifend zu bündeln und zu organisieren. Die dazu erforderliche Ausrichtung des Data Warehouse-Konzepts wird in *4.1* zusammengefaßt.

Die Data Warehouse-Lösung ist in geeigneter Art und Weise in ein Informationssystem einzubetten und insbesondere mit dem Informationsmanagement abzustimmen (→*4.2*). Aus der Verflechtung maschineller und personeller Aufgabenträger im betrieblichen Informationssystem ergibt sich, daß parallel zur informationstechnischen Integration der Anwendungssysteme organisatorische Maßnahmen im Unternehmen zu ergreifen und mit informationstechnischen Maßnahmen zu einem Gesamtkonzept zu verbinden sind. Es wird insbesondere gezeigt, wie sich das Datenlogistikmanagement als integraler Bestandteil in das Informationsmanagement einordnet und wie maschinelle Aufgabenträger auf Basis einer geeigneten IT-Infrastruktur und personelle Aufgabenträger mit entsprechenden Know-how in einem ausgewogenen Portfolio zu kombinieren sind. Dies hat Einfluß auf das strategische Informationsmanagement und die Anwendungssystemgestaltung.

Die dezentrale Datenhaltung einerseits und andererseits der Bedarf, diese Daten integriert in einer Data Warehouse-Lösung zu sammeln, zu kombinieren und zu verteilen, erfordern die Betrachtung der Geschäftsprozesse über dezentrale Organisationsstrukturen hinweg. Für die mit einer Data Warehouse-Lösung verfolgten Integrationsziele sind insbesondere fachliche Modelle der betroffenen Geschäftsprozesse aus einer bereichsübergreifenden informationssystemweiten Sicht erforderlich. Die Modellbildung der Datenlogistik basiert auf einer Zerlegung in verschiedene Modellebenen und -sichten (→4.3.1). Die Modellebenen ermöglichen sowohl die geschlossene Darstellung der informationssystemweiten Datenlogistik und gleichzeitig die Beschreibung der Aufgabenteilung zwischen den Teilinformationssystemen. Daten-, Funktions- und Ablaufsicht dienen der Modellierung der Datenlogistik und gewährleisten die vollständige Beschreibung des Ist- und Sollzustandes eines Informationssystems (→4.3.2). Die einzelnen Komponenten einer Data Warehouse-Lösung übernehmen bestimmte funktionale Aufgaben der Datenlogistik und dienen der Integration der Datenhaltung und der Datenlogistikprozesse (→4.3.3).

Eine integrierte Datenlogistik ist häufig Voraussetzung für die Datenauswertung in Management Support Systems (MSS). Die von Datenauswerte - und Analysewerkzeugen in MSS gestellten, differenzierten Anforderungen haben insbesondere Einfluß auf die Art der Datenhaltung (→4.4).

Integrierte Datenbanken erfordern in bezug auf Dynamik und Vielfalt in Datenauswertungen und Datenlogistikprozessen flexibel einsetzbare, stabile Datenmodelle (→4.5.1). Um die geforderte Flexibilität und Stabilität für Datenauswertung und Datenlogistik zu erreichen, ist es zweckmäßig, das logische Datenmodell von der semantischen Ebene stärker zu entkoppeln, als es bei klassischen sternförmigen Modellierungsansätzen (→4.5.2) der Fall ist. Im Uniformen Datenschema für multidimensionale Daten (Unimu-Schema) wird die Semantik der multidimensionalen Datenorganisation logisch über eine dreidimensionale Modellierung (Kennzahl, Zeit, Objekt) in uniformen Datenstrukturen abgebildet (→4.5.3). Die Verknüpfung von Metadaten und Fachdaten sorgt für die erforderliche Flexibilität und Kompaktheit der Datenschemata und ist Grundlage für die Standardisierung von Datenauswertung und Datenlogistikprozessen (→4.5.4).

5. Kapitel

Die Datenlogistik basiert auf der Kooperation existierender verteilter Anwendungssysteme. Objektorientierte Prinzipien können genutzt werden, die

Datenlogistik entsprechend der Organisationsform vieler Informationssysteme modular zu gestalten (→*5.1*).

Die konzeptionelle Beschreibung von Informationssystemarchitekturen kann wie der Entwurf von Softwareprogrammen auf objektorientierte Modelle zurückgeführt werden. Qualitätskriterien des objektorientierten Software-Engineering können dabei auf das Engineering der Datenlogistikprozesse übertragen werden (→*5.2*).

Objektorientierte Entwurfselemente lassen sich zur Modellierung der Datenlogistikprozesse nutzen, was zu einer neuen Anwendungsmöglichkeit objektorientierter Konzepte innerhalb der Wirtschaftsinformatik führt (→*5.3.1*). Die Bildung von Data Marts als für die Datenlogistik relevante Anwendungssysteme ist Ausdruck der Modularisierung einer informationssystemweiten Datenlogistiklösung. Data Marts werden als abstrakte Objekte modelliert (→*5.3.2*), während die Kooperation von Data Marts auf Beziehungstypen zwischen Objekten zurückgeführt wird (→*5.3.3*). Die für die Datenlogistik relevanten Daten eines Data Mart werden über explizite Schnittstellenfunktionen zur Verfügung gestellt (→*5.3.4*). Aus den Kenngrößen Kopplung, Kohäsion, Einfachheit und Vollständigkeit lassen sich Gestaltungsprinzipien für die Datenlogistik ableiten (→*5.3.5*), die zu einer geeigneten Verteilung von Datenlogistikfunktionen in Anwendungssystemen führen.

Abb. 1-3 zeigt den schematischen Aufbau des Buches und die Abhängigkeiten zwischen den Kapiteln. Die partielle, graue Hinterlegung der einzelnen Unterkapitel soll den Anteil neuer Ansätze für die Wirtschaftsinformatik innerhalb des betreffenden Abschnitts verdeutlichen. Die Integration der Datenlogistik *(4. Kapitel)* und eine zweckmäßige Modularisierung der mit Datenlogistikprozessen verbundenen Funktionen, Abläufe und Daten *(5. Kapitel)* führen zu einem ausgewogenen Konzept für die Datenorganisation in Unternehmen. Über die Problemlösung für die Datenlogistik hinaus soll dieses Buch motivieren, das objektorientierte Paradigma in der Wirtschaftsinformatik stärker zu nutzen, um die Komplexität betrieblicher Informationssysteme zukünftig zu beherrschen.

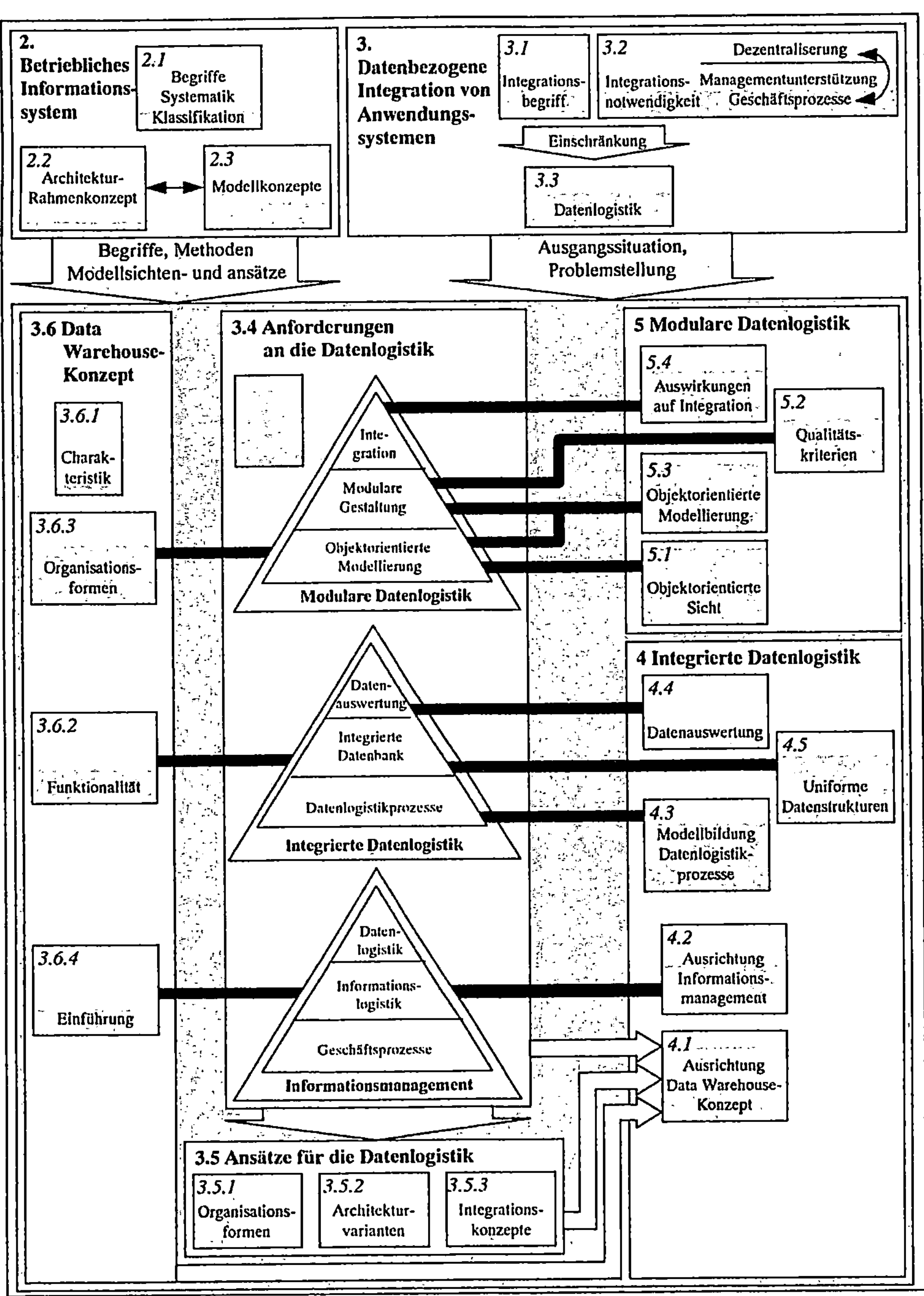

Abb. 1-3: Schematischer Aufbau des Buches

2 Architektur- und Modellkonzepte betrieblicher Informationssysteme

Gegenstand dieses Buches sind aktuelle Probleme, wie Heterogenität und Dezentralisierung von Informationssystemen und Datenbanken sowie neue Ansätze, wie das Data Warehouse-Konzept. Erklärte Zielstellung ist neben der Lösung anstehender Aufgaben in Unternehmen durch neue Konzepte auch deren Einordnung in den theoretischen Zusammenhang durch eine wissenschaftlich einwandfreie Verwendung von Begriffen der Wirtschaftsinformatik. In Abschnitt *2.1* wird daher der innerhalb dieses Buches verwendete Begriffsapparat eingeführt und in den nachfolgenden Kapiteln konsistent verwendet, wobei Querverweise genutzt werden. Mit der Darstellung betrieblicher Informationssysteme ist gleichzeitig das Betrachtungsfeld dieser Arbeit grob umrissen. Darauf folgend liefert *2.2* eine Systematik für die Verwendung verschiedener Modellkonzepte in Form eines Architekturrahmens. Abschnitt *2.3* schließlich diskutiert, vergleicht, bewertet und selektiert vorhandene Ansätze der Modellbildung betrieblicher Informationssysteme als Grundlage für die Beschreibung der Datenlogistik, den zentralen Gegenstand dieser Arbeit, wobei alle verwendeten Modelltypen und Modellierungswerkzeuge eingeführt werden.

Am Ende jedes Unterabschnitts sind Referenzen der Nutzung vorgestellter Ansätze im Rahmen dieses Buches angegeben. Neben der notwendigen Schaffung einer begrifflichen Grundlage für dieses Buch soll das folgende Kapitel auch einen eigenen Beitrag zur Systematik innerhalb der Wirtschaftsinformatik leisten.

2.1 Betriebliche Informationssysteme

Ein wichtiges Forschungs- und Anwendungsgebiet der Wirtschaftsinformatik sind betriebliche Informationssysteme. Der folgende Abschnitt führt daher Kategorien des Informationssystems eines Unternehmens in Anlehnung an [FeSi94] ein. Grundlegende Aussagen zu betrieblichen Informationssystemen finden sich in [Sche95; Stah95; Mert95; MeGr91; HeRo92; Hans96]. Die Darstellung ist bewußt knapp gehalten und soll Grundbegriffe kurz und präzise abgrenzen.

2.1.1 Grundbegriffe

2.1.1.1 Information

Eine allgemeine, von allen Wissenschaften akzeptierte Definition des Begriffs *Information* gibt es nicht [Schn90, 145]. Daher ist es notwendig, sich dem Begriff aus der Sicht der eigenen Wissenschaftsdisziplin zu nähern. Umgangssprachlich wird Information zumeist im Sinne von Mitteilung, Auskunft, Aufklärung, Unterrichtung bzw. Kenntnis über Sachverhalte verstanden, welche uns augenblicklich wichtig sind. [Hein93, Sp. 1749]. Als entscheidender Aspekt der Information wird oftmals die Bedeutung für den Empfänger - determiniert durch dessen Verständnis und Interpretation - gesehen [LeMa94, 3] (semantischer Aspekt der Information). Der pragmatische Aspekt der Information fokussiert die Wirkung auf den Empfänger. Information wird als zweckorientiertes Wissen definiert [Gern87, 20]. Entscheidend ist, daß die Information beim Empfänger eine Wissensänderung hervorruft und damit in der Regel eine zielorientierte Handlung auslöst. Innerhalb einer Unternehmung stellt Information damit ein Mittel zur Erreichung des Unternehmenszweckes dar [Gern87, 8]. Entfällt diese Zweckorientierung, handelt es sich um Daten oder Nachrichten.

Aus kybernetischer bzw. systemtheoretischer Sicht stellt Information, neben Materie und Energie die dritte Elementargröße der Realität dar [Zila93, 21]. Als immaterielles Element ist Information allerdings immer an ein Trägermedium - die Daten - gebunden.

2.1.1.2 Ressourcencharakter von Information

Als Ressource werden allgemein Produktions- und Hilfsmittel für die wirtschaftliche Tätigkeit bezeichnet [Esch85, 88]. Damit umfaßt der Begriff alle in den betrieblichen Leistungsprozeß eingehenden Produktionsfaktoren. Folgende Merkmale charakterisieren die Information als Ressource [Esch85, 91 f.]:

- Information ist kein freies Gut. Ihre Nutzung ist mit entsprechenden Kosten für den Verwender verbunden.

- Information unterliegt einer Knappheitsrestriktion. Sie steht nicht unbegrenzt und im vollem Umfang zur Verfügung.

- Information befriedigt Informationsbedürfnisse. Sie stiftet somit einen Nutzen beim Verwender.

Die Bedeutung der Ressource Information für ein Unternehmen wird durch grundlegende Arten der Durchdringung betrieblicher Leistungen beschrieben [PiMa92, Sp. 887 f.]:

- Die *Informationsintensität der betrieblichen Leistungserstellung* charakterisiert die Rolle für die Wertschöpfung.

- Die *Informationsintensität der betrieblichen Leistungen* beschreibt den Informationsgehalt einer Leistung. Dabei kann es sich um innerbetriebliche Leistungen oder zwischenbetriebliche Leistungen, z.B. Beratung oder Dokumentation, handeln. Es existieren bereits Unternehmen, deren Produkte ausschließlich Informationen sind, z.B. sogenannte Information-Broker.

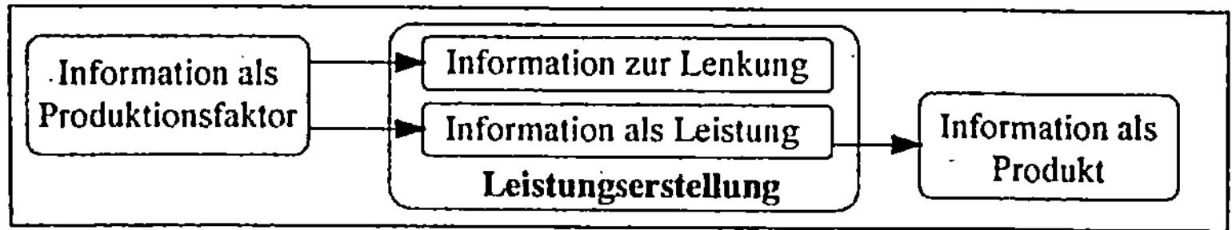

Abb. 2-1: Ressourcencharakter von Information

Neben der auf den Input der Leistungserstellung bezogenen Funktion von Informationen als Produktionsfaktor ist somit auch eine Output-Betrachtung als Produkt möglich (*Abb. 2-1*). Informationsprodukte können entweder durch Trägermedien, z.B. Dateien oder (Papier-)Dokumente, oder als Dienstleistung, z.B. Beratung, marktfähig werden [Bode93, 64 ff.].

2.1.1.3 Daten als Träger von Informationen

Auf syntaktischer Ebene, die neben der pragmatischen und semantischen die dritte der semiotischen Ebenen ist [Schn90, 151 f.], wird von Bedeutung und Inhalt der Information abstrahiert und ausschließlich ihre physische Repräsentation untersucht. Es werden dabei zunächst Zeichen als Elemente eines vereinbarten Zeichenvorrats als die kleinste Darstellungseinheit von Informationen betrachtet [HeRo92, 569]. Daten sind dann das Ergebnis der Zuordnung von sprachlichen Ausdrücken (Zeichenfolgen) zu Ausschnitten der Realität oder der Vorstellungswelt des Menschen [LeMa94, 30].

Die Beziehung zwischen Daten und Informationen wird in folgendem Beispiel deutlich [FeSi94, 89]: Die Sätze „Dies ist ein Buch" und „This is a book" stellen unterschiedliche Daten (Zeichenfolgen), aber die gleiche Information dar, vorausgesetzt der Empfänger ist in der Lage, die Daten zu interpretieren. Umgekehrt kann der Satz „Dieses Produkt hat ein höheres Gewicht." aus physikalischer oder betriebswirtschaftlicher Sicht einen unterschiedlichen Informationsgehalt besitzen.

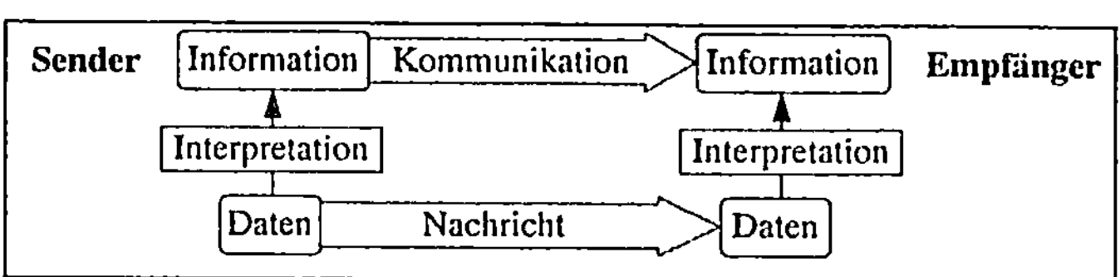

Abb. 2-2: Informationen - Daten - Nachricht - Kommunikation

2.1.1.4 Nachrichten

Daten werden durch ihre Übertragung von einem Sender zu einem Empfänger zu Nachrichten [HeRo92, 363]. Sie sind damit die Grundlage für Kommunikation. Um mit Hilfe einer Nachricht einen Informationsfluß zwischen Sender und Empfänger zu realisieren, ist es notwendig, daß beide die Nachricht gleich interpretieren [FeSi94, 90] (*Abb. 2-2*). Sender und Empfänger sind zwei Objekte. Der

Begriff *Objekt* wird dabei im Sinne von Teilsystem des Informationssystems gebraucht (vgl. weiterführend *2.3.3.2.1*).

2.1.1.5 Kommunikation

Unter Kommunikation die Übermittlung von Informationen zwischen Sender und Empfänger verstanden. Kommunikation ist somit der Prozeß des Austausches von Nachrichten zur Übermittlung von Informationen zwischen Kommunikationspartnern (*Abb. 2-2*). Information und Kommunikation stellen sich gegenseitig bedingende Erscheinungen dar (Zwillingscharakter) [Hein90, 202]. Information ist Objekt der Kommunikation. Information bleibt ohne Kommunikation wertlos, da sie erst durch Kommunikation ihre pragmatische Bedeutung erlangt.

Neben der Übermittlung von Informationen als Kommunikationsinhalte (Inhaltsaspekt) stellt Kommunikation eine Beziehung zwischen zwei Partnern her (Beziehungsaspekt) [Stau91, 457]. Damit dient die Kommunikation nicht nur der rein sachlichen Informationsübermittlung, sondern repräsentiert auch die sozialen Beziehungen personeller Aufgabenträger innerhalb einer betrieblichen Organisation.

2.1.1.6 Informations- und Kommunikationssystem

Besondere Bedeutung erlangen die beiden Begriffe *Information* und *Kommunikation* im Kontext einer Unternehmung. Sie bilden eine Einheit, die mit dem Begriff *Informations- und Kommunikationssystem (IKS)* bezeichnet wird (zur Herleitung und Definition des Begriffs IKS vgl. [Roit88, 16 ff.]). Die Bedeutung von IKS liegt in der „... situationsgerechten Informationsgewinnung, Informationstransformation und Informationskommunikation ..." [Roit88, IX]. IKS können nach ihren Komponenten strukturiert werden. Dies sind die betrieblichen Aufgaben und Aufgabenträger sowie die Informations- und Kommunikationstechniken. Das IKS stellt damit eine Verbindung von Mensch, Aufgabe und Technik dar. Diese Komponenten unterliegen dabei einer wechselseitigen Beeinflussung [Hein90 203 ff.] und werden zum Zwecke der Unterstützung der betrieblichen Aufgabenerfüllung zielgerichtet miteinander verbunden.

IKS werden nicht notwendigerweise von Computern unterstützt. Allerdings gewinnt der Einsatz von Informations- und Kommunikationstechnologien zunehmend an Bedeutung. Der Begriff *Technologie* verbindet die Kategorien *Technik* und *Verfahren*. Die Informations- und Kommunikationstechnologie beinhaltet nach ZAHN alle Prinzipien, Methoden und Mittel der Bereitstellung, Speicherung, Bearbeitung, Übermittlung und Verwendung von Informationen sowie die Gestaltung und Nutzung von IKS [Rütt91, 48 ff.].

Aufgrund des beschriebenen Zwillingscharakters von Information und Kommunikation (→*2.1.1.4*) werden im folgenden Informations- und Kommunikationssysteme vereinfacht als Informationssysteme bezeichnet.

2.1.2 Einordnung und Systematik des Informationssystems

Ein System ist die Gesamtheit einzelner Elemente, deren Merkmale und der Beziehungen zwischen den Elementen [Grie93, Sp. 1768]. Übertragen auf ein Unternehmen, kann man dieses als betriebliches System bezeichnen.

Nach dem „Grundmodell der Unternehmung" besteht ein Unternehmen aus zwei Subsystemen [Groc75, zitiert in FeSi94, 28 ff.]:

- Das *betriebliche Basissystem* bildet die Prozesse der Leistungserstellung ab. Es werden Leistungsflüsse (Güter-, Geld- und Energieflüsse) betrachtet.

- Das *betriebliche Informationssystem* umfaßt Informationsflüsse und bildet damit die Informationsprozesse ab.

Das betriebliche Informationssystem ist demnach das informationsverarbeitende Teilsystem des betrieblichen Systems. Das Informationssystem grenzt sich mit der Objektart *Information* gegenüber dem Basissystem (Objektart *"Nicht-Information"*) ab (*Abb. 2-3*).

Objektprinzip	maschinell (automatisiert) — Aufgabenträger — personell (nicht automatisiert)		Phasenprinzip
Informationssystem	Anwendungssystem AT*:Rechner- und Kommunikationssysteme	AT:Sachbearbeiter, Manager	Lenkungssystem (Steuerung, Kontrolle)
(Objektart: Information)	AT:Rechner- und Kommunikationssysteme	AT:Sachbearbeiter Analyst	Leistungssystem
Basissystem (Objektart: Nicht-Information)	AT:Bearbeitungs- und Transportsysteme	AT:Werker	(Durchführung)
	Objektsystem		*AT... Aufgabenträger

Abb. 2-3: Systematik des Informationssystems als Bestandteil des Objektsystems [FeSi94, 4]

Ein Informationssystem ist charakterisiert durch die Aufgabenebene als Menge von Aufgaben, die miteinander in Beziehung stehen, und die Aufgabenträgerebene als Menge von Aufgabenträgern zur Erfüllung der Aufgaben. Unter einer Aufgabe versteht man die Beschreibung einer betrieblichen Problemstellung, definiert durch die Angabe von Anfangs- und Endzuständen der durch die Aufgabe zu bearbeitenden betrieblichen Objekte. Aufgabenträger dienen der Ausführung dieser Aufgaben. Es existieren Beziehungen zwischen Aufgaben, sogenannte Informationsbeziehungen, zwischen Aufgabenträgern, bezeichnet als Kommunikationskanäle, sowie zwischen Aufgaben und Aufgabenträgern. Eine Informationsbeziehung zwischen zwei Aufgaben mit unterschiedlichen Aufgabenträgern wird über einen Kommunikationskanal zwischen den Aufgabenträgern realisiert. Die

Abgrenzung von Teilsystemen innerhalb des Informationssystems bezieht sich auf die Differenzierung von Aufgaben und Aufgabenträgern.

Aufgaben des Informationssystems (Phasenprinzip)

Das betriebliche Informationssystem plant, steuert und kontrolliert die Aktivitäten des betrieblichen Systems (*Lenkungssystem*) und umfaßt die informationsverarbeitenden Teile der betrieblichen Leistungserstellung (*Leistungssystem*) [FeSi94, 4]. Diese Aufgabenzuordnung erweitert die Einordnung des Informationssystems im Grundmodell der Unternehmung nach GROCHLA [Groc75], welches für das Informationssystem nur die Lenkungsaufgabe des Basissystems vorsieht und somit nicht explizit die auf Informationen beruhenden Dienstleistungen betrachtet [FeSi94, 30].

Automatisierbarkeit von Aufgaben und Differenzierung der Aufgabenträger

Die Aufgaben eines betrieblichen Systems können in automatisierbare und nicht automatisierbare Aufgaben unterteilt werden. Entsprechend differenziert man innerhalb des Informationssystems zwischen *maschinellen Aufgabenträgern* (z.B. Rechnersysteme) und *personellen Aufgabenträgern*. Mit der Zuordnung von Aufgabenträgern zu Aufgaben wird der *Automatisierungsgrad* festgelegt. Danach kann eine Aufgabe (voll)automatisiert, teilautomatisiert oder nichtautomatisiert sein. Typisch sind teilautomatisierte betriebliche Aufgaben, bei denen maschinelle und personelle Aufgabenträger zusammenwirken [FeSA96, 8 f.].

Unter einem *Anwendungssystem* (auch als Anwendung oder Applikation bezeichnet) wird ein automatisiertes Teilsystem des Informationssystems mit einer abgrenzbaren Funktionalität verstanden. Innerhalb dieser Arbeit stellen Anwendungssysteme eine zentrale Kategorie dar. Im Unterschied zum Begriff *Informationssystem* als Gesamtheit der Informationsprozesse (Gebrauch daher häufig im Singular) sind Anwendungssysteme definierte Teilobjekte, die einen funktional eingeschränkten Ausschnitt des Informationssystems repräsentieren.

Der nichtautomatisierte Teil des Informationssystems umfaßt Informations- und Kommunikationsprozesse, die nicht von einer Maschine erledigt werden, z.B. das Verfassen und Versenden eines handgeschriebenen Briefes.

2.1.3 Klassifikation von Informationssystemen

In der Literatur unterscheidet man zwei grundsätzliche Klassifikationen von Informationssystemen und damit Einordnungsmöglichkeiten für Anwendungssysteme:

- Die *vertikale Klassifikation* beschreibt die Bildung von Teilinformationssystemen in verschiedenen Ebenen und ist an der Art der Aufgaben orientiert.

- Die *horizontale Klassifikation* unterteilt Informationssysteme nach betriebswirtschaftlichen Funktionen entlang von Wertschöpfungsketten.

Die Klassifikationen stellen eine idealtypische Gliederung des Informationssystems dar. Konkrete betriebliche Anwendungssysteme decken funktional oft mehrere vertikale Ebenen bzw. horizontale betriebswirtschaftliche Bereiche des Informationssystems ab.

2.1.3.1 Vertikale Klassifikation

FERSTL/SINZ differenzieren das betriebliche Informationssystem entsprechend der Lenkungsebenen in ein Führungsinformationssystem, ein Berichts- und Kontrollsystem und ein operatives Informationssystem [FeSA96, 15 ff.]. STAHLKNECHT definiert neben Administrations- und Dispositionssystemen für die operative Ebene und Führungsinformationssystemen für die Führungsebene Querschnittssysteme zur Unterstützung beider Aufgabenebenen [Stah95, 48 ff.]. MERTENS unterscheidet Informationssysteme nach der Art der betriebswirtschaftlichen Aufgabe Administrations-, Dispositions-, Planungs- und Kontrollsysteme [Mert95, 11 ff.].

In [Sche95, 5] werden fünf Informationssystemebenen unterschieden:

- Mengenorientierte operative Systeme umfassen mengenorientierte Prozesse.

- Wertorientierte Abrechnungssysteme beinhalten eine betriebswirtschaftliche, monetäre Sicht auf die mengenorientierten Prozesse.

- Berichts- und Kontrollsysteme übernehmen Daten aus den mengen- und wertorientierten Systemen für Berichterstattung und operative Steuerung.

- Analysesysteme fassen verdichtete Daten der unterliegenden Systeme und externe Daten zusammen.

- Langfristige Planungs- und Entscheidungssysteme unterstützen vor allem die strategischen Planungs- und Entscheidungsprozesse.

Mengenorientierte und wertorientierte Systeme sind eng miteinander verzahnt und werden modelltechnisch bezogen auf Daten, Funktionen und Prozesse meist als Einheit dargestellt. Ihre Abgrenzung wird von SCHEER auch lediglich als didaktische und gedankliche Hilfe verstanden [Sche95, 5]. Innerhalb dieser Arbeit wird das Informationssystem in Anlehnung an STAHLKNECHT unterteilt in:

- das operative Teilinformationssystem,

- das managementunterstützende Teilinformationssystem, im folgenden auch bezeichnet als Management Support System (MSS), und

- ein Querschnittsinformationssystem, im folgenden auch bezeichnet als Querschnittssystem.

Operatives Informationssystem

Das operative Informationssystem wird in der Literatur fast durchgängig als eigenständiges Teilsystem abgegrenzt. Das operative Informationssystem bildet dabei die Geschäftsvorfälle des Basissystems in Transaktionen innerhalb des

Informationssystems ab. Sie werden daher oft auch als Transaktionsverarbeitungs-systeme (TPS) oder On-Line Transaction Processing Systems (OLTP-Systeme) bezeichnet. Beispiele dafür sind Beschaffungs-, Produktions- und Vertriebsprozes-se. Operative Systeme beziehen sich zunehmend auch auf die rechnergestützte Kommunikation zwischen Unternehmen [FeSi94, 32].

Managementunterstützendes Informationssystem

Das Managementunterstützende (Teil-)Informationssystem umfaßt Berichts- und Kontrollsysteme, Analysesysteme sowie Planungs- und Entscheidungssysteme und stützt sich zunehmend auf moderne Kommunikationskanäle. Weiterführend werden MSS in Abschnitt *3.2.2.1* klassifiziert.

Querschnitts(informations)systeme

Querschnittssysteme unterstützen operative und managementunterstützende Teil-informationssysteme sowie deren Interaktionen. Sie erfüllen   insbesondere Aufgaben an Schnittstellen zwischen Anwendungssystemen.

2.1.3.2 Horizontale Gliederung nach betriebswirtschaftlichen Funktionen

In [Sche95, 5 f.] wird eine horizontale Gliederung des Informationssystems nach betrieblichen Funktionen bzw. aufbauorganisatorischen Gesichtspunkten einer Unternehmung vorgenommen. Diese funktionale Gliederung bestimmt zumindest das operative Informationssystem in der unteren Ebene der Pyramide. Die Bildung von Organisationseinheiten[1] als Bausteine der Aufbauorganisation entsprechend unternehmerischer Aufgaben und damit als horizontaler Gliederungsschwerpunkt für Informationssysteme basiert auf den betrieblichen Objekten (Objektprinzip) und Grundfunktionen über diesen Objekten (Verrichtungsprinzip) [FeSi94, 66].

Nach dem *Objektprinzip* kann man unterscheiden zwischen:

- einer *mengenorientierten* Sicht: betrachtet die Güterflüsse,

- einer *wertorientierten* Sicht: betrachtet die Zahlungsflüsse,

- einer *informationsbezogenen* Sicht: betrachtet die Informationsflüsse.

Nach dem *Verrichtungsprinzip* wird eine klassisch aufgebaute Unternehmung unterteilt in Beschaffung, Produktion und Absatz, wobei die Produktion als Hauptelement der Wertschöpfung in einigen Branchen durch andere Schwer-punkte ersetzt oder dominiert wird, z.B. Transportaufgaben im Handel.

Eine etwas andere Gliederung orientiert sich an unterschiedlichen Aufgabenklas-sen des Informationssystems und der Art der zugehörigen maschinellen Aufga-

---

[1] Innerhalb dieser Arbeit werden für Organisationseinheiten die Begriffe Unternehmensbereich, Bereich oder Fachbereich verwendet, wobei der Begriff des Fachbereichs stärker die unterschiedlichen betriebswirtschaftlichen (fachlichen) Aufgaben betont.

benträger. Die in *Abb. 2-4* angegebenen zentralen Komponenten des Informationssystems korrespondieren mit den in Abschnitt *2.1.3.1* dargestellten Querschnittssystemen und sind eine wesentliche Grundlage für die Verknüpfung der durch die horizontale Gliederung entstandenen Anwendungssysteme für bestimmte betriebliche Funktionen (z.B. Workflowmanagementsystem) sowie für anwendungssystemübergreifende Auswertungen in MSS (z.B. Data Warehouse-Lösung).

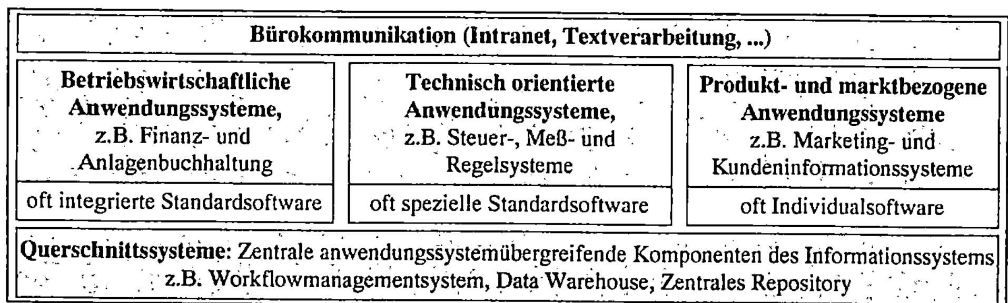

Abb. 2-4: Gliederung des Informationssystems nach Aufgabenklassen

2.1.3.3 Querschnittsfunktionen

Die Bildung von Organisationseinheiten nach dem Verrichtungsprinzip führt zu Schnittstellen entlang der Objektflüsse, d.h. der Güter-, Zahlungs- und Informationsflüsse (→*2.1.3.2*). Querschnittsfunktionen dienen der Vermeidung dieser Schnittstellen. Sie begleiten den Objektfluß entlang von verrichtungsorientierten Aufgabenketten. Querschnittsfunktionen sind:

- das *Informationsmanagement* für den Informationsfluß,

- die *Logistik* für den Güterfluß und

- das *Finanzwesen* für den Zahlungsfluß [FeSi94, 68].

Entsprechend der Fokussierung auf die Kombination von Objekt- und Verrichtungsprinzip bei der Gestaltung der Geschäftsbereiche gewinnen Formen der Aufbauorganisation, wie Liniensystem mit Stabsfunktionen und Matrixorganisation, mehr und mehr an Bedeutung [Stae90].

Die Bildung eines zentralen Bereichs für das Informationsmanagement ist allerdings umstritten. Es besteht ein Widerspruch zwischen:

- der Forderung nach einer engen Verzahnung von Basissystem und Informationssystem, die eher ein dezentrales Informationsmanagement motiviert (vgl. weiterführend *2.3.3.2.1*), und

- der durchgängigen Gestaltung von Informationsflüssen, die von einem zentralen Informationsmanagement unterstützt wird.

Das Informationsmanagement als Gestalter des betrieblichen Informationssystems wird im folgenden Abschnitt diskutiert. Die Begriffe *Informations- und Datenlogistik* als spezielle Ausprägung und Kombination der Querschnittsfunktionen *Logistik* und *Informationsmanagement* repräsentieren den Informations- bzw. Datenfluß und werden in *3.3* eingeführt.

2.1.4 Gestaltung von Informationssystemen .

2.1.4.1 Informations(system)management

Management bedeutet allgemein Leitungs- oder Lenkungshandeln in bezug auf den Einsatz von Ressourcen des Unternehmens. Das Informationsmanagement bezieht sich demnach auf die Verwaltung der Ressource bzw. des Objekts *Information* [MaKl90, 113]. Nach [Fick91, 15] bedeutet Informationsmanagement das Analysieren, Bewerten, Gestalten und Steuern der Informationen, Informationsstrukturen und Informationsflüsse im Unternehmen derart, daß gesetzte Unternehmensziele möglichst optimal erreicht werden. Um den Begriff *Informationsmanagement* weiter abzugrenzen, wird in Anlehnung an [FeSi94, 69] eine Aufgabenteilung zwischen dem Management von Informationen und Informationssystemen vorgeschlagen.

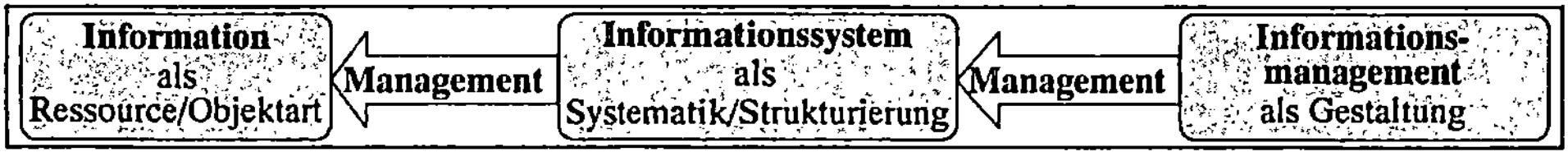

Abb. 2-5: Information - Informationssystem - Informationsmanagement

Die genannten Aufgaben in bezug auf die Ressource *Information* und ihrer Verarbeitung werden dem betrieblichen Informationssystem zugeordnet. Das Informationsmanagement wiederum besitzt eine Lenkungsfunktion gegenüber dem Informationssystem. Entsprechend der Definition einer betrieblichen Aufgabe (→*2.1.2*) ist das vom Informationsmanagement zu bearbeitende betriebliche Objekt das Informationssystem. Diese Unterscheidung wird deutlicher, wenn man differenziert zwischen (*Abb. 2-5*):

❑ Management der Ressource *Information*

> Dieser Aufgabe kommt der Begriff *Information Resource Management* nahe [SyGr81; Seib90, 213]).

❑ Management des Informationssystems als „Manager" des Objekts *Information*

> Im Rahmen dieser Definition läßt sich der Begriff *Informationssystemmanagement* prägen, da es weniger um die Gestaltung von Informationen sondern vielmehr um die Gestaltung von Informationssystemen geht.

Allerdings läßt diese Definition einige Freiheitsgrade in der Auslegung zu, die einzuschränken sind. Nach [FeSA96, 34] ist das Informationsmanagement für Gestaltung und Unterhalt des automatisierten Teilsystems des betrieblichen Informationssystems zuständig. Die „Verwaltung" personeller Aufgabenträger, d.h. die Festlegung von Stellen und die Verteilung von Kompetenz und Verantwortung wird anderen betrieblichen Funktionen (z.B. Personalmanagement) zugeordnet.

Innerhalb dieser Arbeit wird das Informationsmanagement auf das gesamte Informationssystem bezogen. Demnach steht eine objektorientierte Sicht des Informationssystems im Vordergrund, wobei Teilsystemobjekte maschinelle und personelle Aufgabenträger umfassen, die auch gemeinsam gesteuert werden (vgl. weiterführend *2.3.3.2.1*). Beschränken kann man allerdings auch bei dieser Sichtweise die Verantwortung des Informationsmanagements für die automatisierten bzw. potentiell automatisierbaren Aufgaben des Informationssystems.

Die Berücksichtigung personeller und maschineller Aufgabenträger kommt auch in den von RÜTTLER unterschiedenen Grunddimensionen des Informationsmanagements zum Ausdruck [Rütt91, 114 ff.]:

- Die *Informationsstrategie* stellt die langfristige und wettbewerbsorientierte Gesamtkonzeption aller betrieblichen Informationsprozesse dar.

- Das *Informationspotential* betrifft die Gesamtheit zur Verfügung stehenden bzw. beschaffbaren Informationen zur betrieblichen Aufgabenerfüllung.

- Die *Informationsfähigkeit* umfaßt den technischen Aspekt des Informationsmanagements.

- Die *Informationsbereitschaft* beinhaltet alle personellen und organisatorischen Bedingungen im Rahmen betrieblicher Informationsprozesse.

Die in der Arbeit vorgenommene Einordnung des Informationsmanagements kommt dem Ansatz von HEINRICH sehr nahe, der Informationsmanagement als Leitungshandeln bezogen auf das betriebliche Informationssystem sieht [Hein92, 20 ff.] und diesbezüglich drei Aufgaben unterscheidet, die mit den von RÜTTLER definierten Dimensionen im Zusammenhang stehen:

- *strategische Aufgaben:* Gestaltung des Informationssystems als Ganzes (Informationsstrategie, Informationsbereitschaft),

- *administrative Aufgaben*: Gestaltung der Anwendungssysteme (Informationsfähigkeit),

- *operative Aufgaben*: Nutzung der Anwendungssysteme (Informationspotential, Informationsbereitschaft).

Bezogen auf die Gestaltung des Informationssystems läßt sich das Informationsmanagement somit in zwei miteinander in Beziehung stehende Aufgabenbereiche aufteilen:

□ Gegenstand des *strategischen Informationsmanagements* ist die langfristige und wettbewerbsorientierte Gesamtkonzeption aller betrieblichen Informations- prozesse. Es ist daher stark an der Unternehmensphilosophie und den strate- gischen Unternehmenszielen ausgerichtet.

□ Eingebettet in das strategische Informationsmanagement befaßt sich die *Anwendungssystemgestaltung* mit der Entwicklung von Anwendungssystemen zur informationstechnischen Unterstützung betrieblicher Geschäftsprozesse.

Diese Arbeit beschäftigt sich mit der Gestaltung von Anwendungssystemen, weshalb dieser Aufgabenbereich im folgenden ausführlicher erläutert wird.

2.1.4.2 Anwendungssystemgestaltung

Für die Entwicklung von Anwendungssystemen, auch bezeichnet als Software- Engineering, existieren eine Reihe von Methoden mit entsprechenden Werk- zeugen (vgl. dazu z.B. [Balz96]). Um zu einem Anwendungssystem zu gelangen, gibt es für ein Unternehmen zwei grundsätzliche Wege. Anwendungssysteme können entweder individuell entwickelt oder als standardisierte Softwarelösung gekauft und angepaßt werden. Es wird somit nach dem Grad der Standardisierung unterschieden. Die folgenden Ausführungen zu Standard- und Individualsoftware basieren im wesentlichen auf [FeSA96, 42 ff.].

Standardsoftware

Standardsoftware wird für einen anonymen Markt für homogene Aufgaben- stellungen bei unterschiedlichen Anwendern entwickelt. Sie kann zur Unterstüt- zung betrieblicher Aufgaben eingesetzt werden, deren Inhalt und Durchführung weitgehend festgelegt sind. Nach Art und Umfang der Funktionalität werden unterschieden:

□ funktionsneutrale Standardsoftware (z.B. Textverarbeitung),

□ funktionsbezogene Standardsoftware (z.B. Finanzbuchhaltung) sowie

□ funktionsübergreifende, integrierte Branchensoftware.

Nutzen und Einsatzmöglichkeit einer Standardsoftware sind von der Flexibilität hinsichtlich Variantenbildung wegen inhaltlichen und organisatorischen Unter- schieden in Unternehmen sowie der Integrationsfähigkeit, insbesondere Schnitt- stellen zu Fremdsystemen, abhängig. Die individuelle Anpassung an ein spezifi- sches Unternehmen wird typischerweise durch Konfiguration, Parametrierung oder Programmierung unterstützt und auch als *Customizing* bezeichnet.

Individualsoftware

Individualsoftware wird für einzelne Auftraggeber für spezielle Anwendungs- zwecke entwickelt. Die Entwicklung von Individualsoftware kann als Eigenent- wicklung durch das Unternehmen oder als Fremdentwicklung durch einen Softwarehersteller erfolgen. Die Entscheidung wird von technischen und wirtschaftlichen Faktoren bestimmt. Zentrale Einflußfaktoren sind Zeit, Kosten und Qualität. Die Entwicklung von Individualsoftware ist insbesondere notwendig, wenn ...

- ...eine Nachfrage von mehreren Anwendern nicht besteht oder nicht erkennbar ist, z.B. die Automatisierung hochgradig unternehmensspezifischer Aufgaben,

- ...Standardsoftware nicht verfügbar ist, bewußt nicht eingesetzt werden soll oder der Anpassungsaufwand zu groß ist,

- ...eine vollständige Kontrolle über die Software gewünscht wird, z.B. bei unternehmensspezifischen Anforderungen und Rahmenbedingungen.

Individual- und Standardsoftware sind oft nicht eindeutig abzugrenzen. Ein Beispiel für die Entwicklung einer Standardsoftware aus einer Individualsoftware mit den entsprechenden organisatorischen und technischen Rahmenbedingungen findet sich in [LeHe98, 185].

2.1.4.3 Modularisierung von Anwendungssystemen

Der Entwicklung eines Anwendungssystems als Standard- oder Individualsoftware können trotz unterschiedlicher Herangehensweisen für Entwurf und Implementierung gleiche Gestaltungsrichtlinien zu Grunde liegen. Ausdruck dessen ist das Konzept *Componentware* als Kombination beider Ansätze, bei dem Softwarekomponenten mit spezieller Funktionalität zu einem Gesamtsystem zusammengebaut werden. *Abb. 2-6* verdeutlicht, daß sich die verschiedenen Ansätze zur Anwendungssystemgestaltung methodisch ähneln. Es bestehen folgende Unterschiede:

- *Granularität der eingesetzten Komponenten:*

  - Bei *Individualsoftware* werden programmiersprachliche Konstrukte und Bibliotheksobjekte genutzt. Moderne Entwicklungsumgebungen bieten im Unterschied zu früheren Programmiersprachen eine Reihe komplexer, spezialisierter *Bausteine* zur individuellen Verwendung an.

  - Diese Bausteine kommen den Komponenten von *Componentware* nahe. Die Komponenten*objekte* können jedoch schon spezielle betriebswirtschaftliche Funktionalitäten abdecken.

  - *Standardsoftware* besteht i.d.R. aus fertigen *Paketen,* die eine bestimmte betriebswirtschaftliche oder bürotechnische Funktionalität vollständig abbilden.

- *Verwendung der eingesetzten Komponenten:*

  - Bei Individualsoftware und Componentware werden die zur Verfügung stehenden Bausteine unverändert oder einfach parametriert zusammengesetzt (Bottom-up-Zusammenbau).

o Im Falle von Standardsoftware müssen die Pakete u.U. stark modifiziert werden, um spezielle Funktionalitäten abzudecken. Dies ist weniger ein Zusammenbau als vielmehr die Zerlegung eines Moduls zum Zwecke der Anpassung (Top-down-Verfeinerung).

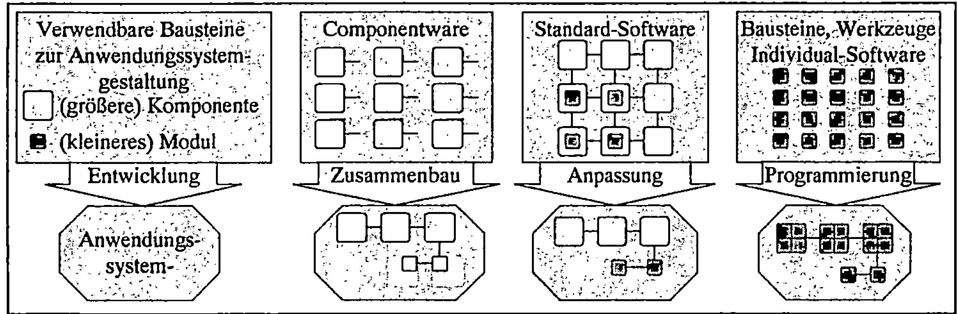

Abb. 2-6: Grundlegende Ansätze zur Anwendungssystemgestaltung

Die beschriebenen Ansätze gleichen sich bei entsprechender Gestaltung in ihrem modularen Aufbau. Prinzipien der Modularisierung sind innerhalb dieser Arbeit eine wesentliche Grundlage für die Integration von Anwendungssystemen als Teilobjekte des betrieblichen Informationssystems und werden insbesondere bei der modularen Gestaltung der Datenlogistik angewendet (vgl. weiterführend *5.2.3*).

2.1.4.4 Abgrenzung des Datenmanagements innerhalb des Informationsmanagements

Bereits in der Einleitung in *Abb. 1-1* wurde der Zusammenhang zwischen Datenmanagement und Informationsmanagement dargestellt. Der Begriff des Datenmanagements läßt sich genauer eingrenzen als der des Informationsmanagements und wird zur Bezeichnung einer betrieblichen Aufgabe oder einer Organisationseinheit verwendet. Im Zusammenhang mit der Organisationseinheit stehen Stellenbezeichnungen wie Datenadministrator oder Datenmanager [Maie96, 19].

Als betriebliche Aufgabe umfaßt das Datenmanagement alle organisatorischen und technischen Aufgaben, die im Zusammenhang mit dem Entwurf, der Haltung und der Bereitstellung von Daten stehen [Schu87, 27]. Ziel des Datenmanagements ist der Übergang von einer an Einzelanwendungen ausgerichteten Datenorganisation zu einer anwendungssystemübergreifend ausgerichteten Organisation und Verwaltung der Datenressourcen [Ortn91, 319]. Mit diesem Anspruch werden die für technische Belange zuständige Datenbankadministration und die darauf aufbauende, auf Datenmodelle ausgerichtete Datenadministration (vgl. dazu [Maie96, 21 ff.]) in Richtung einer informationssystemweiten Betrachtung der Datenressourcen ausgebaut. Insofern besteht eine Parallele zwischen Daten- und

Informationsmanagement, die sich auch aus der Beziehung von Informationen und Daten ergibt (→*2.1.1.3*). Innerhalb dieser Arbeit wird häufiger der Begriff *Informationsmanagement* verwendet, um die erweiterte Dimension der Gestaltung des betrieblichen Informationssystems hervorzuheben und neben der Datensicht weitere Sichten des Informationssystems einzubeziehen (vgl. weiterführend *2.3*). Ungeachtet dessen spielt das Datenmanagement dabei eine entscheidende Rolle, was unter Einbeziehung prozeß- und objektorientierter Sichten des Datenaustauschs zum Begriff der Datenlogistik führt.

2.1.5 Nutzung im Rahmen dieses Buches

Diese Arbeit verbindet die unternehmensweite Sicht eines betrieblichen Informationssystems als Ganzes mit der Entwicklung funktionsorientierter Anwendungssysteme als Bausteine des Informationssystems. Die resultierende notwendige Integration basiert für den Teilbereich *Datenlogistik* (→*3.4*) auf einem Querschnittssystem, welches durch das Data Warehouse-Konzept (→*3.6*) die konzeptionelle Grundlage erhält. Bei der Datenlogistik (→*3.3*) als betriebliche Querschnittsfunktion wird der Nachrichtenaustausch und damit die Kommunikation zwischen betrieblichen Aufgabenträgern als logistisches Problem aufgefaßt. Das Management der Datenlogistik ist als Bestandteil des Informationsmanagements zu sehen (→*3.4.3.1*, →*4.2*), wobei die modulare Gestaltung der verteilten Anwendungssysteme die Grundlage für die Integration bildet (→*3.4.3.2*, →*5*).

2.2 Rahmenkonzept für Informationssystemarchitekturen

2.2.1 Architekturbegriff

Eine Basis für die Charakterisierung der Unternehmensaktivitäten wird durch die Informationssystemarchitektur gebildet. Diese wird als Beschreibung von Zweck, Form und Vorgehensmodell zur Erstellung von Informations- und Kommunikationssystemen definiert [Hein92, 76 ff.]. SCHEER überträgt den Begriff *Architektur* im Sinne von Baukunst dahingehend, daß einzelne Bausteine eines Informationssystems hinsichtlich ihrer Art, ihrer funktionalen Eigenschaften und ihres Zusammenwirkens beschrieben werden müssen [Sche98a, 1]. Bei MERTENS wird unter einer Informationsarchitektur eine verdichtete Sicht auf die Anordnung von Vorgängen bzw. Prozessen und Programmkomplexen („Anwendungssystemarchitektur") und Hardwarebausteinen („Informationstechnikarchitektur") verstanden, wobei die architektonische Alternative darin besteht, entweder große Programmkomplexe oder kleinere Module (→*2.1.4.3*) zu verwenden [Mert95, 20 f.].

Innerhalb dieser Arbeit und insbesondere bei der Erläuterung des folgenden Architekturrahmens wird der Architekturbegriff im Sinne von SCHEER verwendet.

Informationssystemarchitekturen besitzen eine große Bedeutung für die Gestaltung des betrieblichen Informationssystems. In bezug auf die Gestaltungsaufgabe stellt die Informationssystemarchitektur das Modellsystem bereit, welches das Ist-Informationssystem beschreibt und anhand dessen das Soll-Informationssystem geplant wird [Sinz97b, 13]. Dies bezieht sich sowohl auf die Entwicklung von Anwendungssystemen als auch auf das strategische Informationsmanagement, d.h. auf einen größeren Ausschnitt des Informationssystems, z.B. im Rahmen der Reorganisation oder Neugestaltung von Geschäftsprozessen [Sche98a, 2 ff.].

2.2.2 Generischer Architekturrahmen nach SINZ

Zur Einordnung und Systematisierung verfügbarer Architektur- und Modellkonzepte in bezug auf Daten, Abläufe und Funktionen (→2.3) und deren Verwendung bei der späteren konzeptionellen Betrachtung der Datenlogistik dient ein generischer Architekturrahmen. Mit diesem Ansatz ist es möglich, unterschiedliche Informationssystemarchitekturen nach einem einheitlichen Schema zu beschreiben. Begriffe wie Sicht, Modellebene und Metamodell, die im Rahmen des Buches ständig Verwendung finden, werden an dieser Stelle eingeführt. Mit dem im folgenden beschriebenen *generischen Architekturrahmen für Informationssysteme* nach SINZ [Sinz97b, 3 ff.] werden zwei grundsätzliche Ziele verfolgt:

□ Unterschiedliche Klassen von Informationssystemarchitekturen und deren Merkmale sollen nach einem einheitlichen Schema beschrieben werden. Dafür wird der Architekturrahmen allgemein und generisch definiert.

□ Die Komplexität eines Modellsystems soll beherrschbar gemacht werden. Dazu wird das Modellsystem in Modellebenen und zugehörige Modellsichten zerlegt (*Abb. 2-7*).

Modellebenen

Eine Modellebene enthält die vollständige Beschreibung eines Informationssystems entsprechend der mit der Modellbildung verfolgten Zielstellungen. Modellebenen werden in der Literatur unterschiedlich abgegrenzt, z.B. nach:

□ Aufgaben- und Aufgabenträgerblickwinkel [Sinz97b, 4]:

   o Fachkonzeptebenen,

   o Ebenen für maschinelle Aufgabenträger (Software- u. Hardwarekonzepte),

   o Ebenen für personelle Aufgabenträger (Organisationskonzepte),

□ Beschreibungsebenen [Sche95, 14 ff.]: Fachentwurf, DV-Entwurf und Implementierung,

❑ Innen- und Außenbetrachtung eines Informationssystems [FeSi94, 17 f.].

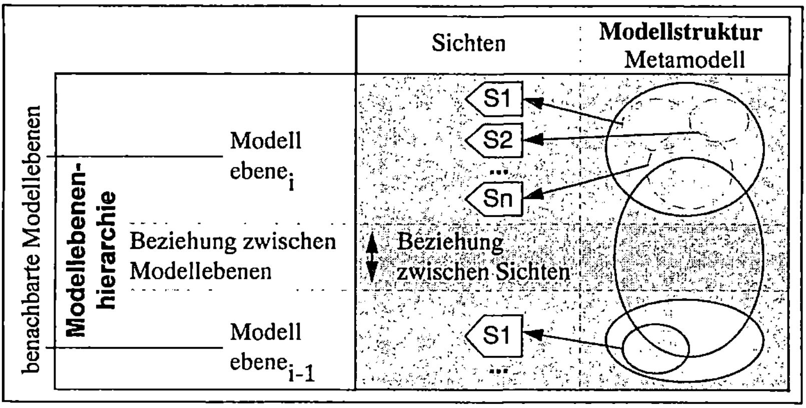

Abb. 2-7: Generischer Architekturrahmen für Informationssysteme (in Anlehnung an [Sinz97b, 3])

Metamodelle

Ein Metamodell definiert zu jeder Modellebene die Konstruktionsregeln, d.h. die verfügbaren Modellelemente. Die Metamodelle sind abhängig von den in den Modellebenen verwendeten Modellkonzepten.

Sichten

Eine Sicht enthält die Teilbeschreibung einer Modellebene. Das Metamodell einer Sicht ist eine Teilmenge des Metamodells der jeweiligen Modellebene. Mit der Bildung von Sichten soll die Komplexität innerhalb einer Modellebene bewältigt werden. Die Sichten sind abhängig von dem für die Modellebene gewählten Modellierungskonzept. ARIS bspw. unterteilt alle Modellebenen in vier Sichten: Organisations-, Daten-, Funktions- und Steuerungssicht [Sche95, 11 ff.].

Innerhalb einer Sicht können spezifische Modellierungsmethoden angewendet werden. Das Sichtenkonzept unterscheidet sich so von mehr systemtheoretischen Modellierungskonzepten, bei denen die Komplexitätsreduzierung durch Gliederung in Subsysteme erreicht wird, wobei diese prinzipiell mit den gleichen Modellierungsmethoden wie das Ausgangssystem dargestellt werden [Sche98b, 33].

SINZ kritisiert Modellkonzepte, bei denen die (Teil-)Metamodelle der einzelnen Sichten isoliert voneinander sind, da dies die Abstimmung der einzelnen Sichten verhindert oder zumindest erschwert [Sinz97b, 3].

Beziehungen zwischen Modellebenen

Zwischen zwei Modellebenen können Beziehungen festgelegt werden. Dazu verbindet ein Beziehungs-Metamodell Metaobjekte (Modellelemente) der beiden

Modellebenen, indem Zuordnungs- und Transformationsregeln zwischen Meta-objekten verschiedener Modellebenen abgebildet werden. Auf diesen Beziehungen basieren bspw. CASE-Werkzeuge, die Softwareentwürfe aus einer formalen Beschreibungssprache in die Programmiersprachensyntax übersetzen.

2.2.3 Nutzung im Rahmen dieses Buches

Dieses Buch beschäftigt sich mit der Datenlogistik in betrieblichen Informations-systemen und der diesbezüglichen Gestaltung von Anwendungssystemen. Dazu werden verschiedene Modellebenen sowie daten-, funktions- und ablauforientierte Modellsichten genutzt. Insofern zieht sich die Betrachtung von Informations-systemarchitekturen durch alle Kapitel. Informationssystemarchitekturen liefern in folgenden Kapiteln eine wesentliche Grundlage:

□ Die in *2.3* vorgestellten Modellkonzepte beschreiben spezielle Sichten betrieb-licher Informationssysteme. Dabei werden Werkzeuge zur partiellen (z.B. ERwin für die Daten) und umfassenden Modellierung (ARIS, SOMpro) von Informationssystemarchitekturen zum Zweck der Beschreibung von relevanten Teilausschnitten des Informationssystems innerhalb dieser Arbeit genutzt.

□ Betriebliche Organisationsformen in Unternehmen und Konsequenzen für das Informationssystem (Prozeßorientierung, Dezentralisierung) werden im 3. Kapitel anhand von Merkmalen entsprechender Architekturen charakterisiert. Möglichkeiten, solche Veränderungen aktiv im Informationssystem zu gestalten, werden mittels Informationssystemarchitekturen beschrieben.

□ Die Darstellung des Data Warehouse-Konzepts und insbesondere die Systematisierung hinsichtlich Architektur, Funktionalität und Organisations-formen in *3.6* erfolgt aus verschiedenen Modellsichten.

□ Die Abstimmung von Data Warehouse-Konzept und Informationssystem in *4.2* basiert auf einer Unterteilung in Ebenen und Sichten. Insbesondere wird anhand dieser Systematik deutlich, welche Lenkungsfunktionen in bezug auf personelle und maschinelle Aufgabenträger erforderlich sind.

□ Die Abschnitte *4.3*, *4.5*, *5.1* und *5.3* befassen sich mit der Modellierung von Anwendungssystembausteinen für die modular-integrierte Datenlogistik. Die Umsetzung dieser Modelle ermöglicht Lenkungs- und Leistungsfunktionen in bezug auf die Datenlogistik innerhalb eines verteilten Informationssystems. Kapitel *4.3.1* liefert dazu anhand des Architekturrahmens die modelltechnischen Grundlagen. In Abschnitt *5.2* erfolgt eine aus dem Software-Engineering verallgemeinerte Qualitätsbetrachtung für Informations-systemarchitekturen und die Ableitung von modularen Prinzipien für die Anwendungssystemgestaltung auf Basis des objektorientierten Paradigmas.

2.3 Modellkonzepte für Informationssysteme

Zur fachlichen Modellierung von Informationssystemen existieren eine Reihe von Modellkonzepten. Diese ordnen sich zumeist in eine Sicht des Informationssystems ein. Das Entity-Relationship-Modell (ERM) bspw. bezieht sich auf die Datensicht, und die Strukturierte Analyse (SA) dient der Funktionsmodellierung. Für eine umfassende Beschreibung existieren eine Reihe von Ansätzen, welche die einzelnen Modellsichten miteinander verknüpfen (z.B. ARIS - Architektur betrieblicher Informationssysteme oder SOM - Semantisches Objektmodell).

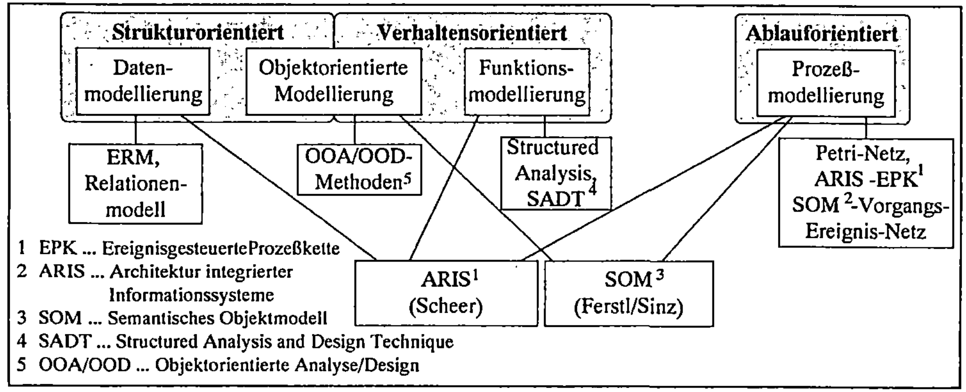

Abb. 2-8: Modellkonzepte

Eine Übersicht über Modellsichten und ausgewählte Methoden liefert *Abb. 2-8*. Die Einteilung in struktur-, verhaltens- und ablauforientierte Modellkonzepte verdeutlicht die Charakteristik der einzelnen Sichten. *Objektorientierte Modellierungsansätze* ermöglichen eine geschlossene Daten- und Funktionsmodellierung und damit die Verknüpfung von struktur- und verhaltensorientierten Aspekten (z.B. Object Modeling Technique, OMT oder Unified Modelling Language, UML). *Prozeßorientierte Modellansätze* betonen die Ablaufsicht und stehen oft im Zusammenhang mit daten-, funktions- und objektorientierten Modellansätzen (z.B. ARIS und SOM). Die umfassendsten Ansätze sind diejenigen, die objektorientierte und prozeßorientierte Modelle kombinieren, da sie alle Sichten auf ein Informationssystem vereinen und die Vorteile von objektorientierter Dezentralisierung und prozeßorientierter Integration verknüpfen. Umfassende Darstellungen von Modellansätzen und detaillierte Beschreibungen findet man u.a. in [Mert95, 21 f.; Sche98a, 21 f.; Sinz96a, 8 ff.].

2.3.1 Datenmodellierung

Die Datenmodellierung ist die älteste, bekannteste, am meisten genutzte und am weitesten standardisierte Modellsicht der Wirtschaftsinformatik. Dies hängt damit zusammen, daß Daten als Träger von Informationen bei der Beschreibung von Informationssystemen oft das Primat haben. Außerdem werden Metamodelle (→2.2.2) anderer Sichten eines Informationssystems (*Abb. 2-8*) oft auf Datenmodelle zurückgeführt.

2.3.1.1 Grundlegende Modellansätze

Die Literatur im Bereich der Datenmodellierung behandelt vor allem logische Aspekte von Datenbanken und weniger physische und implementationsbezogene Aspekte der Datenhaltung. Im Zentrum stehen Konzepte, Methoden, Techniken und Werkzeuge des Datenbankentwurfs [Maie96, 29]. Die wichtigsten Modellansätze dazu sind das Relationenmodell und das Entity-Relationship-Modell.

Relationenmodell

Das Relationenmodell stellt für die Datenmodellierung eine formale, mathematische Grundlage zur Verfügung und bildet den Ausgangspunkt für die Trennung von konzeptioneller und physischer Beschreibung der Datenstrukturen, wonach ein Datenmodell unabhängig von der Implementierung auf einer logischen Ebene formuliert werden kann. Das von Codd eingeführte Relationenmodell [Codd70] besteht aus einem Strukturteil und einem Operationenteil. Innerhalb des Strukturteils werden die Objekttypen der zu modellierenden Realität beschrieben, der Operationenteil stellt Operationen über Instanzen der Objekttypen zur Verfügung. Die *Normalformtheorie* leistet einen Beitrag zur Qualitätssicherung von Datenmodellen. An der Struktur der in einer Relation geltenden Abhängigkeiten erkennt man, ob in dieser Relation redundante Daten gespeichert werden können. Die Existenz oder Nichtexistenz von sogenannten transitiven Abhängigkeiten, die Redundanzen verursachen, wird durch die *dritte*, die *vierte* und die *Boyce-Codd-Normalform* beschrieben [Heue92, 98 ff.]. Gezielte Redundanzen und Normalformen spielen innerhalb dieser Arbeit bei der Betrachtung von multidimensionalen Datenmodellen eine Rolle.

Entity-Relationship-Modell

Ein weiterer, wichtiger Modellierungsansatz der Datensicht auf einer konzeptionellen Ebene ist das Entity-Relationship-Modell (ERM) [Chen76]. Datenstrukturen werden dabei als sogenannte Entity-Relationship-Diagramme dargestellt. Das ERM unterscheidet zwischen Entity-Typen (Datenobjekttypen) und Relationship-Typen (Beziehungsobjekttypen), wobei Entity-Typen und Relationship-Typen miteinander verknüpft sind. Den Entity-Typen und Relationship-Typen können Attribute zugeordnet sein. Einem Entity-Typ muß mindestens ein Attribut zugeordnet sein. Referentielle Integritätsbedingungen werden durch Kardinalitäten der Beziehungen spezifiziert. Auf der Grundlage des ERM wurden eine Reihe von Erweiterungen in ER-Modellen entwickelt:

❑ Konstruktionselemente, wie Generalisierung und Spezialisierung [DoCh83],

❑ beliebigstellige Beziehungen und Attribute [Chen83b] (bei zweistelligen Beziehungen spricht man vom Binären Entity-Relationship-Modell),

❑ Existenzabhängigkeiten im Strukturierten ERM (SERM) [Sinz90].

Zu weiteren Varianten des ERM vgl. [Sinz90; Sche95, 35 ff.]. In dieser Arbeit wird das erweiterte ERM der Architektur integrierter Informationssysteme (→2.3.2.2) neben dem Relationenmodell zur Datenmodellierung verwendet.

2.3.1.2 Notation für Datenmodelle

Zur Datenmodellierung im Rahmen dieses Buches und bei der Entwicklung der im *Anhang* vorgestellten Anwendungssysteme und Anwendungssystemprototypen wurde das Modellierungswerkzeug ERwin/ERX der Logic Works Inc. in der Version 3.0 genutzt. Mit dem Werkzeug können u.a. logische und physische Datenmodelle graphisch erstellt und Schemadefinitionen relationaler Datenbankmanagementsysteme direkt daraus abgeleitet werden.

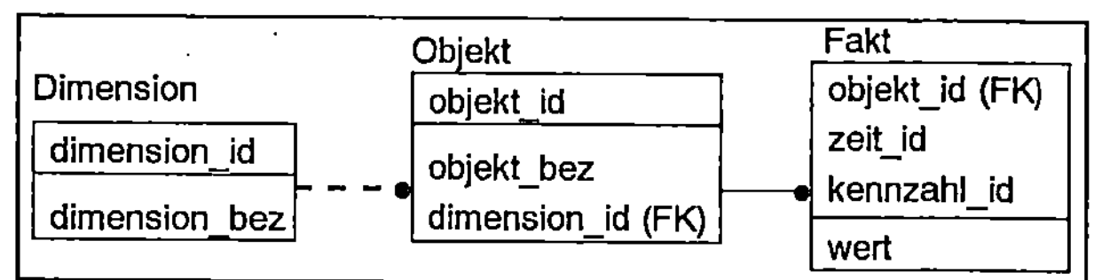

Abb. 2-9: Beispiel zur Datenmodellierung

Zur Beschreibung relationaler Datenschemata wird innerhalb dieses Buches die IDEF1X-Notation (Integration Definition for Information Modelling Notation) in abgewandelter Form verwendet (vgl. dazu [Erwi95]). In *Abb. 2-9* ist beispielhaft ein Datenmodell abgebildet. Danach werden Entity-Typen (Tabellen, Relationen) als Rechtecke dargestellt. Primärschlüsselattribute sind von den übrigen Attributen innerhalb des Entity-Typs durch einen Querstrich getrennt. Bspw. ist im Entity-Typ *Dimension* das Attribut *dimension_id* Primärschlüssel und das Attribut *dimension_bez* kein Primärschlüssel. Fremdschlüsselbeziehungen sind als gerichtete Verbindungslinien (mit Punkt am Ende) zwischen den abhängigen Tabellen und durch die Kennzeichnung der Fremdschlüsselattribute mit *(FK)* erkennbar. Identifizierende Abhängigkeiten, d.h. Fremdschlüssel ist gleichzeitig Primärschlüssel, werden als durchgezogene Linie (z.B. *objekt_id* aus *Objekt* in *Fakt*) und nichtidentifizierende Abhängigkeiten, d.h. Fremdschlüssel ist nicht Primärschlüssel, als Strichlinie (z.B. *dimension_id* aus *Dimension* in *Objekt*) dargestellt.

2.3.1.3 Unternehmensweite Datenmodelle

Der erfolgreiche Einsatz von Informationen als strategische Ressource für die Leistungserstellung wird häufig durch redundante und inkonsistente Datenhaltung eingeschränkt bzw. verhindert [Jaes96, 1]. Daher beschäftigten sich viele Unternehmen in den 80er Jahren mit der Entwicklung und Nutzung unternehmensweiter Datenmodelle[2] (UDM). Ein UDM ist eine unternehmensweite Beschreibung der Datenstrukturen. Mit einem UDM soll die Grundlage für die Integration und Spezifikation der unternehmensweiten Informationssystemarchitektur geschaffen werden [Sinz96b, 1]. Die Umsetzung dieses Anspruches in der Praxis erwies sich in vielen Unternehmen als sehr schwierige Aufgabe. Außerdem wird der Nutzen von UDM für Unternehmen oft sehr unterschiedlich beurteilt [Gera93].

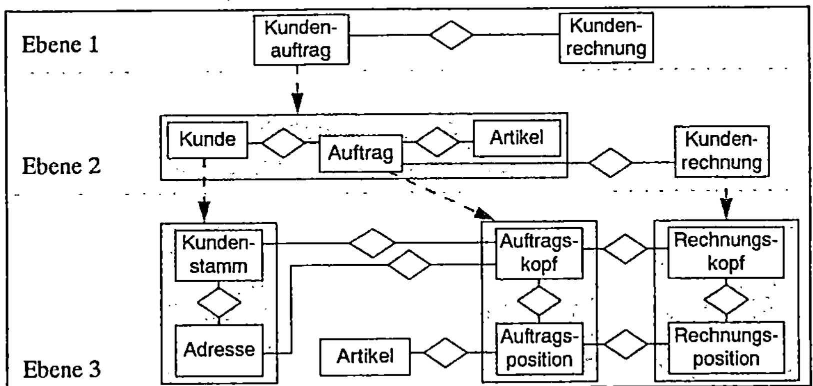

Abb. 2-10: Entity-Clustering: Beispiel Kundenauftrag und -rechnung

Clustering-Methoden

Die Erstellung von Datenmodellen für Unternehmen oder Unternehmensbereiche ist i.d.R. eine sehr komplexe Aufgabenstellung. Für die Beherrschung der Komplexität existieren eine Reihe von Techniken, die es ermöglichen, Datenschemata mit unterschiedlichem Detaillierungsgrad zu erstellen. Grundlage der Techniken ist die ER-Modellierung. ERM mit unterschiedlichem Detaillierungsgrad werden dabei über sogenannte Clustering-Methoden miteinander in Beziehung gesetzt.

In [Jaes96, 113] werden zwei Arten von Clustering-Methoden unterschieden - das Entity-Clustering und in dessen Erweiterung das Entity-Relationship-Clustering. Ergebnis ist eine Hierarchie von ERM, wobei Objekte einer Ebene jeweils eine Abstraktion von Teilmodellen untergeordneter Ebenen darstellen. Das Entity-Clustering faßt ER-(Teil-)Diagramme zu sogenannten Entity-Clustern zusammen, die dann wiederum als Entity-Typen in der nächst höheren Ebene auftreten (*Abb. 2-10*). Beziehungstypen innerhalb eines Clusters werden auf der nächst höheren Ebene ausgeblendet. In *Abb. 2-10* betrifft das z.B. in der 2. Ebene die Beziehung

---

[2] Oft wird anstelle von Datenmodell auch Datenschema verwendet. Modelle beziehen sich eher auf das zu beschreibende System. Der Schemabegriff fokussiert die Notation für Modelle.

zwischen Auftragskopf und -position aus der 3. Ebene. Cluster-übergreifende Beziehungstypen werden in der nächsthöheren Ebene übernommen.

Für die Abgrenzung der Cluster existieren zwei grundsätzliche Ansätze:

□ funktionsorientierte Abgrenzung (z.B. in [FeMi86])

> Die Cluster-Hierarchie orientiert sich an der Funktionshierarchie der Aufbauorganisation des Unternehmens. Dabei wird davon ausgegangen, daß die Entity-Typen eines Clusters zu genau einem Funktionsbereich gehören.

□ strukturorientierte Abgrenzung (z.B. in [RaSt92])

> Diese Ansätze werten die Struktur der Detaildiagramme aus.

Probleme des Clustering-Ansatzes

Clustering ist eine wirksame Methode, die Komplexität von Datenmodellen auf verschiedenen Abstraktionsebenen zu begrenzen. Allerdings erfaßt diese Technik nur die Datensicht und mit Einschränkung die Funktionssicht eines Unternehmensmodells. Mit dem Clustering-Ansatz bleiben folgende Probleme bestehen bzw. werden sogar noch verstärkt [Sinz96b, 2]:

□ ***Konsistenzsicherung:*** Veränderungen in detaillierten Teildatenschemata können zur Anpassung der nächsthöheren Ebene führen. Da die höhere Ebene aber i.d.R. aus den detaillierten Teildatenschemata nicht automatisch ableitbar ist, müssen bei Änderungen die Datenschemata in unterschiedlichen Detaillierungsgraden separat angepaßt werden.

□ ***Modellvalidierung:*** ERM als Beschreibungsmittel werden von Fachbereichen häufig nicht akzeptiert. Da diese Bereiche ihre fachliche Sicht im formalen UDM kaum wiederfinden, wird die Validierung der UDM erschwert.

□ ***Dynamik:*** Die Anpassung der UDM entsprechend den Änderungen von Zielen und Strategien, Leistungsarten und Leistungsbeziehungen sowie Organisationsstrukturen führt zu einem Wartungsproblem.

Einbettung der Datenmodelle in Unternehmensmodelle

Ein UDM beschreibt die Datensicht eines Unternehmens und damit einen Ausschnitt der betrieblichen Realität in Form von Datenobjekttypen und deren Beziehungen. Diese Datensicht stellt ein zustands- und strukturorientiertes Modell des Unternehmens dar. In einem umfassenden Unternehmensmodell sind weitere Sichten zu ergänzen, die insbesondere das Verhalten und die Abläufe beschreiben. Dazu existieren umfassende Modellsysteme (z.B. ARIS und SOM), die Datenmodelle mit funktions-, objekt- und prozeßorientierten Modellierungsansätzen zur Beschreibung von Informationssystemen verbinden.

Ein verbreiteter Ansatz für die separate Funktionsmodellierung ist die ***Strukturierte Analyse (SA)*** [DeMa78]. Sie dient der Modellierung der Funktionssicht betrieblicher Informationssysteme in Form von Datenflußdiagrammen. Solche funktionsorientierten Ansätze haben ihre Wurzeln zumeist im Software-Engineering. Innerhalb dieser Arbeit wird die separate Funktionsmodellierung nicht weiter betrachtet, sondern vielmehr als integraler Bestandteil von umfassenden Modellsystemen (ARIS und SOM) abgehandelt.

2.3.2 Geschäftsprozeßmodellierung

Bekannte Architekturkonzepte der Unternehmensmodellierung stellen zunehmend Geschäftsprozesse und Geschäftsprozeßmodelle in den Vordergrund. „Als *Geschäftsprozeß* bezeichnet man eine Abfolge von Tätigkeiten, Aktivitäten und Verrichtungen, die zur Erzeugung eines Produktes oder einer Dienstleistung dienen." [KoZi96, 108]. Diese Aktivitäten können über mehrere organisatorische Einheiten verteilt sein [Öste95, 19]. Prozeßmodelle beschreiben dementsprechend die Durchführung betrieblicher Aufgaben in Vorgängen. Unter einem *Geschäftsprozeßmodell* kann ein Prozeßmodell verstanden werden, bei dem „die Kernprozesse des Unternehmens, d.h. diejenigen Prozesse, mit denen z.B. zur Wertschöpfung maßgeblich beigetragen wird, im Mittelpunkt stehen ..." [Mert95b, 166]. Damit werden neben statischen, zustandsorientierten Modellen (wie z.B. dem ERM) zunehmend dynamische, ablauforientierte Modelle für die Analyse und Gestaltung betrieblicher Systeme genutzt.

Die Gemeinsamkeit von Architekturansätzen besteht darin, daß sie die zustandsorientierte Datensicht mit weiteren Sichten für die Beschreibung des Informationssystems integrieren. Beispiele dafür sind:

- Information Systems Methodology (ISM),
- Open System Architecture for CIM (CIMOSA),
- Architektur integrierter Informationssysteme (ARIS).

Eine zusammenfassende Beschreibung dieser und weiterer Architekturkonzepte wird in [Nütt95, 26 ff.] gegeben. In *2.3.2.2* wird die Architektur integrierter Informationssysteme (ARIS) genauer vorgestellt, da die enthaltenen Modelle im Rahmen dieses Buches als formales Beschreibungsmittel genutzt werden.

2.3.2.1 Modellierung von Abläufen

Vorgänge zur Durchführung betrieblicher Aufgaben laufen i.d.R. nicht isoliert voneinander ab, sondern sind in betriebliche Abläufe eingebettet. Ein betrieblicher Ablauf stellt somit eine Menge abhängiger Vorgänge dar. Das Zusammenwirken der Vorgänge wird in Form von Vorgangsnetzen beschrieben. Diese stellen ein Modell der Ablauforganisation eines Unternehmens dar [FeSi94, 55].

Eine geeignete Darstellungsform für Vorgangsnetze sind Petri-Netze (vgl. ausführlich dazu [Baum90; Petr62]). Petri-Netze ermöglichen die Darstellung sequentieller, paralleler, unabhängiger und alternativer Abläufe. Im Rahmen der Ablaufmodellierung werden aktive und passive Komponenten unterschieden. Die aktiven Elemente werden als Transitionen bezeichnet und modellieren Aktivitäten (Funktionen), Vorgänge und Ereignisse. Diese verbrauchen, erzeugen, verändern und transportieren Objekte, die in den passiven Elementen, den sogenannten Stellen, abgelegt sind [Jaes96, 36 ff.]. Diese Art der Modellierung von Abläufen liegt allen Klassen von Petri-Netzen zugrunde:

- Bedingungs-Ereignisnetze,

- Stellen-Transitionsnetze,

- Prädikaten-Transitionsnetze.

Die meisten Modellansätze zur Darstellung von Prozessen basieren auf Petri-Netzen, so auch die *Ereignisgesteuerten Prozeßketten* (EPK) in ARIS.

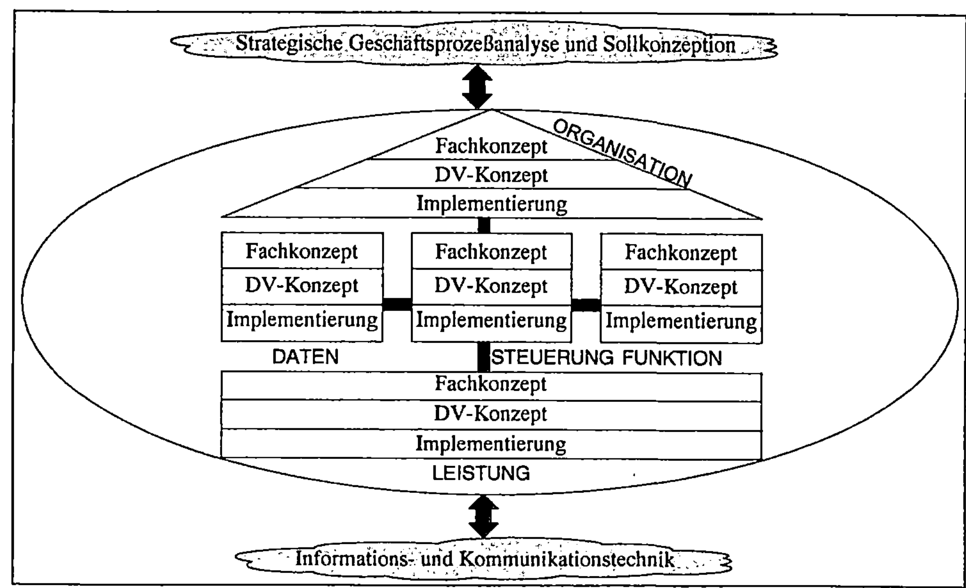

Abb. 2-11: ARIS-Haus mit Phasenkonzept [Sche98b, 41]

2.3.2.2 Geschäftsprozeßmodellierung mit der Architektur integrierter Informationssysteme (ARIS)

Die Architektur integrierter Informationssysteme (ARIS) stellt eine umfassende Methodik zur Modellierung betrieblicher Informationssysteme zur Verfügung. Zur Reduktion der Komplexität erfolgt eine Zerlegung des Beschreibungsgegenstandes in Ebenen und Sichten, wobei zwischen den Modellelementen der einzelnen Sichten und Ebenen Beziehungen hergestellt werden können. Damit entspricht diese Architektur weitestgehend den Forderungen des in Abschnitt *2.2.2* vorgestellten Rahmenkonzeptes.

In ARIS werden Geschäftsprozesse aus fünf Sichten modelliert [Sche98b, 33 ff.]:

- Datensicht: Objekte der Informationsdienstleistungen,
- Funktionssicht: Vorgänge (Funktionen, Tätigkeiten), die Input-Leistungen zu Output-Leistungen transformieren; unterstützte Ziele,
- Organisationssicht: Aufbauorganisation (personelle Aufgabenträger, →*2.1.2*),
- Steuerungssicht[3]: (Geschäfts-)Prozesse als Bindeglied der übrigen Sichten,
- Leistungssicht: materielle und immaterielle Input- und Output-Leistungen, einschließlich der Geldflüsse.

Der Steuerungssicht kommt eine besondere Rolle zu, da sie den Zusammenhang zwischen den anderen Sichten herstellt und dabei den Schwerpunkt auf den Ablauf der Prozesse legt. ARIS verbindet mit diesen Sichten ablauforientierte (Steuerungssicht), verhaltensorientierte (Funktionssicht) und strukturorientierte (Daten- und Organisationssicht) Aspekte der Informationssystembeschreibung.

Orthogonal zu den Sichten basieren die Beschreibungsebenen auf einem fünfstufigen Phasenmodell, welches die Umsetzung eines betriebswirtschaftlichen Problems in Computer-Implementationen beschreibt [Sche98b, 39] (*Abb. 2-11*).

In diesem Buch wird ARIS auf der Fachkonzeptebene zur konzeptionellen Modellierung von Informationssystemen verwendet. SCHEER hebt neben diesem „Anwendungsnutzen für die Entwicklung von Informationssystemen" den „Betriebswirtschaftlich-organisatorischen Anwendungsnutzen" von ARIS hervor [Sche98b, 2 ff.]. Der Organisationsaspekt wird innerhalb dieser Arbeit auch betrachtet, jedoch weniger in betriebswirtschaftlicher Hinsicht, sondern vielmehr im Sinne der prozeß- und objektorientierten Anwendungssystemgestaltung.

Datensicht

Die Datensicht verwendet Objekte unterschiedlicher Granularitäten. Für die Mikrobeschreibung (zu Mikro- und Makrosicht vgl. [Sche98a, 67 ff.]) werden *ERM-Diagramme* (→*2.3.1.1*) mit ARIS-spezifischen Erweiterungen genutzt. Oft sind für Beschreibungen größerer Ausschnitte eines Informationssystems gröbere Makro-Datenobjekte notwendig. Dazu werden ER-Modelle zu *Datenclustern* zusammengefaßt (*Abb. 2-12*). Die Methode des Daten-Clustering (→*2.3.1.3*) ist in ARIS allerdings nur mit einem einfachen Objekttyp *Datencluster* realisiert. So können z.B. zwischen Datenclustern keine Beziehungen modelliert, Datencluster nicht weitergehend strukturiert und somit keine Hierarchien aufgebaut werden. Um solche Zusammenhänge darzustellen, werden Entity-Typen aus der Mikro-

---

[3] Innerhalb dieses Buches werden dafür auch die Begriffe Ablauf- oder Prozeßsicht verwendet.

sicht zweckentfremdet, d.h. nicht konform zur eigentlichen Semantik, für die Modellierung von Datenclustern verwendet (*Abb. 2-12*). Alternativ werden an einigen Stellen im Buch auch Assoziationen genutzt (*Abb. 2-12*, vgl. dazu [Sche98a, 70]), um Teilmengenrelationen zwischen Datenclustern auszudrücken.

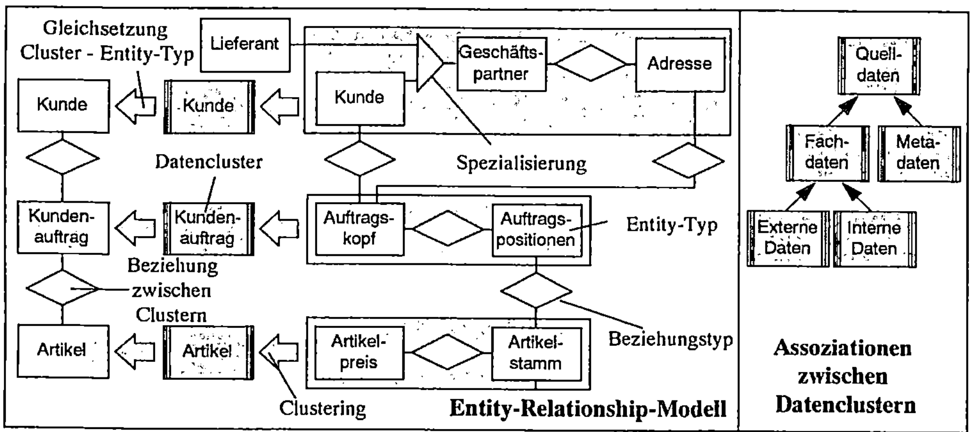

Abb. 2-12: Verwendung der ARIS-Datensicht

Zur ausführlichen Beschreibung der Datensicht in ARIS vgl. [Sche98a, 67 ff.].

Gliederungs-kriterium	Charakteristik	Beispiel aus dem Bereich der Datenlogistik
Verrichtung	Gruppierung von Funktionen mit gleichen bzw. ähnlichen Transformationsvorschriften	Kundendaten bereitstellen Lieferantendaten bereitstellen
Informations-objekt	Gruppierung von Funktionen, welche die gleichen Informationsobjekte bearbeiten	Daten senden Daten empfangen
Prozeß	Gruppierung der an einem Prozeß beteiligten Funktionen	Aggregierungsstammdaten auswerten Bewegungsdaten aggregieren

Abb. 2-13: Gliederungskriterien für Funktionen [Nütt95, 97]

Funktionssicht

Zur Modellierung der Funktionssicht werden Funktionsbäume (*Abb. 2-14*) genutzt, die eine Funktionshierarchie mit verschiedenen Verdichtungsstufen beschreiben. Funktionshierarchien können nach verschiedenen Kriterien gegliedert werden (*Abb. 2-13*). In dieser Arbeit werden alle der in *Abb. 2-13* vorgestellten Gliederungskriterien verwendet. Die Unterteilung in Mikro- und Makrosicht ist auch für die Funktionssicht möglich, wenn man eine Funktion als Makrosicht und ihre Verfeinerung als Mikrosicht betrachtet. Ein Beispiel für eine auf Informationsobjekte bezogene und gleichzeitig prozeßorientierte Funktionshierarchie liefert *Abb. 2-14*. Vertiefend wird die Funktionssicht von ARIS in [Sche98a, 21 ff.] beschrieben.

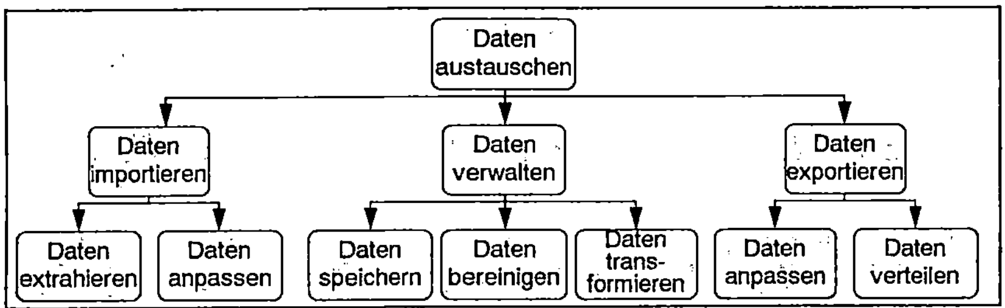

Abb. 2-14: Funktionsbaum: Objekt- und prozeßorientierte Funktionshierarchie

Steuerungssicht (Ablaufsicht)

Über die Steuerungssicht wird die Verbindung zwischen den anderen Sichten (Daten, Funktion, Organisation, Leistung) wieder hergestellt. Außerdem werden ablauforientierte Modellierungsmethoden zur Verfügung gestellt, um Prozesse, d.h. zeitlich-logische Abfolgen von Funktionen, darzustellen.

In ARIS basiert die Modellierung von Prozessen auf der Methode der *Ereignisgesteuerten Prozeßketten* (EPK, vgl. dazu [KeNS92]). Die EPK-Methode beruht auf der Petri-Netz-Theorie (→*2.3.2.1*). Eine Ereignisgesteuerte Prozeßkette repräsentiert eine Ablauflogik, welche Ereignisse welche Funktionen auslösen und welche Ereignisse wiederum durch welche Funktionen erzeugt werden. Innerhalb der EPK können neben der Ablauforganisation Datenflüsse sowie organisatorische und anwendungssystembezogene Zuständigkeiten abgebildet werden. Eine separate Darstellung der Datenflüsse ohne ereignisorientierte Steuerung ist über sogenannte *Funktionszuordnungsdiagramme* möglich, die Input/Output-Zuordnungen zwischen Funktionen und Daten beinhalten. Eine ausführliche Diskussion der Steuerungssicht von ARIS erfolgt in [Sche98a, 102 ff.].

In *Abb. 2-15* ist je ein Beispiel für eine EPK und ein Funktionszuordnungsdiagramm sowie eine Legende der in den Modellen innerhalb dieses Buches verwendeten Objekttypen abgebildet. Eine detaillierte Referenz zu den Objekttypen von ARIS ist in [ARIS96, 7-1 ff.] angegeben. Auf die besondere Nutzung von Objekttypen innerhalb dieser Arbeit sei an dieser Stelle hingewiesen:

- *Datencluster* fassen Entity- und Beziehungstypen zumeist aus betriebswirtschaftlicher Sicht zusammen, z.B. Kundenauftragspositionen und Kundenauftragskopf zum Kundenauftrag. In *Abb. 2-15* ist eine weitere gebräuchliche Verwendung innerhalb dieses Buches dargestellt, wonach Datencluster Datenstrukturen entsprechend ihrer Bedeutung in einem Datenlogistikprozeß charakterisieren (z.B. *Quelldaten Empfänger, Zieldaten Sender*).

- Der *Datei*-Objekttyp wird als Symbol für Datenbanksysteme genutzt.

- Gleichartige Anwendungssysteme können zu einer *Anwendungssystemklasse* zusammengefaßt werden. Die Gleichartigkeit kann für verschiedene Klassifikationsaspekte gelten, innerhalb dieser Arbeit bspw. in bezug auf die betriebswirtschaftliche Funktionalität (z.B. Vertrieb) oder die Funktion für die Datenlogistik (z.B. *Datenlieferndes System, Abb. 2-15).* Ein Anwendungssystem kann demnach verschiedenen Anwendungssystemklassen zugeordnet sein.

❑ *Datenflüsse* sind in EPKs und Funktionszuordnungsdiagrammen als gerichtete Pfeile zwischen Funktionssymbolen und Datencluster- bzw. Dateisymbolen dargestellt. In einigen Fällen wird innerhalb der Arbeit aus Vereinfachungsgründen bei Prozeßdarstellungen auf Ereignisse verzichtet.

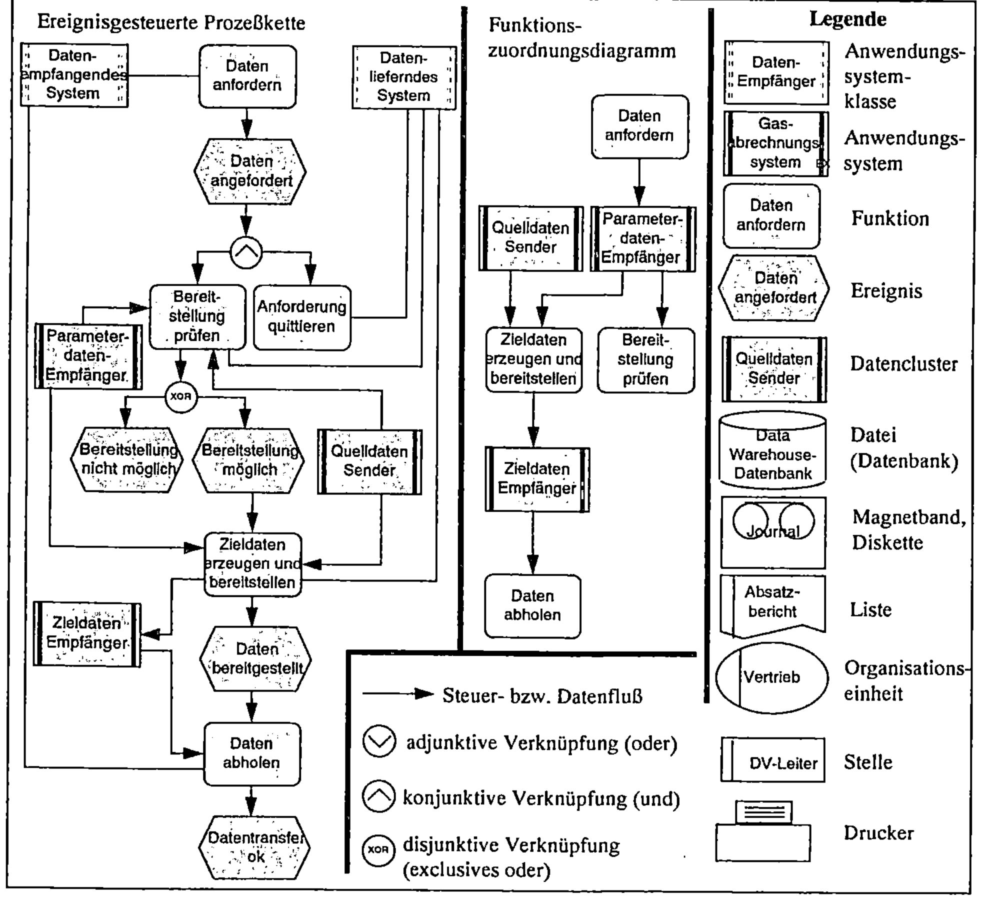

Abb. 2-15: Ereignisgesteuerte Prozeßkette und Funktionszuordnungsdiagramm

2.3.3 Objektorientierte Modellierung

Der objektorientierte Modellansatz spielt innerhalb dieses Buches eine entscheidende Rolle, da im 5. Kapitel objektorientierte Prinzipien für die

Gestaltung von Anwendungssystemen und deren Beziehungen innerhalb der Datenlogistik genutzt werden. Gegenstand dieses Abschnittes ist die Anwendung objektorientierter Modelle für die Softwareentwicklung und für die konzeptionelle Modellierung von Informationssystemen. Die Objektorientierung ordnet sich an dieser Stelle in die Systematik der bereits vorgestellten Modellierungsansätze ein. Aus methodischen Gründen werden objektorientierte Konstrukte wie Objekt, Klasse oder Nachricht erst im 5. Kapitel genauer charakterisiert und im speziellen Kontext von Modellen der Datenlogistik genutzt.

Die Wurzeln prozeßorientierter Modellansätze liegen in der geschäftsprozeß-orientierten Gestaltung von Organisationen (vgl. weiterführend *3.2.3*) und in der Erweiterung von Modellen in Richtung ablauforientierter Beschreibungen (→*2.3.2*). Objektorientierte Konzepte dagegen wurden vom Software-Engineering und der Programmiersprachenentwicklung geprägt. Daher werden Motivation und Methodik der Objektorientierung für Problemanalyse und Softwareentwurf im folgenden kurz erläutert, bevor auf die Anwendung objektorientierter Modelle für Informationssystemarchitekturen eingegangen wird.

2.3.3.1 Objektorientierte Softwareentwicklung

Die Softwareentwicklung ist stark vereinfacht durch zwei wesentliche Aktivitäten gekennzeichnet, die folgendermaßen abzugrenzen sind [CoYo94, 207]:

- *Analyse: "What is to be build?"*

  Der Schwerpunkt der Analyse liegt im Verstehen des Problembereiches, d.h. in der Erfassung der zu modellierenden Anwendungswelt.

- *Design: "How it is to be build this time?"*

  Das Design konzentriert sich überwiegend auf den Lösungsbereich, d.h. hier wird vor allem die softwaretechnische Umsetzung betrachtet.

Eine zeitliche, organisatorische und methodische Trennung zwischen den Begriffen *Analyse* (im Sinne von Problemanalyse) und *Design* (im Sinne von Software-entwurf) ist nur bedingt möglich, da der iterative Charakter des Softwareentwick-lungsprozesses eine Verschmelzung beider Tätigkeiten impliziert. Einerseits ist eine Spezifikation, die zwar die Entwurfsstrategie, aber nicht die fachlichen An-forderungen berücksichtigt, ohne Nutzen. Andererseits ist es gefährlich, ein Problem komplett zu analysieren, ohne das Design schon im Blickfeld zu haben.

Neben dem Verhältnis von Analyse und Design gibt es im Software-Engineering Probleme mit der Verbindung von strukturorientierten Datenmodellen und verhaltensorientierten Funktions- oder Datenflußmodellen. NORMAN beschreibt zwei Schwierigkeiten während der Produktion von Software mit den beiden *„Grand Canyons"* der Softwareentwicklung [Norm90]:

- Kluft zwischen Datenflußdiagrammen (z.B. Strukturierte Analyse [DeMa78], Funktionssicht) und Entity-Relationship-Diagrammen (Datensicht) wegen der Trennung von Daten und Funktionen im klassischen Modellierungsansätzen,

- Kluft zwischen Analyse und Design wegen der unterschiedlichen Repräsentationen für Spezifikationen und Entwurfsdokumente.

Lösungen bietet die einheitliche und zusammengefaßte Repräsentation für Daten und deren Verarbeitung in Form von Klassen und Objekten. Auf diesen Konzepten bauen sowohl die Objektorientierte Analyse (OOA) als auch das Objektorientierte Design (OOD) auf, woraus sich u.a. folgende Konsequenzen ergeben:

- keine bedeutenden Unterschiede zwischen Analyse- und Entwurfsnotation,

- kein künstlicher Übergang von der Analyse (Spezifikation) zum Design,

- keine „Wasserfälle" (zum Wasserfallmodell vgl. [Balz96; Boeh78]),

- Möglichkeiten für eine systematische Ergänzung entwurfsbedingter Details zu Analyseergebnissen.

2.3.3.2 Objektorientierte Modellierung des Informationssystems

Im folgenden wird untersucht, inwieweit sich objektorientierte Ansätze zur Beschreibung betrieblicher Informationssysteme eignen. Die Überlegungen dazu basieren im wesentlichen der Argumentation in [FeSi94]. Spezielle Ergänzungen bzw. Auslegungen dienen als Grundlage für die Modellierung der Datenlogistik.

Die Verwendung des Begriffs *Objektorientierung* folgt in dieser Arbeit vor allem dem aus Programmiersprachen und Software-Engineering bekannten objektorientierten Paradigma. Für die Beschreibung von Informationssystemen wird der Begriff *Objektorientierung* zur Bildung verschiedenartiger Objekte oft auch in einem anderen Kontext genutzt (vgl. z.B. [Kell93]).

2.3.3.2.1 Bildung von Objekten

Ein objektorientiertes Modell besteht grundsätzlich aus Objekten und Interaktionen zwischen Objekten. In [FeSi94, 37] wird vorgeschlagen, ein Unternehmen als System von Objekten zu beschreiben, die untereinander über Leistungs- und Steuerflüsse kommunizieren. In *Abb. 2-16* sind zwei Beispiele für derartige objektorientierte Modelle dargestellt. Im Fall *a)* handelt es sind um klassische Güter- und Zahlungsflüsse zwischen betrieblichen und unternehmensexternen Objekten. Die Steuerflüsse zwischen den Objekten sind Bestandteile des Informationssystems, da Informationen zu den ausgetauschten Gütern übergeben werden.

Fall *b)* zeigt die objektorientierte Modellierung von Informationsflüssen zwischen betrieblichen Objekten, die in diesem Beispiel Unternehmensbereiche bzw. Anwendungssysteme repräsentieren. Es bestehen Leistungsbeziehungen zwischen den Objekten (z.B. die Rechnungsübergabe von der Fakturierung an die Finanzbuchhaltung). Zwischen den Leistungsbeziehungen bestehen Abhängigkeiten (z.B. zwischen Rechnungsübergabe und Monatsabschluß), die in dieser objektorientierten Sicht nicht explizit darstellbar sind und bspw. mit einem ablauforientierten Prozeßmodell beschrieben werden können (→*2.3.2.1*). Die Steuerflüsse können automatisiert (z.B. Schnittstellenfunktionen in den Anwendungssystemen) oder nicht automatisiert (z.B. mündliche Benachrichtigung) sein.

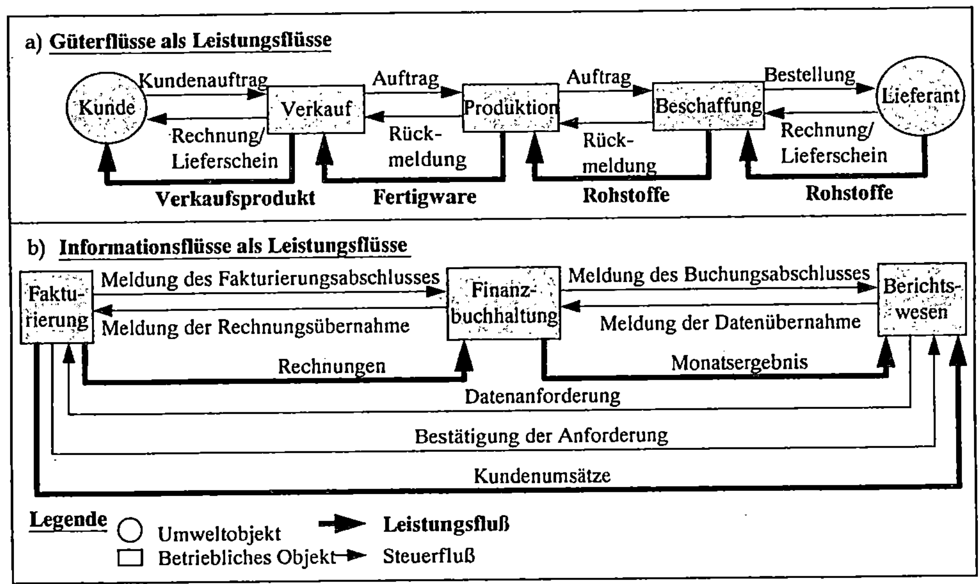

Abb. 2-16: Beispiel für objektorientierte Modelle des Informations- und Basissystems

Das objektorientierte Paradigma ist aus den im folgenden beschriebenden Gründen zur Beschreibung von Systemen sinnvoll.

Verbindung von Basis- und Informationssystem in einem Objekt

Die Trennung des betrieblichen Systems in Basis- und Informationssystem ist für die Analyse eines hinreichend komplexen Systems nicht sinnvoll, da in den Geschäftsprozessen zumeist ein enger Zusammenhang zwischen den Leistungsflüssen des Basissystems und den Informationsflüssen des Informationssystems besteht (*Abb. 2-16*). Ein Ausweg ist die Bildung von Teilsystemen als Objekte, die Bestandteile des Basis- und des Informationssystems enthalten. Die Beziehungen zwischen Basis- und Informationssystem innerhalb eines Objekts sind i.d.R. intensiver als die Beziehungen zu anderen Teilsystemen [FeSi94, 37 f.]. Außerdem gewinnt das Informationssystem und dessen starke Bindung an das Basissystem aufgrund des wachsenden Technologieeinsatzes in den Unternehmen zunehmend an Bedeutung (vgl. Notwendigkeit des Informationsmanagements, →*2.1.4.1*).

Bildung von Teilsystemen als dezentrale Objekte

Über Aufspaltung des betrieblichen Systems in mehrere Teilsysteme wird die Komplexität des Gesamtsystems beherrschbarer. So entstandene Teilsysteme ...

□ ...verfügen über eigene Leistungs- und Lenkungssysteme, und

□ ...kommunizieren in Leistungs- und Steuerflüssen [FeSi94, 37 f.].

Beschreibung der Objekte mit einer Innen- und Außensicht

Ein Objekt kann als selbständiges Teilsystem durch eine Innen- und eine Außensicht charakterisiert werden [FeSi94, 17]. Die Außensicht als Abstraktion des Objekts beschreibt das Verhalten des Teilsystems innerhalb des Gesamtsystems, während die Innensicht die Struktur des Teilsystems fokussiert. Für die Betrachtung des gesamten Systems ist somit nur die Außensicht des Objekts relevant, was die Komplexität der Systembeschreibung erheblich reduzieren kann (vgl. weiterführend *2.3.3.2.4*).

2.3.3.2.2 Interaktionen zwischen Objekten

Das Verhalten von Objekten als Teilsysteme des betrieblichen Systems wird über empfangene (Input-) und gesendete (Output-)Flüsse charakterisiert. Diese Flüsse beschreiben somit das Zusammenwirken der Objekte, wobei folgende Unterscheidung getroffen werden kann:

□ *Leistungsflüsse (L-Flüsse)* umfassen als Bestandteil des Leistungssystems Güter-, Zahlungs- und Dienstleistungsflüsse.

□ *Steuerflüsse (S-Flüsse)* steuern als Bestandteil des Lenkungssystems die Leistungsflüsse.

Ein Leistungsfluß wird dabei durch einen gegenläufigen Steuerfluß ausgelöst und von einem gleichlaufenden Steuerfluß begleitet (*Abb. 2-16*) [FeSi94, 41 ff.].

Die objektorientierte Betrachtung eines betrieblichen Systems stellt eine zustands- und verhaltensorientierte Beschreibung der als Zerlegungsobjekte definierten Teilsysteme dar, die sinnvoll mit einer ablauforientierten Sicht des Gesamtsystems zu kombinieren ist (→*2.3.3.3*).

2.3.3.2.3 Transaktionen zur Abwicklung von Leistungsflüssen

Leistungs- und Steuerflüsse zwischen zwei Objekten werden über sogenannte Transaktionen abgewickelt [FeSi94, 60]. In [Pico89] wird eine 4-Phasen-Transaktion vorgeschlagen, die in [FeSi94, 61] in eine 2-Phasen-Transaktion vereinfacht wird. Die Steuerung der Transaktionen erfolgt über Nachrichten. In *Abb. 2-17* ist eine solche 2-Phasen-Transaktion für einen *Steuernden Leistungsfluß* (SL-Fluß) abgebildet. Dieser SL-Fluß stellt einen auf Informationsobjekte bezogenen Leistungsfluß dar, d.h. ein Fachbereich X erbringt eine Informationsdienstleistung für den Fachbereich Y, indem Daten von Anwendungssystem A zum Anwendungssystem B transferiert werden.

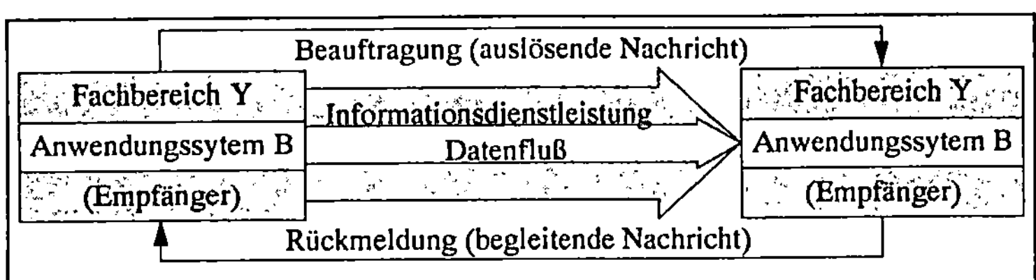

Abb. 2-17: Zwei-Phasen-Transaktion für Informationsflüsse (in Anlehnung an [FeSi94, 62])

2.3.3.2.4 Verteilte Systeme und Objektorientierung

Die Verteilung betrieblicher Aufgaben und damit die Dezentralisierung des betrieblichen Informationssystems ist ein aktueller Trend der Organisationsgestaltung in Unternehmen (vgl. weiterführend *3.1* und *3.2*).

Charakteristisch für ein verteiltes System sind folgende zwei Sichten [Ensl78]:

- *Außensicht:* Das System stellt ein integriertes System dar, welches gemeinsame Ziele verfolgt. Nach außen stellt das System somit eine funktionale Einheit dar.

- *Innensicht:* Das System besteht aus verschiedenen Komponenten, die zur Erfüllung dieser Ziele kooperieren. Damit kommt die Verteilung der Funktionalität auf verschiedene Teilsysteme zum Ausdruck, die zur Realisierung der Gesamtfunktionalität miteinander kooperieren. In [Sinz97b, 14] wird zusätzlich gefordert, daß keine dieser Komponenten die globale Kontrolle über das Gesamtsystem besitzt. Diese Charakteristik ist vergleichbar mit der objektorientierten Modularisierung von Software (vgl. z.B. [Meye90, 11 ff.]).

Informationssysteme sind i.d.R. verteilte Systeme. Die gemeinsame Durchführung einer Informationsverarbeitungsaufgabe durch personelle und maschinelle Aufgabenträger impliziert bereits ein verteiltes Informationssystem [Sinz97b, 14]. In hinreichend großen Informationssystemen verteilt sich die Informationsverarbeitungsaufgabe auf verschiedene Anwendungssysteme und Organisationseinheiten (vgl. dazu Beispiele in *Abb. 2-16*). Der objektorientierte Ansatz bietet sich für die Modellierung solcher verteilten Systeme an, da ein objektorientiertes System gleichfalls durch das Zusammenwirken dezentraler Objekte beschrieben wird.

2.3.3.3 Objektorientierte, prozeßorientierte Ansätze

Moderne objektorientierte Modellierungskonzepte bilden Systeme als zielorientierte koordinierte Prozesse ab, an denen Objekte wertschöpfend, steuernd oder nutzend teilnehmen. Neben dem Semantischen Objektmodell nach FERSTL/SINZ finden sich Beispiele für solche objektorientierten Ansätze in

[Your95; Jaco95], die traditionelle Objektmodelle um die Prozeßdimension erweitern. JACOBSEN führt dazu den Begriff des „use case" ein [Jaco95], wonach Geschäftsprozesse aus Sicht des Nutzers/Kunden der Prozesse strukturiert werden. Die Prozesse müssen demnach einen Wert für den Nutzer erbringen.

Im folgenden werden ein Modellansatz und eine Werkzeug vorgestellt, die objekt- und prozeßorientierte Sichtweisen vereinigen.

2.3.3.3.1 Semantisches Objektmodell nach FERSTL/SINZ (SOM)

Das Semantische Objektmodell (SOM) unterstützt einen durchgängigen Modellierungsansatz, der sich sowohl zur Gesamtplanung eines betrieblichen Informationssystems als auch zur Entwicklung einzelner betrieblicher Anwendungssysteme eignet (vgl. dazu Ebenen des Informationsmanagements, →*2.1.4.1*).

Die Modellierung eines Informationssystems mit dem SOM-Ansatz basiert auf einem Vorgehensmodell (V-Modell, [FeSi95, 6]). Demnach wird das System in drei Ebenen beschrieben, wobei die Ebenen 1 und 2 die erste und die Ebene 3 die zweite Stufe des Modellierungsansatzes abdecken [FeSi93, 7 f.]:

- Die erste Ebene beschreibt mit informellen Darstellungsformen die Außensicht (→*2.3.3.2.4*) des betriebliche Objektsystems und des zugehörigen Zielsystems.

- In der zweiten Ebene wird das Objektsystem verfeinert. Es erfolgt eine Zerlegung in Interaktionsschemata, die aus Objekten und deren Beziehungen bestehen und zusammen das Interaktionsmodell bilden. In ähnlicher Form wird ausgehend von den Zielen ein Aufgabensystem - bestehend aus Vorgangs-Ereignis-Schemata - gebildet, mit welchem die Aufgaben detailliert werden.

- In der dritten Ebene sind Anwendungssysteme in Form eines konzeptuellen Objektschemas und eines Vorgangsobjektschemas zu spezifizieren.

Anhand des Modellierungsschemas in *Abb. 2-18* lassen sich wesentliche Aspekte der Modellierung eines Informationssystems nach SOM zusammenfassen:

- *Objektorientierung:* Kernelemente der Modellierung sind betriebliche Objekte mit einem objektinternen Zustand (oder Speicher). Die betrieblichen Objekte werden durch betriebliche Transaktionen verknüpft (Interaktionsmodell in der zweiten Ebene). Die Transaktionen repräsentieren den Austausch von Leistungspaketen und/oder Lenkungsnachrichten.

- *Prozeßorientierung:* Die Objekte und die Transaktionen sind in betriebliche Abläufe eingebettet, die als Vorgangs-Ereignis-Schemata im Aufgabensystem dargestellt werden. Diese Schemata repräsentieren Modelle der ereignisorientierten Aufgabenerfüllung durch die Objekte.

- *Zielorientierung:* Das Verhalten der Objekte wird durch die ihnen zugeordneten Aufgaben beschrieben, die wiederum von Zielen abhängen.

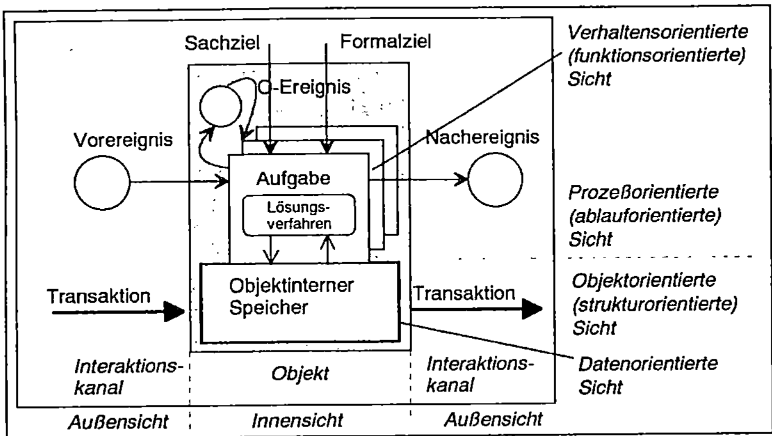

Abb. 2-18: Modellierungsschema (in Anlehnung an [FeSi95, 8]) und Sichten des Informationssystems

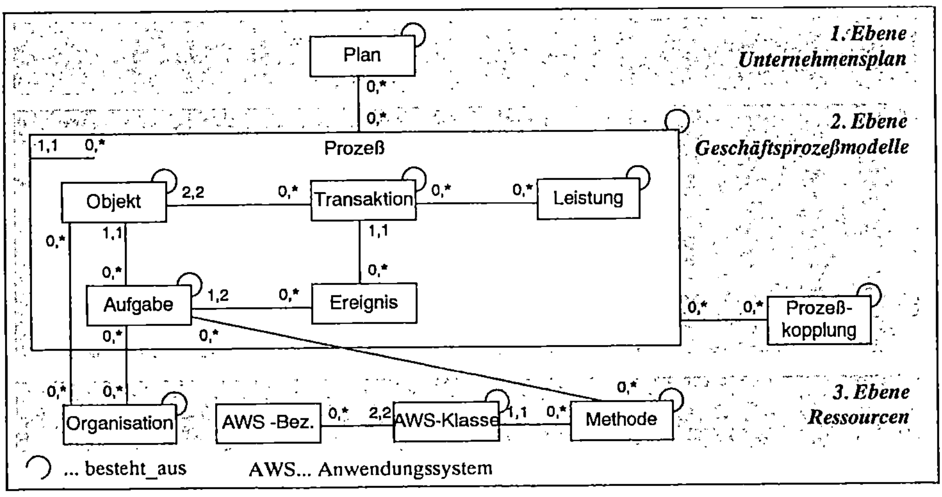

Abb. 2-19: Metamodell des Werkzeugs SOMpro (in Anlehnung an [Morg97, 3])

2.3.3.3.2 Modellierung mit SOMpro

Die methodische Grundlage des Modellierungswerkzeugs SOMpro ist der SOM-Ansatz. SOMpro stellt drei Modellebenen zur Verfügung [SiAm97, 4]:

- Der *Unternehmensplan* beschreibt das Ergebnis der betriebswirtschaftlichen Unternehmensplanung (entspricht dem Zielsystem). SOMpro erlaubt eine textuelle, semiformale Beschreibung des Unternehmensplans. Zum Unternehmensplan gehören beispielsweise die Ziele, die Strategien und die Erfolgsfaktoren eines Unternehmens.

- *Geschäftsprozeßmodelle* spezifizieren die Umsetzung des Unternehmensplans. Geschäftsprozesse werden im SOM-Ansatz in drei Sichten beschrieben, in der Leistungs-, Lenkungs- und Ablaufsicht. Die zwei zusätzlichen Sichten zu der sonst üblichen Ablaufsicht der Geschäftsprozesse erlauben ein besseres Verständnis der betriebswirtschaftlichen Zusammenhänge.

- *Ressourcen* (Personal, Anwendungssysteme, Anlagen) dienen zur Durchführung der Geschäftsprozesse. Im Ressourcenmodell lassen sich die Anwendungssysteme und die Organisation (Organisationseinheiten, Personen) erfassen.

In *Abb. 2-19* ist das Metamodell von SOMpro dargestellt. Die rekursive *besteht_aus*-Relation zwischen Modellelementen dient der schrittweisen Verfeinerung von Modellen. Innerhalb dieser Arbeit werden nur die Geschäftsprozeß-modelle von SOMpro genutzt, weshalb die Sichten dieser Ebene und deren Modelltypen in Anlehnung an [SiAm97, 5 ff.] kurz vorgestellt werden.

Leistungssicht

In der Leistungssicht sind die von den Geschäftsprozessen erstellten Leistungen und die Leistungsbeziehungen zwischen Geschäftsprozessen darzustellen. *Abb. 2-20* zeigt den Geschäftsprozeß *Datenintegration*, der Leistungen der Geschäfts-prozesse *Datenbeschaffung* und *Datenspeicherung* nutzt. Die Geschäftsprozesse lassen sich hierarchisch weiter zerlegen.

Lenkungssicht

Die Lenkungssicht beschreibt die Koordination von Erstellung und Übergabe der in der Leistungssicht modellierten Leistungen von Geschäftsprozessen. In *Abb. 2-20* ist beispielhaft das Zusammenwirken von Anwendungssystemobjekten innerhalb der Datenlogistik dargestellt, wonach eine Datenlieferung mit einer Datenanforderung in Beziehung steht. Die Lenkungssicht kann durch sukzessive Zerlegung der betrieblichen Objekte und Transaktionen verfeinert werden.

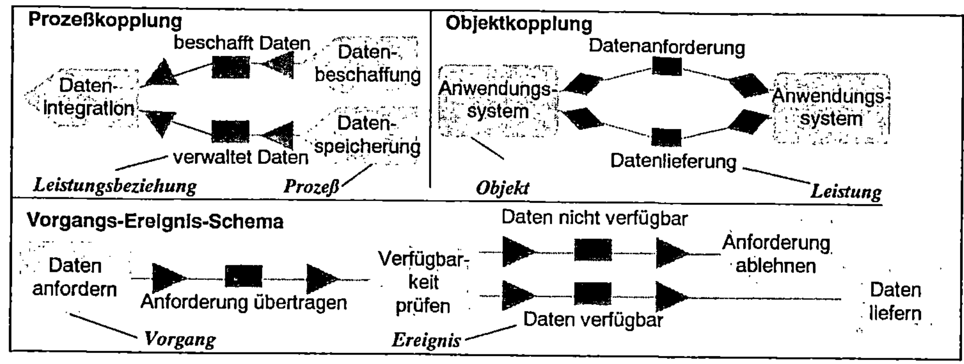

Abb. 2-20: Ausgewählte Modelltypen des SOM-Ansatzes

Ablaufsicht

Der ereignisgesteuerte Ablauf der den betrieblichen Objekten zugeordneten Aufgaben wird in der Ablaufsicht beschrieben. In *Abb. 2-20* ist ein Vorgangs-Ereignis-Schema zur Modellierung eines Datenlogistikprozesses dargestellt. Der Vorgang *Verfügbarkeit prüfen* steuert den weiteren Ablauf des Prozesses, je nach dem, ob die angeforderten Daten verfügbar sind oder nicht.

2.3.4 Nutzung im Rahmen dieses Buches

In der Kombination von objekt- und prozeßorientierten Modellansätzen sieht der Autor die besten Möglichkeiten für eine an der betrieblichen Realität orientierte umfassende Beschreibung von Informationssystemen, da beide jeweils komplementäre Schwerpunkte hervorheben:

□ Objektorientierung: struktur- und verhaltensorientierte Aspekte,

□ Prozeßorientierung: ablauforientierte Aspekte.

Die Begründung der Objektorientierung als Gestaltungsgrundlage für Informationssysteme ist wesentlicher Ausgangspunkt für die modulare Datenlogistik (→5), während Prozeßorientierung die Integration der Datenlogistik motiviert. Daneben spielen Datenmodelle eine entscheidende Rolle. Daten stellen die Bearbeitungsobjekte betrieblicher Anwendungssysteme dar. In ihnen spiegeln sich Semantik und Struktur des Anwendungsbereiches wider. Daher ist die Datensicht ein wesentlicher Faktor bei der Integration betrieblicher Anwendungssysteme und ist in Kombination mit prozeß- und objektorientierten Sichten die modelltechnische Basis für die Beschreibung der Datenlogistik.

Innerhalb dieses Buches werden die vorgestellten Ansätze der Modellbildung des betrieblichen Informationssystems u.a. an folgenden Stellen genutzt:

□ Darstellung der Integration in betrieblichen Informationssystemen (→*3.1*, →*3.2*),

□ Beschreibung der Anforderungen an ein Integrationskonzept für die Datenlogistik (→*3.4*),

□ Einordnung existierender Integrationsansätze (→*3.5.3*),

□ Darstellung der Data Warehouse-Architektur (→*3.6.2*),

□ Systematisierung der Zusammenhänge zwischen Data Warehouse-Lösung und Informationsmanagement (→*4.2.2.1*),

□ Modellierung der Datenlogistikprozesse und Umsetzung im Data Warehouse-Konzept (→*4.3*),

□ Vorstellung des Unimu-Schemas (→*4.5.3*),

□ Modellierung von Datenlogistikprozessen mit dem SOM-Ansatz (→*5.1.3*),

□ objektorientierte Modellierung der Datenlogistik (→*5.3*).

3 Datenbezogene Integration von Anwendungssystemen

Das *3.* Kapitel befaßt sich mit der datenbezogenen Integration von Anwendungssystemen. Zunächst werden der Integrationsbegriff charakterisiert und insbesondere verschiedene Integrationssichten systematisiert (→*3.1*). Im Spannungsfeld von Integration und Verteilung betrieblicher Anwendungssysteme sind Managementunterstützung und Geschäftsprozeßorientierung Schwerpunktziele der Integration betrieblicher Anwendungssysteme (→*3.2*). Eingeschränkt auf das Teilproblem der Informations- und Datenlogistik (→*3.3*) werden schließlich Anforderungen an ein diesbezügliches Integrationskonzept formuliert (→*3.4*). Diesen Anforderungen stehen Konzepte gegenüber, die partielle Integrationsfunktionalitäten beinhalten (→*3.5*). Das Data Warehouse-Konzept stellt einen geeigneten, wenngleich nicht ausreichenden Lösungsansatz in bezug auf die Problemstellung dar (→*3.6*), der weiterführend im *4.* und *5.* Kapitel zu einem Konzept für die modular-integrierte Datenlogistik ausgebaut wird. Schwerpunkte und Vorgehen im 3. Kapitel sind in *Abb. 3-1* zusammenfassend dargestellt.

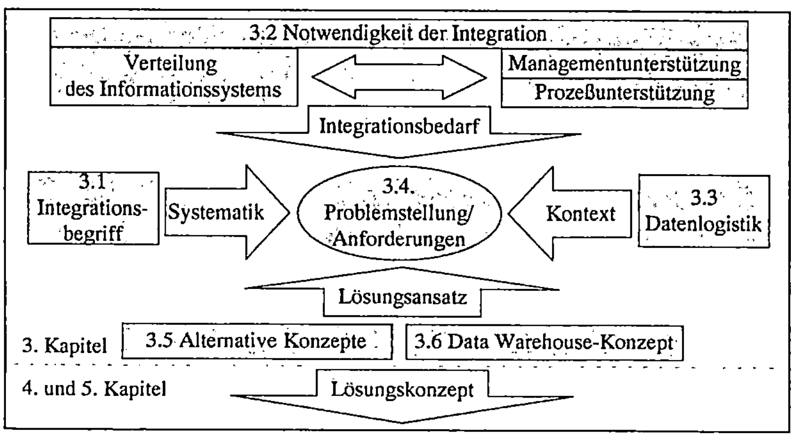

Abb. 3-1: Systematik der Problembeschreibung

3.1 Integration in betrieblichen Informationssystemen

3.1.1 Verteilung betrieblicher Aufgaben

Innerhalb einer Unternehmung wird die betriebliche Gesamtaufgabe nach unterschiedlichen Kriterien in Teilaufgaben unterteilt [Wöhe90]. Diese Aufgabenzerlegung ist i.d.R. historisch gewachsen und manifestiert sich in der Organisation des Unternehmens und seines Informationssystems. Die Teilaufgaben werden danach von verschiedenen personellen und maschinellen Aufgabenträgern ausgeführt (→2.1.2). Eine Reihe von Aufgabenzerlegungen ist durch technologische Entwicklungen der maschinellen Aufgabenträger bedingt. Danach führen technologische Prinzipien der Informatik, wie z.B. Batchverarbeitung (vgl. dazu [Mert95, 17]) oder Client-Server-Rechnerarchitekturen (vgl. dazu [Mert95, 38]), zu bestimmten Organisationsformen der betrieblichen Anwendungssysteme, die wiederum in vielen Fällen die Organisation des Unternehmens und seiner Bereiche beeinflussen. Mittlerweile sind durch ...

□ ...eine größere und verbesserte informationstechnische Durchdringung betrieblicher Aufgaben in Anwendungssystemen (z.B. Standardanwendungssoftware),

□ ...Entwicklungen der Hardware und Systemsoftware (z.B. Personalcomputer mit graphischen Betriebssystemoberflächen),

□ ...Erfahrungen mit neuen Technologien in den Unternehmen (z.B. verteilte Systeme)

Potentiale für eine verbesserte Aufgabendurchführung entstanden, die durch eine neue Strukturierung der Aufgaben und eine veränderte Zuordnung der Aufgabenträger ausgeschöpft werden können. Auf der anderen Seite motivieren neue betriebswirtschaftliche (z.B. Profit Center) und organisatorische Entwicklungstendenzen (z.B. Geschäftsprozeßorientierung) ebenfalls eine andere Zuordnung von Aufgaben und Aufgabenträgern.

Gegenstand der *Aufgabenintegration* ist in diesem Zusammenhang die gebündelte Durchführung zu integrierender Aufgabenkomplexe von einem maschinellen oder personellen Aufgabenträger. Dementsprechend sind maschinelle und personelle Integration zu unterscheiden. Dabei können Aufgabenträger zu Aufgabenträgerkomplexen mit dem Ziel zusammengefaßt werden, eine höhere Ausfallsicherheit und Verfügbarkeit zu erreichen oder im personellen Bereich Synergieeffekte zu nutzen. Beispiele der Komplexbildung sind Abteilungen für personelle und Rechnercluster für maschinelle Aufgabenträger [FeSi94, 53 f.].

Eine etwas andere Ausrichtung besitzt die prozeßorientierte Integration, bei der nicht eine einzelne Aufgabe, sondern eine Folge abhängiger Aufgaben betrachtet wird (→2.3.2.1).

3.1.2 Zerlegung und Integration

Die Prozesse *Zerlegung* und *Integration* verlaufen zueinander gegenläufig. Sie bedingen einander, stehen zueinander im Widerspruch und wechseln sich als Philosophien bei der Informationssystemgestaltung ab. Man kann beide Aspekte auch als Grundtendenzen der Informatik bezeichnen bzw. als unterschiedliche Sichten in bezug auf dieselben Integrationsziele auffassen [FeSi94, 197 f.]:

□ eine Top-down-Sicht des Aufgabenzerlegungsprozesses und

□ eine Bottom-up-Sicht bei Vorliegen einer gewachsenen Aufgabenzerlegung.

Das Wort *Integration* bedeutet die Wiederherstellung eines Ganzen und beinhaltet in der Wirtschaftsinformatik die Zusammenführung von Teilinformationssystemen zu einer Einheit.

Diese Arbeit fokussiert die Bottom-up-Sicht der Integration von Anwendungssystemen, wobei natürlich Zerlegungstendenzen als gegenläufige Prozesse und Ausgangspunkt für Integrationsaufgaben berücksichtigt werden müssen. Mit dieser Sichtweise wird den in vielen Unternehmen existierenden dezentralen Informationssystemen, bestehend aus verschiedenen funktional ausgerichteten Anwendungssystemen, Rechnung getragen (→*3.2.1*).

3.1.3 Integrationsgegenstand

In [Mert95, 2] wird nach dem Integrationsgegenstand zwischen Programm-, Methoden-, Daten-, Funktions- und Vorgangsintegration unterschieden. Die Programmintegration bezieht sich auf die Verknüpfung von Softwarebausteinen und die Methodenintegration auf die methodische Abstimmung betrieblicher Funktionen. Die letzten drei Kategorien entsprechen Modellsichten eines betrieblichen Informationssystems (→*2.2.2*, →*2.3*). Die Bildung von Sichten erweist sich auch für die Charakterisierung und Strukturierung der Integrationsproblematik als günstig. Daten-, Funktions- und Vorgangsintegration lassen sich nochmals aus objektorientierter bzw. prozeßorientierter Sicht kombinieren (*Abb. 3-2*). Die Metadatenintegration leitet sich aus einer Betrachtung der Metadaten zu Daten, Funktionen und Vorgängen ab. Die Funktionsintegration wird in *Abb. 3-2* nach [FeSi94, 198 f.] weiter verfeinert.

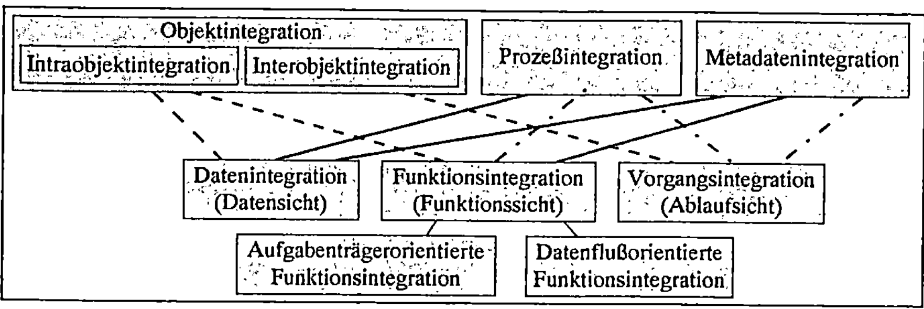

Abb. 3-2: Gegenstand der Integration

Datenintegration

Die Datenintegration zielt auf die Beherrschung der Datenredundanz und fokussiert dabei die logische Integrität von Datenbanksystemen. Sie ergibt sich durch die Trennung von Daten und Anwendungsprogrammen und der Bildung eigenständiger Datenbankmanagementsysteme (DBMS). Konzeptionelle Grundlage einer informationssystemweiten Integration sind unternehmensweite Datenmodelle (→2.3.1.3).

Die Datenintegration kann man in logische und physische Integration differenzieren. Bei der *physischen Integration* existiert eine Datenbank, mit der alle Anwendungen arbeiten, die *logische Integration* bringt die Datenstrukturen von Teilsystemen in Übereinstimmung.

In [Mert95, 1] werden zwei Formen der Datenintegration unterschieden, die logische und physische Integration in unterschiedlicher Weise betonen:

□ *Datenaustausch:* Daten werden zwischen Anwendungssystemen übergeben. Voraussetzung ist die Abstimmung (logischer) Datenstrukturen beider Teilsysteme, so daß der Datenempfänger die gesendeten Daten ordnungsgemäß interpretiert. Sollen die Daten automatisch übergeben werden, kommt eine technologische (physische) Abstimmung hinzu.

□ *Gemeinsame Datenbank:* Die Daten verschiedener Anwendungssysteme werden in einer gemeinsamen Datenbank abgelegt. Neben einer logischen Integration sind die Daten auch physisch vollständig integriert.

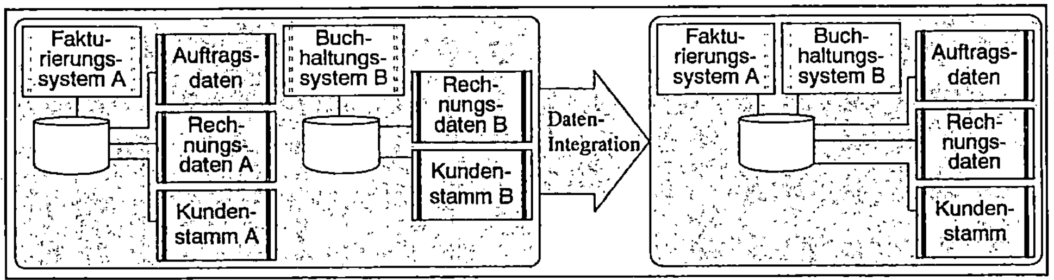

Abb. 3-3: Datenintegration

In *Abb. 3-3* ist die Bildung eine gemeinsamer Datenbank beispielhaft für Fakturierung und Buchhaltung aus vorher separaten Datenbanken angegeben.

In [Öste95, 242 ff.] wird der Datenaustausch auch als *„Integration über Daten"* und die gemeinsame Datenbank als „Integration der Daten" bezeichnet. Bei der *„Integration der Daten"* benutzen verschiedene Anwendungen dieselben Daten und damit dasselbe Datenmodell. Im Falle der „Integration über Daten" haben die Anwendungen eigene Datenbestände. Die Konsistenz der redundanten Daten wird über Datenaustausch sichergestellt. Beim Datenaustausch („Integration über

Daten") ist die Datenintegration mit einer Vorgangsintegration zu koppeln, da Zeitpunkte und Ablauf der Übergabe festzulegen sind.

Aufgabenträgerorientierte Funktionsintegration

Die Aufgabenträgerorientierte Funktionsintegration zielt auf Bündelung der Ausführung gleichartiger Aufgaben (Funktionen) durch einen Aufgabenträger. Dabei wird die Bildung von Aufgabenkomplexen an der Kapazität und der Fähigkeit personeller Aufgabenträger ausgerichtet, um die Zuordnung von Aufgaben zu Aufgabenträgern zu optimieren.

Im Beispiel in *Abb. 3-4* werden die bisher verteilt in Beschaffungs- und Vertriebsbereich ausgeführten Funktionen der Berichtserstellung im Controllingbereich gebündelt. Eine Integration erfolgt dabei sowohl in bezug auf maschinelle Aufgabenträger, indem nur noch ein Berichtssystem verwendet wird, als auch für personelle Aufgabenträger, da der zentrale Controllingbereich die Aufgabe übernimmt.

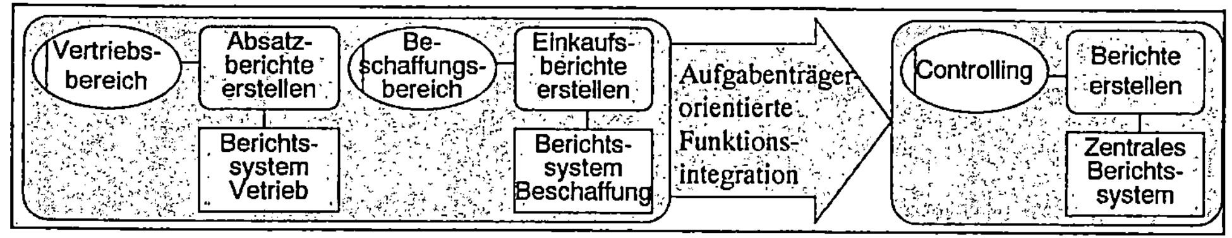

Abb. 3-4: Aufgabenträgerorientierte Funktionsintegration

Entscheidend für die Aufgabenträgerorientierte Funktionsintegration sind Kriterien für die Gleichartigkeit von Aufgaben. Im Beispiel in *Abb. 3-4* könnte man die Integrationsrichtung auch umkehren, indem die Erstellung des Absatzberichtes als vertriebsnahe Aufgabe mit anderen Vertriebsaufgaben, wie Absatzplanung oder Kundenauftragsverwaltung zusammengefaßt wird.

Datenflußorientierte Funktionsintegration

Die Datenflußorientierte Funktionsintegration [FeSi94, 201 ff.] bezieht sich auf eine flußorientierte Aufgabenstruktur. Anwendungssysteme werden entsprechend abhängiger Funktionsfolgen in einem Datenfluß miteinander verbunden. Es besteht ein enger Zusammenhang mit der „Integration über Daten". Insbesondere sind Standards für den Nachrichtenaustausch zu definieren. Beispiele für Nachrichtenstandards, die auch unternehmensweit genutzt werden können, sind die Protokolle MAP (Manufacturing Automation Protocol) und EDIFACT (Electronic Data Interchange For Administration, Commerce and Transport).

In *Abb. 3-5* ist ein Beispiel für die Datenflußorientierte Funktionsintegration eines Fakturierungs- und Berichtssystems angegeben. Der ursprüngliche Medienbruch bei der Übergabe der Fakturierungsdaten wird durch ein Datentransfersystem

beseitigt. Dieses Querschnittssystem (→*2.1.3.1*) unterstützt den Nachrichtenaustausch zwischen den beiden Anwendungssystemen.

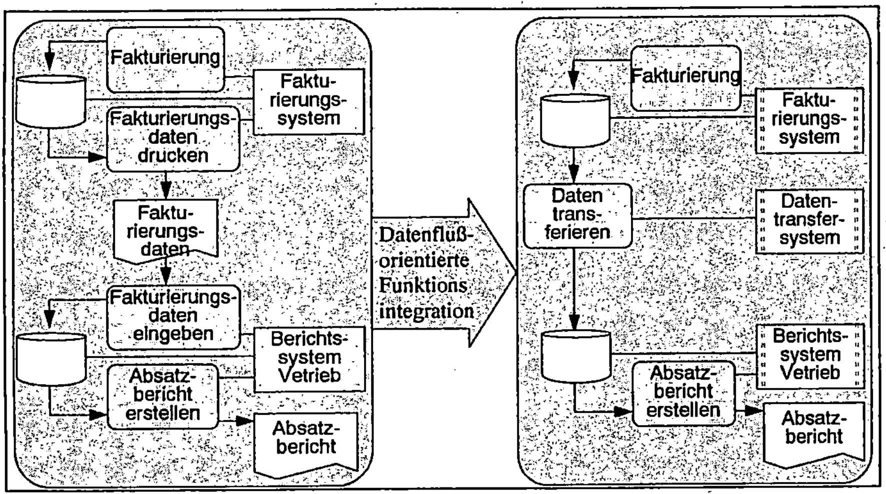

Abb. 3-5: Datenflußorientierte Funktionsintegration

Vorgangsintegration

Erweitert um eine ereignisbezogene Steuerung der Datenflüsse und Funktionsfolgen gelangt man vom Datenfluß zum Begriff der Vorgangskette (oder Prozeßkette). Die Vorgangsintegration verbindet Vorgangsketten miteinander. Entlang einer
solchen integrierten Vorgangskette, an der verschiedene Anwendungssysteme beteiligt sein können, sind Steuerflüsse zwischen Anwendungen zu koordinieren.

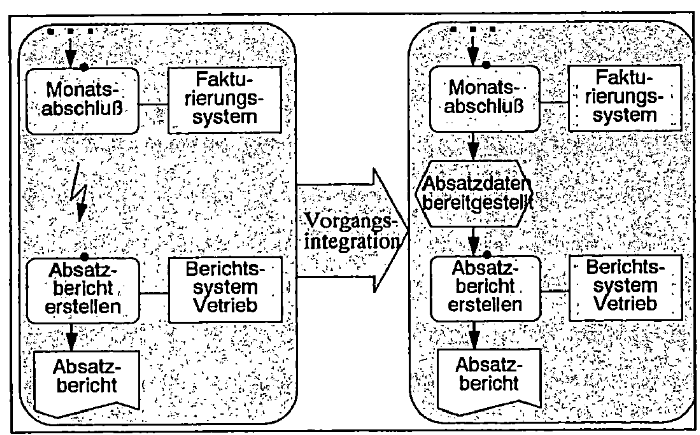

Abb. 3-6: Vorgangsintegration

In *Abb. 3-6* sind zwei Funktionen *Monatsabschluß* und *Absatzbericht erstellen* angegeben, die jeweils einen Teilprozeß im Fakturierungs- bzw. Berichtssystem repräsentieren (dargestellt durch den Punkt im Funktionssymbol). Zwischen beiden Funktionen besteht zunächst keine Beziehung. Die Vorgangsintegration verbindet beide Teilprozesse zu einem Gesamtprozeß, indem das Endereignis des Monatsabschlusses gleichzeitig Startereignis der Berichtserstellung ist. Informationstechnisch kann dies über ein Workflowmanagementsystem realisiert werden.

Prozeßintegration

Die Prozeßintegration kann auf Daten-, Funktions- und Vorgangsintegration basieren. Der Zusammenhang mit der Vorgangsintegration ergibt sich aus dem Charakter eines Prozesses als Vorgangsfolge. Prozesse zwischen Teilsystemen des betrieblichen Informationssystems sind desweiteren über eine gemeinsame Datenbank integrierbar [Öste95, 244]. Auch mit der Funktionsintegration können gleichzeitig zugehörige Prozesse integriert werden. Wenn bspw. der Benutzerservice (vgl. [MeKn95, 12]) neben der Hardwarekonfiguration des PC gleichzeitig die Installation des Betriebssystems und der Anwendungssoftware übernimmt, wird damit der Prozeß der Hardware- und Softwarewartung integriert und so der Service für die Systembenutzer verbessert, da auftretende Probleme gebündelt behoben werden können. Getrennte Verantwortlichkeiten für die einzelnen Funktionen verursachen u.U. lange Wartungsprozesse für ein Rechnersystem, da sich Systemfehler der einzelnen Komponenten (Hardware, Betriebssystem, Anwendung) gegenseitig bedingen und so durch die Funktionsausführung eines Servicebereichs ein Ereignis eintreten kann, das einen anderen Servicebereich erfordert.

Objektintegration

Die Objektintegration kann man unterteilen in (→*2.3.3.2.4*):

- *Intra-Objektintegration* - Objektinterne Integration von Funktionen und zugehörigen Datenstrukturen (Innensicht eines Objekts),
- *Inter-Objektintegration* - Integration der Kommunikationsstrukturen zwischen den Objekten (Außensicht eines Objekts).

Die Intra-Objektintegration faßt Aspekte der Datenintegration und der Aufgabenträgerorientierten Funktionsintegration zusammen, während die Inter-Objektintegration insbesondere Elemente der Vorgangsintegration und der Datenflußorientierten Funktionsintegration enthält. Die auf Nachrichten basierende Kommunikation zwischen den Objekten ist dabei aus prozeßorientierter Sicht zu betrachten. In *Abb. 3-7* werden die ursprünglich in getrennten Teilsystemen ausgeführten Vertriebsfunktionen (Auftragsplanung, Auftragsverwaltung, Fakturierung) gebündelt, wobei sowohl die Daten (Auftragsdaten) als auch die damit verbundenen Funktionen integriert und in einem Objekt zusammengefaßt werden (Intra-

Objektintegration). Die von einzelnen Teilfunktionen des Vertriebs ausgehenden Beziehungen zum Berichtswesen werden durch die Inter-Objektintegration zwischen Vertriebssystem-Objekt und Berichtswesen-Objekt zusammengeführt.

Der SOM-Ansatz (→*2.3.3.3.1*) bietet für beide Aspekte der Objektintegration eine entsprechende modelltechnische Grundlage. Über das konzeptuelle Objektschema (KOS) werden Objekte betrachtet (Intra-Objektintegration), während das Vorgangsobjektschema (VOS) die Interaktionen zwischen Objekten fokussiert (Inter-Objektintegration).

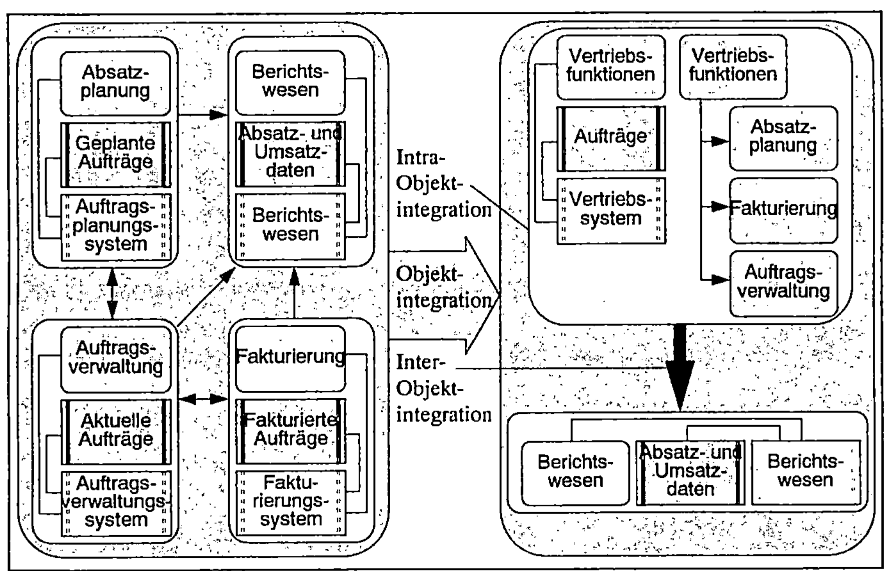

Abb. 3-7: Objektintegration

Metadatenintegration

Die Metadatenintegration zielt auf die Metaebene der Daten-, Funktions- bzw. Ablaufsicht (→*2.2.2*). Es werden dabei strukturelle Gemeinsamkeiten untersucht und weniger fachliche, betriebswirtschaftliche Zusammenhänge betrachtet.

In *Abb. 3-8* werden Datenstrukturen (Metadaten) für *Kunden* und *Lieferanten* zu einer Datenstruktur für Geschäftspartner zusammengeführt. Damit wird vermieden, daß Stammdaten, die sowohl Kunde als auch Lieferant sind, redundant verwaltet werden müssen. Selbst wenn keine Überschneidungen zwischen der Menge der Kunden und der Menge der Lieferanten auftreten, bietet sich eine Generalisierung von Kunden- und Lieferantendaten zu Partnerdaten an. Die Anzahl der Datenstrukturen wird reduziert, da beide Datencluster zusammengeführt werden. Außerdem ergeben sich Synergieeffekte für Funktionen über den Daten, z.B. beim Wechsel des Postleitzahlensystems. Ähnlich dazu sind bei der Einführung von

Workflowmanagementsystemen Abläufe zu vereinheitlichen, um die entsprechenden Metadaten im Repository des Workflowmanagementsystems ablegen zu können. Die Uniformierung von Metadaten der Datensicht wird weiterführend im Zusammenhang mit der Entwicklung des Unimu-Schemas erläutert (→*4.5.3.1*).

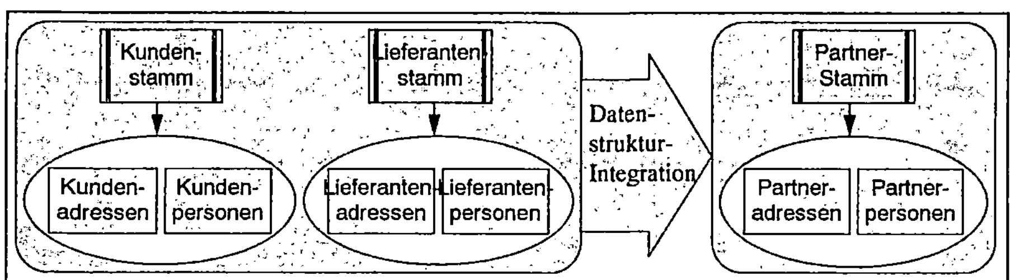

Abb. 3-8: Datenstruktur-Integration

3.1.4 Integrationsrichtung und Integrationsreichweite

In *2.1.3* wurde das Informationssystem in vertikaler Richtung nach der Art der Aufgabe in verschiedene Ebenen und in horizontaler Richtung nach betriebswirtschaftlichen Funktionen entlang von Wertschöpfungsketten zerlegt. Die Integration als gegenläufiger Prozeß der Zerlegung kann gleichermaßen in horizontale und vertikale Integration differenziert werden [Mert95, 4]:

❑ Die *horizontale Integration* verbindet Teilinformationssysteme in betrieblichen Wertschöpfungsketten. Ziel ist vor allem die durchgängige Unterstützung von Geschäftsprozessen über mehrere Teilsysteme. Die Prozesse werden u.U. bei der Unterteilung des Informationssystems in funktional ausgerichtete Anwendungssysteme unterbrochen und müssen in geeigneter Weise wieder integriert werden.

❑ Gegenstand der *vertikalen Integration* ist die Datenversorgung der MSS aus den operativen Systemen heraus. Auch diese Art der Integration trägt Prozeß-charakter, wenngleich es sich mehr um informationelle Geschäftsprozesse handelt, die im Gegensatz zu wertschöpfenden Prozessen nur im Informations-system ablaufen und keine Entsprechung im Basissystem haben.

Nach der Integrationsreichweite unterscheidet man Bereichsintegration, Innerbetriebliche und Zwischenbetriebliche Integration [Mert95, 5]:

❑ Gegenstand der *Bereichsintegration* ist ein Unternehmensbereich oder -prozeß.

❑ Die *Innerbetriebliche Integration* verbindet Bereiche und Prozesse in einem Unternehmen miteinander.

❑ Die *Zwischenbetriebliche Integration* bezieht sich auf die Kommunikation zwischen Unternehmen.

Aus objektorientierter Sicht lassen sich diese drei Formen der Integrationsreichweite zu einem hierarchischen Objektsystem verallgemeinern. In *Abb. 3-9*
sind exemplarisch Integrationsbereiche als Objekte dargestellt. Die Integration
von Anwendungssystemen verschiedener Produktionsbereiche (z.B. Systeme zur
Produktionsplanung und Steuerung) ist ein Beispiel für die Bereichsintegration.

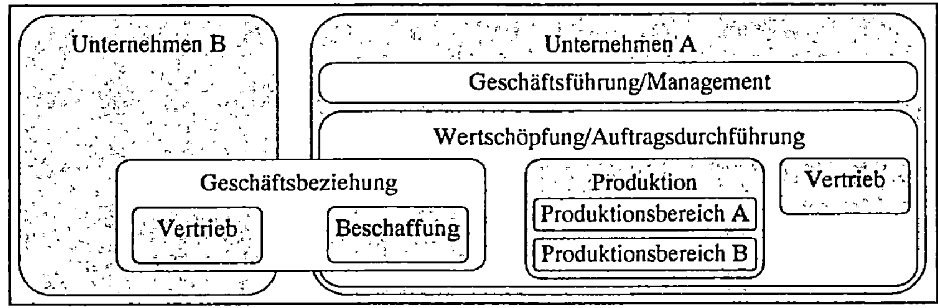

Abb. 3-9: Objektorientierte Betrachtung der Integrationsreichweite

Möglichkeiten der Innerbetrieblichen Integration sind:

❏ die Kopplung von Beschaffung, Produktion und Vertrieb zur durchgängigen
Unterstützung der Wertschöpfungsprozesse (horizontale Integration), z.B. über
ein Workflowmanagementsystem, und

❏ die Verbindung dieser operativen Prozesse mit den Managementaufgaben
(vertikale Integration), z.B. über Schnittstellen für den Datenaustausch
zwischen operativen Systemen und MSS.

Die Abwicklung von Geschäftsbeziehungen zwischen zwei Unternehmen, z.B.
durch Datenaustausch zwischen Vertriebssystem des Lieferanten und Beschaffungssystem des Kunden über EDIFACT (→*3.1.3*), ist Ausdruck der Zwischenbetrieblichen Integration.

3.1.5 Nutzung im Rahmen dieser Arbeit

Die Dualität von Zerlegung und Integration des betrieblichen Informationssystems
ist Ausgangspunkt der in den Kapiteln *4* und *5* dargestellten modular-integrierten
Datenlogistik. Während eine Data Warehouse-Lösung integrierend wirkt (→*4*),
drückt sich die Zerlegung über eine auf objektorientierten Prinzipien basierende
modulare Gestaltung der Datenlogistik aus (→*5*). Die in *3.4* definierten
Anforderungen liefern dazu die Ausrichtung. Grundlegende Integrationsformen
(→*3.1.3*) können genutzt werden, um Integrationskonzepte einzuordnen und zu
bewerten (→*3.5.3*). Wesentlicher Kritikpunkt existierender Ansätze ist dabei, daß
Integrationsformen einseitig betont werden. Ein wesentlicher Beitrag dieser Arbeit
ist die Kombination der verschiedenen Integrationssichten für die Datenlogistik
zwischen Anwendungssystemen (→*3.4.2*, →*3.6*, →*4.3*, →*5.3*).

Die Notwendigkeit der horizontalen und vertikalen Integration führt zu Anforderungen an die Datenlogistik in *3.4.2*. In bezug auf die Integrationsreichweite befaßt sich die Arbeit mit der Innerbetrieblichen Integration und der Bereichsintegration. Die geeignete Kombination beider Aspekte drückt sich in der Forderung nach einer Kombination bereichsübergreifender zentraler Komponenten für die innerbetriebliche Integration und bereichsspezifischer modularer Komponenten für bestimmte betriebswirtschaftliche Aufgaben aus (→*3.4.3*).

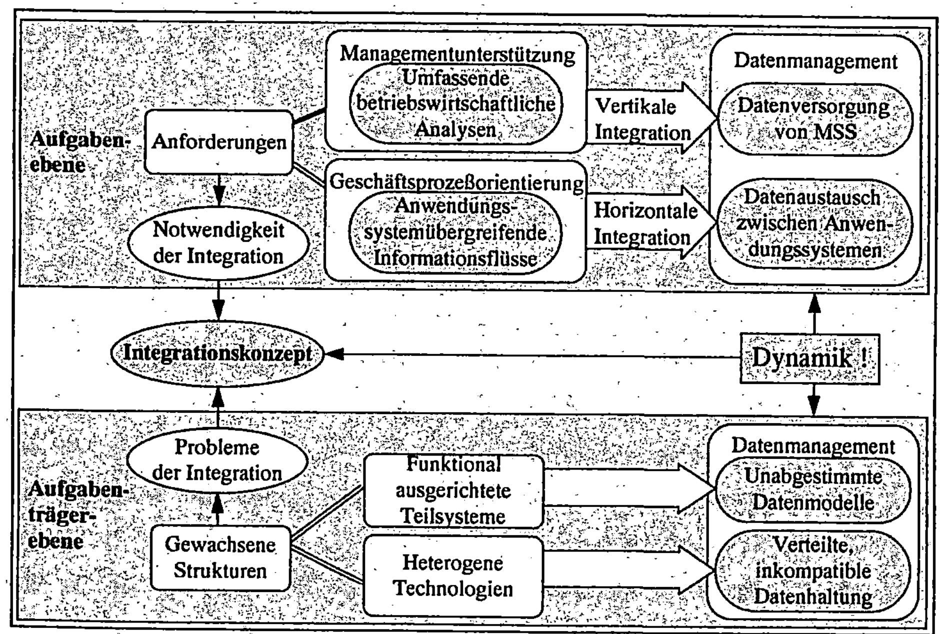

Abb. 3-10: Integrationsbedarf im betrieblichen Informationssystem

3.2 Notwendigkeit der Integration

Flexible integrierte Strukturen sollen in Unternehmen kurze Informations- und Entscheidungswege ermöglichen. Eine geeignete informationstechnische Managementunterstützung und die konsequente Ausrichtung an Geschäftsprozessen sind Schwerpunktaufgaben, die zu existierenden Strukturen der Aufgabenträger des Informationssystems im Widerspruch stehen. In *Abb. 3-10* ist dieser Problemkreis mit Auswirkungen auf das Datenmanagement dargestellt. In der Aufgabenebene kann man für die beiden Ebenen des betrieblichen Informationssystems (→*2.1.3.1*) zwei Schwerpunkte identifizieren:

▫ Im operativen Teilinformationssystem ist die Integration der Anwendungssysteme für operative, i.d.R. wertschöpfende Geschäftsprozesse erforderlich.

◻ Für das managementunterstützende Teilinformationssystem ist die Bündelung und Aufbereitung von Daten aus den operativen Anwendungssystemen notwendig. Dies ist die Grundlage für flexible Analysewerkzeuge, die zur Lösung betriebswirtschaftlicher Problemstellungen eine globale Sicht auf das Unternehmensgeschäft und die Unternehmensumwelt ermöglichen.

Existierende Organisationsformen in der Aufgabenträgerebene des betrieblichen Informationssystems wirken diesen Zielstellungen oft entgegen (*Abb. 3-10*). Ein Hauptproblem ist dabei, daß sich Umgestaltungen der Organisation zum Zwecke der Integration im Spannungsfeld der Dynamik von Aufgaben und Aufgabenträgern bewegen. Änderungen der Geschäftsprozesse erfordern eine ständige Anpassung des Basis- und Informationssystems, während die technologische Entwicklung für immer schnellere Innovationszyklen der maschinellen Aufgabenträger mit Rückkopplung zu personellen Aufgabenträgern sorgt.

3.2.1 Dezentrale Organisationsformen

3.2.1.1 Dezentrale Aufbauorganisation des Unternehmens

Zur Wettbewerbssicherung der Unternehmen werden vielfältige Maßnahmen, wie die Schaffung schlanker Unternehmen (Lean Management) und die Durchführung von Business Process Reengineering, unternommen. Der dadurch entstandene Strukturwandel führt vor allem zu organisatorischen Veränderungen. Aus hierarchischen, tief gegliederten Unternehmen bilden sich schlankere Organisationen, bestehend aus kleinen selbständigen Einheiten mit weniger Hierarchieebenen [Korn94, 22 ff.]. Kompetenzen verteilen sich auf mehrere Mitarbeiter. Eine größere Anzahl autonomer, nahe am Mark agierender Unternehmenseinheiten erhöht die Flexibilität und Reaktionsfähigkeit des Unternehmens.

Mögliche Folge ist allerdings, daß Geschäftsprozesse in ihrer Gesamtheit nicht mehr überblickt werden. Außerdem wird die Wirksamkeit der oberen Führungsebene beeinträchtigt, da Informationen über die verteilte Organisation ebenso schwer zu beschaffen wie zu verteilen sind. Konsequenz ist die Forderung nach Stabsbereichen, die für den Führungsprozeß Informationen zusammentragen, um daraus brauchbare Entscheidungshilfen zu liefern [Dorn94, 12]. Dazu ist es notwendig, daß ein solcher Bereich die Informationsprozesse im Unternehmen koordiniert. Ein Problem liegt in der Ausgestaltung der Kommunikation zwischen dieser zentralen Koordinationseinheit und den Fachbereichen. Es besteht die Gefahr, daß sich der Stabsbereich aufgrund fehlender Bindung zu den anderen Unternehmensbereichen von den fachlichen Aufgaben entfernt und damit den Bezug zu Geschäftsprozessen verliert [MeKn95, 79 ff.].

3.2.1.2 Funktionale Verteilung des Informationssystems

Die betrieblichen Anwendungssysteme sind in vielen Unternehmen historisch gewachsen und wegen der dezentralen Aufbauorganisation häufig isoliert voneinander entwickelt worden. Dies führt oft zu abgeschlossenen Anwendungen, die nicht miteinander kommunizieren können [LiWe94, 62 ff.]. In nahezu jedem größeren Unternehmen existiert ein heterogenes Informationssystem, in der „Neuentwicklungen mit bestehenden, eigenentwickelten Applikationen und zugekaufter Standardsoftware zusammenarbeiten müssen" [Öste95, 241].

Zusätzlich hat sich mit flexiblen, verteilten Client-Server-Architekturen in vielen Unternehmen eine heterogene Anwendungslandschaft mit dezentraler Verantwortung herausgebildet. Dies hat u.a. folgende Konsequenzen:

❑ Informationen sind in mehreren Anwendungssystemen verteilt.

❑ Informationelle Zusammenhänge gehen aufgrund unterschiedlicher Modelle verloren.

Aus den beiden grundsätzlichen Integrationsrichtungen des Informationssystems (→*3.1.4*) leiten sich die Zielstellungen für die Integration der Anwendungssysteme unterschiedlicher Fachbereiche ab:

❑ vertikale Integration: Unternehmensweite Sicht auf die Geschäftsprozesse basierend auf einer entsprechenden Informationsbereitstellung für MSS,

❑ horizontale Integration: Unterstützung von bereichs- und damit anwendungssystemübergreifenden Geschäftsprozessen.

Aus der Verteilung der Anwendungssysteme ergeben sich jedoch Probleme für die Identifikation und Verknüpfung relevanter Informationen:

❑ organisatorisch: Zuständigkeit für Integrationsaufgaben, Verantwortung für die Informationen,

❑ inhaltlich: einheitliche Begriffe und Identifikatoren für Informationsobjekte,

❑ technologisch: Betriebssysteme, Datenbanken, Rechnernetze.

Desweiteren besteht ein Spannungsfeld zwischen Funktionsorientierung und Prozeßorientierung. Zum einen müssen die bestehenden Anwendungssysteme als maschinelle Aufgabenträger ihre betriebswirtschaftlichen Aufgaben erfüllen. Zum anderen erfordert Geschäftsprozeßorientierung (vgl. weiterführend *3.2.3*) eine Kopplung von Anwendungssystemen in Prozeßketten.

3.2.1.3 Heterogene Datenhaltung

Mit funktional verteilten Anwendungssystemen haben sich zugleich unterschiedliche Datenbanksysteme in den Unternehmens etabliert. Von verschiedenen Aufgabenbereichen im Unternehmen werden dabei unterschiedliche Anforderungen an die Datenbanken gestellt. In den Unternehmen sind die Daten somit dezentral in verschiedenen Anwendungssystemen und in unterschiedlichen Datenbankformaten gespeichert.

Die heterogene Datenhaltung läßt sich zurückführen auf (*Abb. 3-11*):

▫ die Verteilung des betrieblichen Informationssystems (→*3.2.1.2*) und

▫ die Entwicklung individueller Lösungen für die Datenauswertung im managementunterstützenden Teil des Informationssystems. Diese Lösungen besitzen häufig von übrigen Anwendungssystemen unabhängige, redundante Datenbestände, zumeist auf der Basis von PC-Technologien [Mase98, 8 ff.].

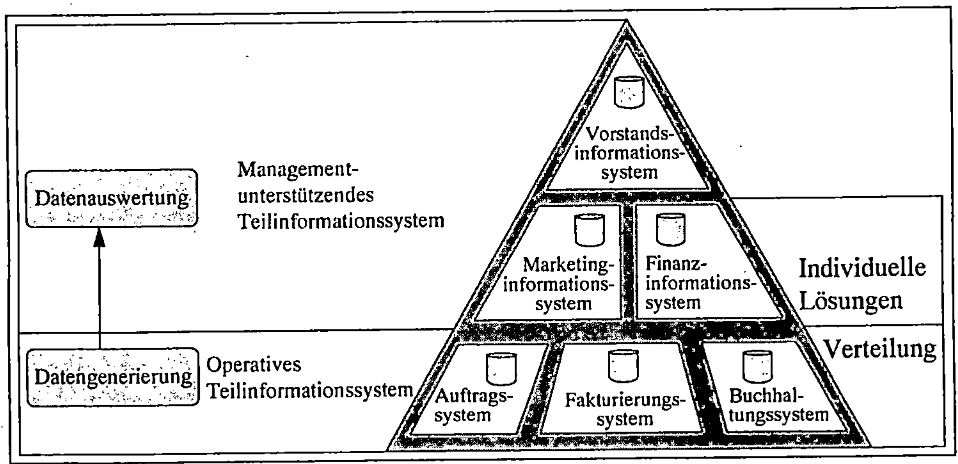

Abb. 3-11: Heterogene Datenhaltung

In *Abb. 3-11* wird die heterogene Datenhaltung in operativen Systemen und MSS deutlich. Jedes Anwendungssystem besitzt eine eigene Datenbank mit individuellen logischen und physischen Strukturen. In den einzelnen operativen Anwendungssystemen werden in Geschäftsprozessen unabhängig voneinander Daten generiert und verarbeitet. Für Zwecke der Datenauswertung entstehen als Folge unkontrollierter, individueller Extraktion von Daten aus den operativen Systemen unabgestimmte, teilweise personenspezifische Datenbanken. Dabei geht die Kontrolle an den extrahierenden Benutzer über, der die Daten weiterverarbeitet und auswertet. Für die Datenbestände hat eine solche Entwicklung starkes Wachstum, Heterogenität und Redundanz zur Folge (vgl. weiterführend [Mase98, 8 ff.]).

Diese Heterogenität ist physisch, logisch und organisatorisch ausgeprägt:

▫ *Physische Heterogenität:* Es existieren verschiedene individuelle Datenhaltungssysteme auf unterschiedlichen Plattformen.

▫ *Logische Heterogenität:* Datenmodelle basieren auf unterschiedlichen Datenbankparadigmen (relational, hierarchisch, objektorientiert). Verschiedene Entwurfsalgorithmen und Modellierungsprinzipien sowie fachbereichsabhängige Begriffsapparate können zur Inkompatibilität der Datenmodelle führen.

❑ *Organisatorische Heterogenität:* Die Datenhoheit ist auf mehrere Fachbereiche verteilt. Eine Gesamtverantwortung für die Datenbestände im Unternehmen ist nicht vorhanden.

3.2.1.4 Zusammenhang der dezentralen Organisationsformen

Die Dezentralisierung innerhalb der Aufbauorganisation eines Unternehmens, d.h. die Bildung von Organisationseinheiten korrespondiert i.d.R. mit der Anwendungssystemarchitektur des zugehörigen Informationssystems (*Abb. 3-12*). Diese Interdependenz ergibt sich aus dem Zusammenhang von Basis- und Informationssystem (→*2.3.3.2.1*).

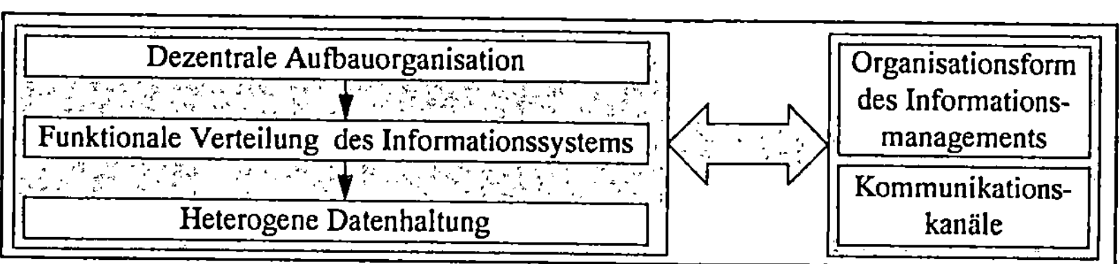

Abb. 3-12: Dezentralisierung von Basis-, Informations- und Datenbanksystem

Ein verteiltes Informationssystem wiederum führt zu einer heterogenen Datenhaltung, da die Datenbanksysteme Bestandteil der Anwendungssysteme sind. Die daraus resultierende notwendige Kommunikation zwischen dezentralen Aufgabenträgern (Anwendungssysteme innerhalb des Informationssystems, Organisationseinheiten innerhalb des Basissystems) wird erschwert, wenn keine koordinierenden Aufgabenträger für das gesamtheitliche Informationsmanagement (→*2.1.4.1*) im Unternehmen existieren.

3.2.2 Vertikale Integration zur Managementunterstützung

3.2.2.1 Klassifikation von Management Support Systems

Unter MSS werden in der Literatur computergestützte Anwendungssysteme verstanden, die die Aufgabe haben, personelle Aufgabenträger mit relevanten Informationen für den Führungsprozeß oder die Entscheidungsunterstützung rechtzeitig und in geeigneter Form zu versorgen [Stah95, 408 ff.]. In der Literatur existieren eine Vielzahl von Definitionen und Abgrenzungen zur Beschreibung der informationstechnischen Managementunterstützung.

Ebenenklassifikation

Die in *2.1.3.1* vorgenommene vertikale Einteilung des Informationssystems wird in *Abb. 3-13* in einer klassischen Informationssystempyramide weiter verfeinert.

Die einzelnen Ebenen des Informationssystems unterscheiden sich nach den Kriterien *Strukturiertheit der Aufgaben*, *Freiheitsgrade der Handlungsmöglichkeiten* sowie *Informationsbedürfnisse der Entscheidungsträger* (vgl. Klei92, 1 ff.]).

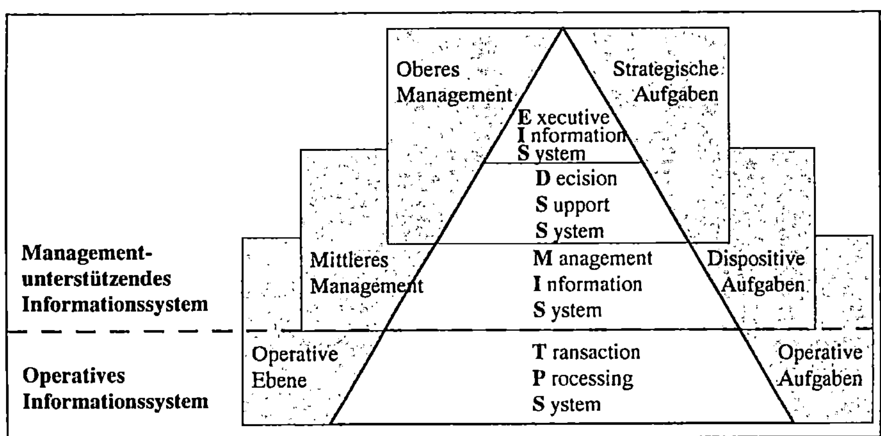

Abb. 3-13: Informationssystempyramide (in Anlehnung an [Jahn93, 31]) mit Aufgabenzuordnung (in Anlehnung an [KlRe94, 59])

Innerhalb des managementunterstützenden Informationssystems lassen sich drei Anwendungsklassen unterscheiden (*Abb. 3-13*):

- Auf dem operativen Informationssystem bauen die *Managementinformationssysteme* (MIS) auf, die vordefinierte Informationen und Berichte zu gut strukturierten Anfragen liefern.

- *Entscheidungsunterstützende Systeme* (EUS; auch Decision Support System, DSS) sind bereichs- und/oder aufgabenspezifische Systeme, die dem mittleren und oberen Management zur Planungsunterstützung und Problemlösung in Entscheidungssituationen dienen (vgl. auch [MeGr91, 5]).

- *Führungsinformationssysteme* (FIS, auch EIS - Executive Information System oder Chefinformationssysteme, vgl. [Bull91; Humm92]) beziehen sich vor allem auf Entscheidungsprozesse.

Eine Gliederung betrieblicher Informationssysteme entsprechend der beschriebenen Ebenen ist nach der Art der Aufgabenstellung in operative, dispositive und strategische Aufgaben möglich [KlRe94, 59] (*Abb. 3-13*).

Komponentenklassifikation

Die beschriebene Klassifikation nach Ebenen ist in Anwendungssystemen kaum umsetzbar, da für die Unterstützung von Managementaufgaben meist Funktionalität aus allen Klassen notwendig ist. Insbesondere die durch neue betriebliche Organisationsformen bedingte zunehmende Verteilung von Führungsaufgaben auf viele Mitarbeiter erfordert die Kombination von Informationsversorgung und Kommunikation. Innerhalb dieser Arbeit soll daher unter einem MSS ein computergestütztes System verstanden werden, dessen Komponenten die Informationsbereitstellung sowie die Entscheidungs- und Kommunikationsprozesse für Managementaufgaben unterstützen [EhPH98, 164]. Je nach Aufgabenbereich, Managementebene, Branche und Individualität des Managers können diese Komponenten innerhalb eines MSS unterschiedlich ausgeprägt sein (*Abb. 3-14*).

Management Support System		
Entscheidungsunterstützung (EUS)	**Informationsbereitstellung (MIS)**	**Kommunikations- unterstützung**
□ Simulation	□ Standardreporting	□ e-mail
□ Optimierung	□ Ad-hoc-Reporting	□ Chat
□ Prognose	□ ...	□ Audio-, Videoconferencing
□ ...		□ ...

Abb. 3-14: Management Support Systems [EhPH98]

3.2.2.2 Notwendigkeit der Managementunterstützung

Der zunehmende Bedarf an MSS in den Unternehmen ist nicht nur ein Folge neuer informationstechnischer Möglichkeiten, sondern ergibt sich vor allem aus den Anforderungen an die Unternehmen. Neben qualitativen Anforderungen an MSS ergibt sich aus organisatorischen Gründen auch die Notwendigkeit einer breiteren Nutzung von MSS. Die in *Abb. 3-13* vorgenommene Zuordnung von Zielgruppen zu Informationssystemebenen baut auf einer klassischen hierarchischen Aufbauorganisation auf. Der Abbau von Hierarchiestufen und die Tendenz zu teamorientierten Organisationen erfordert neue Überlegungen zu den Zielgruppen solcher Systeme. Mit flachen Hierarchien wird der Nutzerkreis eines MSS größer, da Entscheidungskompetenzen auf einen größeren Personenkreis verteilt sind. Damit ist auch eine zunehmende funktionale Differenzierung in MSS notwendig, da die zur Verfügung gestellten Informationen von den fachlichen Aufgaben und der Position des Managers abhängig sind.

3.2.2.3 Probleme der Managementunterstützung

Die Unterstützung durch die Informationsverarbeitung konzentrierte sich bisher hauptsächlich auf die operative Ebene durch Administrations- und Dispositionssysteme und weniger auf die Führungsebene durch MSS [Stah95, 346 ff.]. Ursache dafür sind nicht fehlender Bedarf und Einsatzmöglichkeiten für Werkzeuge zur Managementunterstützung. Vielmehr existieren eine Reihe von Problemen im Zusammenhang mit der Informationsbereitstellung, die die Einführung von MSS erschweren [BeSc93, 4]:

□ Es herrscht kein Mangel an Informationen, sondern ein Überfluß.

□ Ein einfaches Bereitstellen von Informationen ist nicht ausreichend.

□ Der Informationsbedarf kann nicht a priori bestimmt werden.

Um Defizite existierender MSS zu beseitigen, sind vor allem folgende Anforderungen zu erfüllen:

□ *Funktionale Anforderungen*: Die existierenden operativen Anwendungssysteme konzentrieren sich auf die Erfüllung operativer Aufgaben, die durch Transaktionsdurchführung und Routineaufgaben gekennzeichnet sind. Diese Systeme erfüllen die Anforderungen einer Managementunterstützung nicht (vgl. dazu [Sche96, 75]).

□ *Integrationsanforderungen*: Eine horizontale Integration verteilter Informationssystemstrukturen (→*3.2.1*) ist infolge unabhängig voneinander entwickelter Anwendungssysteme ebenso notwendig wie eine vertikale Integration über Hierarchieebenen aufgrund von Medienbrüchen [Löbe97, 13].

Diese Arbeit beschäftigt sich mit den Integrationsanforderungen und konzentriert sich dabei auf die Datenlogistik zwischen Anwendungssystemen.

3.2.3 Horizontale Integration zur Prozeßunterstützung

3.2.3.1 Wesen der Geschäftsprozeßorientierung

Die Erfüllung betrieblicher Aufgaben basiert auf verschiedenen personellen und maschinellen Aufgabenträgern, deren Zusammenwirken unter Beachtung der Unternehmensziele koordiniert werden muß [Sche98a, 2]. In der Vergangenheit stand bei diesbezüglichen Organisationsbetrachtungen häufig die statische Aufbauorganisation im Vordergrund. Diese beschreibt den topologischen, i.d.R. hierarchischen Aufbau einer Unternehmung. Zunehmend rückt jedoch die Ablauforganisation in den Mittelpunkt organisatorischer Veränderungen. Gegenstand der Ablauforganisation ist das „zeitlich-logische Verhalten von Vorgängen, die der Aufgabenerfüllung der Unternehmungen dienen" [Sche98a, 3]. Prozeßorientierung bedeutet dabei nicht einfach eine andere organisatorische Betrachtung des vorhandenen betrieblichen Systems. Vielmehr werden alle Geschäftsprozesse des betrieblichen Systems auf die Erfüllung der Unternehmensziele durch die nachhaltige Befriedigung der Kundenbedürfnisse ausgerichtet [KeMe94, 36].

Die an den Geschäftsprozessen orientierte Neugestaltung der Ablauf- und Aufbauorganisation wird auch als Geschäftsprozeß-Reengineering (oder Business Process Reengineering, Business Process Redesign) bezeichnet. Das Hauptmerkmal des Geschäftsprozeß-Reengineering ist die ganzheitliche, ergebnisbezogene Planung und Optimierung von Geschäftsprozessen, die zur Leistungserstellung dienen. Der an der Ablauforganisation orientierte Fokus auf Prozesse unterscheidet sich fundamental von einer tayloristischen funktionsorientierten Betrachtungsweise, die die Aufbauorganisation in den Mittelpunkt stellt (vgl. [Kric95, 43; HaCa96, 19]).

3.2.3.2 Notwendigkeit der Geschäftsprozeßorientierung

Die Gestaltung des betrieblichen Informationssystems wird zunehmend von der Forderung nach Geschäftsprozeßorientierung dominiert. Ursache ist die Notwendigkeit der prozeßorientierten Führung des Unternehmens zur Festigung und Verbesserung der eigenen Marktposition und steigender Anforderungen an Flexibilität und Qualität. Mit der Ausrichtung des Basissystems ($\rightarrow$*2.1.2*) an den Geschäftsprozessen werden u.a. folgende Ziele verfolgt:

- Verstärkung der Kundenorientierung,

- Steigerung der Qualität,

- Vermeidung von Doppelarbeiten und Medienbrüchen,

- Beschleunigung von Durchlaufzeiten,

- Zuordnung von Prozeßkosten.

Für eine ausführliche Begründung prozeßorientierter Ansätze in Unternehmen wird auf [Kric95, 84; HaSt95, 28; ErSc95, 15] verwiesen.

ÖSTERLE sieht den Prozeß als „Schlüssel für die Reorganisation der Wirtschaft" und als Bindeglied zwischen der Geschäftsstrategie eines Unternehmens und deren Umsetzung im Informationssystem [Öste95, 16 ff.]. Eine prozeßorientierte Umgestaltung steht damit ebenso im Zusammenhang mit Aufbau- und Ablauforganisation des Basissystems wie mit der Architektur des betrieblichen Informationssystems. Dies wird auch deutlich, wenn man grundsätzliche Anwendungsfelder geschäftsprozeßorientierter Ansätze betrachtet:

- Business Engineering (vgl. dazu [Öste95]),

- Anwendungssystementwicklung (vgl. dazu [Sche98b]):
    - Auswahl von Standardsoftware,
    - Konfiguration von Standardsoftware,
    - Entwicklung von Individualsoftware,

- Prozeßkostenrechnung (vgl. dazu [HoMa89]),

- Zertifizierung nach ISO 900x (vgl. dazu [Sche98b, 154 ff.]),

- Einführung von Workflowmanagementsystemen (vgl. dazu [ErSc95]).

Durch Prozeßorientierung wird die betriebswirtschaftliche Realität hinsichtlich Organisation und Anwendungssoftware verändert und neugestaltet.

3.2.3.3 Prozeßorientierte Ausrichtung des Informationssystems

Mit dem Geschäftsprozeß-Reengineering und der Automation von Geschäftsprozessen ist der zielgerichtete Einsatz von Informationstechnologien verbunden. Dazu sind Geschäftsprozesse zunächst zu modellieren und anschließend zur Automation der Abläufe im Informationssystem zu unterstützen.

Funktional ausgerichtete Anwendungssysteme als Spiegelbild der Aufbauorganisation (→*3.2.1.4*) müssen an die Erfordernisse prozeßorientierter Organisationsformen angepaßt werden. Somit hat der Paradigmawechsel von einer funktions- zu einer prozeßorientierten Sichtweise der Organisationsstrukturen Einfluß auf das Informationsmanagement. Zum einen ist das Informationssystem auf die neue Organisationsstruktur auszurichten, zum anderen kann das Informationssystem die prozeßorientierte Organisation des Basissystems durch den Einsatz von Integrationskonzepten unterstützen (→*3.1.3*).

In [Öste95, 21 ff.] wird der Prozeßentwicklung als Bindeglied zwischen Strategieentwicklung und Informationssystementwicklung eine wichtige Rolle zugeordnet. Das Business Engineering überträgt demnach die Zielsetzungen und Anforderungen der Geschäftsstrategie über Prozesse in das Informationssystem (*Abb. 3-15*). Desweiteren können mit informationstechnischen Mitteln am Rechner virtuell verschiedene Szenarien der prozeßorientierten, organisatorischen Umgestaltung modelliert und simuliert werden, z.B. mit dem ARIS-Toolset (→*2.3.2.2*).

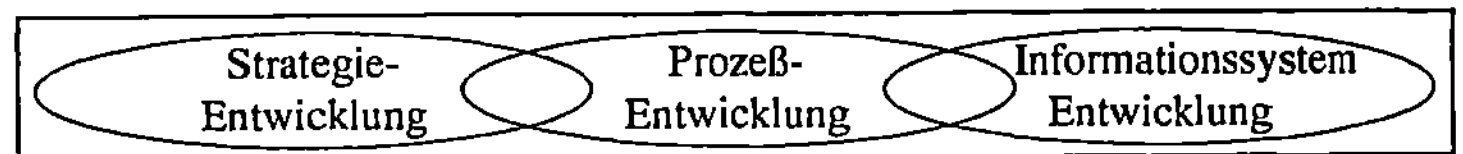

Abb. 3-15: Prozeßentwicklung als Bindeglied zwischen Strategieentwicklung und Informationssystementwicklung [Öste95, 21]

Gegenstand dieses Buches ist die Datenlogistik unter der Zielstellung einer prozeßorientierten Ausrichtung des Informationssystems.

3.2.4 Rolle der Datenintegration

Aus den geschilderten Zielstellungen der Management- und Prozeßunterstützung lassen sich Ziele für die Datenintegration innerhalb des Informationssystems ableiten. Insbesondere kann man dabei zwischen Zielen unterscheiden, die sowohl für Management- als auch für Prozeßunterstützung relevant sind und solchen, die speziell für eine Kategorie zutreffen. Allgemeingültig sind folgende Integrationsziele (ausführlicher beschrieben in [Mert95, 8 f.]):

❑ Einsparung von Ressourcen, z.B. durch die Reduktion von Administrationsaufwand für Datenbanken oder Schnittstellenbetreuung zwischen den Anwendungssystemen,

❑ Nutzung neuer betriebswirtschaftlicher Konzepte, wie Prozeßkostenrechnung,

❑ Minimierung manueller Fehler bei der Datenerfassung,

❑ frühzeitige Erkennung von Dateninkonsistenzen.

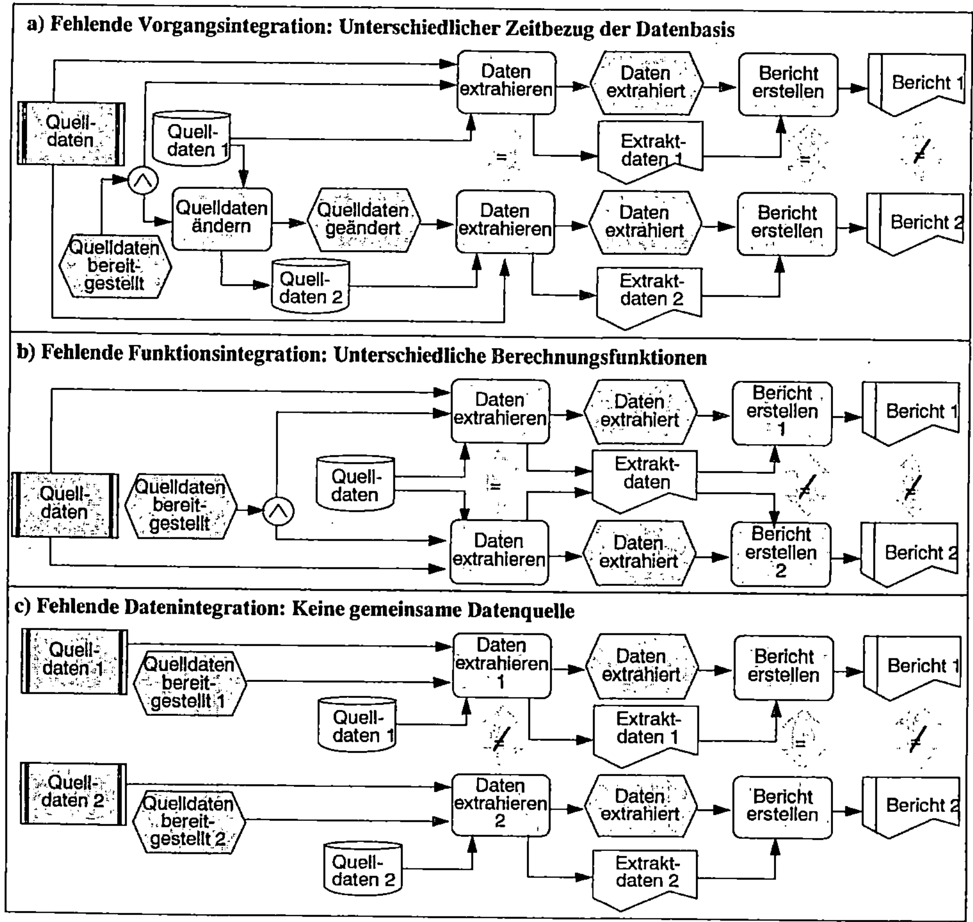

Abb. 3-16: Inkonsistente Informationsbereitstellung für das Management

Managementunterstützung

Die datenbezogene Integration von Anwendungssystemen ist für die Informationsbereitstellung in MSS notwendig, um ...

❑ ...die erforderliche Qualität, d.h. Aktualität, Zuverlässigkeit, Genauigkeit und Konsistenz, der Daten zu erreichen und

❑ ...aus den Daten umfassende, aussagekräftige Informationen zu bilden.

Die Integration wird u.a. durch die Identifizierung der Daten in den einzelnen Datenbeständen, unterschiedliche Schlüsselung in den Systemen oder verschiedene Zeitbezüge der Bewegungsdaten erschwert.

In *Abb. 3-16* sind beispielhaft Problemfälle aufgeführt, die auf fehlende Integration zurückzuführen sind und bei denen die heterogene Datenhaltung, verbunden mit unabgestimmten Informationsbereitstellungsprozessen, zu fehlerhaften bzw. inkonsistenten Berichtsergebnissen führt. Im Fall *a)* entstehen zwei Berichte zeitlich versetzt auf der Basis unterschiedlicher Aktualisierungsstände einer Datenbank, wobei Inkonsistenzen aus Änderungen der Daten resultieren können. Im Beispiel *b)* bedingen verschiedene Verarbeitungsfunktionen (z.B. Berechnungen von Kennzahlen) in bezug auf die gleichen Daten Differenzen in den Berichten. Im Fall *c)* existieren zwei voneinander unabhängige Berichtsprozesse, die unterschiedliche Daten aus verschiedenen Datenbanken verarbeiten und daher zu unterschiedlichen Ergebnissen führen können. Um solche Probleme zu vermeiden, können folgende Grundaufgaben identifiziert werden:

- Zusammenführung von Daten aus verschiedenen Datenquellen,
- zentrale Datenhaltung für unternehmensweit relevante Daten,
- einheitliche Transformationsfunktionen zur Datenaufbereitung,
- einheitlicher Zugriff auf die integrierten Daten durch verschiedene Nutzer.

Prozeßunterstützung

Die aus der Aufbauorganisation resultierende Unterteilung eines Unternehmens in funktionale Bereiche beinhaltet die Gefahr, daß Geschäftsprozesse bei der Analyse und Modellierung und letztendlich auch bei der Ausführung in ungeeigneter Weise unterbrochen werden [Mert95, 4]. Die mehr oder weniger künstlichen Grenzen zwischen Unternehmensbereichen müssen daher in ihren negativen Auswirkungen zurückgedrängt werden, woraus sich die Notwendigkeit der Integration einzelner bereichsorientierter Aufgabenträger ergibt. Für das Informationssystem bedeutet dies die Verknüpfung der in den Funktionsbereichen genutzten Anwendungssysteme, um die Integration automatisiert unterstützen zu können.

Sowohl in *Abb. 3-17* als auch in *Abb. 3-16* wird die Beziehung zwischen der Datenintegration und anderen Integrationsformen (→*3.1.3*) deutlich:

- *Prozeßintegration*: Eine Prozeßintegration ergibt sich aus der durch die Datenbank unterstützten Verknüpfung der einzelnen Teilprozesse.
- *Aufgabenträgerorientierte Funktionsintegration*: Rechnungsprüfung und Rechnungsbuchung können bspw. zusammengefaßt werden.

Aus dem Zusammenhang zwischen Datenintegration und anderen Integrationsformen resultiert die Notwendigkeit der Kombination der Datensicht mit funktions- und prozeßorientierten Sichten bei der Integration von Komponenten des betrieblichen Informationssystems. Diese gesamtheitliche Betrachtung führt zum Begriff der Datenlogistik.

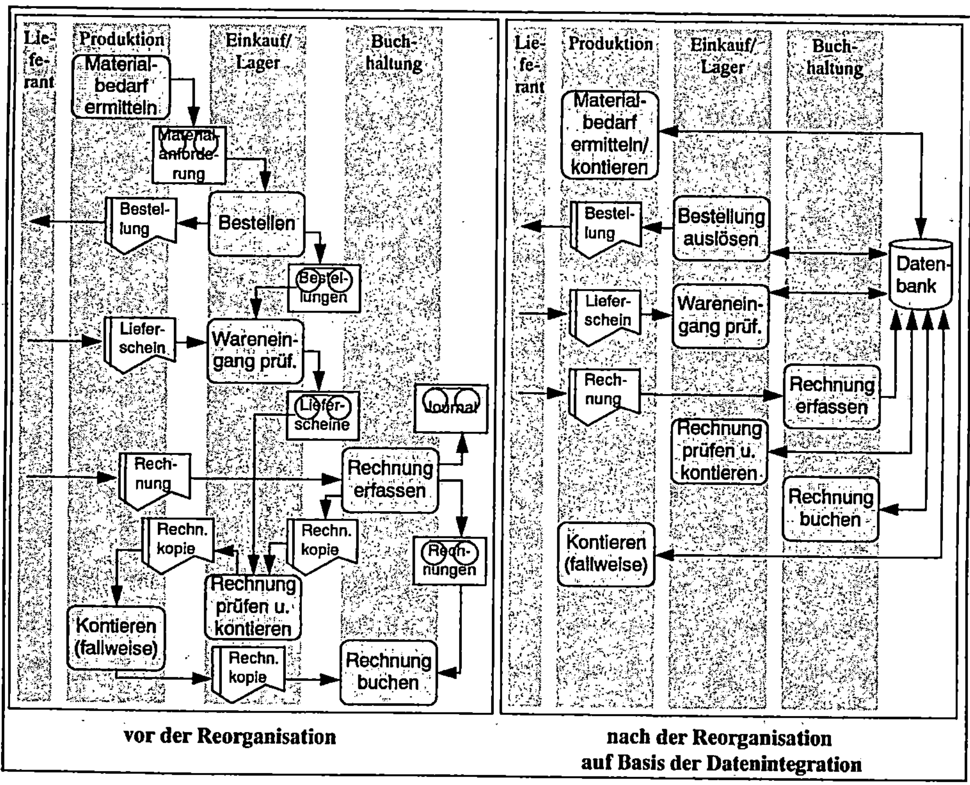

vor der Reorganisation

nach der Reorganisation
auf Basis der Datenintegration

Abb. 3-17: Prozeßreorganisation auf Basis der Datenintegration (in Anlehnung an [Öste95, 3 f.])

3.3 Datenbezogene Integration als logistisches Problem

Der folgende Abschnitt stellt die Datenlogistik als einen zentralen Schwerpunkt der Integration von Anwendungssystemen in den Vordergrund. Dazu werden die Begriffe *Informationslogistik* und *Datenlogistik* innerhalb der bisher diskutierten Integrationsproblematik eingegrenzt. Die Informationslogistik beschreibt die Informationsversorgung betrieblicher Aufgabenträger. Die Datenlogistik betrachtet den Datenaustausch zwischen Anwendungssystemen und ist Grundlage für die Informationslogistik. Der Begriff *Logistik* unterstreicht, daß es sich nicht nur um die strukturorientierte Datensicht eines Informationssystem handelt, sondern um verschiedene Sichten (→*2.3*) in bezug auf Informations- und Datenobjekte.

3.3.1 Informationslogistik zwischen betrieblichen Aufgabenträgern

Gegenstand der betrieblichen Informationsversorgung ist die bedarfsgerechte, d.h. zur Aufgabenerfüllung notwendige, und wirtschaftliche Bereitstellung von Informationen für betriebliche Aufgabenträger. Dies bedeutet, daß ...

❑ ...die richtige *Information*: vom Empfänger benötigt und interpretierbar,

❑ ...zum richtigen *Zeitpunkt*: rechtzeitig zur Aufgabenerfüllung,

❑ ...in der richtigen *Menge*: so viel wie nötig, so wenig wie möglich,

❑ ...am richtigen *Ort*: für den Empfänger verfügbar,

❑ ...in der richtigen *Form*: für den Empfänger verarbeitbar,

❑ ...mit der erforderlichen *Qualität*: entsprechend vorgegebener Kriterien

vorliegt [Bull93, 78].

Diese Aufgabenstellung der Informationsversorgung kann als ein logistisches Problem aufgefaßt werden. Der Begriff *Informationslogistik* (vgl. dazu [SzKL93, 187 f.]) wird in [MuBe97, 5, 31 ff.] im Kontext des Data Warehouse-Konzepts verwendet und charakterisiert die Vergleichbarkeit mit anderen logistischen Ketten. Zum Begriff der Logistik vgl. u.a. [Sche95, 90; FeSi94, 75 ff.].

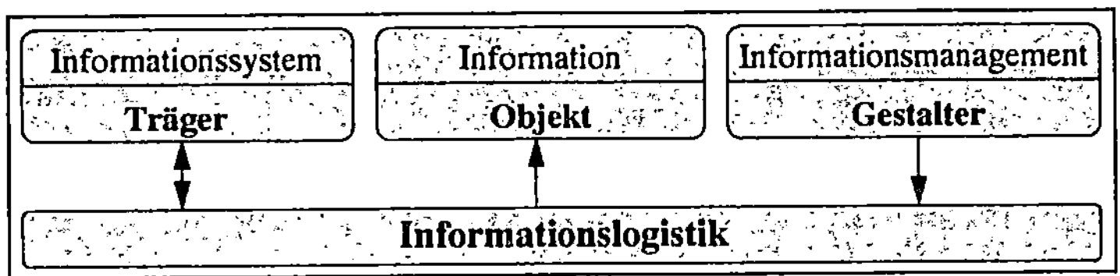

Abb. 3-18: Einflußfaktoren der Informationslogistik

Die grundsätzlichen Einflußfaktoren der Informationslogistik sind in *Abb. 3-18* dargestellt. Die Information ist Objekt oder Gegenstand der betrieblichen Informationslogistik. Diese Sichtweise gründet sich auf die Betrachtung der Information als wirtschaftliches Gut (→*2.1.1.2*). Das Informationssystem als Träger der Informationslogistik ist verantwortlich für die Planung, Steuerung und Kontrolle der Informationsflüsse (→*2.1.2*). Das Informationsmanagement wiederum gestaltet das Informationssystem durch die geeignete Kombination personeller und maschineller Aufgabenträger (→*2.1.4.1*). Damit ist auch die Informationslogistik Gegenstand des Informationsmanagements. Sie erlangt im Zusammenhang mit der Dezentralisierung des Informationssystems (→*3.1.1*, →*3.2.1*) und dem damit verbundenen Integrationsbedarf (→*3.1*, →*3.2*) eine um so größere Bedeutung.

3.3.2 Datenlogistik zwischen betrieblichen Anwendungssystemen

Die Informationsflüsse zwischen Objekten (Teilsystemen) des betrieblichen Informationssystems repräsentieren betriebliche Kommunikationsbeziehungen, die sich auf Nachrichten als Datenflüsse zwischen den Objekten gründen (→2.3.3.2.3, *Abb. 3-19*). Die Objekte des Informationssystems bestehen aus personellen und maschinellen Aufgabenträgern (→2.1.2). Aus objektorientierter Sicht kann man in der Ebene der Anwendungssysteme Datenflüsse zwischen den Anwendungssystemen (Außensicht) und im Objekt eingekapselte Datenflüsse innerhalb des Anwendungssystems (Innensicht, in *Abb. 3-19* nicht dargestellt) unterscheiden. Datenflüsse zwischen Anwendungssystemen vollziehen sich über Kommunikationskanäle (→2.1.1.5), die wiederum i.d.R. auf maschinellen Aufgabenträgern des Informationssystems (z.B. Netzwerke) beruhen. Entsprechend den Richtungen der Datenintegration (→3.1.4) können die Datenflüsse klassifiziert werden:

❑ Datenversorgung von MSS (→3.2.2),

❑ Datenaustausch zwischen operativen Systemen (→3.2.3).

Zwischen beiden besteht ein enger Zusammenhang. Für die Informationsbereitstellung im MSS wird eine konsistente Datenbank benötigt, in der Daten aus zumeist unterschiedlichen Datenquellen zu integrieren sind. Eine große Bedeutung kommt dabei den operativen Anwendungssystemen zu, da in diesen eine Vielzahl Daten über Geschäftsprozesse des Unternehmens gespeichert sind. Daten dieser Anwendungssysteme entstehen transaktionsbezogen in wertschöpfenden Geschäftsprozessen entsprechend der Logik im Prozeß. An möglichen Schnittstellen zwischen den Anwendungssystemen sind geeignete Übergabemechanismen zu schaffen (horizontale Integration, →3.2.3).

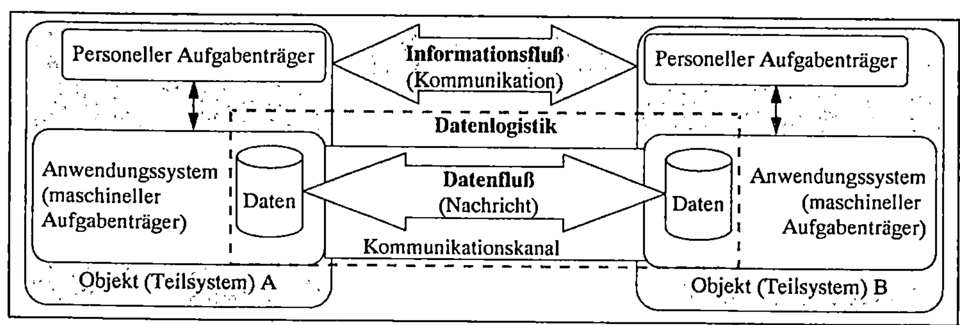

Abb. 3-19: Abgrenzung der Datenlogistik innerhalb der Informationslogistik

Die vom MSS benötigten Daten liegen somit verteilt in einer heterogenen Systemlandschaft. Vertikale Berichtsprozesse stellen auf der Basis dieser Daten Informationen bereit, die im MSS präsentiert werden. Die Aufgabe von Berichtserstellungsprozessen läßt sich folgendermaßen verallgemeinern:

Daten sind aus funktionsorientierten Anwendungssystemen so zusammenzu-führen und aufzubereiten, daß sie der Informationsbereitstellung zur Deckung des entsprechenden Informationsbedarfs von Managern genügen [EhPH98].

Analog kann die Datenversorgung von Anwendungssystemen im Rahmen der wertschöpfenden Prozesse als Aufgabe formuliert werden:

Daten sind aus funktionsorientierten Anwendungssystemen so zusammenzu-führen und aufzubereiten, daß allen Anwendungssystemen die für ihre Aufgabenerfüllung innerhalb der Geschäftsprozesse notwendigen Daten in einer konsistenten Form zur Verfügung stehen.

Diese Aufgabe führt zu folgender Problemstellung:

Zu welchem Zeitpunkt werden welche Daten in welchem Umfang für welche Aufgaben benötigt. Woher kommen diese Daten. Auf welchem Weg und mit welcher Unterstützung gelangen sie zum Aufgabenträger [HePe98].

Es sind damit Prozesse zu definieren, welche die Steuerung und Regelung von Datenflüssen zwischen Lieferanten und Empfängern unter Berücksichtigung räumlicher und zeitlicher Aspekte übernehmen. Datenlieferanten und -empfänger können in unterschiedlichen Betrachtungsebenen einerseits als Anwendungs-systeme (maschinelle Aufgabenträger) und andererseits als Organisationseinheiten (personelle Aufgabenträger) aufgefaßt werden. Diese i.d.R. auf mehrere Aufgabenträger verteilten Aufgaben werden unter dem Begriff der *Datenlogistik* zusammengefaßt. Der Begriff der Logistik wird vor allem deswegen verwendet, um den Prozeßcharakter des Datenaustauschs zu unterstreichen (in Analogie zu [Sche95, 90]). Innerhalb dieser Arbeit wird auch von *Datenlogistikprozessen* gesprochen, um die dynamischen, ablauforientierten Aspekte der Datenlogistik von der eher statischen Datenhaltung (analog zur Lagerhaltung) zu unterscheiden.

Transport	Datenträger, Netzwerk, Netzwerkprotokoll (z.B. TCP/IP), Netzdienste (z.B. email), Datenbank-Links
Lager	Datenträger, Datenbank, Dateien
Umschlag	Verarbeitungsprogramme, Transformationsprogramme (z.B. Konvertierung für Datenaustausch)

Abb. 3-20: Logistikfunktionen in Bezug am Daten

Die Logistik bezeichnet allgemein die Planung, Steuerung, Realisierung und Kontrolle der raum-zeitlichen Transformationen von Gütern (vgl. dazu weiter-führend [Pfoh88]). Die inner- und zwischenbetrieblichen Transport-, Lager- und Umschlagvorgänge, die sich klassischerweise auf Güter beziehen, lassen sich auf Daten übertragen (*Abb. 3-20*). Das Ziel dieser Logistik besteht in einer termin-, mengen- und qualitätsgerechten Versorgung der Anwendungssysteme mit Daten.

3.4 Anforderungen an die Datenlogistik

In *Abb. 3-21* ist der Zusammenhang zwischen der bisherigen Problemdiskussion und den im folgenden formulierten Anforderungen an die Datenlogistik dargestellt.

Anforderungen	Problembeschreibung
Logistische Funktionalität	*3.2.4, 3.3*
Integrationsrichtungen (entspricht Integrationsnotwendigkeit) □ Vertikale Integration: Managementunterstützung □ Horizontale Integration: Geschäftsprozeßunterstützung	*3.1.4* *3.2.2, 3.2.4* *3.2.3, 3.2.4*
Integrationsformen □ Integration der Datenlogistikprozesse □ Integrierte Datenbank	*3.1.3, 3.2.4*
Modularisierung und Management der Datenlogistik	*3.1.1, 3.1.2, 3.2.1*

Abb. 3-21: Ableitung der Anforderungen an ein Integrationskonzept für die Datenlogistik

3.4.1 Logistische Funktionalität

Die funktionalen Anforderungen an die Datenlogistik leiten sich aus den allgemeinen Aufgaben der Logistik ab (*Abb. 3-22*). In *Abb. 3-23* sind die Funktionen der Datenlogistik in einer Graphik zusammengefaßt. Aufgabe einer Integrationslösung für die Datenlogistik ist die Bündelung von Funktionen, Abläufen und Daten im Zusammenhang mit Datenflüssen zwischen Anwendungssystemen.

Güterlogistik	Datenlogistik
Ziel der betrieblichen Logistik ist die durchgängige Betreuung und Organisation der Güterflüsse auf Grundlage einer geeigneten Aufgabenträger-Infrastruktur.	Ziel der Datenlogistik ist die durchgängige Betreuung und Organisation der Datenflüsse auf Grundlage einer geeigneten Anwendungssystem-Infrastruktur.
Die Logistik beginnt mit der Übernahme der Güter von den Lieferanten an den vereinbarten Lieferpunkten und endet mit der Übergabe an den Kunden an vereinbarten Empfangspunkten.	Die Datenlogistik beginnt mit der Übernahme der Daten vom Datenlieferanten und endet mit der Übergabe der Daten an den Datenempfänger, jeweils über vereinbarte Schnittstellen. Datenlieferant und Datenempfänger sind Anwendungssysteme.
Grundaufgaben sind Transport und Lagerung von Gütern.	Grundaufgaben sind Transport und Speicherung von Daten.
Lager dienen als Puffer, um unterschiedliche Zeitpunkte der Verfügbarkeit und der Verwendung von Gütern auszugleichen.	Datenbanken dienen als Puffer, um unterschiedliche Zeitpunkte der Verfügbarkeit und der Verwendung von Daten auszugleichen.

Abb. 3-22: Analogie von Logistik und Datenlogistik

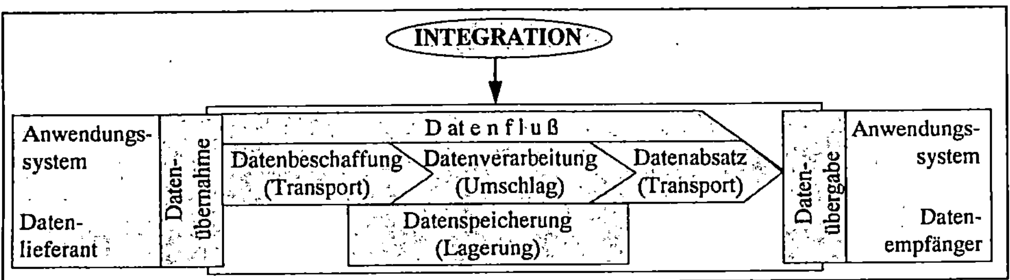

Abb. 3-23: Funktionen der Datenlogistik

3.4.2 Integrierte Datenlogistik

3.4.2.1 Horizontale und vertikale Integration

In *3.2* wurde deutlich, daß in verteilten Informationssystemen eine horizontale und eine vertikale Integration notwendig ist. Die vertikale Integration ist Grundlage für die Managementunterstützung, während die horizontale Integration funktionsorientierte Anwendungssysteme prozeßorientiert miteinander verbindet.

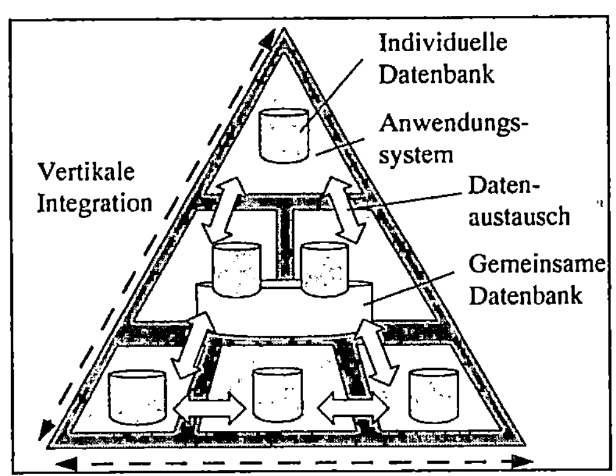

Abb. 3-24: Horizontale und vertikale Integration

In Anlehnung an *Abb. 3-11* sind in *Abb. 3-24* beide Integrationsrichtungen in einem Informationssystem schematisch dargestellt. Gegenstand der Datenintegration ist die Verknüpfung der Datenbanken einzelner Anwendungssysteme. Diese Verknüpfung basiert auf dem prozeßorientierten Datenaustausch (Integration über Daten) und/oder einer gemeinsamen Datenbank (Integration der Daten, →*3.1.3*). Die Datenlogistik muß integrierte Datenbanken und den Datenaustausch konzeptionell miteinander verbinden und für bestimmte Anwendungsfälle sowie in Abhängigkeit von der Integrationszielstellung beide Integrationsformen in geeigneter Art und Weise einsetzen. *Abb. 3-25* faßt Integrationsrichtungen und Integrationsgegenstand (→*3.1.3*, →*3.1.4*) zusammen.

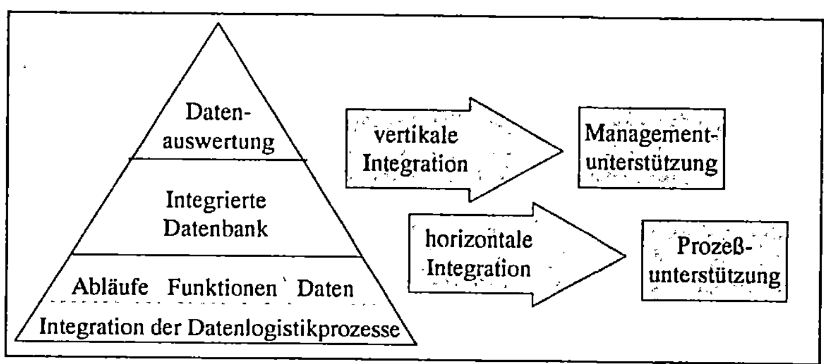

Abb. 3-25: Gegenstand der Datenlogistikintegration

3.4.2.2   Integration der Datenlogistikprozesse

Die Datenlogistikprozesse beschreiben den Datenaustausch zwischen den Anwendungssystemen, wobei unerheblich ist, ob die Anwendungssysteme der Managementunterstützung dienen oder ob sie operative Aufgaben erfüllen. Nach der in *Abb. 3-2* vorgenommenen Unterteilung sind für die Datenlogistik neben Datenstrukturen auch Abläufe und Funktionen zu berücksichtigen. Entsprechende Modelle beschreiben, in welchen Anwendungssystemen innerhalb welcher Abläufe und in welchen Funktionen Daten generiert, verarbeitet oder benötigt werden.

Zur informationstechnischen Umsetzung von Modellen der einzelnen Sichten kann auf Werkzeuge, wie Datenbankmanagementsysteme für die Datensicht oder Workflowmanagementsysteme für die Ablaufsicht, zurückgegriffen werden. Andere Konzepte, wie Integrierte Standardsoftware und Repositories, stellen umfassende Lösungsansätze für alle Sichten zur Verfügung (vgl. weiterführend *3.5.3*).

Bedeutung der Schnittstellen

Für fachbereichs- und anwendungssystemübergreifende Datenlogistikprozesse sind insbesondere Schnittstellen zwischen den Teilinformationssystemen zu betrachten, die aufgrund der dezentralen Ausrichtung des Informationssystems oftmals ebenfalls einer verteilten Verantwortung unterliegen. Sowohl der operative Datenaustausch als auch Berichtsprozesse zur Informationsversorgung des Managements beruhen häufig auf individuellen, nicht koordinierten Schnittstellenlösungen, was zu folgenden Problemen führen kann (→*3.2.4*):

- Medienbrüche in den Prozessen des Datenaustauschs,

- zeitliche und inhaltliche Inkonsistenzen,

- Redundanzen und Überschneidungen in Abläufen und Daten,

- unklare Verantwortungen für Schnittstellen.

Anforderungen an die Integration (vgl. dazu auch [Öste95, 250 ff.])

Bei der Integration der Datenlogistikprozesse sind existierende, unabhängige Anwendungssysteme hinsichtlich Daten, Funktionen und Abläufen aufeinander abzustimmen:

- *Daten*: Unterschiedliche Datenstrukturen der Anwendungssysteme müssen für einen Datenaustausch abgeglichen werden. Daraus leiten sich z.B. Regeln für die Transformation der Daten ab.

- *Funktionen*: „Die Semantik der Daten wird durch die Transaktionen bestimmt, die sie manipulieren" [Öste95, 252]. Demnach muß auch die Funktionalität der Anwendungssysteme abgestimmt werden.

- *Abläufe*: Transaktionen innerhalb eines Anwendungssystems können vom Datenaustausch mit anderen Anwendungssystemen abhängig sein. Die Prozesse innerhalb der Systeme sind daher oft in einen Gesamtprozeß des Informationssystems eingebunden und müssen synchronisiert werden. Der Zyklus des Datenaustauschs wird oft durch eine sogenannte Aktualitätsbedingung bestimmt [Öste95, 255]. Sie bestimmt, wann redundante Daten aktualisiert und damit konsistent sein müssen und legt u.a. das Ereignis fest, das die Transaktionen zum Datenaustausch anstößt.

Um die i.d.R. komplexen Datenstrukturen, Funktionalitäten und Abläufe aller Anwendungssysteme nicht im Detail erfassen zu müssen, besteht das Ziel darin, die für den Austausch relevanten Strukturen in einer expliziten Schnittstellenspezifikation zu beschreiben. Dabei sind Abhängigkeiten der Schnittstelle von den internen Daten und den im Anwendungssystem ausgeführten Transaktionen zu berücksichtigen. Diese Problematik führt zur Anwendung von Cluster-Methoden (→*4.3.1.4*) und zur objektorientierten Modellierung von Anwendungssystemen.

3.4.2.3 Integrierte Datenbank

Die Integration der Datenlogistikprozesse zwischen den Anwendungssystemen ist die Grundlage für die Integration von Daten dieser Anwendungssysteme in einer gemeinsamen Datenbank, die insbesondere für MSS notwendig ist (→*3.2.4*). Aus unterschiedlichen operativen Anwendungssystemen und externen Datenquellen sind Daten zu extrahieren und in eine gemeinsame Datenbank zu überführen. Die integrierten Daten sind zu verwalten, ggf. aufzubereiten und können an operative Anwendungssysteme bzw. MSS verteilt und von diesen genutzt werden.

Anforderungen an die Integration (vgl. dazu auch [Öste95, 250 ff.])

Das Datenmodell einer integrierten Datenbank muß die Anforderungen aller beteiligten Anwendungssysteme berücksichtigen. Diese Anforderungen können durchaus unterschiedlich sein, da sie von der betriebswirtschaftlichen Funktionalität des jeweiligen Systems abhängen. Für eine gemeinsame Speicherung der Daten sind semantische und syntaktische Vereinheitlichungen zu treffen. Insbesondere Metadaten (als beschreibende Daten) müssen standardisiert und uniformiert werden.

3.4.3 Modulare Datenlogistik

Die Aufgaben der Logistik werden oft in Teilaufgaben je Güterflußabschnitt (z.B. Beschaffung, Produktion, Absatz) zerlegt. Gleichzeitig sind Abstimmungen zwischen diesen Teilabschnitten notwendig, um Rationalisierungschancen zu nutzen und Ausrichtung und Koordination der Teilaufgaben hinsichtlich der Unternehmensziele zu gewährleisten [FeSi94, 75]. Analog sind bei der Datenlogistik die Aufgaben zwischen einer koordinierenden Instanz als Integrationskomponente und verschiedenen spezialisierten Anwendungssystemen modular zu verteilen.

Die beiden im letzten Abschnitt unterschiedenen Formen der Datenintegration unterstreichen einerseits die Notwendigkeit zentraler Komponenten für die Integration (z.B. eine integrierte Datenbank) und andererseits die Einbeziehung der Anwendungssysteme in die Datenlogistikprozesse, was zu einem Spannungsfeld führt zwischen (*Abb. 3-26*):

- einer modularen Datenlogistik als Folge der Dezentralisierung des Informationssystems mit verteilten, autonomen Anwendungssystemen und

- der Forderung nach einer integrierten Datenlogistik zwischen den Anwendungssystemen und darauf aufbauenden Möglichkeiten der Datenauswertung.

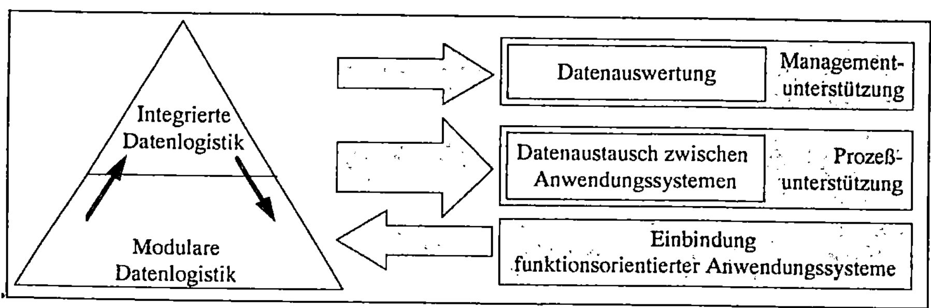

Abb. 3-26: Modularisierung und Integration

Eine Integrationslösung muß die bestehenden Anwendungssysteme prozeßorientiert miteinander verbinden. Die funktional spezialisierten Anwendungssysteme können bestehen bleiben, während sich die Integration auf die Zusammenfassung der Schnittstellen zwischen den Anwendungssystemen bezieht. Es entsteht somit ein neuer Aufgabenträger, dessen Leistung die koordinierte Datenbeschaffung, -aufbereitung und -verteilung ist.

3.4.3.1 Management der Datenlogistik

Der die anwendungssystemübergreifenden Datenlogistikprozesse koordinierende Aufgabenträger hat insbesondere folgende Aufgaben zu erfüllen:

- zeitliche und inhaltliche Abstimmung der Datenlogistikprozesse,
- Sicherung der Konsistenz aller anwendungssystemübergreifenden Daten (z.B. in einer integrierten Datenbank),
- gebündelte Datenbeschaffung und -aufbereitung und damit Beseitigung von Redundanzen,
- Vereinheitlichung von Formaten und Strukturen der Daten,
- Ausrichtung der Datenlogistik an Unternehmenszielen.

Aus der Verflechtung maschineller und personeller Aufgabenträger im betrieblichen Informationssystem ergibt sich, daß parallel zur informationstechnischen Integration der Anwendungssysteme organisatorische Maßnahmen im Unternehmen zu ergreifen und mit informationstechnischen Maßnahmen zu einem Gesamtkonzept zu verbinden sind (*Abb. 3-27*).

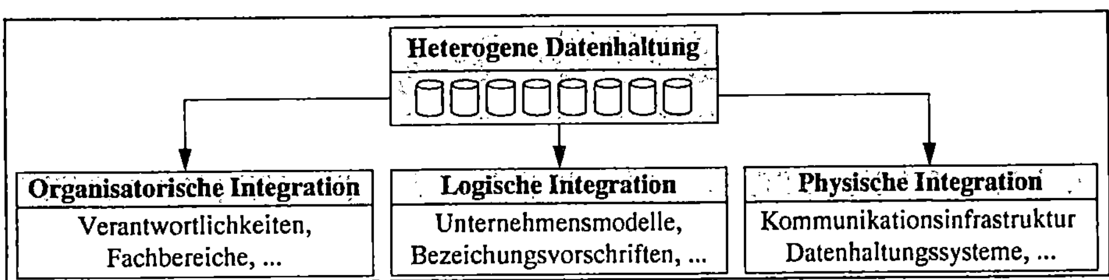

Abb. 3-27: Integrationsebenen

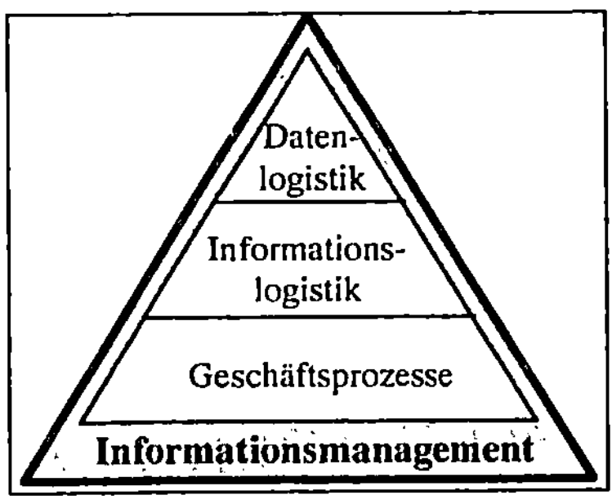

Abb. 3-28: Einbettung der Datenlogistik in Geschäftsprozesse

In *Abb. 3-28* ist die Einbettung der Datenlogistik in Geschäftsprozesse zusammenfassend dargestellt. Innerhalb der Geschäftsprozesse sind betriebliche Aufgabenträger über eine geeignete Informationslogistik mit relevanten Informationen zu versorgen. Grundlage der Informationslogistik sind wiederum die zwischen den

Anwendungssystemen auszutauschenden Daten. Das Management der Geschäftsprozesse ist so mit dem Management der Informations- und Datenlogistik verbunden. Aus umgekehrter Sicht kann das Management der Datenlogistik nur dann erfolgreich sein, wenn die entsprechenden Geschäftsprozesse einschließlich der personellen Aufgabenträger einbezogen werden.

3.4.3.2 Modularisierung der Datenlogistik

Die Modularisierung der Datenlogistik besteht in der Verteilung von betriebswirtschaftlicher und datenlogistischer Funktionalität auf existierende Anwendungssysteme. Die aus der Aufbauorganisation und den Informationstechnologien resultierende Verteilung des Informationssystems bleibt erhalten. Die betriebswirtschaftlichen Funktionalität der Anwendungssysteme wird durch geeignete datenlogistische Funktionen ergänzt, die in ihrer Gesamtheit zu an der Ablauforganisation orientierten Datenlogistikprozessen führen. Um das logistische Problem unter diesen Voraussetzungen zu beherrschen, sind Kenntnisse notwendig über ...

❑ ...die Wertschöpfungs- und Berichtsprozesse (*prozeßorientierte Betrachtung*, →*2.3.2*),

❑ ...Komponenten des betrieblichen Informationssystems, die von diesen Prozessen betroffen sind (*objektorientierte Betrachtung*, →*2.3.3*)

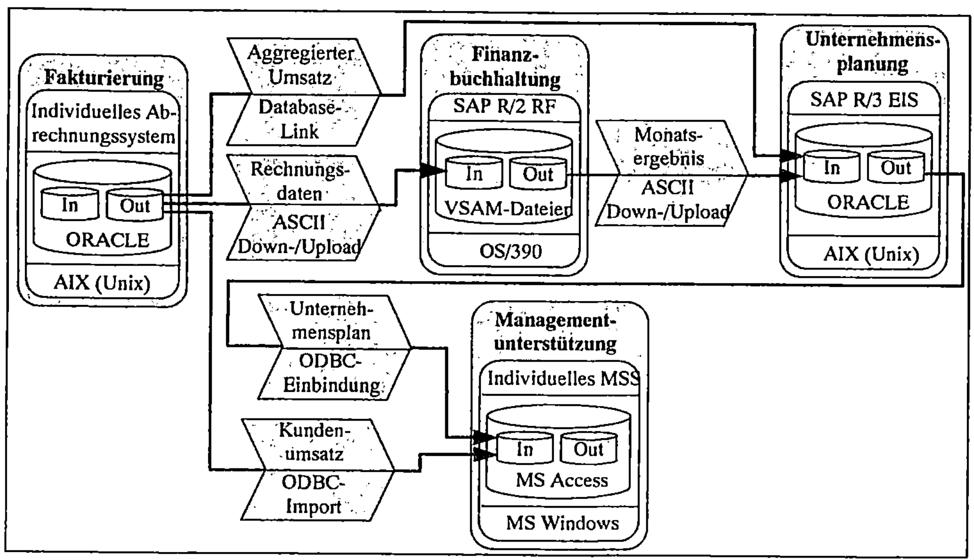

Abb. 3-29: Objektorientierte Betrachtung der Datenlogistik

Abb. 3-29 zeigt an einem Beispiel, wie Anwendungssysteme Daten für ein MSS liefern. Es wird deutlich, daß die Daten durch zum Teil starke Heterogenität geprägt sind. Dieser Ausschnitt der betrieblichen Datenlogistik belegt weiterhin, daß die Prozesse aus einer Kombination von Interaktionen auf operativer und managementunterstützender Ebene bestehen (→*3.4.2.1*). Zwischen den Anwendungssystemen bestehen sowohl datenbezogene als auch funktionale Beziehungen, die sich aus den Aufgaben der Systeme ergeben. Es existieren zeitliche Abhängigkeiten bei der Erfüllung dieser Aufgaben. Wann die Aufgaben jeweils ausgelöst werden, hängt von deren Stellung in den Prozeßketten ab.

Der Darstellung in *Abb. 3-29* liegt eine objektorientierte Betrachtungsweise zu Grunde, welche die Forderung nach Modularisierung unterstreicht. Die Anwendungssystemobjekte erfüllen unterschiedliche betriebswirtschaftliche Aufgaben (Fakturierung, Buchhaltung, ...), sind auf heterogenen Rechnerplattformen (AIX, MS-Windows, ...) implementiert und nutzen verschiedene Datenhaltungssysteme (ORACLE, VSAM, MS-Access). Sie tauschen untereinander Daten mit ähnlichen betriebswirtschaftlichen Inhalten in verschiedenen Datenformaten aus und nutzen dazu (objektinterne) Daten- und Funktionsstrukturen für die Datenlogistik. Die durch *In* und *Out* gekennzeichneten Ausschnitte der Datenbank sowie die damit verbundenen Funktionen sind die datenlogistische Schnittstelle eines Objekts zu anderen Objekten.

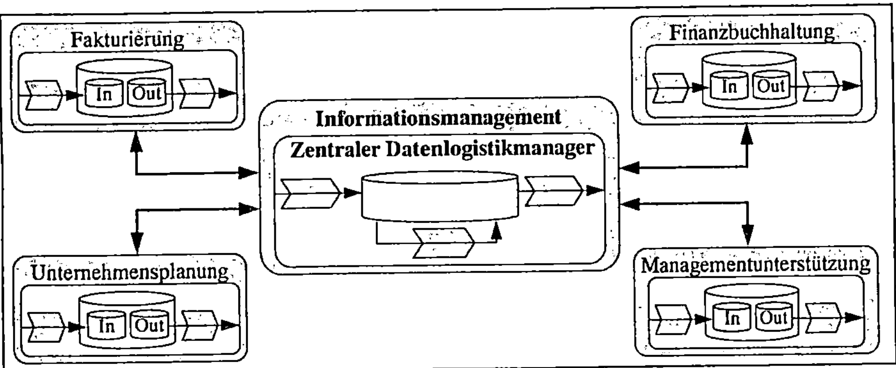

Abb. 3-30: Zentrales Management der Datenlogistik zwischen verteilten Anwendungssystemen

3.4.3.3 Zusammenwirken von modularen und koordinierenden Komponenten

Abb. 3-30 beschreibt beispielhaft das Zusammenwirken einer Integrationskomponente für das Management der Datenlogistik mit dezentralen funktionsorientierten Anwendungssystemen (*Abb. 3-29*). Aufgabe der Anwendungssysteme ist die Erfüllung spezieller betriebswirtschaftlicher Funktionalitäten, während die Datenflüsse zwischen den Systemen sowie die ausgetauschten Daten in der zentralen Komponente gebündelt werden.

Neben integrierenden Funktionen des zentralen Datenlogistikmanagers wird in *Abb. 3-30* auch die Bedeutung der zu koordinierenden Anwendungssysteme deutlich. An den Datenübergabepunkten entstehen Schnittstellen, die zwischen dem Datenlogistikmanager und den verteilten Anwendungssystemen gestaltet werden müssen. Dies entspricht einer modularen (objektorientierten) Gesamtarchitektur, in der die verteilten Anwendungssysteme und die Integrationslösung in Übereinstimmung gebracht werden müssen.

3.4.4 Zusammenfassung

Die formulierten Anforderungen zur Datenlogistik stehen miteinander in enger Beziehung und sind daher im Zusammenhang zu sehen (*Abb. 3-31*). Integrierte und modulare Datenlogistik bedingen einander (vgl. auch Zerlegung und Integration, →*3.1.2*). Voraussetzung für die Integration sind koordinierende Aufgabenträger des betrieblichen Informationssystems, die ihrerseits die modularen Teilinformationssysteme zu einem integrierten Gesamtsystem verbinden.

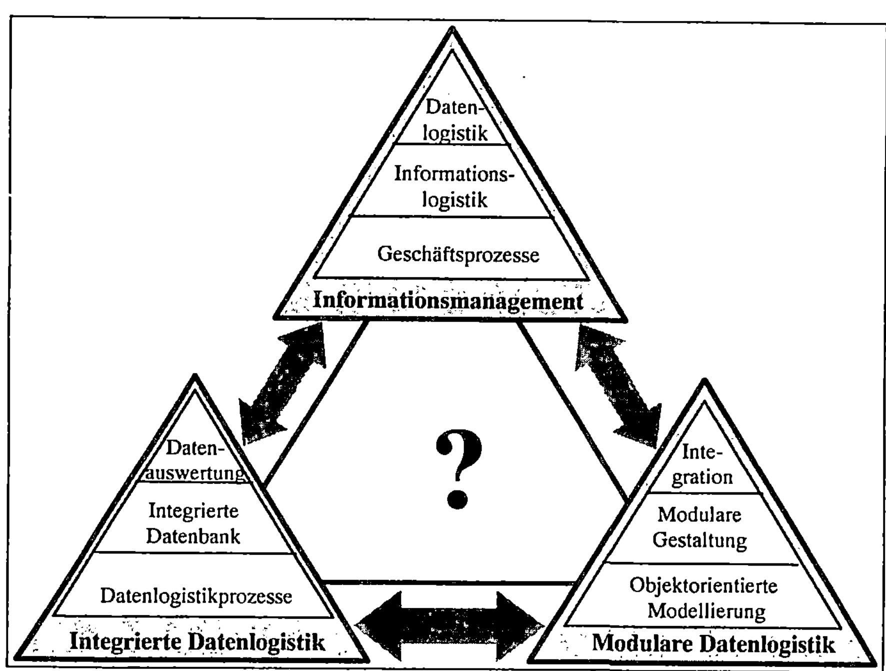

Abb. 3-31: Zusammengefaßte Anforderungen an die Datenlogistik

3.5 Ansätze für die Datenlogistik

3.5.1 Grundsätzliche Organisationsformen

Die Organisation der Datenlogistik, d.h. deren konkrete Ausrichtung in einem betrieblichen Informationssystem, ist in die übergeordnete Unternehmensorganisation eingebettet. SCHEER unterscheidet drei grundsätzliche Organisationsformen und deren Orientierung an Effizienzkriterien [Sche98a, 8 ff.] (*Abb. 3-32*).

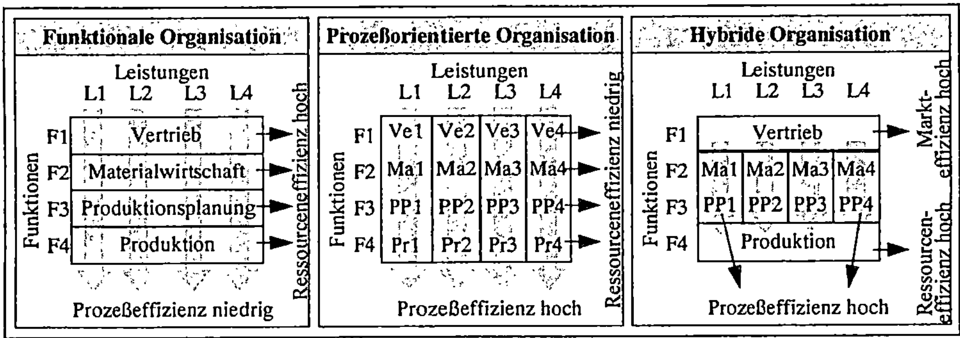

Abb. 3-32: Organisationsformen im Unternehmen [Sche98a, 8]

Die Ressourceneffizienz charakterisiert die effiziente Nutzung der Unternehmensressourcen, Prozeßeffizienz verlang eine Ausrichtung von Abläufen an den Zielen der Unternehmung und Markteffizienz steht für die Nutzung der Marktpotentiale eines Unternehmens. Diese Effizienzkriterien (für eine detailliertere Erläuterung vgl. [Fres95, 26]) können zueinander im Widerspruch stehen und werden von den Organisationsformen unterschiedlich unterstützt [Sche98a, 7 ff.].

Die hybride Organisation kombiniert funktionale und prozeßorientierte Organisation und nutzt dabei die jeweiligen Vorteile für bestimmte Aufgaben: Die Markteffizienz wird in *Abb. 3-32* durch einen nach außen wirksamen einheitlichen Vertrieb und die Ressourceneffizienz durch eine zusammengefaßte Produktion erhöht, während die prozeßorientierte Kopplung von Materialwirtschaft und Produktionsplanung in den einzelnen Sparten für eine hohe Prozeßeffizienz sorgt.

Bezogen auf die Datenlogistik stellen sich die Organisationsformen für Anwendungssysteme in einem Unternehmen folgendermaßen dar (*Abb. 3-33*):

- Bei einer *funktionalen Organisation* sind die Anwendungssysteme auf bestimmte betriebliche Teilaufgaben spezialisiert. Dies geht zu Lasten der Prozeßeffizienz, da entlang der Datenflüsse Schnittstellen zwischen den Systemen entstehen. Außerdem können Synergieeffekte, z.B. ähnliche Datenstrukturen und Funktionen für Aufträge und Geschäftspartner in Beschaffung und Vertrieb (*Abb. 3-8*), zwischen den Bereichen nicht genutzt werden. Die Ressourceneffizienz bei der Nutzung der Informationstechnik ist häufig niedrig, da unterschiedliche Systeme auf u.U. heterogenen Systemplattformen betreut werden müssen.

❑ Die *prozeßorientierte Organisation* reduziert innerhalb von Sparten (z.B. Unternehmens- oder Produktbereiche) die Schnittstellen für Datenflüsse zwischen den Teilfunktionen. Daneben können Planungs- und Managementaufgaben funktionsübergreifend für diese Sparten unterstützt werden. Die Ressourceneffizienz ist in diesem Fall niedrig, da die gleiche Funktionalität in verschiedenen Sparten u.U. unabhängig voneinander und redundant ausgeführt wird. Ein weiteres Problem ist die Zusammenführung von Daten für unternehmensweite, bereichsübergreifende Managementaufgaben.

❑ Die *hybride Organisation* ist sowohl prozeß- als auch funktionsorientiert ausgerichtet. Ein (extreme) Form der hybriden Organisation von Anwendungssystemen ist integrierte Standardanwendungssoftware (→*3.5.3.4*), da sowohl funktionale als auch prozeßbezogene Unterstützung gegeben ist. Allerdings kann die hohe Komplexität solcher Systeme zu Prozeß- und Ressourcenineffizienz führen, da spezielle Anforderungen oft im Standard nicht enthalten sind und darüber hinaus das Gesamtsystem schwer zu warten und weiterzuentwickeln ist.

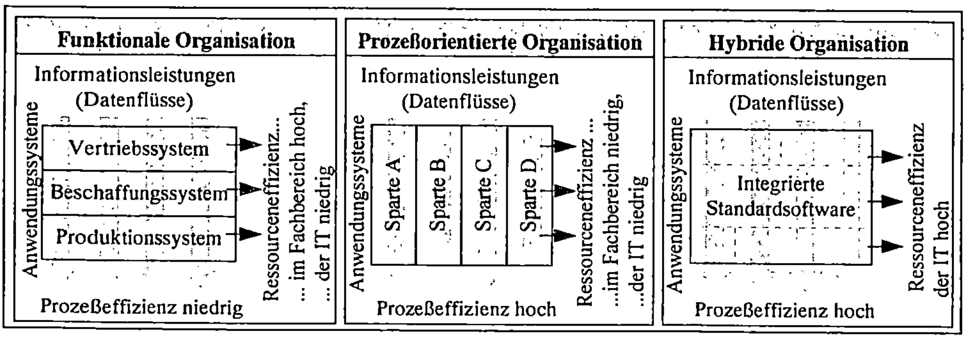

Abb. 3-33: Organisationsformen des Informationssystems

Für die definierten Integrationsaufgaben der Datenlogistik zur Management- und Prozeßunterstützung können mit den beschriebenen Organisationsformen unterschiedliche Schwerpunkte gesetzt werden.

Managementunterstützung

In *Abb. 3-34* sind die Auswirkungen funktionaler und prozeßorientierter Organisationsformen auf die Managementunterstützung dargestellt. Für beide Alternativen können analog zu *Abb. 3-33* Vor- und Nachteile identifiziert werden.

Eine Besonderheit besteht im Bruch zwischen den operativen Anwendungssystemen und den MSS (gekennzeichnet durch eine schraffierte Fläche). Sowohl Medienbrüche zwischen operativen Anwendungssystemen und MSS als auch unterschiedliche Arbeitsweisen der Systeme und daraus resultierende inkompatible logische Modelle für Daten und Prozesse erschweren Daten- und Steuerflüsse zwischen beiden Informationssystemebenen (→*3.2.2.3*).

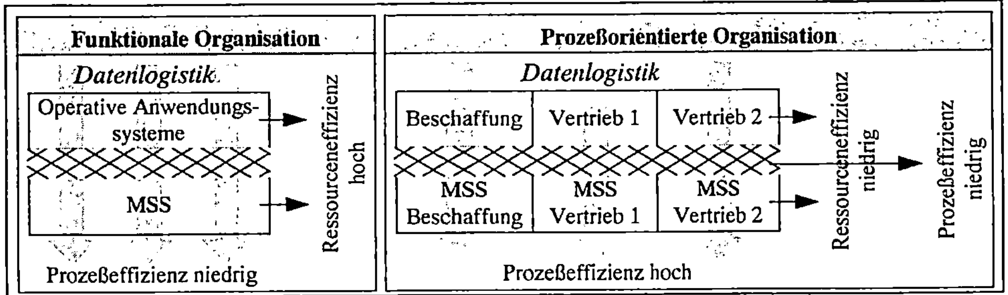

Abb. 3-34: Funktionale und prozeßorientierte Organisation der Managementunterstützung

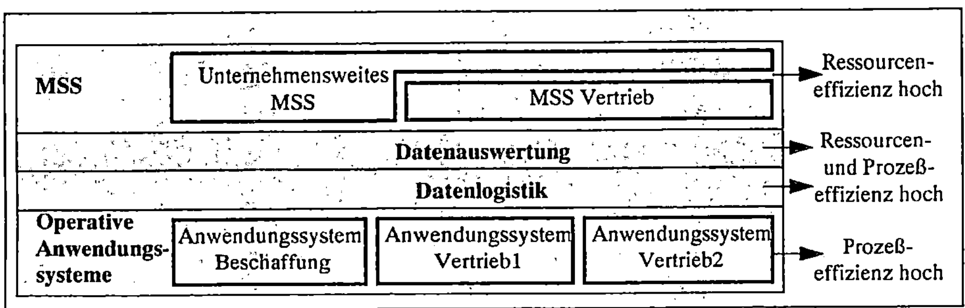

Abb. 3-35: Hybride Organisation der Managementunterstützung

Ein zusätzliches Querschnittssystem (→*2.1.3.1*) für die Unterstützung der Schnittstellen zwischen den operativen Anwendungssystemen und den MSS ermöglicht die Verwaltung vertikaler Datenflüsse und damit die Unterstützung der Datenlogistikprozesse zwischen beiden Informationssystemebenen (*Abb. 3-35*). Das Querschnittssystem erfüllt zwei wesentliche Teilfunktionen (→*3.4.2*). Innerhalb der Datenlogistik sind Daten, Funktionen und Abläufe zwischen den Anwendungssystemen zu koordinieren (Datenlogistikprozesse, →*3.4.2.2*), und darauf aufbauend ist eine integrierte Datenbank (→*3.4.2.3*) zu verwalten. Aufgabe der Datenauswertung ist die Aufbereitung der integrierten Daten zu managementrelevanten Informationen. Integrierte Datenlogistikprozesse sorgen dabei für eine hohe Prozeßeffizienz, da sie die Anwendungssysteme über Daten- und Steuerflüsse prozeßorientiert miteinander verbinden. Die integrierte Datenbank trägt zur Ressourceneffizienz bei, da Datenbanksystem und Datenmodell integriert verwaltet werden und Datenauswertungen in verschiedenen Anwendungssystemen (in *Abb. 3-35* die beiden MSS) auf diesen integrierten Daten aufbauen können.

Unterstützung operativer Wertschöpfungsprozesse

Die horizontalen Leistungsflüsse (in *Abb. 3-36* aus Gründen der Konsistenz zu den vorherigen Abbildungen als vertikale Pfeile dargestellt) entlang der Wertschöpfungsketten auf der operativen Ebene durchlaufen verschiedene Unternehmensbereiche (in *Abb. 3-36* Beschaffung, Produktion und Vertrieb). Mit den Leistungsflüssen sind i.d.R. Informationsflüsse zwischen den Bereichen verbunden (→*2.3.3.2.1*). Dazu sind Daten zwischen funktional ausgerichteten Anwendungssystemen zu übergeben. Eine für diesen Datenaustausch zuständige, integrierte Datenlogistikkomponente bündelt als Querschnittssystem diese Datenflüsse und unterstützt die prozeßorientierte Kopplung der Anwendungssysteme.

Die in den einzelnen Bereichen existierenden Anwendungssysteme sorgen mit ihrer auf spezielle betriebswirtschaftliche Aufgaben ausgerichteten Funktionalität für eine hohe Ressourceneffizienz, während die Datenlogistik zwischen den Systemen auf Prozeßeffizienz ausgerichtet ist. Der Forderung nach Integration und Modularität wird damit Rechnung getragen (→*3.4.3*).

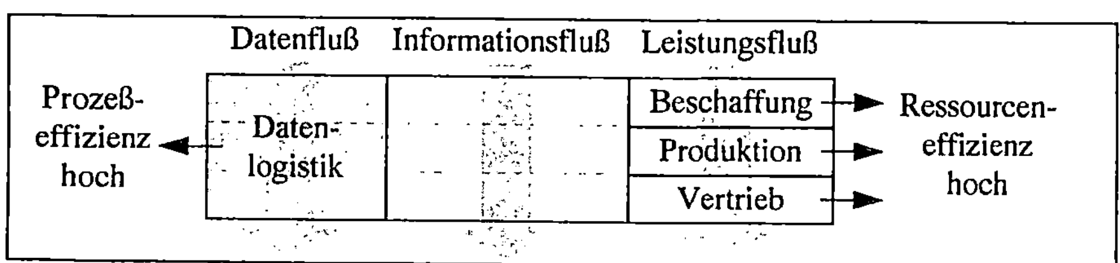

Abb. 3-36: Prozeßorientierte horizontale Leistungsflüsse

3.5.2 Grundsätzliche Architekturvarianten

Die in *Abb. 3-37* dargestellten Architekturvarianten stehen in engem Zusammenhang mit den in *3.4* gestellten Anforderungen:

□ *Vollständige Integration* bedeutet, daß ein integriertes Anwendungssystem die gesamten funktionalen Anforderungen erfüllt. Alle Daten sind in einer Datenbank ohne Redundanzen gespeichert, wonach die Datenlogistikintegration in diesem Fall ausschließlich auf einer integrierten Datenbank (→*3.4.2.3*) beruht. Eine anwendungssystemübergreifende Prozeßintegration (→*3.4.2.2*) entfällt, da keine Schnittstellen existieren. Allerdings ist der Integrations- und Wartungsaufwand für eine vollständige Integration in einem gewachsenen, verteilten Informationssystem sehr hoch bzw. aufgrund der Komplexität unrealistisch, da bspw. unternehmensweite Modelle des Informationssystems vorausgesetzt werden. (→*2.1.3.1*, vgl. weiterführend *3.5.3.4*).

Integrationskonzept	Integriertes System	Bilaterale Schnittstellen	Zentrales Management
Architektur			
Schnittstellen bei n Anwendungssystemen	0	n*(n-1)	2*n
Kennzeichen	einheitliche und kohärente Verwaltung der Daten	Individueller Datenabgleich mit gerichtetem Datenaustausch	Prozeßorientierter Datenaustausch
Integrationsaufwand	sehr hoch	hoch	niedrig
Wartungsaufwand	sehr hoch	hoch	niedrig
System-anpassung	Ersatz der Datenhaltung	Entwicklung individueller Schnittstellen	Einbindung einer Standardschnittstelle
Datenredundanz	keine	Eigenständige Duplikate	Kontrollierte Replikate

Abb. 3-37: Architekturvarianten (in Anlehnung an [Wolf98])

❑ Im Fall der *bilateralen Schnittstellen* sind die Anwendungssysteme untereinander über individuelle Schnittstellen (bidirektional) verbunden. Der hohe Integrations- und Wartungsaufwand bezieht sich hierbei auf die Datenlogistikprozesse ($\rightarrow$*3.4.2.2*), da die voneinander unabhängigen Datentransfers zwischen den Anwendungssystemen ohne ein zusätzliches Querschnittssystem zu koordinieren sind. Eine integrierte Datenbank für die Ablage von Schnittstellendaten existiert in diesem durch hohe Redundanz gekennzeichneten Anwendungssystemverbund nicht.

❑ Die dritte Variante (*zentrales Management*) korrespondiert mit der geforderten modular-integrierten Datenlogistik ($\rightarrow$*3.4.3*). Die Modularität des Informationssystems bleibt erhalten, jedoch werden die Schnittstellen zwischen Anwendungssystemen in einer zentralen Managementkomponente gebündelt. Diese hat die Aufgabe, die Datenlogistikprozesse zwischen den Anwendungssystemen zu koordinieren und bedient sich dabei einer eigenen integrierten Datenbank. Der Anpassungs- und Wartungsaufwand für die verteilten Anwendungssysteme beschränkt sich so auf eine Schnittstelle zur zentralen Komponente.

3.5.3 Integrationskonzepte

3.5.3.1 Konzepte für die Datenintegration

Die beschriebenen Formen der Datenintegration durch eine Datenbank oder Datenaustausch ($\rightarrow$*3.1.3*) stellen für sich genommen schon Integrationskonzepte für die Datenlogistik dar und sind in geeigneter Weise miteinander zu kombinieren. In [Öste95, 244 ff.] werden folgende, mit den in *3.4.2* formulierten Anforderungen in Zusammenhang stehenden Vor- und Nachteile (⊕ und ⊖) aufgezählt:

❑ für die integrierte Datenbank das damit verbundene integrierte Datenmodell:

   ⊕ Informationen sind sofort verfügbar und damit in Prozessen nutzbar.

   ⊕ Die Daten sind redundanzfrei und damit konsistent.

   ⊖ Umfang und Dynamik der Anwendungssysteme führen zu hoher Komplexität und Dynamik der integrierten Datenbank.

   ⊖ Änderungen in einer Anwendung haben u.U. Auswirkungen auf andere Teilsysteme.

   ⊖ Die Systeme müssen über ein Netzwerk auf den gemeinsamen Datenbestand zugreifen, was u.U. mit hohen Netzwerkkosten und schlechter Performance verbunden ist.

   ⊖ Die technische Infrastruktur (Netzwerk, Datenbank) aller verteilten Anwendungssysteme muß kompatibel sein.

   ⊖ Standardsoftware ist schwer einzubinden, da sie ein individuelles Datenmodell und eine eigene Datenbank besitzt.

Die Nachteile sind durch eine technologische Entkopplung der Systeme und eine geeignete Modularisierung (→*3.4.3.2*) von Datenbanksystemen und Datenmodellen zu beheben (dargestellt im 5. Kapitel), was wiederum zur Notwendigkeit des Datenaustauschs führt.

❑ für den Datenaustausch:

   ⊕ Der Datenaustausch ist technisch relativ einfach.

   ⊕ Die Datenbanken können unabhängig voneinander modelliert und implementiert sein. Nur die ausgetauschten Daten sind abzustimmen.

   ⊖ Die Konsistenz der Daten muß explizit gesichert werden.

   ⊖ Bestehen hohe Anforderungen an die Aktualität der Daten, steigt der Aufwand für den Datenaustausch.

   ⊖ Es ist ein Zusatzaufwand für die Pflege der redundanten Daten notwendig.

Die genannten Defizite führen zur Integration von Datenlogistikprozessen, da über die Unterstützung funktionaler und ablaufbezogener Zusammenhänge, bspw. durch Trigger oder Stored Procedures in Datenbanken, diese Nachteile teilweise behoben werden können.

In *3.2.4* und *3.4* wurde deutlich, daß die Datenintegration für die Unterstützung der Datenlogistik nicht ausreichend ist und mit anderen Integrationsformen gekoppelt werden muß.

3.5.3.2 Prozeßorientierte Integration in Workflowmanagementsystemen

Mit der prozeßorientierten Automation von Geschäftsprozessen ist eine zielgerichtete Ausrichtung des Informationssystems verbunden (→*3.2.3.3*). Workflowmanagementsysteme automatisieren prozeßorientierte Informationsflüsse und integrieren dabei die existierenden Anwendungssysteme. In der folgenden Charakteristik wird der Zusammenhang dieser Systeme mit den Anforderungen der Datenlogistik (→*3.4*) hergestellt.

Workflow

Ein Workflow ist ein arbeitsteiliger, abgrenzbarer Prozeß zur Abwicklung von Geschäftsvorfällen, der aus einfachen Geschäftsprozessen, vielschichtigen bereichsübergreifenden Prozessen bzw. unternehmensübergreifenden Prozessen (vgl. Integrationsreichweite, →*3.1.4*) bestehen kann [GaSc94, 3]. Neben dem prozeßorientierten Aspekt kommt mit der Betonung der Arbeitsteilung die Modularität und mit der Hervorhebung bereichsübergreifender Prozesse die Integration zum Ausdruck (vgl. Anforderungen, →*3.4.3*). In bezug auf das Informationssystem ist ein Workflow eine Ablauffolge von Aufgaben, die unter Verwendung von Daten durch Transaktionen gesteuert wird [DeVÖ95, 3]. Damit wird der Zusammenhang zwischen Workflow und Datenlogistikprozeß deutlich.

Workflowmanagement

Workflowmanagement (auch bezeichnet als Vorgangsmanagement) bedeutet die funktions- oder bereichsübergreifende Betrachtung eines Geschäftsprozesses, wobei durch die Nutzung des Informationssystems organisatorische Verbesserungen erreicht bzw. verstärkt werden sollen [ErSc95, 29]. Das Workflowmanagement besitzt somit eine koordinierende Funktion in bezug auf Workflows, wobei Geschäftsprozeßorganisation und Informationssystem im Zusammenhang stehen (vgl. Anforderungen, →*3.4.3.1*). Zusätzlich zur Verwendung und Steuerung der Arbeitsabläufe regelt das Workflowmanagement die für Arbeitsschritte notwendige Bereitstellung bzw. Integration erforderlicher Informationen. Somit werden Daten und Prozesse unter Berücksichtigung existierender Anwendungssysteme integriert (vgl. Anforderungen, →*3.4.2.2*, →*3.4.2.3*).

Das wesentliche Merkmal des Workflowmanagements ist die Trennung von Geschäftsprozeßlogik und Anwendungslogik. Die Planung und Realisierung der Geschäftsprozeßlogik im Sinne des Geschäftsprozeßmanagements erfolgt durch die Anwendung der Konzepte des Workflowmanagements. Die Bereitstellung der Anwendungslogik verbleibt auf der Seite der spezifischen Anwendungssoftware, die für die Bearbeitung einzelner Aufgaben verantwortlich ist. Workflowmanagement bedeutet somit die prozeßorientierte Integration funktional ausgerichteter Anwendungssysteme (vgl. Anforderungen, →*3.4.2*).

Durch Workflowmanagement können prozeßorientierte Abläufe gesteuert und verwaltet und damit folgende Ziele erreicht werden [Kric95, 47 f.; BuFB93, 230]:

- Beseitigung von Schwachstellen in der Informationsversorgung,
- integrierte Verwaltung von Abläufen in einer einheitlichen Benutzeroberfläche,
- Unterstützung der bereichsübergreifenden Kommunikation und Koordination,
- gemeinsame und effektive Nutzung von Informationen und Dokumenten.

Workflowmanagementsystem

Workflowmanagementsysteme sind komplexe Hard- und Softwaresysteme, die die Vorgangsbearbeitung im Sinne des Workflowmanagements unterstützen. Wesentliches Merkmal dieser Systeme ist die Bereitstellung von Managementfunktionen, die Verwaltungs-, Überwachungs-, Koordinierungs- und Vorgangsverfolgungsaufgaben realisieren (vgl. Anforderungen, →*3.4.3.1*).

SCHÖNECKER definiert ein Workflowmanagementsystem als eine flexibel gestaltbare, nach einem organisatorischen Regelwerk arbeitende, aktiv einwirkende Software, die Vorgänge über mehrere Arbeitsplätze hinweg steuert und bestehende Anwendungssysteme integriert [Schö93, 56]. Damit wird der Charakter eines Workflowmanagementsystems als Querschnittssystem deutlich. (→*2.1.3.1*).

Ein Workflowmanagementsystem ist eine mögliche Integrationslösung für Datenlogistikprozesse, wobei Vorgänge zwischen funktionsorientierten Anwendungssystemen gesteuert und damit bereichsübergreifende Geschäftsprozesse automatisiert unterstützt werden.

Offene Probleme in bezug auf die Anforderungen

Hauptanwendungsgebiet für Workflowmanagementsysteme ist die Automation von an der Wertschöpfungskette ausgerichteten Geschäftsprozessen. Sie sind damit ein Lösungsansatz für die horizontale Integration. Die für die Informationsbereitstellung in MSS notwendige vertikale Integration wird dabei nicht explizit unterstützt. Workflowmanagementsysteme fokussieren durch die computergestützte Vorgangsbearbeitung Datenlogistikprozesse. Sie sind allerdings nicht für die geforderte integrierte Datenhaltung und die darauf aufbauende Datenauswertung bestimmt. Außerdem wird Workflowmanagement oft mit Dokumentenmanagement und nicht mit Datenmanagement gekoppelt, d.h. die in den Vorgängen ausgetauschten Informationsobjekte sind für die Bürokommunikation relevante Dateien und Dokumente und nicht aus Datenbanken stammende Datensätze.

3.5.3.3 Informationsintegration in Intranets

Die technologische Grundlage der Kommunikation zwischen maschinellen Aufgabenträgern eines Informationssystems bilden die physischen Verbindungen einzelner Rechnersysteme über Netzwerke. Die Netzwerke und deren Aufgaben haben sich mit der technologischen Entwicklung und der zunehmenden Bedeutung des Informationssystems in Unternehmen verändert und weiterentwickelt (*Abb. 3-38*).

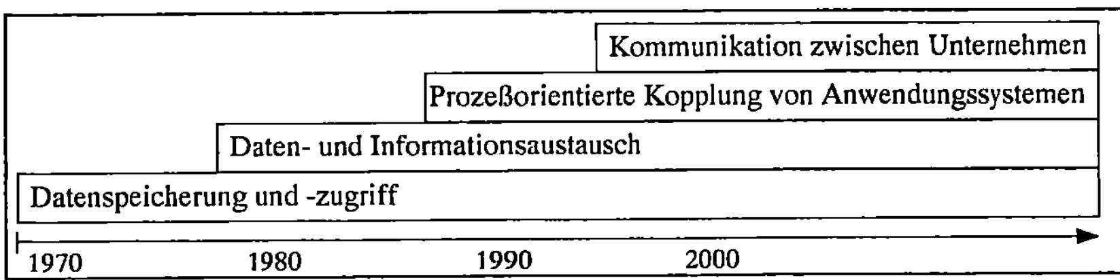

Abb. 3-38: Bedeutung der Rechnernetzwerke (in Anlehnung an [Gabl96, 38])

Dabei ist ersichtlich, daß die auf dem Datenaustausch basierende Kommunikation zwischen Aufgabenträgern zunehmend die Integration von Anwendungssystemen innerhalb eines Unternehmens oder zwischen Unternehmen zum Ziel hat. Zwei wichtige aktuelle Begriffe sind in diesem Zusammenhang Intranet und Internet. Das Internet ist ein Netzwerk mit einer dezentralen Architektur auf der Basis des TCP/IP-Protokolls (vgl. dazu [NoFr95; MoMo97]). Das Intranet ist ein firmeninternes Netz, welches die Internet-Technologie verwendet [Koss96, 298].

Neben der Netzwerkbetrachtung sind Intranets aus weiteren Sichten für Integrationszwecke interessant:

- *Groupware-Ansatz*: Intranets können kooperative Prozesse, wie z.B. bei der Teamarbeit unterstützen (vgl. dazu [EhKr98]).

- *Client-Server-Architektur*: In der Literatur ist die Ansicht vorherrschend, daß das Intranet eine Ausprägung, aber auch eine Weiterentwicklung der Client-Server-Architektur ist [Tanl96, 34 ff.], wobei als Weiterentwicklung die graphische Präsentation, der Einsatz von Standard-Browsern und die Anwendungsrealisierung über Java gesehen wird.

Demnach stellt das Intranet eine neue Stufe der Client-Server-Entwicklung dar (*Abb. 3-39*). Mit auf dem Intranet basierten Client-Server-Architekturen ist es möglich, Anwendungssysteme informationssystemweit durch den Einsatz von Standard-Browsern in verschiedenen Hard- und Softwareumgebungen im Intranet zu nutzen.

1. Paradigma	File-orientierter, verteilter Datenbankzugriff
2. Paradigma	Verarbeitungteilung zwischen Client und Server (Datenbankserver)
3. Paradigma	Mehschichtige Architektur mit Applikationsserver und Datenbankserver
4. Paradigma	Nutzung eines Web-Datenbankserver über Web-Browser und Javaprogramme

Abb. 3-39: Client-Server-Architekturen [Löbe97, 85]

Das Intranet soll eine universelle Plattform für den unternehmensinternen Datenaustausch sein und so die Verfügbarkeit von Informationen im Unternehmen verbessern [Kyas97, 56], was den Zusammenhang mit den in *3.4* formulierten Anforderungen verdeutlicht.

Konkrete Anwendungsgebiete eines Intranets sind [Rupp96, 16 f.]:

- Speicherung und Organisation von Dokumenten zur einfachen Benutzung,
- Angebot von zielgruppenspezifischen Informationen durch die Nutzung von Datenbanken,
- Aktualisierung sich häufig ändernder Informationen,
- Zugriff auf Informationen bei Bedarf.

Das Hauptargument für Intranets ist deren Offenheit, d.h. die Möglichkeit der Kommunikation zwischen Hard- und Softwaresystemen unterschiedlicher Hersteller und Architekturen [Stah95, 146 ff.]. Standardisierte Datenformate und Transportprotokolle ermöglichen die Verbindung heterogener Teilsysteme zu einem integrierten Informationssystem [Kyas97, 56 ff.]. Aus diesem Anspruch wird der technologische Charakter der mit einem Intranet verbundenen Integration von Anwendungssystemen deutlich (vgl. Anforderungen, →*3.4.3.1*), wobei der Schwerpunkt auf der horizontalen Integration liegt (vgl. Anforderungen, →*3.4.2.1*).

Mit Intranets sind auch Vorteile für die Informations- und Datenlogistik verbunden. So sollen Intranets „den Informationsfluß im Unternehmen liberalisieren" und Mitarbeiter befähigen, über ihren Bereich hinaus im Unternehmen mitzuwirken [Hase96, 65 ff.]. Die Mitarbeiter werden „ermächtigt", eigene Daten zu kontrollieren und zur Verfügung zu stellen sowie umgekehrt ihren Informationsbedarf selber zu bestimmen und zu decken [Bird96, 78 ff.]. Damit wird die Anforderung der Dezentralisierung von Aufgaben der Datenlogistik erfüllt (→*3.4.3*).

Neben der oben beschriebenen einseitigen Fokussierung technologischer Aspekte und der horizontalen Integration bleiben in bezug auf die gestellten Anforderungen folgende Probleme offen:

- *Speicherung von Daten*

   Ein Intranet stellt Mechanismen für den Zugriff und die Verteilung von Informationen zur Verfügung. Die Speicherung der zugrundeliegenden Daten in integrierter Form (→*3.4.2.3*) wird auf separate Datenbanken verlagert und ist nicht Bestandteil der Intranet-Technologie.

- *Kopplung von Anwendungssystemen*

   Intranets unterstützen die Informationslogistik zwischen personellen Aufgabenträgern. Allerdings basiert dieser Informationsservice nicht auf der Datenlogistik zwischen existierenden Anwendungssystemen. Vielmehr erhalten „alte Programme" eine Web-Oberfläche bzw. werden über einen Web-Server genutzt (vgl. z.B. [Petr96, 62]). Der Datenaustausch zwischen funktionsorientierten Anwendungssystemen wird a priori nicht unterstützt.

Eine diesbezügliche Erweiterung stellt das sogenannte *Wrapping* dar, bei dem bestehende Anwendungssysteme als Objekte eingekapselt und über spezielle Schnittstellen von anderen Anwendungssystemen angesprochen werden [Snee96, 16 f.]. Allerdings wird diese Technik vorrangig für die Nutzung von Altsystemen bei der Migration eingesetzt und ist nicht dafür bestimmt, Anwendungssysteme permanent zu koppeln.

□ *Koordinationsfunktion*

Der angesprochenen Dezentralisierung von Aufgaben der Datenlogistik steht nicht notwendigerweise eine zentrale Koordinationsfunktion (→*3.4.3.1*) gegenüber. Es kann somit zu Problemen kommen, wenn die dezentralen Aufgabenträger ihrer Pflicht zur Informationsbereitstellung nicht oder in ungenügender Qualität nachkommen. Die verteilte Verantwortung für die Informationen führt u.U. zu unzureichender Verfügbarkeit von Informationen oder Inkonsistenz, z.B. wenn zwei Bereiche widersprüchliche Informationen präsentieren.

□ *Informationsintegration*

Die von einzelnen Aufgabenträgern über ein Intranet publizierten Informationen stehen oft im Zusammenhang. Dieser wird jedoch bei einer verteilten Informationsbereitstellung nicht explizit hergestellt. Die Kombination der fragmentierten Informationen wird dem Nutzer überlassen und nicht durch eine integrierte Datenbank (→*3.4.2.3*) unterstützt.

3.5.3.4 Integrierte Standardanwendungssoftware

„Standardanwendungssoftware sind die von Softwarehäusern und Hardwareherstellern für den anonymen Markt entwickelten Programmsysteme zur Lösung von Anwendungsproblemen" [Sche90, 139]. Als integrierte Standardanwendungssoftware werden transaktionsorientierte, integrierte betriebswirtschaftliche Anwendungssysteme bezeichnet [Sche98b, 93], die betriebliche Bereiche von Unternehmen in ihrer Gesamtheit unterstützen. Derzeit sind Systeme wie SAP R/3, BAAN IV und Oracle Applications in Unternehmen weit verbreitet [Sell98, 16]. Durch die integrierte Architektur werden u.a. die Aktualität der Information, eine redundanzfreie Datenhaltung (vgl. Anforderungen, →*3.4.2.3*) und eine bessere Kommunikation mit dem Ziel der Gestaltung eines ganzheitlichen Informationssystems gewährleistet [Barb96, 11].

In integrierter Standardanwendungssoftware werden Daten, Funktionen und Prozesse softwaretechnisch integriert. Bei vollständiger Integration würde die Notwendigkeit der Unterstützung einer anwendungssystemübergreifenden Datenlogistik entfallen (→*3.5.2*). Eine unternehmensweit einsetzbare Standardanwendungssoftware wäre zur Ablösung einer gewachsenen heterogenen Anwendungssystemlandschaft ideal. Allerdings ist in den meisten Unternehmen eine solche Lösung aus folgenden Gründen unrealistisch:

- *organisatorisch*: Die Komplexität eines solchen Anwendungssystems erschwert die Einbettung in eine gewachsene Organisation. Eine enge Verflechtung der einzelnen Funktionsbausteine verhindert oft die phasenweise Einführung und sorgt für Engpässe bei personellen Ressourcen.
- *wirtschaftlich*: Der Investitionsschutz der vorhandenen Anwendungssysteme verbietet deren Ablösung. Der Einführungsaufwand ist aufgrund der hohen Komplexität und der notwendigen Bindung personeller Ressourcen zu hoch.
- *technisch*: Komplizierte, oft nicht transparente Verarbeitungsprogramme und eine umfangreiche, nicht partitionierte Datenhaltung erschweren Wartung und Weiterentwicklung der Software sowie die Skalierung der Hardware.
- *inhaltlich*: Unternehmens- bzw. branchenspezifische Funktionalitäten sind nicht implementiert (vgl. z.B. [LeHe98, 175 ff.]).

In vielen Unternehmen werden daher verschiedene auf Standardsoftware basierende Anwendungssysteme neben Individuallösungen für spezielle Aufgaben eingesetzt (→A *Anhang zur Fallstudie*), woraus sich ein Integrationsbedarf ergibt.

3.5.3.5 Metadatenintegration in Repositories

Metadaten sind Daten über Komponenten des Informationssystems [Date90, 44]. Vor allem im Datenbankbereich werden Metadaten verwaltet, indem die als Daten abgelegten Dokumentationen und Definitionen der Datenbankstrukturen vom Datenbankmanagementsystem (DBMS) genutzt werden. Ein System zur Verwaltung solcher Metadaten wird als *Data Dictionary* bezeichnet. Ein Data Dictionary unterscheidet sich von einem Datenbanksystem dadurch, daß es keine betriebswirtschaftlichen Daten sondern Daten über Datenstrukturen enthält.

Data Dictionaries können anwendungssystemübergreifend zur Dokumentation aller Daten eines Unternehmens bzw. eines Unternehmensbereichs dienen. Sie übernehmen damit eine logische Integrationsfunktion in bezug auf Datenbanken. Die Integration besteht im Unterschied zu einer integrierten Datenbank nicht notwendigerweise in der physischen Zusammenfassung von Daten, sondern bezieht sich auf Datenstrukturen als Voraussetzung für in die in *3.4.2* beschriebenen Formen der Datenintegration:

- Die in einem anwendungssystemübergreifenden Data Dictionary zusammengefaßten Datenstrukturen verschiedenere Anwendungssysteme können die Grundlage für eine integrierte Datenbank (vgl. Anforderungen, →*3.4.2.3*) sein, indem die integrierte Schemadefinition in einer Datenbank implementiert wird und von Anwendungssystemen zu nutzen ist.

❑ In Datenlogistikprozessen sind Data Dictionaries eine mögliche Grundlage für
den Abgleich der Datenstrukturen zu koppelnder Anwendungssysteme.

Besonders im Zusammenhang mit Entwicklungen im Bereich des Computer
Aided Software Engineering (CASE, vgl. dazu [Öste90]) weitet sich der Beschrei-
bungsgegenstand von Metadaten aus. Zur Unterstützung der Softwareentwicklung
mußten auch Daten über Programmfunktionen und Programmabläufe im
Metadatenbanksystem verwaltet werden, wobei sich in diesem Zusammenhang
der Name Repository herausbildete (vgl. dazu [Mart89]). In Repositories werden
u.a. Metadaten über Geschäftsprozesse, Anwendungssystemarchitekturen, Infor-
mations-, Daten- und Kontrollflüsse sowie Datenstrukturen verwaltet [Eick96a, 6]
und somit verschiedene Sichten eines Informationssystems berücksichtigt.

Die Integration von Metadaten verschiedener Anwendungssysteme in einer unternehmensweiten Metadatenbank (vgl. dazu [Eick94, 32 ff.]) eröffnet Möglichkeiten
für die modular-integrierte Datenlogistik (vgl. Anforderungen, →*3.4.3*). Die
Anwendungssysteme erfüllen ihre speziellen betriebswirtschaftlichen Aufgaben
und nutzen dazu eine eigene, unabhängige Metadatenverwaltung. Gleichzeitig
liegen diese Metadaten in einem zentralen, integrierten Repository vor, wobei
über einen Abgleich die Konsistenz zwischen zentralen und dezentralen Metadaten gesichert wird [Eick96b, 2 f.]. Über die logisch integrierten Metadaten
koordiniert das *Repository* die einzelnen Anwendungssysteme und schafft die
Voraussetzung für den physischen Datenaustausch in Datenlogistikprozessen. Die
Koordinationsfunktion besteht somit in einem integrierten Metadatenmanagement,
welches über ein zentrales Metadaten-Engineering Einfluß auf die modularen
Anwendungssysteme nimmt (vgl. Anforderungen, →*3.4.3.1*). Dieses Metadaten-
Engineering umfaßt die zentrale informationssystemweite Unternehmensmeta-
datenmodellierung, die dezentrale anwendungssystembezogene Metadatenmodel-
lierung und deren Abgleich [Eick96c, 6 f.].

Im Zusammenhang mit der Datenlogistik ist ein Metadatenbanksystem auf Daten-
und Prozeßstrukturen auszurichten. Die Verwaltung von Metadaten ist dabei nicht
ausreichend. Vielmehr ist auf Basis der Metadaten die Integration in Form einer
integrierten Datenbank oder eines Datenlogistikprozesses informationstechnisch
zu realisieren. Eine Integrationslösung muß daher die Metadatenverwaltung als
Teilkomponente enthalten und seine Funktionalität darauf aufbauen.

3.6 Data Warehouse-Konzept

Das Data Warehouse-Konzepts wird traditionell zur Zusammenführung von Daten
für Zwecke der Managementunterstützung genutzt. Entsprechend den in *3.4*
formulierten Anforderungen liegt der Untersuchungsschwerpunkt in dieser Arbeit

auf dem Problemkreis der Datenlogistik (*Abb. 3-40*). Als *Data Warehouse-Konzept* werden im folgenden Charakteristika, Eigenschaften und konzeptionelle Bestandteile zusammengefaßt, wogegen der Begriff der *Data Warehouse-Lösung* ein Teilinformationssystem des betrieblichen Informationssystems repräsentiert.

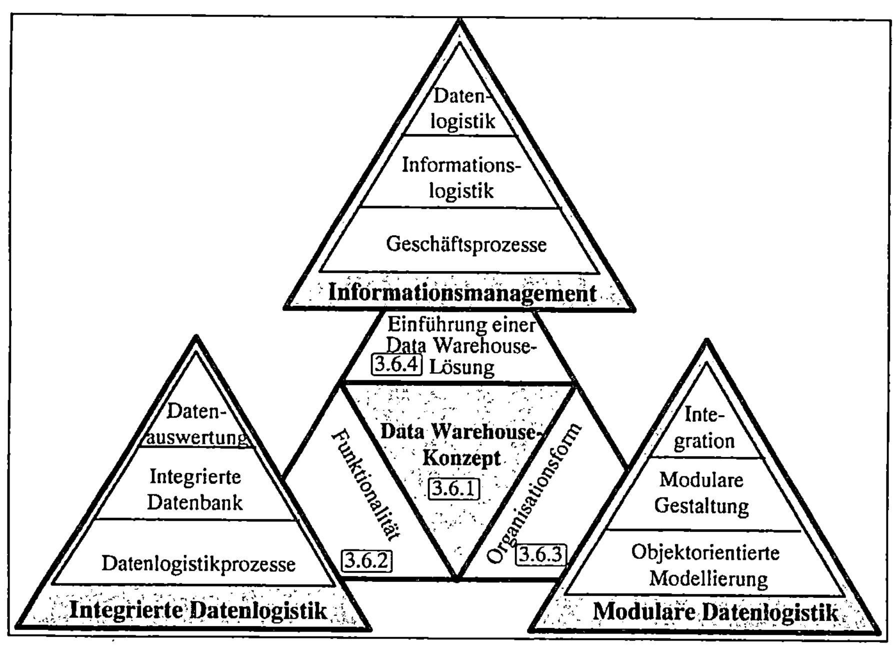

Abb. 3-40: Zusammenhang des Data Warehouse-Konzepts mit den Anforderungen der Datenlogistik

In *Abb. 3-40* wird der Zusammenhang zwischen Anforderungen der Datenlogistik (→*3.4*) und Aspekten des Data Warehouse-Konzepts hergestellt. Zunächst werden Entstehung, Charakteristik und Umfeld dieses Konzepts als Ansatz für die Datenintegration verdeutlicht (→*3.6.1*). Es folgt in *3.6.2* eine Systematik der Data Warehouse-Architektur und funktionaler Komponenten, wobei insbesondere die Forderungen nach Datenlogistikfunktionalität (→*3.4.1*), integrierten Datenlogistikprozessen (→*3.4.2.2*) und einer integrierten Datenbank (→*3.4.2.3*) berücksichtigt werden. Die in *3.6.2.4* diskutierten Organisationsformen sind Ausgangspunkt für die Modularisierung der Datenlogistik (vgl. Anforderungen, →*3.4.3.2*). Die Einführung einer Data Warehouse-Lösung als koordinierenden Aufgabenträger für die Datenlogistik in einem Informationssystem (vgl. Anforderungen, →*3.4.3.1*) ist Gegenstand des Abschnitts *3.6.4*.

3.6.1 Charakteristik

3.6.1.1 Historie

Bereits in den 80er Jahren wurden Data Warehouse-Ansätze, wenn auch unter anderen Namen, in IT-Firmen diskutiert. Wegbereiter des Konzepts war die Firma IBM, die 1988 ein internes Projekt mit dem Namen European Business Information System (EBIS) startete, das 1991 in die auch heute noch gültige Information Warehouse Strategy überging [LiWe94, 61 ff.]. Ziel war die „... Versorgung autorisierter Einzelpersonen mit zuverlässigen, zeitrichtigen, genauen und verständlichen Geschäftsinformationen aus allen Unternehmensbereichen zum Zwecke der Entscheidungsunterstützung ..." [MuBe96, 421].

Seit Anfang der 90er Jahre wird das Data Warehouse-Konzept von vielen Hard- und Softwareherstellern sowie Beratungsfirmen stark thematisiert. Ausdruck dessen sind eine Flut von Produkten, Kongressen und Veröffentlichungen in diesem Umfeld. Maßgeblich geprägt bzw. initiiert wurde diese Entwicklung von BILL INMON, der mit seinem Buch „Building the Data Warehouse" [Inmo96] ein fundiertes Standardwerk lieferte. Allerdings hat sich eine systematische, theoretisch anspruchsvolle Diskussion des Data Warehouse-Konzepts bisher nicht etabliert. Vielmehr geht die Transparenz durch fehlende Abgrenzung zu anderen Entwicklungen im Bereich der MSS, wie Data Mining, On-Line Analytical Processing (OLAP) oder multidimensionale Datenmodellierung (→4.5.2) immer mehr verloren. Daher erfolgt zunächst eine Begriffsbestimmung.

3.6.1.2 Anspruch an eine Data Warehouse-Lösung

Unter einer Data Warehouse-Lösung wird ein Anwendungssystem verstanden, das unternehmensspezifische, historische und unveränderliche Daten unterschiedlichster Quellen sammelt [Sche96, 4] und integriert in einer Datenbank für MSS bereitstellt [Poe96, 6]. Eine Data Warehouse-Lösung hat somit zwei wesentliche Funktionen, die Integration von Daten aus verschiedenen Quellsystemen[9] (Input) und die Aufbereitung und Bereitstellung der Daten für Zielsysteme (Output). Dafür wird eine separate und konsistente Datenbank aufgebaut, die von den operativen Quellsystemen getrennt ist und für Analysezwecke zur Verfügung steht.

Diese Charakteristik betont die zentrale Datenhaltung als wesentliches Merkmal des Data Warehouse-Konzepts. In der Literatur wird diese Eigenschaft in verschiedene Richtungen erweitert (*Abb. 3-41*):

❑ über eine Softwarelösung hinausgehende Unternehmensphilosophie,

---

[9] Im folgenden werden vereinfacht die Begriffe Quell- und Zielsystem für Quell- bzw. Zielanwendungssystem verwendet.

□ unternehmensweite Verwaltung des Datenbestandes auf der Grundlage unternehmensweiter Datenmodelle,

□ gegenüber operativen Systemen stärkere Orientierung der Datenhaltung an der Analysefunktionalität in MSS.

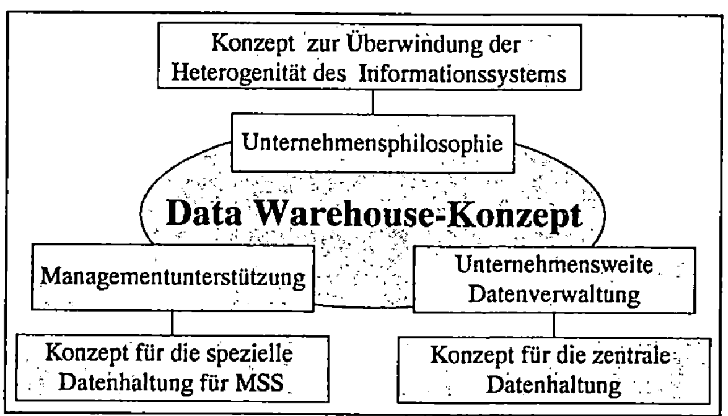

Abb. 3-41: Aspekte des Data Warehouse-Konzepts

Für eine weitere Vertiefung der Charakteristik des Data Warehouse-Konzepts und der Begriffsbildung aus unterschiedlichen Sichten wird auf [Darl96, 40 ff.; MuBe96, 422 ff.; Sche96, 74; Data96, 1 ff.] verwiesen.

Unternehmensbezogenheit

Projektbezogene Veröffentlichungen in Fachzeitschriften charakterisieren die Tragweite einer Data Warehouse-Lösung innerhalb eines Unternehmens [Darl96, 40; zitiert in Löbe97, 14]:

□ ...eine Architektur, nicht ein Produkt ...,

□ ...ein Prozeß und nicht ein erreichbarer Zustand ...,

□ ...90% Fachwissen, 10 % Technologie ... .

Eine Data Warehouse-Lösung ist keine Standardsoftware, sondern ein für jedes Unternehmen individuelles Portfolio aus verschiedenen Software- und Hardwarekomponenten, das Mechanismen und Vorgehensweisen zur Überwindung der Heterogenität und Bewältigung der Informationsexplosion einschließt [MuHR96].

Unternehmensweite Datenverwaltung

Andere Charakteristiken beziehen sich auf die Datensicht eines Informationssystems (→2.3.1) und beschreiben eine Data Warehouse-Lösung als [Data96, 1 ff.; zitiert in Löbe97, 17]:

□ logische Sichtweise auf die Unternehmensdaten zur Bereitstellung von Informationen für betriebliche Aufgabenträger,

▫ Plattform, die man benutzt, um Daten verschiedener Unternehmensbereiche zu speichern und zu verwalten, oder

▫ Möglichkeit, Daten von unterschiedlichen Datenbanken zu sammeln und zu vereinheitlichen, die auf abgeschlossenen, zurückgehaltenen Bereichssystemen gehalten werden.

Die erste Aussage erfordert eine unternehmensweite logische Verknüpfung von Daten und impliziert damit die Verfügbarkeit unternehmensweiter Datenmodelle (→*2.3.1.3*). Intension der zweiten und dritten Begriffsbeschreibung ist die Verknüpfung und zentrale Verwaltung von Daten unterschiedlicher Anwendungssysteme, was die Bedeutung einer Data Warehouse-Lösung für das unternehmensweite Informationsmanagement verdeutlicht. Diese Sichtweise führt in eine ähnliche Richtung wie die in dieser Arbeit vorgeschlagene Nutzung des Data Warehouse-Konzepts für die Integration der Datenlogistik in betrieblichen Informationssystemen.

Unterstützung von Anwendungssystemen

Der Anspruch an eine Data Warehouse-Lösung als ein „Sammeltopf für Daten" [Scha96, 18] ist nicht ausreichend für die Unterstützung von MSS. Mit der zentralen Speicherung und Bereitstellung von Daten ist deren Verwendung im Unternehmen keineswegs gesichert. Die Nutzenspotentiale für die Informationsbereitstellung in MSS sind daher explizit in die Zielsetzungen einer Data Warehouse-Lösung einzubeziehen [Beta96, 7], was durch folgende Anforderungen berücksichtigt wird:

▫ Überführung von Transaktionsdaten in eine separate Speicherung mit indizierten Metadaten für analytische Zwecke [Mars96, 16],

▫ Zusammenfassung von Transaktionsdaten zu Zeitreihen für Zwecke der Visualisierung und Analyse [Tanl96, 34 ff.],

▫ unternehmensweite Versorgung von MSS mit benötigten Informationen [Gluc97, 48].

Dieser Sichtweise ist insofern zu folgen, daß eine Data Warehouse-Lösung die Anforderungen der Zielsysteme berücksichtigen muß. Allerdings sind MSS und die darin eingesetzten Analysewerkzeuge aus Sicht des Autors zumindest logisch-funktional von der Data Warehouse-Lösung zu trennen. Es existieren andere Meinungen, nach denen das Data Warehouse-Konzept sowohl Datenlogistikmanagement als auch Analysetechnologie umfaßt [Darl96, 41], was allerdings folgende Konsequenzen hat:

▫ funktionale Vermischung der separierbaren Aufgaben *Datenlogistik* und *Datenauswertung* (→*3.4.2.1*),

- proprietäre Nutzung des Datenbestandes in der Data Warehouse-Lösung durch integrierte Analysemodule,

- Nichtberücksichtigung von Analysetechnologien in bereits existierenden Anwendungssystemen (z.B. statistische Verfahren in Planungssystemen),

- nicht notwendige Einschränkung der Nutzung der Data Warehouse-Daten für Zwecke der Datenanalyse in MSS.

Die Ausrichtung auf die vorhandenen Anwendungssysteme im Unternehmen ist eine der wesentlichsten Forderungen an eine Data Warehouse-Lösung. Dies gilt gleichermaßen für Quell- und Zielsysteme. Die notwendige Anpassung der Schnittstellen zwischen Data Warehouse-Lösung und Anwendungssystemen muß von beiden Seiten aus erfolgen. Prinzipien dieser Kopplung sind zentraler Schwer-punkt des 5. Kapitels.

3.6.1.3 Vorteile für Management Support Systems

Spezielle Datenhaltung

Die Arbeitsweise operativer Anwendungen ist auf Transaktionen ausgerichtet, die zumeist auf kleinere Datenbestände für Abfragen und Aktualisierungen zugreifen. Die Datenstrukturen der operativen Systeme sind dafür optimiert. Die Daten besitzen folgende Eigenschaften:

- Es sind flüchtige Daten, d.h. sie werden permanent geändert.

- Es sind i.d.R. aktuelle Daten für die Abwicklung der laufenden Geschäfts-vorfälle.

- Diese Daten sind mit bestimmten Anwendungssystemen im Unternehmen verknüpft.

Auf der anderen Seite sind MSS auf die Analyse von Daten über längere Zeiträume ausgerichtet. Sie sind oft mit einem Geschäftsbereich und nicht mit einer Anwendung verknüpft. Die Daten sollen dazu stabil und konsistent sein und eine Momentaufnahme repräsentieren, die nicht automatisch, sondern explizit in definierten Zeitabständen zu aktualisieren ist [Vorw96].

Nach INMON ist eine Data Warehouse-Lösung themenorientiert (subject-oriented), integriert, zeitvariabel und beständig. Dies stellt sicher, daß Daten den MSS in geeigneter Form zur Verfügung gestellt werden [Inmo96, 33].

Separate Datenhaltung

Wesentliche Eigenschaft des Data Warehouse-Konzepts ist die Trennung der Daten gegenüber operativen OLTP-Systemen (→*2.1.3.1*). Gründe für die separate Datenhaltung sind u.a.:

❑ Die Entlastung operativer Datenbanken von komplexen Anfragen ermöglicht einen störungsfreien Transaktionsbetrieb mit der notwendigen Performance.

❑ Operative Datenbanken können von historischen Daten befreit werden, da diese in der Data Warehouse-Lösung verfügbar sind.

❑ Daten sind für Simulationszwecke manipulierbar, ohne den operativen Betrieb zu stören.

❑ Fehlerhafte und inkonsistente Daten können bereinigt werden (vgl. dazu [Schr96, 81 ff.]).

❑ Die Datenbanken können für Analysezwecke optimiert werden (vgl. dazu [Sche96, 75]).

Auf der anderen Seite wird die Trennung der Daten nicht gegenüber den MSS als Zielsysteme der Data Warehouse-Lösung verlangt. Aus Sicht des Autors ist jedoch für einen unternehmensweiten Datenzugriff eine von speziellen MSS logisch und physisch unabhängige Datenhaltung zweckmäßig. Außerdem sind aufgrund der Dynamik informationstechnischer Werkzeuge besonders die Lebenszyklen der Anwendungssysteme für Datenanalyse und Datenauswertung sehr kurz. Eine modulare Trennung von MSS und Data Warehouse-Lösung trägt zur Stabilität des Gesamtsystems bei, da der Wechsel eines Analysewerkzeugs nicht notwendigerweise zu Änderungen an der Data Warehouse-Lösung führt. Alternativ zur physisch redundanten Datenhaltung können für spezielle Funktionen in MSS auch logische Sichten auf die Daten definiert werden. Damit kann eine doppelte Datenhaltung vermieden und trotzdem eine individuelle, anwendungssystemspezifische Nutzung der Daten vorgesehen werden.

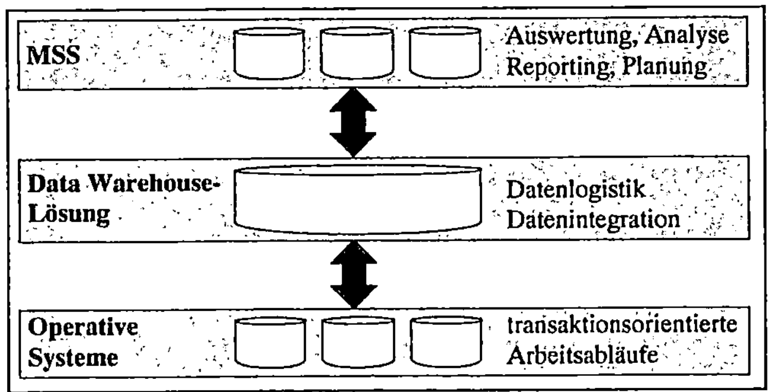

Abb. 3-42: Trennung der Data Warehouse-Datenbank von anderen Datenbanken

In *Abb. 3-42* ist die Trennung der Data Warehouse-Datenbank von den Datenbanken der übrigen Anwendungssysteme dargestellt. Die Data Warehouse-Lösung als Querschnittssystem (→*2.1.3.3*) unterstützt damit die Aufgabenerfüllung sowohl der MSS als auch der operativen Systeme. Diese Separierung des

Datenbestandes in der Data Warehouse-Lösung von den Datenbanken der übrigen Anwendungssysteme hat, wie oben beschrieben, verschiedene Ursachen und Vorteile, bringt jedoch auf der anderen Seite einige Erfordernisse mit sich:

- Die Datenbanken der operativen Systeme müssen mit der Data Warehouse-Lösung technologisch verbunden sein.

- Die Datenbestände von Data Warehouse-Lösung, Quell- und Zielsystemen sind zu synchronisieren.

- Die Verantwortlichkeit für die Daten in der zentralen Datenbank ist zu klären.

- Daten unterschiedlicher Strukturen und Formate müssen integriert werden.

- Die redundante, separate Datenhaltung ist mit zusätzlichen maschinellen und personellen Ressourcen verbunden.

Neben der zentralen Data Warehouse-Datenbank sind autonome, auf bestimmte betriebswirtschaftliche Funktionalitäten ausgerichtete anwendungssystemspezifische Datenbanken weiterhin notwendig. Eine generelle Zusammenfassung der Datenbanken würde zu technologischen (z.B. Datenbankgröße, Zugriff verteilter Anwendungen auf heterogenen Plattformen), organisatorischen (z.B. Verantwortung, Betreuung) und inhaltlichen (z.B. an die spezielle Funktionalität angepaßte Datenmodelle) Problemen führen (→*3.5.3.4*).

Eine wichtige Erweiterung zu existierenden operativen Anwendungssystemen ist die Verfügbarkeit von historischen Daten in der Data Warehouse-Lösung. Dies läßt sich zu dem Anspruch verallgemeinern, daß Daten unabhängig von der Speicherung im operativen System innerhalb der Data Warehouse-Lösung eine andere Lebensdauer besitzen können, was nicht zwangsweise eine längere Speicherung bedeutet. Aus Revisionsgründen müssen bspw. „alte" Daten, die für Analysezwecke nicht mehr relevant sind, in funktionsorientierten Anwendungssystemen archiviert werden. Die Forderung nach einer vom operativen System unabhängigen Verfügbarkeit von Daten wird über die Archivierungskomponente der Data Warehouse-Lösung realisiert.

Informationsbereitstellung

Die von einzelnen Anwendungssystemen unabhängige und auf die Zwecke des MSS ausgerichtete Datenhaltung ist Grundlage für die Unterstützung der Informationsbereitstellung in MSS. Wichtige Nutzenspotentiale des Data Warehouse-Konzepts sind:.

- ***Breitere Nutzung von MSS***

   In der Vergangenheit waren MSS elitäre Tools für das Top-Management. Mit den Veränderungen der Anforderungen und Organisationsformen in den Unternehmen besteht ein erweiterter Bedarf nach zielgruppengerechten Informationen, je nach Entscheidungsebene detailliert oder aggregiert

(→*3.2.2.2*). Eine Data Warehouse-Lösung kann die Voraussetzung schaffen, den Anwenderkreis für MSS zu vergrößern.

❑ *Höhere Verfügbarkeit zielgruppengerechter Daten*

Existierende Datenbestände erweisen sich für MSS aus folgenden Gründen oft als nicht ausreichend:

- unzulängliche Datenbank, die sich im wesentlichen auf operative Daten stützt,

- Beschränkung auf vorgefertigte Sichten, die sich an speziellen betriebswirtschaftlichen Aufgaben ausrichten. Die Formulierung individueller Sichten ist entweder nicht möglich oder zu komplex, um vom Nutzer selbständig durchgeführt zu werden [ClSe96b, 52].

Ziel einer Data Warehouse-Lösung ist die höhere Verfügbarkeit einer größeren Menge zielgruppengerechter Daten, z.B. Berichte mit unterschiedlichen Zeithorizonten (Tagesbericht, Wochenbericht, Monatsbericht), einschließlich Konsistenzsicherung bzw. Abweichungserläuterung bei widersprüchlichen Informationen. Daneben sind bereichs- oder personenspezifische Sichten auf historische und zukünftige Entwicklungen von Unternehmenskennzahlen definierbar.

❑ *„Just in time"-Informationsversorgung*

Ziel des Data Warehouse-Konzepts ist es, die Ressource *Information* zum Zeitpunkt des Bedarfs zur Verfügung zu stellen. Daher ist bei gleicher Qualität der Daten ein Nutzen allein schon beim Zeitgewinn der Informationsbereitstellung festzustellen [Wess96, 21 ff.].

Datenmanagement		
Datenquellen	Betrieb der Data Warehouse-Lösung	Zugriff und Nutzung der Data Warehouse-Daten
Metadatenmanagement		
Transport		
Infrastruktur		
Werkzeuge und Technologie		

Abb. 3-43: Schichtenmodell des Data Warehouse-Konzepts (in Anlehnung an [GiRa96, 30])

3.6.2 Aufbau und Funktionalität

Beschreibungen von Aufbau und Funktionalität einer Data Warehouse-Lösung sind in der Literatur sehr unterschiedlich. Sowohl für den Umfang, d.h. funktionale Abgrenzungen des Data Warehouse-Konzepts, als auch für die Bildung von Teilkomponenten gibt es verschiedene Ansätze. Grundsätzlich läßt sich eine logische und eine technische Betrachtung (→*3.6.3.5*) unterscheiden (*Abb. 3-43*).

Das in *Abb. 3-43* vorgestellte Schichtenmodell bildet in der logischen Ebene den Ausgangspunkt für die folgende Beschreibung des Aufbaus und der Komponenten einer Data Warehouse-Lösung. Die Data Warehouse-Architektur orientiert sich an den funktionalen Anforderungen der Datenlogistik (→*3.4.1*), wobei auf in der Literatur existierende Ansätze Bezug genommen wird.

Abb. 3-44: Datenlogistikfunktionalität

3.6.2.1 Grobaufbau

Die in *3.4.1* formulierten funktionalen Anforderungen der Datenlogistik sind Grundlage für den groben, schematischen Aufbau einer Data Warehouse-Lösung (*Abb. 3-44*). Die in *Abb. 3-44* zusammengefaßte Funktionalität dient ...

❑   ...der vereinfachten Darstellung der Data Warehouse-Architektur,

❑   ...der Einordnung existierender Architekturvarianten und

❑   ...als Ausgangspunkt für die Verfeinerung der Komponenten.

Funktionalität

Die in [Behm96, 31 ff.] vorgeschlagenen vier logischen Data Warehouse-Komponenten, Input Layer, Output Layer, Storage Layer mit Datenbank und Metadatenbank, korrespondieren mit den in *Abb. 3-44* aufgeführten Funktionen (*Abb. 3-45*). Den Metadaten kommt dabei eine gesonderte Bedeutung zu, da die *Administrationskomponente* als übergeordnete Instanz Funktionen zur Steuerung der Datenlogistikprozesse zur Verfügung stellt und Informationen über die anderen Data Warehouse-Komponenten in Form von Metadaten verwaltet werden.

Aus den in *3.4.2* formulieren funktionalen Forderungen an die Datenlogistik ergibt sich die in *Abb. 3-46* dargestellte grundlegende Funktionsfolge.

Aufgabe des Input Layers ist die Extraktion von Daten aus unterschiedlichen operativen und externen Anwendungssystemen und die Überführung in eine gemeinsame Datenhaltung, wobei die Datenintegration auf Transformationsfunktionen basiert. Die integrierten Daten werden gespeichert und im Storage Layer verwaltet. Über den Output Layer können die Daten an verschiedene Anwendungssysteme (z.B. MSS) verteilt und von diesen entsprechend genutzt werden.

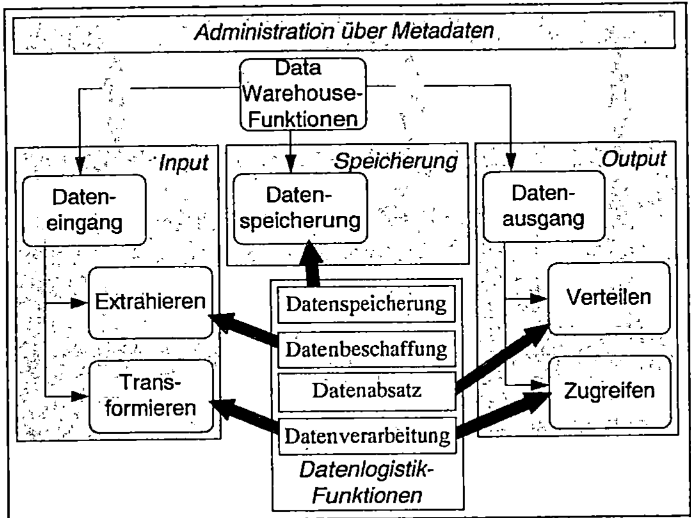

Abb. 3-45: Abgrenzung datenlogistischer Funktionen im Data Warehouse-Konzept

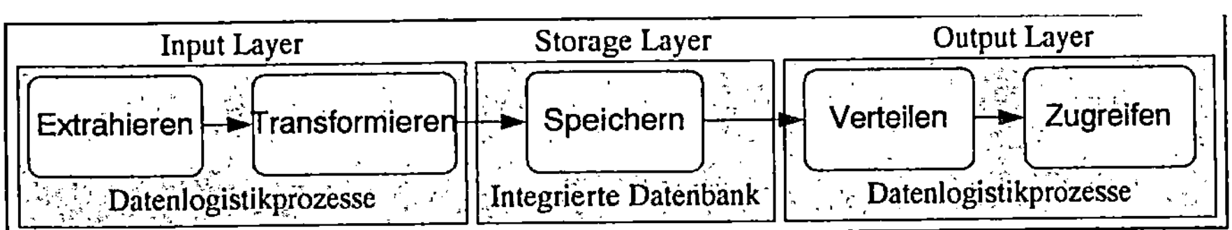

Abb. 3-46: Funktionsfolge der Datenlogistik in einer Data Warehouse-Lösung (in Anlehnung an [Rose96, 47])

Relevante Daten

Die Klassifikation der für die Datenlogistik relevanten Daten ergibt sich aus den drei funktionalen Komponenten und umfaßt:

▫ Quelldaten aus den zu integrierenden Quellsystemen (Input),

▫ integrierte Daten in einer integrierten Datenbank (Speicherung) und

▫ Zieldaten entsprechend dem Bedarf der Zielsysteme (Output).

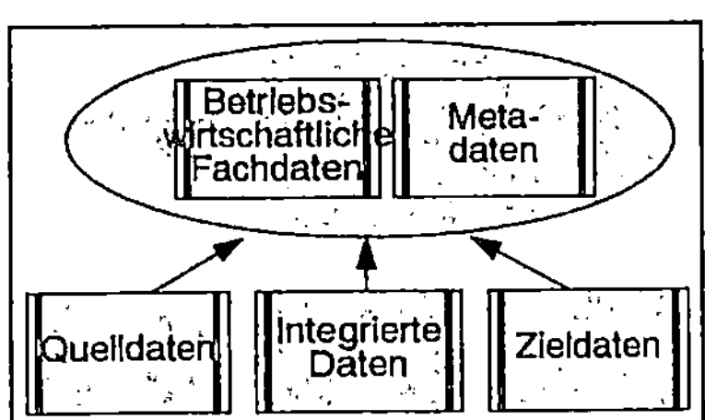

Abb. 3-47: Grobklassifikation von Data Warehouse-Daten

Abb. 3-47 zeigt die resultierende Grobklassifikation von Data Warehouse-Daten. Auf der obersten Ebene werden die betriebswirtschaftlichen Fachdaten und die Metadaten mit Strukturinformationen über die Fachdaten unterschieden. Beide Kategorien sind gleichermaßen relevant für die Datenlogistik und können aus den Quellsystemen extrahiert, in der Data Warehouse-Lösung transformiert und an die Zielsysteme verteilt werden.

3.6.2.2 Abgrenzung funktionaler Komponenten

Die Ansätze für die Bildung von Data Warehouse-Komponenten unterscheiden sich oft nur in Begriffen oder Detaillierungsgraden. Die innerhalb dieser Arbeit verwendete Gliederung in Input, Speicherung, Output und Administration orientiert sich an den Aufgaben einer Data Warehouse-Lösung in bezug auf die Datenlogistik (*Abb. 3-44*), wonach eine klare Abgrenzung von Schnittstellen zu den Quellsystemen (Input), separater Datenhaltung (Speicher) und Schnittstellen zu den Zielsystemen (Output) erfolgt. Mit dieser Unterteilung wird gleichzeitig eine systematische Funktionsfolge für alle von der Data Warehouse-Lösung zu unterstützenden Datenflüsse zur Verfügung gestellt (*Abb. 3-46*).

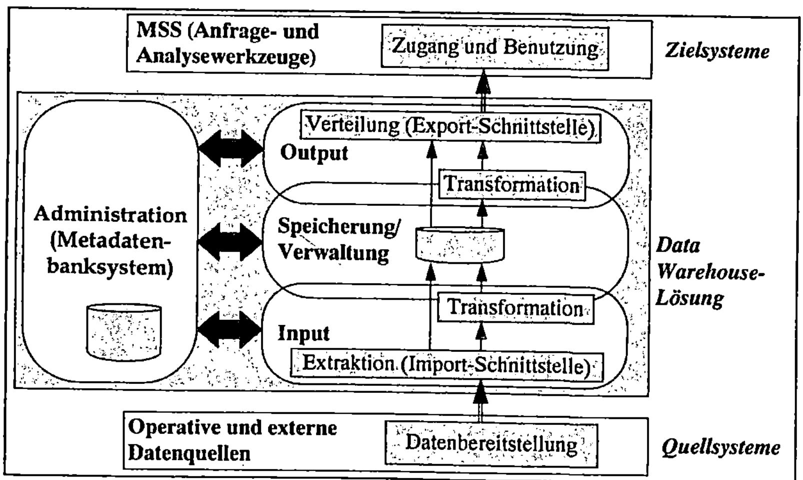

Abb. 3-48: Komponenten einer Data Warehouse-Lösung

Obwohl die Datenanalyse nach der vorgenommenen begrifflichen Abgrenzung (*Abb. 3-42*) nicht Bestandteil des Data Warehouse-Konzepts ist, wird sie im Vergleich als eine zusätzliche Komponente aufgeführt. Entsprechend der Erweiterung um analytische Zielsysteme sind in *Abb. 3-48* auch die Quellsysteme einer Data Warehouse-Lösung aufgeführt. Damit können auch in der Literatur angegebene, umfassendere Architekturbeschreibungen eingeordnet werden (*Abb. 3-49*).

In *Abb. 3-50* ist der Zusammenhang zwischen Anforderungen der Datenlogistik (→*3.4.2*) und den Data Warehouse-Komponenten zusammengefaßt. Die integrierte Datenhaltung wird über die separate Speicherung integrierter Daten in einer Data Warehouse-Datenbank realisiert. Input- und Output-Komponente unterstützen Datenlogistikprozesse, da sie den Datenaustausch zwischen den beteiligten Systemen koordinieren, wobei die Input-Komponente die integrierte Datenbank mit Daten versorgt und die Output-Komponente die integrierten Daten zur Nutzung verteilt. Weiterführend erfolgt in *4.3.3* eine detaillierte Modellbildung für das Data Warehouse-Konzept aus verschiedenen Modellsichten unter der Zielstellung der Integration der Datenlogistik.

	Input		Speicherung	Output	Analyse	Administration
[Behm96, 31 ff.]	Input Layer		Datenbanksystem	Output Layer		Metadatenbank
[MuBe97, 44 ff.]		Transformations-programme	Datenbank, Archivierungssystem		Auswerte-systeme	Metadatenbank
[Lawt96, 18 ff.]	Sammeln	Aufbereitung und Transformation	physische Speicherung und Verwaltung	Verteilung (Middle-ware)	Zugriff (End-Benut-zer-Tools)	
[Darl96, 41 ff.]	Construction Components		Operation Components	Access Components		
[Thom96, 11]	Operational Data Store	Data Conversion/ Extraction	Data Warehouse, DBMS		Business Intelligence	Data Warehouse-Administration
[Schä96, 38]	Extraktion	Transformation	Datenbank	Transfor-mation	Präsentation	Konnektivität
[Muck97, 20]	Source	Load	Storage	Query		Metadatenverwalt.
[CISe96, 42 ff.]	Schnittstellenmanager		Datenmanager	Präsentationsmanager		
[Taub96, 40 ff.]	Operationale Schicht		Warehouse Speicher	Analytische Schicht		

Abb. 3-49: Abgrenzung von Komponenten in Data Warehouse-Architekturen

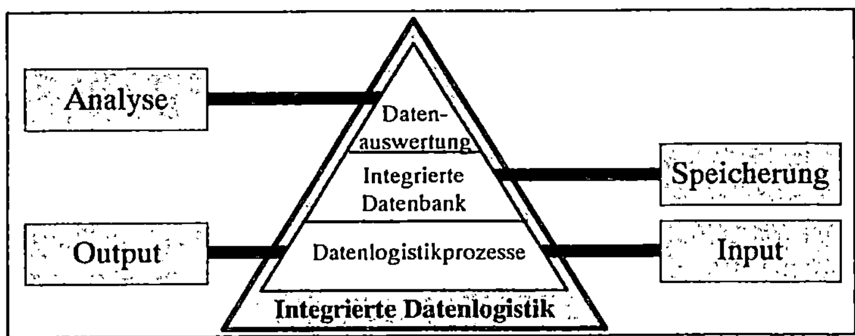

Abb. 3-50: Zuordnung von Data Warehouse-Komponenten und Integrationsanforderungen

3.6.2.3 Metadatenbanksystem

Wesentliche Komponente einer Data Warehouse-Lösung ist das Metadatenbanksystem (*Abb. 3-48*). Das Metadatenbanksystem, auch bezeichnet als Data Warehouse-Repository [Schr96, 78 ff.] oder Business Data Dictionary gewährleistet die Transparenz der beschriebenen Funktionen einer Data Warehouse-Lösung. Metadaten dienen der formalen Beschreibung von Strukturen des betrieblichen Informationssystems (→3.5.3.5). Die Metadaten einer Data Warehouse-Lösung beschreiben in systematischer Form die Funktionalität der einzelnen Komponenten.

Notwendigkeit von Metadaten im Data Warehouse-Konzept

Eine Data Warehouse-Lösung ist mit verschiedenen Quell- und Zielsystemen gekoppelt. Die Kommunikation mit diesen Systemen ist an die Nutzung von Metadaten gebunden, da Daten-, Funktions- und Ablaufstrukturen darüber abzustimmen sind. Die betriebswirtschaftliche und informationstechnische Dynamik der Anwendungssysteme erfordert eine entsprechende Flexibilität der Data Warehouse-Lösung. Beispiele dafür sind neue betriebswirtschaftliche Analysen in MSS oder Änderungen an Datenstrukturen, Funktionalitäten und Abläufen in Anwendungssystemen. Soll die Data Warehouse-Lösung an solche Veränderungen angepaßt werden, dürfen Funktionen, Abläufe und Datenstrukturen nicht starr kodiert sein, sondern müssen in flexiblen Metadaten beschrieben werden [Wiek97, 269].

Um die Komplexität der Datenlogistikprozesse und die Schnittstellen zu Quell- und Zielsystemen zu beherrschen, ist eine Standardisierung von Daten, Datenflüssen und Steuerflüssen notwendig. Die zentrale Beschreibung dieser Informationen in einem Repository ist Voraussetzung für die Integration der Anwendungssysteme. Die einheitliche, standardisierte Verwaltung von Metadaten sichert gleichzeitig die Wiederverwendung der durch die Metadaten beschriebenen Strukturen.

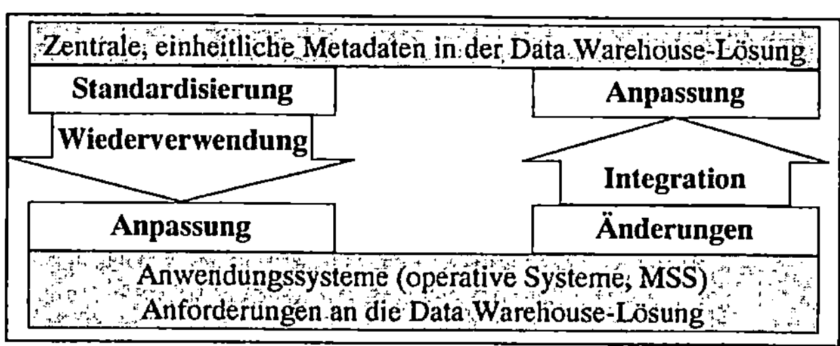

Abb. 3-51: Wechselwirkung zwischen zentralem Repository und Anwendungssystemen

In *Abb. 3-51* ist diese Wechselwirkung zwischen Integration und Wiederverwendung dargestellt. Aus Anforderungen der Anwendungssysteme können sich Änderungen in der Data Warehouse-Lösung ergeben, die zur Anpassung der Metadaten führen. Die einheitlichen Metadaten wiederum liefern Vorgaben für die Anwendungssysteme, so daß diese bei entsprechender Anpassung mit der Data Warehouse-Lösung kommunizieren können.

Klassifikation von Metadaten

Metadaten dienen sowohl der Verwaltung einer Data Warehouse-Lösung als auch der korrekten Interpretation der abgelegten Daten durch den Benutzer [Wint95, 36]. Demnach kann man Metadaten für den Betrieb und die Benutzung der Data Warehouse-Lösung unterscheiden.

Typ/Information	Aufgabe	Komponente	Anwendungssystem
Technisch		Input	Operatives System
Betriebswirtschaftlich	Betrieb	Speicherung	Data Warehouse-Lösung
		Output	
Navigation	Benutzung	Analyse	MSS

Abb. 3-52: Zusammenfassung der Klassifikation von Metadaten

Zusammenfassend sind mögliche Klassifikationen in *Abb. 3-52* dargestellt. Es wird deutlich, daß die Unterscheidung in Metadaten für Betrieb und Benutzung grundlegend für alle Klassifikationen ist, wobei folgende Ziele verfolgt werden:

❑ *Betrieb der Data Warehouse-Lösung*: Der zeitliche und personelle Aufwand zur Verwaltung der Data Warehouse-Komponenten und zur Einbindung neuer Objekte und damit zur Erschließung neuer Datenbestände soll verringert werden.

❑ *Benutzung der Data Warehouse-Lösung*: Die Navigation des Anwenders in großen Datenbeständen soll unterstützt werden. Insbesondere die Vielfalt an Informationen ist für den Nutzer zu reduzieren.

Metadaten für den Betrieb der Data Warehouse-Lösung

Wichtigstes Nutzenspotential von Metadaten ist der Betrieb und die Wartung der Data Warehouse-Lösung. Die Dynamik der Quell- und Zielsysteme kann nur beherrscht werden, indem die Data Warehouse-Komponenten in einem umfassenden Repository entsprechend angepaßt werden. Dieses beschreibt eine Data Warehouse-Lösung aus unterschiedlichen Sichten (*Abb. 3-53*).

Daten	Funktionen	Abläufe (Workflows)

❑ Data Dictionary
   - des Data Warehouse,
   - der Quellsysteme und
   - der Zielsysteme
❑ Physischer Speicherort
❑ Datenvolumen
❑ Granularitäten und
   Verdichtungsstufen
	❑ Transformationsregeln
	❑ Verdichtungsvorschriften
	❑ Verknüpfungsregeln zwischen
	   Quellsystemen und
	   Data Warehouse-Lösung
	❑ Agenten, die Änderungen in
	   Quellsystemen prüfen
	❑ Zugriffsberechtigungen zur
	   Datenaktualisierung und
	   Datennutzung
		❑ zeitliche Abhängigkeiten
		   zwischen Funktionen
		❑ Übernahmezeitpunkte
		❑ Übernahmefrequenz
		❑ Protokollierung der
		   Datentransfers
		❑ Protokollierung der
		   Datenzugriffe

Abb. 3-53: Metadaten für unterschiedliche Sichten

Die in *Abb. 3-53* beschriebenen Bestandteile des Repository in verschiedenen Sichten stehen mit Komponenten des *Metadata Management Layer* innerhalb des in *Abb. 3-43* beschriebenen Schichtenmodells einer Data Warehouse-Architektur im Zusammenhang, wobei in dieser Unterteilung auch Metadaten für die Nutzung der Daten enthalten sind [GiRa96]:

- *Data Warehouse Glossary Management*: Definition der verwendeten Daten inklusive betriebswirtschaftlicher Charakteristik (Datensicht),

- *Predefined Queries, Reports, Indexes and Profile Management*: Beschreibung vordefinierter Abfragen, Berichte und Nutzerprofile (Funktionssicht),

- *Refresh and Replication Management*: Regeln des zeitlichen Ablaufs der Datenaktualisierung (Ablaufsicht),

- *Logging, Archive, Restore and Purge Management*: Regeln der Datenverwaltung (Datensicht),

- *Metadata Extraction, Creation, Store and Update Management*: Generierung, Einbindung und Verwaltung der Metadaten (alle Sichten).

Die letzte Komponente deutet auf die unterschiedliche Herkunft von Metadaten hin. Metadaten können einerseits in der Data Warehouse-Lösung erzeugt und andererseits aus den Quellsystemen übernommen werden (metadata extraction).

Metadaten für die Benutzung der Data Warehouse-Lösung

Über Metadaten soll der Benutzer ...

- ...die Daten finden,

- ...die Daten verstehen,

- ...den Kontext der Daten und ihre Entstehung nachvollziehen,

- ...die Zuverlässigkeit und Relevanz der Daten prüfen.

Allein die Existenz der Metadaten ist allerdings keine Garantie für deren effiziente Nutzung. Aus der Sicht der Endbenutzer sind Metadaten oftmals unzureichend beschrieben, schwer aufzufinden und kaum verständlich [Brac96, 185].

Für die Nutzung von Data Warehouse-Daten müssen Metadaten die folgende Funktionen unterstützen [Muck97, 3]:

- Zugang zu den Daten,

- Beurteilung der Relevanz gefundener Daten für die Geschäftsprozesse,

- Einordnung relevanter Daten in den Kontext ihrer Aufgabenstellung.

3.6.2.4   Technische Infrastruktur

Bisher wurden logisch-funktionale Komponenten der Data Warehouse-Architektur betrachtet. Technologische Aspekte werden anhand des bereits vorgestellten Schichtenmodells (*Abb. 3-43*) in *Abb. 3-54* grob skizziert.

Transport	Netzwerksysteme für Datentransfer und -verteilung	Netzwerk-Management (z.B. Net View) Netwerk-Protokolle (z.B. TCP/IP) Netzwerk-Typen (z.B. Ethernet)
	Client-Server-Agenten Middleware Tools	Datenbank-Gateways Standardprotokolle (z.B. ODBC)
	Replikationssysteme	integrierte Datenbank-Werkzeuge, spezielle Replikationssysteme, Data Warehouse-Produkte
	Sicherheits- und Authentifizierungssysteme	Sicherheitskonzepte der Betriebssysteme und Datenbanken
Infrastruktur	Systemmanagement	Management der Anwendungssysteme
	Workflowmanagement	Planung, Koordination und Automation aller Abläufe (Replikation, Update ...)
	Speichersysteme	Datenbank- und Filemanagement, Speicher-, Datensicherheits-, Datenschutzmanagement
	Verarbeitungssysteme	Verarbeitungsfunktionen der Data Warehouse-Komponenten
Werkzeuge	Werkzeugmanagement	Werkzeugpolitik, Standards
	Lizenzmanagement	Lizensierungsmodi, Softwareverteilung

Abb. 3-54: Technologische Betrachtung des Data Warehouse-Konzepts (in Anlehnung an [GiRa96, 30])

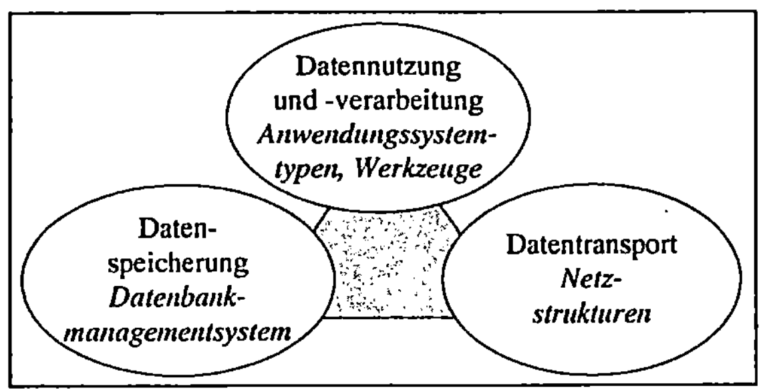

Abb. 3-55: Schwerpunkte der Technologieauswahl

Die Auslegung der systemtechnischen Anforderungen für eine Data Warehouse-Lösung ist in einzelnen Unternehmen je nach Zielstellung und Umfang sehr unterschiedlich. Daher sind keine allgemeinen Aussagen zu einer geeigneten Hard- und Systemsoftware möglich. Einzusetzende technologische Lösungen können nach Aufgabenschwerpunkten dreigeteilt (*Abb. 3-55*) und nach den Kriterien Skalierbarkeit, Wartbarkeit und Integrierbarkeit in die IT-Landschaft ausgewählt werden.

Im Zusammenhang mit einer Data Warehouse-Einführung können Datenbankgrößen entstehen, die nur noch mit parallelen Hardwarearchitekturen performant bearbeitet werden können. Alternativen sind symmetrische Mehrprozessorsysteme, massiv-parallele Rechner (MPP) oder Kombinationen aus diesen [Rich97, 16 f.].

3.6.3 Organisationsformen für Data Warehouse-Lösungen

Der Begriff der Organisationsform für Data Warehouse-Lösungen [MuBe97, 64] charakterisiert analog zur Aufbauorganisation in Unternehmen die Aufbauorganisation einer Data Warehouse-Lösung, d.h. die Zerlegung in verschiedene, i.d.R. an der Informationssystemarchitektur bzw. Unternehmensstruktur ausgerichtete Teilsysteme.

3.6.3.1 Abgrenzung von Anwendungssystemen

Die bisherige Unterteilung von Komponenten bezog sich auf eine logische Beschreibung notwendiger datenlogistischer Funktionalität. Die Verteilung der Funktionen auf unterschiedliche Anwendungssysteme ist von dem gegebenen Informationssystem, dem existierenden und geplanten Werkzeugportfolio und der Zielstellung für eine spezielle Data Warehouse-Lösung im Unternehmen abhängig. Eine allgemeingültige, pauschale Wertung der in *Abb. 3-56* vorgestellten Alternativen ist daher nicht möglich.

Betriebswirtschaftliche Funktionalität	Datenlogistik-prozesse	Integrierte Datenbank	Datenlogistik-prozesse	Betriebswirtschaftliche Funktionalität
Operative Funktionalität	Datenlogistik-Funktionalität			MSS-Funktionalität
	Input	Speicherung	Output	
a				
b				
c				
d				
e				
f				

Abb. 3-56: Verteilung von datenlogistischer und betriebswirtschaftlicher Funktionalität auf Anwendungssysteme

In *Abb. 3-56* sind, abgeleitet aus der in *Abb. 3-48* dargestellten Architektur und den Varianten funktionaler Komponenten in *Abb. 3-49*, verschiedene

Möglichkeiten der funktionalen Verteilung von datenlogistischer und betriebswirtschaftlicher Funktionalität auf Anwendungssysteme gegenübergestellt:

a) Die klassische Unterteilung grenzt operative Funktionalität, Datenlogistik- und MSS-Funktionalität ab und sorgt damit für die Transparenz der Gesamtarchitektur, da die Funktionalitäten auf spezialisierte Systeme verteilt sind. Nachteil sind die entstehenden Schnittstellen.

b) Die Analysefunktionalität ist Bestandteil der Data Warehouse-Lösung, womit die Schnittstelle zu den MSS entfällt. Allerdings kann eine enge Kopplung von Data Warehouse-Lösung und MSS Probleme bei der Einführung neuer Werkzeuge im MSS-Bereich bereiten. Außerdem ist die Anbindung verschiedener Zielsysteme an die Data Warehouse-Lösung für Zwecke der horizontalen und vertikalen Integration in Frage gestellt, da keine explizite Ausgangsschnittstelle existiert. In der Literatur werden zumeist nur die ersten beiden Architekturvarianten a) und b) diskutiert.

c) Ein operatives System übernimmt den wesentlichen Teil der Datenlogistikfunktionalität. Die Analyse ist in ein separates Werkzeug ausgelagert. Eine eigenständige Data Warehouse-Lösung und damit eine separate Datenbank ist in diesem Fall nicht existent. Diese Variante entspricht entweder einer virtuellen Data Warehouse-Lösung (→*3.6.3.3*), kann aber auch über replizierte Daten innerhalb des operativen Anwendungssystems realisiert sein.

d) Die zentrale Komponente wird auf die Speicherfunktionalität begrenzt, während Transformations- und Abflauflogik der Datenlogistikprozesse in den angekoppelten Anwendungssystemen verteilt sind. In diesem Fall existiert nur ein Datenbanksystem an der Schnittstelle zwischen operativen Systemen und MSS. Nachteilig ist dabei, daß Transformations- und Extraktionsfunktionen nicht zentral gebündelt, sondern redundant in den dezentralen Anwendungssystemen realisiert sind und Datenlogistikprozesse somit nicht integriert werden.

e) Die gesamte Funktionalität ist in einem integrierten Anwendungssystem implementiert. Dies ist nicht zwangsläufig mit der nachteiligen fehlenden Trennung von operativen und analytischen Datenbeständen verbunden. Über eine geeignete Modularisierung von Funktionen und Daten (einschließlich abgeleiteter, redundanter Datenobjekte) können auch innerhalb eines physischen Anwendungssystems Datenlogistikfunktionen verwirklicht werden. Allerdings ist die Komplexität dieses vollständig integrierten Systems bei großen und differenzierten Datenbeständen sehr hoch (→*3.5.3.1*).

f) In diesem Fall ist die Funktionalität am weitesten fragmentiert. Operative und analytische Aufgaben sind von der zentralen Datenspeicherung entkoppelt. Zusätzlich ist ein weiteres System für Schnittstellen zwischen den Komponenten zuständig. Diese Aufgabe kann ein Workflowmanagementsystem für Zwecke des Datenaustauschs oder eine andere anwendungssystemübergreifende Repository-Komponente übernehmen. Somit werden integrierte Datenbank und Datenlogistikprozesse in getrennten Systemlösungen umgesetzt, und es ist dafür zu sorgen, daß die beteiligten Anwendungssysteme gut zusammenarbeiten.

In Variante a) in *Abb. 3-56* kommt die betriebswirtschaftliche Spezialisierung der Anwendungssysteme auf der einen Seite und die gebündelte Datenlogistikfunktionalität auf der anderen Seite am besten zum Ausdruck. Sie entspricht gleichermaßen der in *3.4.3* geforderten Modularisierung und Integration.

3.6.3.2 Zentrale Data Warehouse-Lösung vs. Data Mart

Das Data Warehouse-Konzept ging klassischerweise von einer zentralen, unternehmensweiten Lösung aus, die allerdings in größeren Unternehmen mit verteilten Informationssystemen u.a. aus folgenden Gründen schwer umzusetzen ist:

- Die Koordination zwischen den beteiligten Organisationseinheiten ist innerhalb eines Projektes schwer zu bewältigen und führt zu hohem Abstimmungsaufwand.

- Eine unternehmensweite Data Warehouse-Lösung setzt ein unternehmensweites Datenmodell voraus. Ein solches Modell ist jedoch in vielen Unternehmen nicht verfügbar und auch nicht realisierbar (→*2.3.1.3*).

Eine zentrale Data Warehouse-Lösung ist demnach aus Zeit-, Kosten- und Komplexitätsgründen in vielen Unternehmen unzweckmäßig. Allein die Datenmodellierung der zentralen Datenbank stellt oft ein unlösbares Problem dar. Wird der Umfang der Data Warehouse-Daten auf einen Ausschnitt des Unternehmens (z.B. Fachbereich) oder für bestimmte Zwecke (z.B. Daten hoher Granularität für das Top-Management) eingeschränkt, so spricht man von einem Data Mart. Die Funktionalität des Data Warehouse-Konzepts (→*3.6.2*) bleibt weitestgehend erhalten. Data Marts werden zumeist im Anfangsstadium einer Data Warehouse-Einführung entwickelt [Fole96, 49]. Bspw. faßt ein spezieller Data Mart ausschließlich Ist-Absatzdaten eines Unternehmens zusammen und enthält keine Plandaten für den Soll-Ist-Vergleich oder Aufwandsdaten für eine Ergebnisrechnung.

Vorteile

Datenmodell und Datenmenge sind überschaubarer. Die Organisation bei der Einführung wird vereinfacht, da weniger Fachbereiche am Projekt beteiligt werden müssen und sich somit Einführungszeit und -aufwand verringern [Vask96, 52]. Data Marts können direkt mit funktionsorientierten operativen Systemen verbunden sein, wodurch die bestehende Informationssystemstruktur weitestgehend erhalten bleibt. Daneben bieten sie erhöhte Ausfallsicherheit, Zugriffskontrolle, Performance-Gewinne durch lokale Zugriffe bzw. spezifische Optimierungen und Skalierbarkeit [Sapi98, 6].

Nachteile

Der Integrationsaspekt des Data Warehouse-Konzepts geht verloren, da ein Data Mart wiederum eine Insellösung ist, die bspw. für eine Gesamtbetrachtung der unternehmerischen Entwicklung mit anderen Datenquellen kombiniert werden muß. Probleme dabei sind die redundante Datenhaltung, unterschiedliche Metadaten in den Data Marts und viele Schnittstellen zwischen Datenquellen und Data Marts [Inmo97a, 96]. In *Abb. 3-57* sind beispielhaft Datenflüsse zwischen operativen Quellsystemen und Data Marts und sich ergebende Schnittstellen dargestellt. Im Fall *a)* existieren individuelle Schnittstellenlösungen für jeden Datenfluß, und jeder einzelne Data Mart muß die Daten aus verschiedenen operativen Systemen beschaffen und transformieren. In Fall *b)* werden die Datenflüsse in einer zentralen Data Warehouse-Lösung gebündelt und integrierte Daten den Data Marts nach einer spezifischen Aufbereitung zur Nutzung bereitgestellt.

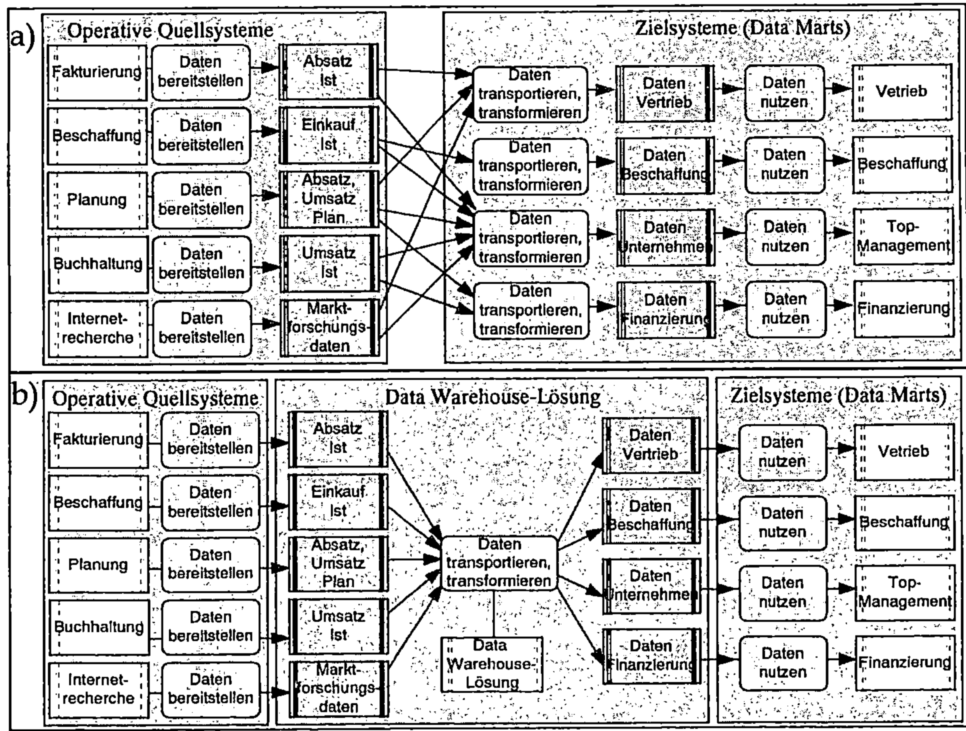

Abb. 3-57: Schnittstellen zwischen Datenquellen, Data Marts und Data Warehouse-Lösung

3.6.3.3 Virtuelle Data Warehouse-Lösung

In sogenannten virtuellen Data Warehouse-Lösungen existiert kein separates Anwendungssystem für Datenlogistikfunktionen. Eine virtuelle Data Warehouse-

Lösung besitzt keine physisch getrennte Datenhaltung. Sie wird auch als operative Data Warehouse-Lösung bezeichnet, da sie direkt auf der operativen Datenbank aufsetzt. Der Datenzugriff erfolgt über logische Sichten und Abfragen auf bestehende Datenbanksysteme. Damit entstehen keine Kosten für eine zusätzliche Hard- und Softwareinfrastruktur [DaFo96, 35; Appl96, 34 ff.]. Allerdings werden Charakteristika und Vorteile des Data Warehouse-Konzepts negiert (→3.6.1.3):

- die Existenz einer unternehmensweit integrierten, konsistenten Datenbank,
- die Entlastung der operativen Systeme,
- die Optimierung der Datenspeicherung für Auswertezwecke,
- die von einzelnen Anwendungssystemen unabhängige Verfügbarkeit der Daten.

Daher ist die Bezeichnung *Data Warehouse* streng genommen gar nicht zutreffend. Für prototypische Realisierungen oder Datentransfers in bestimmten Fällen ist eine virtuelle Data Warehouse-Lösung jedoch durchaus geeignet:

- einfach strukturierte Anfragen mit wenigen Tabellen und wenigen Operatoren,
- kleine Datenmengen,
- wenige Zugriffe von wenigen Zielsystemen,
- keine signifikante Erhöhung der Belastung des Quellsystems.

Eine Möglichkeit der Implementierung für virtuelle Data Warehouse-Lösungen mit verteilten Datenbanken sind Database Links, wie sie von Relationalen Datenbankmanagementsystemen (RDBMS) zur Verfügung gestellt werden.

3.6.3.4 Hybride Organisationsformen

Die Organisationsformen *Zentrale Data Warehouse-Lösung* und *Data Mart* können auf verschiedene Art und Weise miteinander kombiniert werden. INMON schlägt eine unternehmensweite Data Warehouse-Lösung mit einer zentralen Metadatenverwaltung und davon abgeleitet verschiedene Sichten in Form von Data Marts vor [Inmo97b, 106 f.]. Damit werden Daten integriert, Schnittstellen reduziert und bereichsspezifische Bedürfnisse berücksichtigt (*Abb. 3-57*). Allerdings können auch künstliche Schnittstellen entstehen, wenn ein Data Mart nur von einer Datenquelle abhängig ist und damit keine Datenintegration verschiedener Quellsysteme benötigt. Dies wiederum führt zu einer vermeidbaren Komplexität der zentralen Data Warehouse-Lösung (vgl. dazu weiterführend *5.3.5.2.2*). Mögliche Kombinationen von dezentralen Data Marts und zentraler Data Warehouse-Lösung (*Abb. 3-58*) unterscheiden sich im wesentlichen durch den Grad der Modularität und die Reichweite der Integration (→*3.1.4*). Dabei können grundsätzlich zentrale Komponenten (i.d.R. unter der Verantwortung des IT-Bereichs) und verteilte Komponenten (i.d.R. unter der Verantwortung eines Fachbereichs) unterschieden werden. Nach der Integrationsreichweite (→*3.1.4*) sind unternehmensweite, bereichsspezifische und kombinierte Ansätze (unternehmensweit und bereichsspezifisch) zu differenzieren.

Unternehmensweite Ansätze decken den gesamten im Unternehmen zu Verfügung stehenden Datenbestand ab. Für diese vollständige Sicht auf die Unternehmensdaten gibt es drei Möglichkeiten. Eine unternehmensweite virtuelle Data Warehouse-Lösung (Variante A) ist möglich, wenn eine unternehmensweite Sicht auf die existierenden, verteilten Datenbanken und dazu eine technologische und logische Kopplung der Datenbanken möglich ist, was kompatible Hard- und Systemsoftware bzw. Datenmodelle voraussetzt. Der klassische Ansatz ist eine unternehmensweit zentralisierte Data Warehouse-Lösung mit einer von den vorhandenen Anwendungssystemen unabhängigen integrierten Datenbank (Variante B). Die zu den Anwendungssystemen redundanten, persistent abgelegten Data Warehouse-Daten können alternativ dazu auf mehrere Data Marts verteilt sein (Variante C).

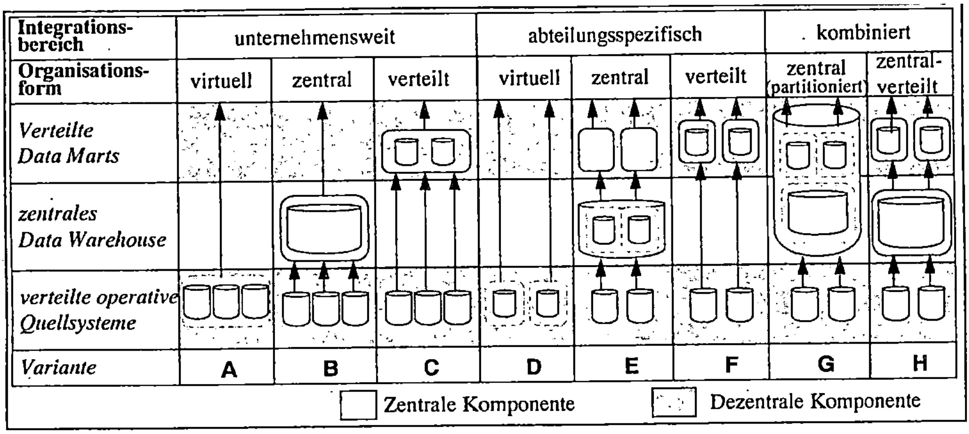

Integrations-bereich	unternehmensweit			abteilungsspezifisch			kombiniert	
Organisations-form	virtuell	zentral	verteilt	virtuell	zentral	verteilt	zentral (partitioniert)	zentral-verteilt
Verteilte Data Marts								
zentrales Data Warehouse								
verteilte operative Quellsysteme								
Variante	A	B	C	D	E	F	G	H
	Zentrale Komponente				Dezentrale Komponente			

Abb. 3-58: Zusammenfassung der Organisationsformen

Im Gegensatz zu unternehmensweiten Ansätzen beziehen sich bereichsspezifische Ansätze nur auf den für einen Fachbereich (z.B. Marketing) relevanten Ausschnitt der Unternehmensdaten. Die für den unternehmensweiten Ansatz beschriebenen Organisationsformen können gleichermaßen auf diese partiellen Datenbestände angewendet werden. In der virtuellen Variante D setzt die Auswertefunktionalität direkt auf den einzelnen Datenbanken der operativen Systeme auf. Ein zwischengelagerte Data Warehouse-Datenbank existiert nicht. In Variante E existiert eine physisch zentrale Data Warehouse-Datenbank mit logisch unabhängigen Datenpartitionen (vgl. weiterführend *4.3.3.3*). Die für die Auswertung relevanten Daten unterschiedlicher Anwendungssysteme werden in diesem Fall zwar gemeinsam gespeichert, ein Zusammenhang zwischen den einzelnen Datenclustern wird jedoch nicht hergestellt. Der klassische Fall bereichsgebundener Data Marts ist in Variante F dargestellt, wobei einzelne operative Systeme unabhängig voneinander mit Data Marts verbunden sind. Ein solcher unabhängiger Data Mart kann dabei gemeinsam mit dem zugrundeliegenden operativen Anwendungssystem dezentral in einem Fachbereich verwaltet werden.

In den beiden letzten Varianten wird eine unternehmensweite Data Warehouse-Lösung mit bereichsspezifischen Sichten auf die Daten kombiniert. In Variante *G* ist die Data Warehouse-Datenbank in zwei Schichten unterteilt und entsprechend partitioniert. In einer der Schichten werden zentral und unternehmensweit die Daten aus den operativen Systemen integriert. Davon abgeleitet sind in der zweiten Schicht die Daten entsprechend spezieller bereichsspezifischer Anforderungen in gesonderten Partitionen gespeichert. Dagegen erfolgt im Fall *H* eine Aufgabenteilung zwischen zentraler Speicherung in der Data Warehouse-Lösung und physisch dezentraler Datenverwaltung der abhängigen Data Marts.

Die kombinierten Architekturen haben gegenüber den einseitig unternehmensweit zentralen bzw. bereichsspezifisch verteilten Ansätzen eine Reihe von Vorteilen:

- *Modular-integrierte Datenlogistik*: Es ist eine Arbeitsteilung zwischen IT-Bereich und den einzelnen Fachbereichen möglich. Der IT-Bereich ist zuständig für die Verwaltung der zentralen Data Warehouse-Komponenten, während die Fachbereiche die bereichsspezifischen Data Marts entsprechend ihrer fachlichen Anforderungen gestalten können (→*3.4.3*).

- *Zentrales Management* der Datenlogistik: Die zentrale Data Warehouse-Lösung ist Basis für die Integration von Anwendungssystemen.

- *Datenauswertung*: Durch die Trennung von Data Warehouse-Lösung und dezentralen Data Marts wird eine Drei-Ebenen-Architektur in bezug auf die Daten realisiert (operatives Anwendungssystem, Data Warehouse-Lösung, Data Marts). In der obersten Ebene der Data Marts ist eine flexible, an die Bedürfnisse des jeweiligen Fachbereichs angepaßte Nutzung der Daten möglich, da diese für spezielle Formen der Datenauswertung strukturiert sind.

Der Forderung nach einer geeignete Kombination integrierender und modularer Komponenten für die Datenlogistik (→*3.4.3*) kann durch Variationsmöglichkeiten von zentraler (integrierender) Data Warehouse-Lösung und verteilten (modularen) Data Marts entsprochen werden.

3.6.4 Einführung einer Data Warehouse-Lösung

3.6.4.1 Säulen der Data Warehouse-Einführung

Die von einer Data Warehouse-Lösung zu unterstützende Datenlogistik steht in engem Zusammenhang mit bereichs- und anwendungssystemübergreifenden Geschäftsprozessen, wobei personelle und maschinelle Aufgabenträger zu koordinieren sind (→*3.4.3.1*). Besonders die Akzeptanz bei Anwendern und die Kopplung mit Business Process Reengineering werden oft als Erfolgsfaktoren der Data Warehouse-Einführung genannt (vgl. z.B. [Know96, 30]).

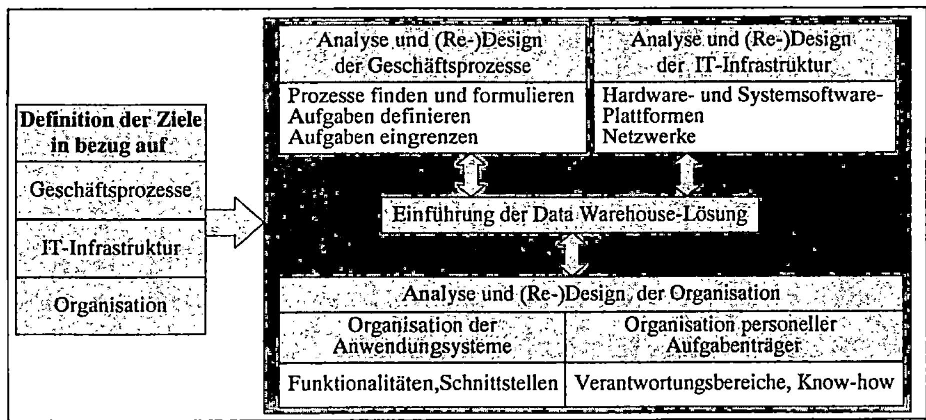

Abb. 3-59: Säulen der Data Warehouse-Einführung

Konzeption und Implementierung einer Data Warehouse-Lösung erfordern demnach eine breite Kenntnis der Geschäftsprozesse, der technologischen Infrastruktur und der aufbauorganisatorischen Verhältnisse. Diese drei Schwerpunkte ergeben sich aus den Einflußfaktoren für Datenlogistikprozesse (→*3.4.3.1*) und kennzeichnen die Säulen der Data Warehouse-Einführung (*Abb. 3-59*).

Geschäftsprozesse

Die Daten innerhalb einer Data Warehouse-Lösung reflektieren die Geschäftsprozesse des jeweiligen Unternehmens. Die Quelldaten sind im wesentlichen Ergebnis der operativen Geschäftsprozesse. Auf der Auswertung dieser Daten basieren Entscheidungen des Managements, die wiederum die Geschäftsprozesse beeinflussen. Die Übertragung der betriebswirtschaftlichen Anforderungen ist eine wesentliche Aufgabe innerhalb der Data Warehouse-Einführung [Mase98, 1] und deshalb kompliziert, da Ziele, Einsatzfelder und konkrete Anwendungsaufgaben bei der Entwicklung der Data Warehouse-Lösung noch nicht vollständig feststehen. Es werden Strukturen gefordert, die auch in der Zukunft Basis für die Beantwortung betriebswirtschaftlicher Fragestellungen sind [Lawt96, 18 ff.]. Die i.d.R. hohe Komplexität der fachlichen Anforderungen aus den einzelnen Bereichen kann nur dann beherrscht werden, wenn an zentraler Stelle betriebswirtschaftlich kompetente Leute den Gesamtüberblick über die Aufgaben des Unternehmens besitzen.

Technologische Infrastruktur

Die Implementierung einer Data Warehouse-Lösung erfordert die Berücksichtigung vorhandener Technologien, wie RDBMS, Dateiformate und Exportschnittstellen der operativen Systeme sowie Netzwerkprotokolle und aufsetzende Middleware für den Transport der Daten.

Organisation

Die existierende Aufbau- und Ablauforganisation und deren Auswirkungen auf die Datenschnittstellen im Unternehmen sind wesentlicher Einflußfaktor für das Data Warehouse-Projekt. Die Daten werden aus verschiedenen Anwendungssystemen und Fachbereichen des Unternehmens bezogen, woraus sich die zentralen Stellung einer Data Warehouse-Lösung innerhalb des betrieblichen Informationssystems ergibt. Dazu sind die Datenverantwortlichkeiten in Fachbereichen, die funktionale Aufgabenverteilung und die Datenlogistikprozesse zwischen den Anwendungssystemen zu berücksichtigen.

In *Abb. 3-60* sind Aufgaben in Data Warehouse-Projekten zusammengefaßt:

- Innerhalb der Technologieauswahl sind Festlegungen zur grundsätzlichen technischen Infrastruktur zu treffen bzw. aus der vorhandenen Infrastruktur Schlußfolgerungen für die Data Warehouse-Lösung abzuleiten. Die für die Data Warehouse-Lösung einzusetzenden Werkzeuge ergeben sich aus den funktionalen Anforderungen (→*3.6.2*), technischen Restriktionen im Unternehmen und der unternehmensspezifischen Werkzeugstrategie (→*3.6.2.4*).

- Die Datenlogistikfunktionalität ist in einem oder mehreren Anwendungssystemen bzw. durch die Erweiterung existierender Anwendungssysteme (z.B. Datenbereitstellung) umzusetzen (→*3.6.3.1*), wobei die resultierenden Schnittstellen koordiniert werden müssen. Gleichermaßen sind personelle Aufgabenträger verschiedener Unternehmensbereiche in die Data Warehouse-Einführung einzubeziehen und Aufgaben der Datenlogistik geeignet zu verteilen, z.B.:

  - Input: Datenbereitstellung aus den Anwendungssystemen (dezentrale Fachbereiche),

  - Speicherung: Verwaltung der integrierten Data Warehouse-Datenbank (zentraler IT-Bereich),

  - Output/Analyse: Datennutzung in MSS oder operativen Anwendungssystemen (Stabsfunktionen, z.B. Vorstandsassistenten, dezentrale Fachbereiche),

  - Administration: Koordination der Datenlogistikprozesse (zentraler IT-Bereich und dezentrale Fachbereiche).

  In Analogie zu den hybriden Organisationsformen (→*3.6.3.4*) wird bei dieser Aufgabenverteilung die Kopplung von zentralen und dezentralen Unternehmensbereichen deutlich (→*3.4.3*).

- Die betriebswirtschaftliche Problemstellung liefert wie bei jeder Anwendungssystementwicklung die fachlichen Anforderungen. Dabei sind die relevanten

Geschäftsprozesse zu formulieren, mit der Data Warehouse-Lösung in Übereinstimmung zu bringen und zu unterstützen.

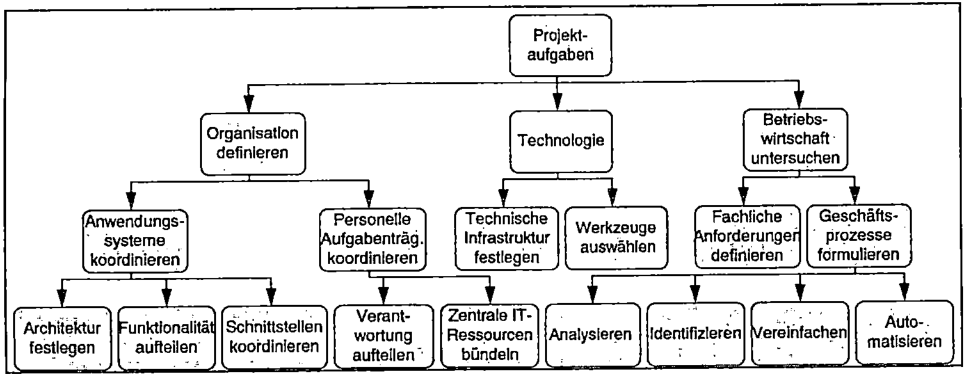

Abb. 3-60: Aufgaben in Data Warehouse-Projekten

3.6.4.2 Vorgehen bei der Data Warehouse-Einführung

Ein allgemeines Vorgehensmodell für die Einführung einer Data Warehouse-Lösung existiert aufgrund differenzierter Zielstellungen in einzelnen Unternehmen nicht. Eine Gemeinsamkeit weisen jedoch viele Data Warehouse-Projekte auf: Die permanente Änderung der Anforderungen aufgrund des dynamischen betriebswirtschaftlichen, organisatorischen und informationstechnischen Umfelds erfordert die ständige Anpassung und Weiterentwicklung der Data Warehouse-Lösung (vgl. dazu z.B. [Hans97, 311 ff.; Hann96, 44 ff.; Schm96, 24; Füti97, 329 ff.]). Dies führt zu einer iterativen Vorgehensweise, bei der zyklisch neue Versionen der Data Warehouse-Lösung entwickelt werden.

Der zyklische Charakter einer Data Warehouse-Einführung ergibt sich neben geänderten Anforderungen aus der Komplexität eines solchen Systems. Der fachliche und technologische Umfang einer Data Warehouse-Lösung erfordert ein Vorgehen, bei dem schrittweise existierende Anwendungssysteme eingebunden, die fachlich Funktionalität erweitert und die technische Infrastruktur angepaßt wird. Desweiteren werden oft erst beim Betrieb einer Data Warehouse-Lösung dessen Nutzenspotentiale erkannt, was zu einem Ausbau der Lösung führen muß.

In *Abb. 3-61* sind die Säulen der Data Warehouse-Einführung als wiederkehrende Aufgaben in jeder Projektphase sichtbar. Ergebnis jeder Phase ist eine neue Version der Data Warehouse-Lösung. Die Aufgabenschwerpunkte verschieben sich von Phase zu Phase. Die Infrastruktur bildet sich voranging in den ersten Phasen aus. Auch die Geschäftsprozeßmodellierung hat am Anfang größeres Gewicht, um die fachlichen Anforderungen festzulegen. Der Anteil der Anwendungssystemgestaltung (Konzeption und Implementierung) steigt von Phase zu Phase, wenn fachliche und technologische Grundlagen frühzeitig geschaffen werden.

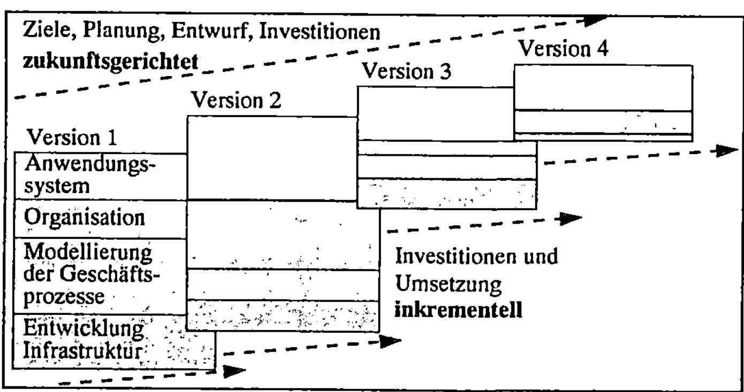

Abb. 3-61: Inkrementelles Vorgehen bei der Data Warehouse-Einführung (in Anlehnung an [Hint96])

Verteilung der Aufgaben

Die Aufgabenteilung zwischen zentralen, unternehmensweit ausgerichteten und dezentralen, bereichsspezifischen Komponenten einer Datenlogistiklösung wurde bereits begründet (→3.6.3.4) und führt zur Zusammenarbeit zweier wesentlicher Aufgabenträger bei Konzeption, Implementierung und Betrieb einer Data Warehouse-Lösung:

❑ zentrale Organisationseinheit für die Koordination und Steuerung der Data Warehouse-Einführung und

❑ Fachbereiche, die letztendlich mit der Data Warehouse-Lösung arbeiten.

In diesem Zusammenhang sind die Fachbereiche frühzeitig daraufhinzuweisen, daß mit einer Data Warehouse-Lösung nicht nur bessere Möglichkeiten für eine Informationsversorgung gegeben sind, sondern auch neue und anspruchsvolle Aufgabenschwerpunkte entstehen, wie die fachliche Administration und die Verantwortlichkeit für Daten [Schm98, 13]. Auf der anderen Seite sind an zentraler Stelle die Vorgaben der Fachbereiche unter Berücksichtigung der unternehmensweiten Ausrichtung umzusetzen.

Verknüpfung von Einführung und Betrieb der Data Warehouse-Lösung

Parallel zum Aufbau der Data Warehouse-Lösung innerhalb eines Projekts muß frühzeitig der Betrieb des Systems organisiert werden. Dabei ist die Rolle der zentralen IT- und Organisationsabteilungen von den Aufgaben der Fachbereiche klar zu trennen. *Abb. 3-62* faßt notwendige Funktionen des Betriebs einer Data Warehouse-Lösung zusammen. Die Differenzierung in zentrale und dezentrale Funktionen wurde bereits erläutert. Ein zweite Gliederung unterscheidet im

Zusammenhang mit den Aufgabenschwerpunkten der Data Warehouse-Einführung Anwenderunterstützung, Weiterentwicklung und Administration. Es ist zweckmäßig, daß die Fachbereiche den geschäftsprozeßabhängigen, fachlichen Teil der Anwenderunterstützung und Weiterentwicklung übernehmen, während für Infrastruktur und Werkzeuge der zentrale IT-Bereich zuständig ist. Die Gestaltung und Administration der Anwendung erfolgt gleichermaßen arbeitsteilig, indem der IT-Bereich für das Gesamtsystem und die Fachbereiche für Teilsysteme bzw. Teilmodule verantwortlich sind.

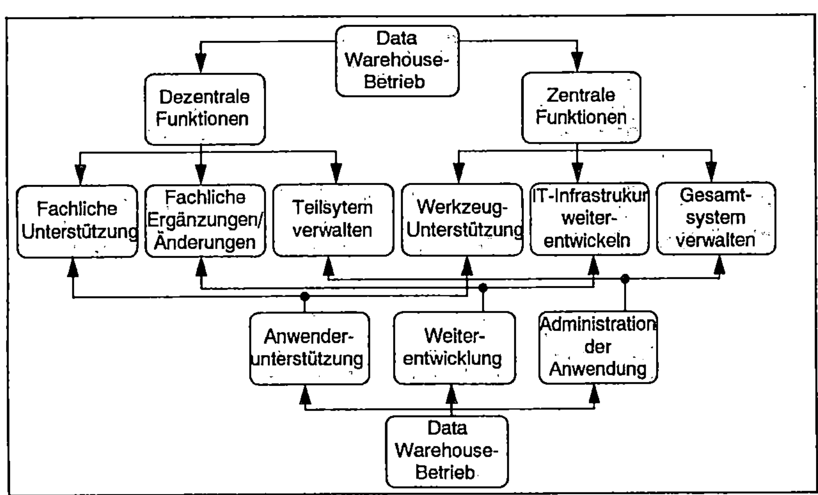

Abb. 3-62: Funktionssicht des Betriebs einer Data Warehouse-Lösung

Beteiligte Personengruppen

In Data Warehouse-Projekten werden häufig drei Interessengruppen hervorgehoben [Mase98, 1]:

□ Ein *Sponsor* ist daran interessiert, daß die Data Warehouse-Lösung seinen Aufgaben gerecht wird und einen betriebswirtschaftlichen Nutzen in erforderlicher Relation zu den Kosten erbringt.

□ Der *Anwender* möchte die vorhandenen Daten seinen Fähigkeiten entsprechend zur Verfügung gestellt bekommen.

□ *Systementwickler* wollen klare Vorgaben der Anforderungen der Benutzer.

Eine etwas andere Einteilung orientiert sich an unterschiedlichen Betrachtungsebenen einer Data Warehouse-Lösung und reflektiert gleichzeitig den Entwicklungsprozeß (*Abb. 3-63*). Der Geschäftsprozeß-Eigner betrachtet die Data Warehouse-Lösung auf einer fachlichen Ebene, legt die Inhalte fest und orientiert sich dabei an den Geschäftsprozessen. Der Data Warehouse-„Architekt" besitzt eine Schlüsselfunktion, indem er die Vorgaben aus den Geschäftsprozessen in eine geeignete Data Warehouse-Architektur umsetzt, wobei das existierende organisatorische und technologische Umfeld zu berücksichtigen ist. Der Softwaredesigner schließlich übernimmt die Implementierung des Systems. Ausgehend von für bestimmte Zwecke ausgewählten Werkzeugen (z.B. MSS) kann sich ein Redesign der technologischen Infrastruktur und des Feinkonzepts ergeben.

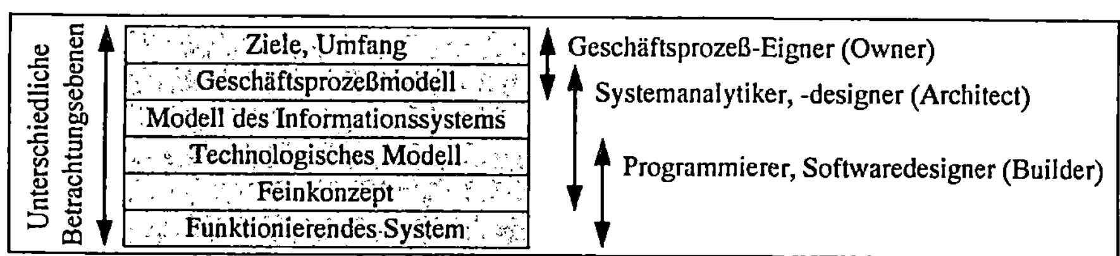

Abb. 3-63: Betrachtungsebenen einer Data Warehouse-Lösung (in Anlehnung an [GiRa96, 17])

3.6.4.3 Grenzen des Data Warehouse-Konzepts

Aus der Bedeutung der Datenlogistik im betrieblichen Informationssystem ergibt sich, daß das Management der Datenlogistik ein integraler Bestandteil des Informationsmanagements ist. Der beschriebene Data Warehouse-Ansatz hat diesbezüglich konzeptionelle Grenzen, die aus den Anforderungen der Datenlogistik (→*3.4*) resultieren.

Informationstechnischer Ansatz

Bei der Darstellung der Data Warehouse-Funktionalität wurde der Datenaustausch zwischen Anwendungssystemen beschrieben (→*3.6.2*), nicht aber fachlich-inhaltliche Zusammenhänge zwischen betrieblichen Aufgaben (Informationsbeziehungen, →*2.1.2*), die dadurch unterstützt werden. In Unternehmen existieren oft gewachsene Teilinformationssysteme mit individuellen Modellen sowie Fachbereiche mit eigenen Begriffswelten, die sich unabhängig voneinander entwickelt haben (→*3.2.1*). Für eine Data Warehouse-Lösung ergibt sich das Problem, Inhalte und Modelle über einen großen, oft unternehmensweiten Gültigkeitsbereich zu beschreiben. Dazu ist ein gemeinsames Verständnis von Begriffen und Geschäftsabläufen im Unternehmen zu entwickeln.

Problemstellung: Wie gestaltet man die Schnittstellen zwischen der Data Warehouse-Lösung und den anderen Anwendungssystemen sowie die damit unterstützte Kommunikation zwischen Fachbereichen auf technischer, logischer und fachlich-inhaltlicher Ebene ?

Datenorientierter Ansatz

Die Data Warehouse-Lösung soll Daten für bestimmte Zwecke speichern, verarbeiten und transportieren (→*3.6.1.2*). Diese Daten (Datensicht) sind eingebettet in Anwendungssysteme in verschiedenen Organisationseinheiten (Organisationssicht), die innerhalb von betrieblichen Abläufen (Prozeßsicht) spezielle Funktionen (Funktionssicht) zu erfüllen haben.

Problemstellung: Wie sind die Geschäftsprozesse aus verschiedenen Sichten zu gestalten, um eine Data Warehouse-Lösung in einem Unternehmen einzuführen und mit Kontinuität zu betreiben ?

Zentralistischer Ansatz

Der Anspruch der unternehmensweit einheitlichen Datenverwaltung in der Data Warehouse-Lösung wirkt als zentralistischer Ansatz (→*3.6.1.2*) der Entwicklung vieler Informationssysteme hinzu einer gewachsenen heterogenen Anwendungslandschaft mit dezentraler Verantwortung (→*3.1.2*) entgegen. Es existieren zwei widersprüchliche Zielstellungen: Zum einen müssen die bestehenden Anwendungssysteme unabhängig voneinander ihre speziellen funktionalen Aufgaben erfüllen, zum anderen sind sie in die von der Data Warehouse-Lösung unterstützten Datenlogistikprozesse einzuordnen.

Problemstellung: Wie löst man den Widerspruch zwischen Dezentralisierung und Integration informationstechnisch und organisatorisch ?

3.6.4.4 Zusammenfassung

Die Verteilung des betrieblichen Informationssystems, verbunden mit der dezentralen Verantwortung für die Anwendungssysteme und der Heterogenität verwendeter Technologien, ist das Hauptproblem einer Data Warehouse-Einführung. Erschwerend wirkt sich dabei die große Dynamik der Geschäftsprozesse aus, die eine entsprechende Flexibilität der Data Warehouse-Lösung erfordert. Unternehmensspezifische, durch die Organisation bedingte Anpassungen sind dabei gleichermaßen wichtig wie die technologische Evolution.

Für die mit einer Data Warehouse-Lösung verfolgten Integrationsziele sind insbesondere fachliche Modelle der betroffenen Geschäftsprozesse aus einer anwendungssystem- und bereichsübergreifenden Sicht erforderlich. Die Komplexität kann eingeschränkt werden, indem in einer Mischung aus zentralen und modularen Komponenten einerseits integrierende und andererseits komplexitätsreduzierende Elemente miteinander kombiniert werden. Qualitätskriterien wie Skalierbarkeit, Wiederverwendung, Einfachheit und Modularität können dabei für Software- und Organisationsgestaltung gleichermaßen eine Ausrichtung liefern (vgl. dazu weiterführend *5.2* und *5.3*).

Mit einer Data Warehouse-Lösung sollte in einem Unternehmen kein neuer *MAINFRAME* geschaffen, sondern vielmehr ein *MAIN FRAME* für die integrierte Datenlogistik in einem modularen Informationssystem. Möglichkeiten für die Gestaltung dieses Rahmens werden in den folgenden Kapiteln aufgezeigt.

4 Integrierte Datenlogistik

Die in den bisherigen Kapiteln diskutierten, für die Datenlogistik relevanten Schwerpunkte des betrieblichen Informationssystems sind in *Abb. 4-1* zusammengefaßt. Im *3.* Kapitel wurde die datenbezogene Integration von Anwendungssystemen als wichtige Aufgabe des Informationsmanagements herausgearbeitet. Die Datenlogistik beschreibt dabei den Datenaustausch zwischen funktionsorientierten Anwendungssystemen in bereichs- und systemübergreifenden Geschäftsprozessen. Das in *3.6* vorgestellte Data Warehouse-Konzept mit seiner Charakteristik und Funktionalität ist eine mögliche konzeptionelle und informationstechnische Plattform für die Datenlogistik und damit für die Integration heterogener Anwendungssysteme. Dazu ist das Konzept an den Anforderungen der Datenlogistik in verteilten Informationssystemen auszurichten (→*4.1*).

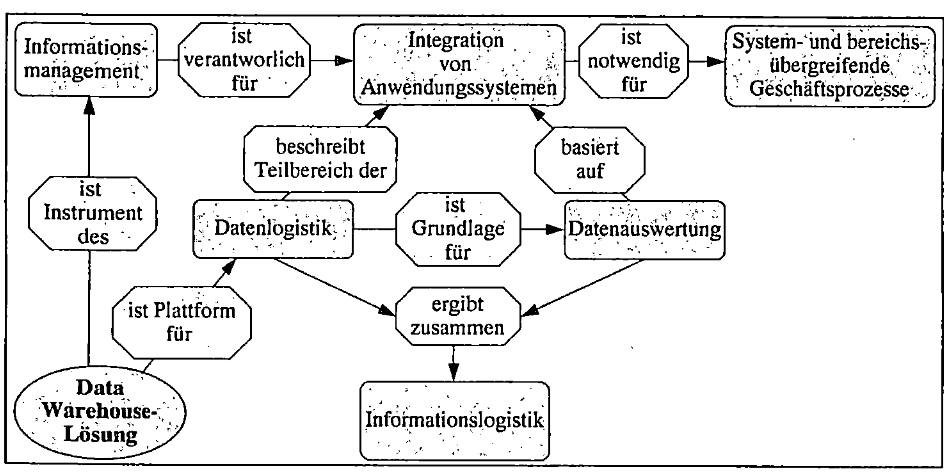

Abb. 4-1: Schwerpunkte in Kapitel 4

Die weiteren Abschnitte des 4. Kapitels fokussieren spezielle Schwerpunkte im Zusammenhang mit den in *3.4* gestellten Anforderungen (*Abb. 4-2*). Abschnitt *4.2* beschäftigt sich mit der für die Integration der Datenlogistik notwendigen Ausrichtung des Informationsmanagements und untersucht insbesondere das organisatorische Umfeld für das Management der Datenlogistik in einer Data Warehouse-Lösung. Mit der Entwicklung und Anwendung eines Modellsystems für Datenlogistikprozesse werden in *4.3* methodische Aspekte der Datenlogistikintegration betont und Schlußfolgerungen für die Umsetzung in einer Data Warehouse-Lösung gezogen. In *4.4* schließt sich eine Systematik von Auswerte- und Analysekonzepten in MSS als wichtiges Nutzenspotential einer integrierten Datenlogistik und als klassisches Anwendungsgebiet von Data Warehouse-

Lösungen an. Integrierte Datenbanken erfordern wegen der Dynamik und Vielfalt in Datenauswertungen und Datenlogistikprozessen flexibel einsetzbare, stabile Datenmodelle. Das Uniforme Datenschema für multidimensionale Daten (Unimu-Schema) ermöglicht auf der Basis standardisierter Metadaten die Modellierung von Daten unterschiedlicher Herkunft und Semantik. Die Verknüpfung von Metadaten und Fachdaten sorgt dabei für die erforderliche Flexibilität und Kompaktheit der Datenschemata (→*4.5*).

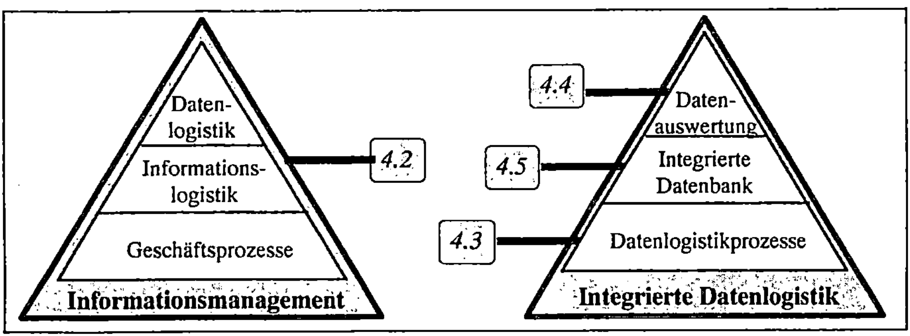

Abb. 4-2: Aspekte der Datenlogistikintegration

4.1 Ausrichtung des Data Warehouse-Konzepts

Das Data Warehouse-Konzept hat für eine zweckmäßige Unterstützung der Datenlogistik folgende Anforderungen zu berücksichtigen (→*3.4*):

□ Umsetzung der datenlogistischen Funktionalität,

□ Zusammenwirken einer zentralen, koordinierenden Komponente mit dezentralen, verteilten Komponenten des betrieblichen Informationssystems,

□ prozeßorientierte Kopplung funktionsorientierter Anwendungssysteme,

□ gleichzeitige Unterstützung horizontaler und vertikaler Informationsflüsse.

4.1.1 Architektur und datenlogistische Funktionalität

Der Zusammenhang zwischen den Anforderungen der Datenlogistikintegration (→*3.4*) und dem Data Warehouse-Konzept wurden in Abschnitt *3.6* hergestellt. Demnach stellen Data Warehouse-Komponenten die geforderte datenlogistische Funktionalität zur Verfügung und ermöglichen das zentrale Management der Datenlogistik (→*3.6.2*).

Abb. 4-3 stellt Data Warehouse-Konzept und Datenlogistikintegration gegenüber. Die Ähnlichkeit der grundsätzlichen Architektur, bestehend aus einer zentralen und mehreren dezentral verteilten Komponenten, ist ersichtlich. Die drei Funktionsblöcke innerhalb der Data Warehouse-Lösung sind vergleichbar mit den schematisch dargestellten Komponenten des zentralen Datenlogistikmanagers. Der Zusammenhang zwischen Data Warehouse-Funktionalität und Datenlogistikintegration ist in *Abb. 4-4* dargestellt. Unterschiedliche Schwerpunkte beider Architekturen führen zu Schlußfolgerungen, die ebenfalls in *Abb. 4-4* ersichtlich sind:

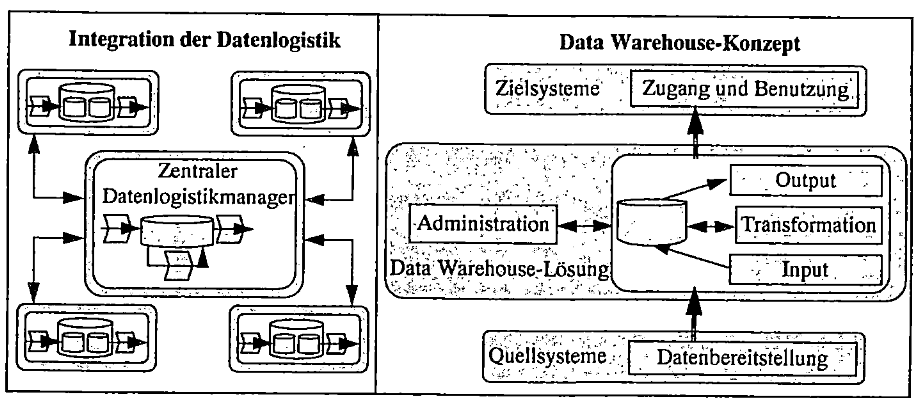

Abb. 4-3: Data Warehouse-Konzept und Datenlogistikintegration

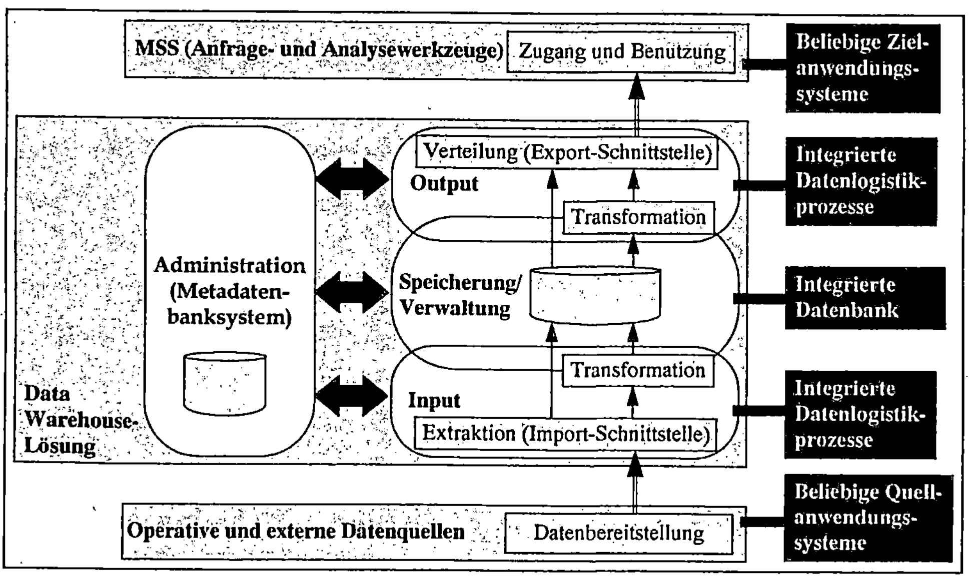

Abb. 4-4: Anpassung der Data Warehouse-Komponenten für die Datenlogistik

❑ Unterschied: explizite Betrachtung von Funktionalität und Daten in den dezentralen Anwendungssystemen im Rahmen der Datenlogistik,

⇒ Die existierenden Anwendungssysteme mit ihren betriebswirtschaftlichen Funktionen und dazu notwendigen Datenbanken sind im Data Warehouse-Konzept entsprechend zu berücksichtigen.

□ Unterschied: Hervorhebung der Administrationskomponente einer Data Warehouse-Lösung auf Basis eines Metadatenbanksystems,

⇒ Metadaten über die Datenlogistikprozesse sind zu formulieren, abzubilden und für das Management der Datenlogistik zu nutzen.

□ Unterschied: unidirektionale Verbindung von operativen Systemen und MSS durch ein Data Warehouse-Lösung,

⇒ Der orthogonalere Datenlogistikansatz, wonach jedes Anwendungssystem mit einem anderen bidirektional über die zentrale Komponente verbunden werden kann (→*3.4.3.3*), ist im Data Warehouse-Konzept zu berücksichtigen.

Der Zusammenhang zwischen den Charakteristika des Data Warehouse-Konzepts und den Anforderungen der Datenlogistik wird noch deutlicher, wenn man für Daten- und Funktionssicht Gemeinsamkeiten identifiziert.

Datensicht

Ein bestimmendes Merkmal des Data Warehouse-Konzepts ist die Struktur- und Formatvereinheitlichung. Ziel ist die eindeutige Bezeichnung aller verfügbaren Daten und die Normierung der verwendeten Datenformate. Die dazu notwendigen Metadaten reflektieren allgemeiner betrachtet die Datensicht der Datenlogistik, woraus sich die Möglichkeit des Managements durch eine Data Warehouse-Lösung ergibt.

Funktionssicht

Grundsätzliche Funktionen einer Data Warehouse-Lösung (Datenbeschaffung, Datentransformation, Datenspeicherung, Datenverteilung) als Datenlieferant für MSS entsprechen der geforderten Datenlogistikfunktionalität (→*3.6.2.1*). Das Schnittstellenmanagement zwischen operativen Anwendungssystemen und MSS wird für die Koordination aller Datenschnittstellen zwischen Anwendungssystemen erweitert und stellt sowohl die horizontale als auch die vertikale Integration sicher. Die durch eine Data Warehouse-Lösung zur Verfügung gestellte zentrale Plattform für die Datenlogistik hat entscheidende Vorteile, welche hauptsächlich in Synergien beim Management der Daten und Datenflüsse bestehen. So verhindert eine unternehmensweit, d.h. für alle Anwendungssysteme verfügbare Datenbank Redundanzen in Datenlogistikprozessen (Prozeß- und Funktionssicht) und schafft gleichzeitig Konsistenz der Daten (Datensicht). Die Schnittstellen für den Datenaustausch zwischen operativen Anwendungssystemen können mittels zentraler Koordination optimiert werden. Die resultierende gebündelte Organisation der Datenlogistikprozesse ermöglicht den dauerhaften Überblick über Datenflüsse und die betriebliche Informationsnachfrage. Die Data Warehouse-Lösung wird damit zu einem Repository für Geschäftsprozesse in der Ebene der Datenlogistik.

4.1.2 Zusammenwirken mit verteilten Anwendungssystemen

Ein dezentral organisiertes Informationssystem macht die Aufgabe des zentralen Datenlogistikmanagements sehr komplex, um so mehr, wenn die verteilte Informationssystemstruktur zu erhalten ist (→*3.4.3.2*). Durch das Management der Datenlogistik in einer Data Warehouse-Lösung sollen deshalb die Vorzüge der Verteilung von Funktionalität und Datenhaltung auf verschiedene Anwendungssysteme beibehalten und gleichzeitig durch Integration folgende Potentiale erschlossen werden:

- *Datensicht*: Schnittstellendaten zwischen den Systemen werden in einer zentralen Komponente zusammengefaßt und können für verschiedene Zwecke genutzt werden.

- *Ablaufsicht*: Hinter jedem Datentransfer steckt eine Ablauflogik, die in einer zentralen Komponente für das Management der Datenlogistik nur einmal grundsätzlich modelliert und als Metamodell formuliert werden muß, um dann für alle Datenaustauschprozesse zwischen Anwendungssystemen nutzbar zu sein.

- *Funktionssicht*: Transformationsfunktionalitäten, die in jedem Datenfluß zwischen zwei Systemen enthalten sind, müssen nur einmal implementiert und verwaltet werden.

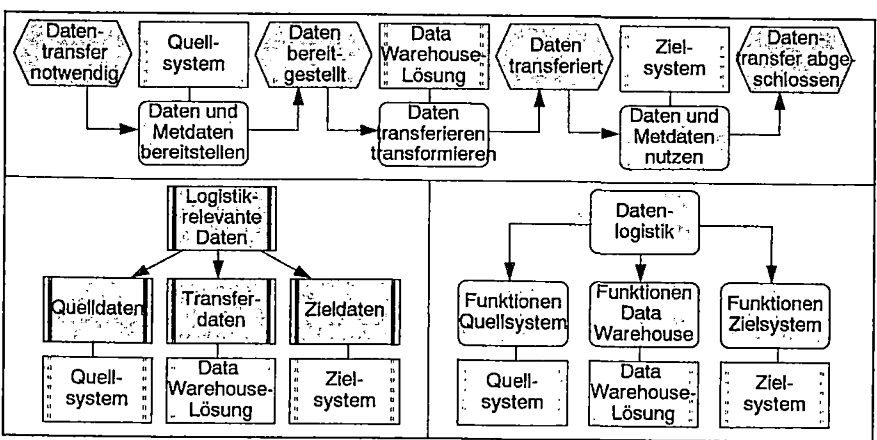

Abb. 4-5: Aufgabenteilung zwischen Data Warehouse-Lösung und Anwendungssystemen aus verschiedenen Sichten

Abb. 4-5 verdeutlicht, ·daß Datenlogistikprozesse hinsichtlich Abläufen, Funktionalitäten und Daten durch die Kooperation von Data Warehouse-Lösung und Anwendungssystemen charakterisiert sind. Während die dezentralen Anwendungssysteme die betriebswirtschaftlichen Aufgaben durch ihre Fachfunktionalität optimal unterstützen, stellt die zentrale Data Warehouse-Lösung eine fachlich neutrale, von einzelnen Anwendungssystemen unabhängige, einheitliche Methodik für Datenlogistikprozesse zur Verfügung. Die für Transformationsfunktionen notwendigen fachlichen Informationen können der Data Warehouse-Lösung über Metadaten zur Verfügung gestellt und müssen von diesem nicht notwendigerweise inhaltlich interpretiert werden.

Aufgabenschwerpunkte der Data Warehouse-Lösung

Zur Umsetzung des zentralen Datenlogistikmanagements in der Data Warehouse-Lösung sind die Prozesse des Datenaustauschs zwischen Anwendungssystemen zu identifizieren, zu analysieren, zu vereinfachen bzw. zu optimieren und letztendlich in der Data Warehouse-Lösung umzusetzen. Dabei müssen Zusammenhänge zwischen den anwendungssystemübergreifenden Prozessen der Datenlogistik und Folgeprozessen in einzelnen Anwendungssystemen (z. B. Datenauswertung im MSS) berücksichtigt werden. Es ist zu untersuchen, welche Datenlogistikprozesse zweckmäßig in der Data Warehouse-Lösung und welche in existierenden Anwendungssystemen informationstechnisch unterstützt werden. Im einzelnen sind Festlegungen zu folgenden Schwerpunkten zu treffen (in Anlehnung an [Kahl98]):

1. *Aufgabenteilung* zwischen Data Warehouse-Lösung und den zu koordinierenden, dezentralen Anwendungssystemen (→*3.4.3*)

   Es ist u.a. zu entscheiden, ob Daten für den Datenaustausch physisch in der Data Warehouse-Lösung zwischengespeichert und aufbereitet werden müssen oder ob nur eine Koordination und Ablaufunterstützung (Ablaufsicht) durch das Metadatenbanksystem erfolgt und Transformations- und Speicherfunktionen (Funktions- und Datensicht) durch existierende Anwendungssysteme erbracht werden. Vorteile einer solchen virtuellen Data Warehouse-Lösung (→*3.6.3.3*) ergeben sich durch die geringere Komplexität und den erheblich geringeren Umfang der Data Warehouse-Datenbank. Besonders unter der Voraussetzung eines verteilten Informationssystems ist die partielle Verteilung der Verantwortung für Anpassungen bei Veränderungen von Datenlogistikprozessen in den Teilinformationssystemen sinnvoll. Nachteil der Dezentralisierung ist eine eventuelle Überlastung der Fachbereiche im Hinblick auf den Arbeitsaufwand und die fachliche Qualifikation sowie zu erwartende Koordinationsprobleme.

2. Aufgaben und Organisation des *Schnittstellenmanagements*

   Durch das zentrale Management von Schnittstellen werden zum einen die eigenverantwortlichen Schnittstellen zwischen den Fachbereichen und Anwendungssystemen zum Datenaustausch mit den damit verbundenen Abstimmungsproblemen vermieden und zum anderen Synergiepotentiale realisiert. Diese Aufgabe ist eng mit der Klärung der Aufgabenteilung (Punkt 1) und der Entwicklung des Datenmodells (Punkt 5) verknüpft.

3. *Protokolle des Datenaustauschs*

   Die grundsätzlichen Abläufe beim Datenaustausch müssen analysiert, an die Data Warehouse-Lösung angepaßt und implementiert werden.

4. Art der *Abbildung der Datenlogistikprozesse*

   Die Prozesse des Datenaustauschs sind derart abzubilden, daß sie jederzeit nachvollziehbar und zudem für eine Workflowmanagementsystem nutzbar sind (→*3.5.3.2*). Das Workflowmanagementsystem übernimmt die Ablaufsteuerung der Datenlogistik. Daten- und Workflowmanagement können in einer Softwarekomponente oder in verschiedenen Systemlösungen realisiert sein. In jedem Fall sind für die Administration Daten- und Prozeßmodelle über die Schnittmengen der Metadaten miteinander in Beziehung zu setzen.

5. Anwendungssystemübergreifendes, unternehmensweites *Datenmodell*

   Die angestrebte Kombination von zentraler und dezentraler Funktionalität ist entscheidend von der Existenz und Überschaubarkeit eines unternehmensweiten Datenmodells abhängig. Hierbei bietet sich die Verwendung von Clustering-Methoden (→*2.3.1.3*) an.

6. Zentrales, flexibles *Metadatenbanksystem* (Repository)

   Die Administratoren und Nutzer der Anwendungssysteme als „Kunden" der Data Warehouse-Lösung erfahren über das Repository, welche Daten sie über welche Funktionen in welchen Prozessen erhalten können.

4.1.3 Prozeßorientierung

Die prozeßorientierte Betrachtung des Data Warehouse-Konzepts ist erforderlich, da eine Data Warehouse-Lösung zum Koordinator der Prozeßabläufe und das Management der Datenlogistikprozesse Aufgabe der Data Warehouse-Lösung wird. Es ist dazu die gegenseitige Ausrichtung von funktionsorientierten Anwendungssystemen und prozeßorientierten Geschäftsvorfällen notwendig (*Abb. 4-6*).

In *Abb. 4-6* ist dargestellt, wie bisher von einander unabhängige Funktionen und Daten in verschiedenen Anwendungssystemen in einem von einer Data Warehouse-Lösung gesteuerten Datenlogistikprozeß verknüpft werden. Die Funktionalität der Data Warehouse-Lösung setzt dabei an den Schnittstellen der Anwendungssysteme an. Mit der Bereitstellung einer prozeßorientierten Datenschnittstelle zwischen verschiedenen Anwendungssystemen ist die Unterstützung und Verbesserung von bereichsübergreifenden Geschäftsprozessen möglich (→*3.2.4*). Der Zusammenhang zwischen Data Warehouse-Lösung und Geschäftsprozessen ist sehr vielschichtig:

- Eine Data Warehouse-Lösung kann nicht als isolierte informationstechnische Lösung unabhängig von existierenden Anwendungssystemen und Geschäftsprozessen der Zielorganisation betrachtet werden.

- Innerhalb von funktionsorientierten Organisationsstrukturen müssen in Geschäftsprozesse eingebettete Informationsflüsse mit geeigneten informationstechnischen Lösungen (prozeßorientiert) unterstützt werden.

- Eine Data Warehouse-Lösung erschließt Reengineering-Potentiale für Geschäftsprozesse, indem Redundanzen in den Prozessen anhand der zugehörigen Informationsflüsse identifiziert werden (vgl. dazu auch [HePe98, 80 ff.]).

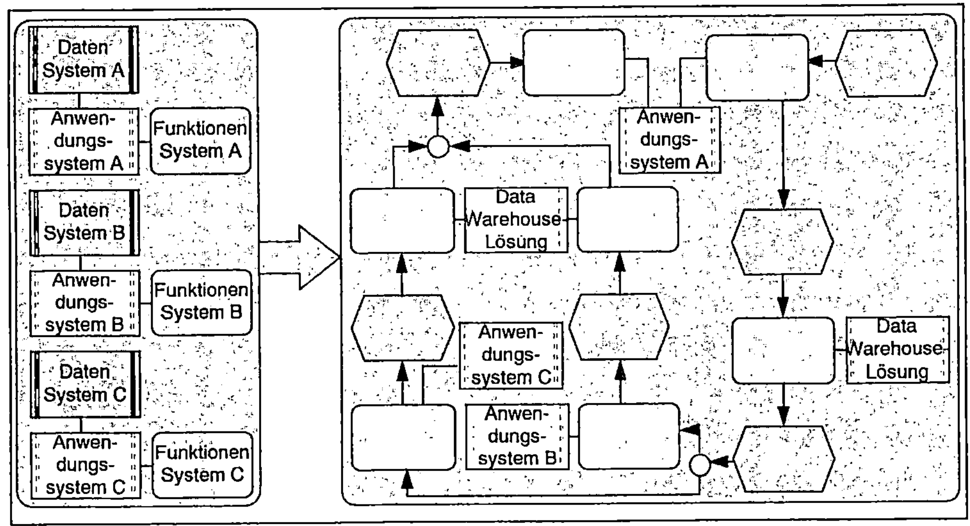

Abb. 4-6: Geschäftsprozesse und funktionsorientierte Anwendungssysteme

Die zentrale Koordination durch eine Data Warehouse-Lösung unterstützt nicht nur die Datenlogistik zwischen den existierenden Anwendungssystemen, sondern erleichtert auch die Integration neuer Teilsysteme in das betriebliche Informationssystem und damit deren Einbettung in die Geschäftsprozesse.

4.1.4 Horizontale und vertikale Integration

Die Informationsflüsse in einem Unternehmen können entsprechend der Gliederung des betrieblichen Informationssystems (→*2.1.3*) klassifiziert werden:

❏ *vertikale Informationsflüsse*, basierend auf der Datenversorgung von MSS und

❏ *horizontale Informationsflüsse*, basierend auf Datenaustauschprozessen zwischen operativen Systemen.

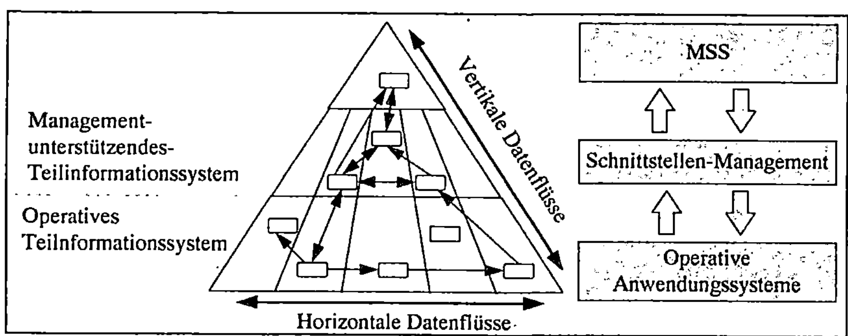

Abb. 4-7: Datenflüsse im betrieblichen Informationssystem

In *Abb. 4-7* sind Informationsflüsse schematisch innerhalb der Informationssystempyramide dargestellt. Auch MSS können Daten produzieren, die von anderen Anwendungssystemen zu nutzen sind. Dies ist u.a. auf die Kommunikationsfunktion von MSS (→*3.2.2.1*) zurückzuführen, die sich über den Datenaustausch mit anderen Anwendungssystemen vollziehen kann. Es bestehen somit Schnittstellen innerhalb der beiden Teilinformationssysteme und zwischen den Teilinformationssystemen.

Ausnutzung der datenlogistischen Funktionalität

Der Zusammenhang zwischen Data Warehouse-Funktionalität und datenlogistischer Zielstellung ermöglicht die Versorgung aller Anwendungssysteme mit Daten, unabhängig von der Art des zu beliefernden Anwendungssystems (*Abb. 4-4*). Eine Einschränkung der Zielsysteme einer Data Warehouse-Lösung auf MSS ist daher nicht notwendig. Eine Data Warehouse-Lösung kann als Querschnittssystem nicht nur die Datenbereitstellung für MSS aus den operativen Systemen (vertikale Datenflüsse) unterstützen, sondern bildet auch eine mögliche Grundlage für den Datenaustausch zwischen operativen Anwendungssystemen (horizontale Datenflüsse, *Abb. 4-7*). Die Informationsbereitstellung wird somit für analytische und operative Zwecke verbessert.

Abhängigkeit der Informationssystemebenen

Die Verallgemeinerung des Data Warehouse-Konzepts für die Nutzung als Datenlogistiklösung zwischen operativen Anwendungssystemen ist nicht nur zulässig, sondern in vielen Informationssystemen sogar erforderlich. Eine konsistente Datenbereitstellung für MSS ist nur dann gewährleistet, wenn alle, auch operative Systeme mit konsistenten Daten versorgt werden. Dieser integrale Ansatz in bezug auf die Informationssystempyramide (*Abb. 3.14*) wird schon allein dadurch deutlich, daß eine eindeutige Zuordnung von Aufgabenklassen (Administration, Disposition, Planung, Entscheidung, Kontrolle, →*2.1.3.1*) zu einzelnen Anwendungssystemen nicht möglich ist. Die Funktionalität eines Anwendungssystems läßt sich in der Regel nicht einer bestimmten Ebene zuordnen (→*3.2.2.1*). In der Informationssystempyramide (*Abb. 4-7*) kommt auch zum Ausdruck, daß die einzelnen Stufen aufeinander aufbauen. Nach [KlRe94, 49 ff.] gilt: *„Je vollständiger und qualitativ hochwertiger die mittlere und untere Ebene des Informationssystems entwickelt ist, desto leichter und problemloser läßt sich ein effektives Führungsinformationssystem konzipieren und implementieren."* Für eine Data Warehouse-Lösung unterstreicht diese Tatsache die Notwendigkeit, alle Anwendungssysteme beginnend auf der operativen Ebene in die Integration einzubeziehen.

Anforderungen betrieblicher Organisationsformen

Der Zusammenhang von horizontaler und vertikaler Integration ergibt sich auch aus betrieblichen Organisationsformen und dem damit verbundenen Kommunikationsbedarf. Die Kommunikation im Unternehmen findet horizontal und vertikal statt. Die vertikale Kommunikation orientiert sich an der aufbauorganisatorischen, klassischerweise hierarchischen Gliederung des Unternehmens. Die horizontale Kommunikation beschreibt den an der Wertschöpfungskette orientierten Informationsfluß, der in größeren Unternehmen zwischen verschiedenen Bereichen und Anwendungssystemen stattfindet. Die Unterscheidung zwischen horizontalen und vertikalen Informationsflüssen ist in Unternehmen mit flachen Hierarchien, dezentraler Verantwortung und Aufteilung von Entscheidungsbefugnissen kaum noch möglich. MSS sind in solchen Organisationen nicht nur Werkzeuge für das Top-Management, sondern dienen auch der Kommunikation (→*3.2.2.1*, vgl. auch [Dorn94, 19]). Alle Personen, die mit Hilfe von Informationen Entscheidungen treffen, sind auf der Basis integrierter Informationsflüsse zu unterstützen. Für MSS ist das Data Warehouse-Konzept ein Ansatz zur Datenbereitstellung, der bestehende vertikale und horizontale Integrationsbrüche aufheben soll. Dies läßt sich zur Zielstellung erweitern, alle Anwendungssysteme im Unternehmen mit den für sie notwendigen Daten zu versorgen.

Zusammenhang von horizontalen und vertikalen Datenflüssen

Die Verbindung von horizontaler und vertikaler Integration läßt sich auf den Zusammenhang zwischen dem Datenaustausch auf der operativen Ebene (horizontale Datenflüsse) und dem Datentransfer zwischen operativen Anwendungssystemen und MSS (vertikale Datenflüsse) zurückführen. Zwischen beiden Klassen von Datenflüssen bestehen Zusammenhänge, die im folgenden erläutert werden. Der Darstellung dieser Beziehungen geht zunächst eine verarbeitungslogische Datentypisierung nach [Mert95, 21 f.; Mert95b, 53 f.] voraus.

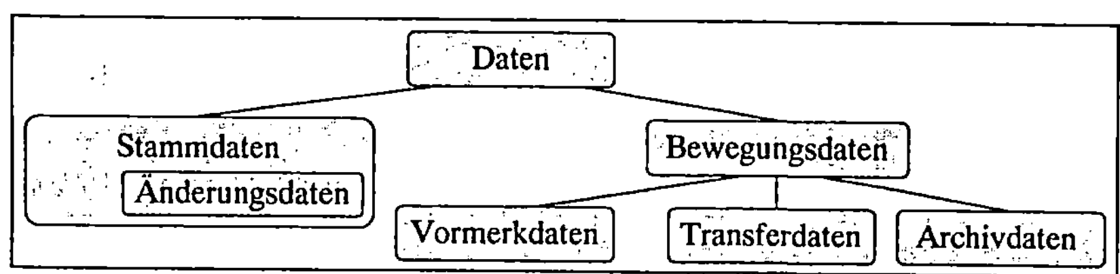

Abb. 4-8: Typologie der Datenbestände (in Anlehnung an [Mert95, 21])

In der obersten Ebene der Typologie werden Stamm- und Bewegungsdaten unterschieden (*Abb. 4-8*). Stammdaten, wie Kunden, Lieferanten, Stücklisten oder Produkte sind relativ beständig. Änderungsdaten verändern Stammdaten, wie z.B. der Wechsel der Rechnungsadresse eines Kunden. Bewegungsdaten sind zumeist an Zeitpunkte und Perioden gebunden. In [Mert95b, 55] werden zusätzlich Bestandsdaten, z.B. Lager- und Kassenbestände, unterschieden, die durch Bewegungsdaten, z.B. Lagerzugänge oder Kundenrechnungen, verändert werden. Transferdaten sind von einem Programm generierte Daten, die an ein anderes geliefert werden. Vormerkdaten, z.B. offene Posten eines Auftrages, sind nur zeitweise existent und als Archivdaten werden Vergangenheitswerte bezeichnet. Archivdaten werden in [Mert95b, 54] als eigenständige Kategorie neben Bewegungsdaten dargestellt.

Stamm- und Bewegungsdaten sind für horizontale und vertikale Datenflüsse gleichermaßen relevant. Zwischen operativen Systemen werden insbesondere Transferdaten ausgetauscht, wobei die Stammdaten und deren Änderungsdaten den Kontext für diese Transferdaten liefern. Um bspw. die Daten eines Kundenauftrags für einen neu angelegten Kunden auszutauschen, müssen die Kundenstammdaten allen am Datentransfer beteiligen Anwendungssystemen bekannt sein. In MSS können die unterschiedenen Datentypen folgendermaßen genutzt werden:

- Archivdaten für die Analyse der Unternehmensentwicklung (z.B. Entwicklung des Auftragsvolumens),

- Transferdaten und Vormerkdaten als Information über aktuelle Geschäftsprozesse (z.B. aktuell bearbeitete Kundenaufträge mit Auftragsvolumen oder ausstehende Lieferungen von Lieferanten),

- Bestandsdaten und Vormerkdaten als Information über die aktuelle Situation (z.B. Kassenbestände sowie kurzfristige Forderungen und Verbindlichkeiten zur Charakterisierung der Liquiditätslage),

- Stammdaten und zugehörige Änderungsdaten als Analyseobjekte (z.B. Kunden und deren Adressen).

Eine mögliche Klassifikation der Datenflüsse basiert auf dem Typ der Daten und der Zielstellung des Datentransfers (*Abb. 4-9*):

❏ *Austausch von Bewegungsdaten*

> Die innerhalb von operativen Geschäftsprozessen ausgetauschten Informationsobjekte zwischen Unternehmensbereichen werden, wie oben dargestellt, in Anwendungssystemen durch Bewegungsdaten repräsentiert. Die Bewegungsdaten werden in einem System produziert und in einer Kette von Funktionen, oft in verschiedenen Anwendungssystemen, weiterbearbeitet.

> Bsp.: Austausch von Kundenauftragsdaten zwischen Vertriebs-, Produktions-, Versand- und Fakturierungssystem,

❏ *Abgleich von Stammdaten*

> Um Bewegungsdaten zwischen verschiedenen Anwendungssystemen austauschen und interpretieren zu können, müssen die zugehörigen Stammdaten in den einzelnen Systemen übereinstimmen. Die Konsistenz der Stammdaten zwischen verschiedenen Systemen kann über einen entsprechenden Datenabgleich hergestellt werden.

> Bsp.: Austausch von Kundenstammdaten zwischen Vertriebs-, Produktions-, Versand und Fakturierungssystem,

❏ *Datenversorgung von MSS*

> Zur Informationsbereitstellung in MSS werden Stamm- und Bewegungsdaten benötigt. Die Bewegungsdaten repräsentieren als Zeitreihen die Entwicklung des Unternehmensgeschäfts. Stammdaten stehen für die Analyseobjekte und existieren entweder unabhängig im MSS (z.B. Kundensegmente und zugeordnete Kunden) oder müssen mit operativen Anwendungssystemen abgeglichen werden (z.B. Kunde mit Identifikator und Bezeichnung).

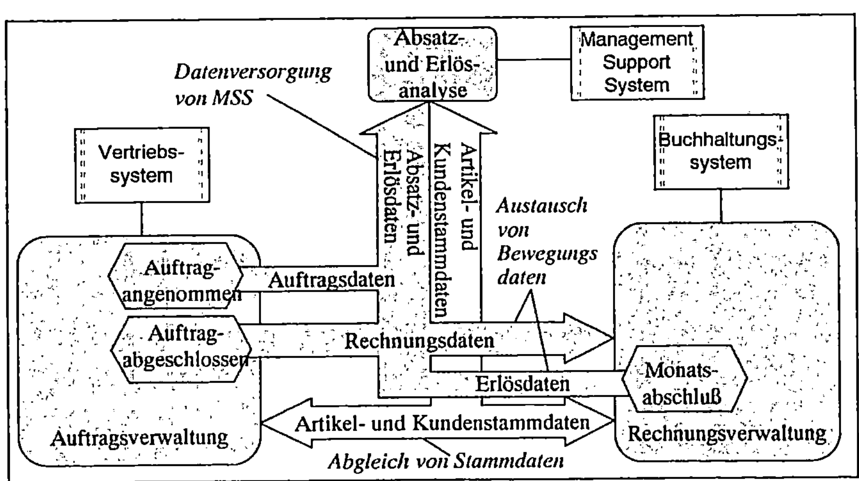

Abb. 4-9: Horizontale und vertikale Datenflüsse

In *Abb. 4-9* wird der Zusammenhang zwischen horizontalen und vertikalen Datenflüssen anhand eines Beispiels deutlich. Die Datenversorgung für MSS basiert auf anwendungssystemübergreifend konsistenten Stamm- und Bewegungsdaten. Diese Konsistenz wird durch Bewegungsdatenaustausch und Stammdatenabgleich zwischen den Anwendungssystemen sichergestellt. Im Beispiel sind die zwischen Vetriebs- und Buchhaltungssystem ausgetauschten Auftrags- und Rechnungsdaten gleichzeitig Grundlage für die Versorgung des MSS mit Absatz- und Erlösdaten.

In jeder der genannten Klassen von Datenflüssen ist durch eine Ablaufsteuerung der Datentransfer zwischen den Anwendungssystemen zu regeln (in *Abb. 4-9* dargestellt durch ARIS-Ereignissymbole, →*2.3.2.2*), was wiederum die explizite Betrachtung der Prozesse in der Ablaufsicht motiviert.

4.2 Ausrichtung des Informationsmanagements

Durch das Data Warehouse-Konzept kann eine neue Qualität des Datenlogistikmanagements erreicht werden, woraus sich der Zusammenhang mit dem übergeordneten Informationsmanagement ergibt. Dazu sind neben den Anwendungssystemen auch personelle Aufgabenträger des betrieblichen Informationssystems zu berücksichtigen. Der folgende Abschnitt behandelt diese Problematik mit Bezug auf die Anforderungen der Datenlogistikintegration und die diesbezügliche Ausrichtung des Data Warehouse-Konzepts (→*4.1*). Basierend auf der Einordnung einer Data Warehouse-Lösung in das Informationssystem wird der Zusammenhang mit dem Informationsmanagement untersucht (→*4.2.1*). Dies ist Grundlage für eine Systematik von Ebenen und Sichten, welche im Informationsmanagement bei der Data Warehouse-Einführung zu berücksichtigen sind (→*4.2.2*).

4.2.1 Zusammenhang von Data Warehouse-Konzept und Informationsmanagement

4.2.1.1 Nutzenspotentiale für das Informationsmanagement

Ausgehend von den funktionalen Komponenten der Data Warehouse-Architektur, Input, Speicherung und Output (→*3.6.2*), ergibt sich folgende dreistufige Nutzensbetrachtung in bezug auf die Datenlogistikintegration (→*3.2.4*):

- *Input:* Zusammenführung von Daten aus verschiedenen Datenquellen und damit Überwindung der Heterogenität, ·

- *Speicherung:* zentrale Datenhaltung für unternehmensweit relevante Daten in einer zentralen Datenbank mit einheitlichen logisches Datenstrukturen,

- *Output:* Möglichkeit der zielgerichteten Nutzung der integrierten Daten unabhängig von ihrer Herkunft.

Neben der Datenlogistikintegration können mit einer Data Warehouse-Lösung weitere Nutzenspotentiale erschlossen werden (*Abb. 4-10*, vgl. dazu auch [ReHo96, 122 ff.; Schä96, 39]). Die konkrete Zielstellung einer Data Warehouse-Lösung muß aus den Unternehmenszielen abgeleitet werden und ist somit in einzelnen Unternehmen unterschiedlich ausgeprägt.

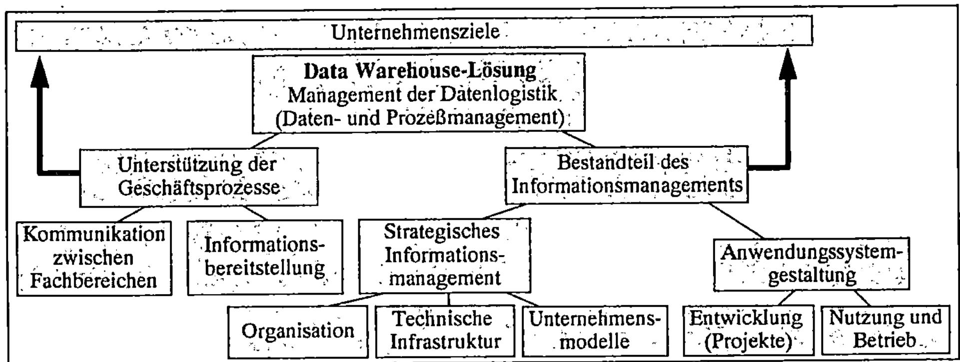

Abb. 4-10: Systematik möglicher Zielbereiche einer Data Warehouse-Lösung

In *Abb. 4-10* sind mögliche Zielbereiche einer Data Warehouse-Lösung darge-stellt. Zum einen können Geschäftsprozesse direkt unterstützt werden. Andererseits ergeben sich durch das zentrale Management der Datenlogistik in einer Data Warehouse-Lösung Potentiale für ein ganzheitliches Informationsmanagement, womit wiederum Geschäftsprozesse unterstützt und damit Unternehmensziele besser erreicht werden können. Direkt werden Geschäftsprozesse beeinflußt, indem über die Data Warehouse-Lösung die Datenlogistik zwischen Anwen-dungssystemen und damit die Kommunikation zwischen Fachbereichen verbessert wird. Dies führt u.a. zu höherer Aktualität und Verfügbarkeit von Informationen. Die zentrale, einmalige Beschaffung und Verwaltung von Daten mindert außer-dem die Kosten der Informationsbereitstellung und sorgt auf der Basis konsisten-ter Daten für den gleichen Informationsstand bei personellen Aufgabenträgern. Daneben kann die Data Warehouse-Lösung als Instrument des Informationsmana-gements über die Gestaltung des betrieblichen Informationssystems Geschäfts-prozesse indirekt beeinflussen. Eine Data Warehouse-Lösung erschließt Reengi-neering-Potentiale in bezug auf das vorhandene Informationssystem, indem Schwachstellen oder Redundanzen aufgedeckt werden, die bis dahin nicht offen-sichtlich waren. Dies betrifft informationssystemweite Strukturen ebenso wie konkrete Funktionen in Anwendungssystemen.

4.2.1.2 Relevante Probleme im Informationsmanagement

Die Ausschöpfung der Nutzenspotentiale einer Data Warehouse-Lösung erfordert dessen umfassende Einordnung in das Informationsmanagement einer Zielorganisation. Die im folgenden beschriebenen Defizite in der organisatorischen Ausgestaltung des Informationssystems können Hemmnisse für die Einführung einer Data Warehouse-Lösung sein:

- Beschränkung des IT-Bereichs auf eine Dienstleistungsfunktion, die zumeist nur das operative Geschäft mit technischer Kompetenz unterstützt:

  Durch den kostenorientierten passiven Dienstleistungscharakter der Informationsverarbeitung werden IT-Bereiche häufig nur noch auf Anforderung und unter Kontrolle der Fachbereiche wirksam [Vask97]. Für die Einführung einer Data Warehouse-Lösung ist jedoch unter zentraler Führung eine informationssystemweite aktive Vorgehensweise erforderlich (→3.6.4).

- Übertragung von Kompetenzen auf externe Dienstleistungsunternehmen (Beratungs- und Softwarehäuser) und damit fehlendes Wissen über das eigene Informationssystem:

  Nicht vorhandene eigene personelle Ressourcen in den Unternehmen werden häufig durch Beratungs- oder Softwarehäuser kompensiert, die spezielle funktionale Aufgaben in den Fachbereichen informationstechnisch lösen. Für die Datenlogistikintegration ist jedoch anwendungssystemübergreifendes Wissen über Funktionen, Daten und Abläufe unbedingt erforderlich (→3.4.2.2).

- Verfolgung von unterschiedlichen Zielen auf Bereichsebene und daraus folgende inhomogene operative Wege ohne strategischen Rahmen:

  Die angesprochene dezentrale Verantwortung für Anwendungssysteme in Fachbereichen kann zu fachlich-inhaltlicher Divergenz und technologischer Heterogenität führen (→3.2.1). Nur ein unternehmensweites Informationsmanagement mit einer bereichsübergreifenden Ausrichtung für das Informationssystem liefert einheitliche Zielvorgaben in bezug auf die zu unterstützenden Geschäftsprozesse, die Organisation und die technologische Basis einer Data Warehouse-Lösung (→3.6.4.1).

4.2.1.3 Dimensionen der Einordnung in das Informationsmanagement

Eine Data Warehouse-Lösung als betriebliches Querschnittssystem (→2.1.3.1) ist umfassend in das Informationsmanagement als betriebliche Querschnittsfunktion einzuordnen. Die vier Grunddimensionen des Informationsmanagements nach RÜTTLER (→2.1.4.1) sind im Data Warehouse-Konzept unterschiedlich berücksichtigt. Die Ausnutzung des *Informationspotentials* kommt dadurch zum Ausdruck, daß eine Data Warehouse-Lösung die in einem Unternehmen vorhandenen Daten mit dem Ziel der gebündelten Informationsbereitstellung für betriebliche Aufgabenträger integrieren soll (→3.6.1.3.4). Indem die technologische Infrastruktur in die Konzeption einer solchen Lösung einfließt, wird der Zusammenhang mit der

Informationsfähigkeit hergestellt (→*3.6.2.4*). Zusätzlich müssen innerhalb der Dimensionen *Informationsstrategie* und *Informationsbereitschaft* Rahmenbedingungen für den Einsatz einer Data Warehouse-Lösung geschaffen werden. Besonders die Informationsbereitschaft als Schwerpunkt in bezug auf personelle Aufgabenträger kann sich für den Betrieb der Data Warehouse-Lösung als wesentliches Problem erweisen, da oft gegensätzliche Interessen der Unternehmensbereiche aufeinander abzustimmen sind (→*4.2.1.2*, vgl. dazu [Füti97, 334 ff.]) Die vorgeschlagene Modularisierung der Datenlogistik durch die Einbeziehung der bestehenden Anwendungssysteme fördert die Bereitschaft der Fachbereiche.

4.2.2 Abstimmung von Data Warehouse-Lösung und Informationssystem

4.2.2.1 Systematik der Zusammenhänge

Die über die beiden Teilbereiche des Informationsmanagements (→*2.1.4.1*) hergestellten Zusammenhänge zwischen Data Warehouse-Lösung und Informationssystem sind in *Abb. 4-11* als Systematik dargestellt. Es bestehen Beziehungen zwischen einer Data Warehouse-Lösung als Querschnittssystem und maschinellen sowie personellen Aufgabenträgern des betrieblichen Informationssystems. Um diese Zusammenhänge umfassend zu charakterisieren, wird eine Matrix aus Ebenen und Sichten gebildet. Die Sichten stehen für den Integrationsgegenstand (→*3.1.3*), die Ebenen berücksichtigen verschiedene Abstraktionen des Informationssystems (→*2.2.2*). Es wird deutlich, daß die informationstechnische Einbettung einer Data Warehouse-Lösung in das Informationssystem nicht ausreicht. Neben einer Betrachtung des Informationssystems auf technologischer Ebene sind eine Standardisierung der Begriffswelt, die Formulierung und Ableitung von Geschäftsregeln sowie die Dokumentation der Geschäftsprozesse auf fachlich-inhaltlicher Ebene [Schm98, 5] und eine logische Beschreibung in Form von Unternehmensmodellen aus unterschiedlichen Sichten notwendig. Zu den einzelnen Elementen der Matrix sind diesbezüglich Beispiele aufgeführt. Besonders kritisch sind solche Matrixelemente, die in der Vergangenheit in vielen Unternehmen als gescheitert angesehen wurden, wie z.B. unternehmensweite Datenmodelle (→*2.3.1.3*). Die Verfügbarkeit eines Repository für Daten, Funktionen und Prozesse auf der logischen Ebene ist jedoch ein Schlüsselfaktor für das zentrale Datenlogistikmanagement in einer Data Warehouse-Lösung, da die Administration auf einer Metadatenbank beruht (→*3.6.2.3*).

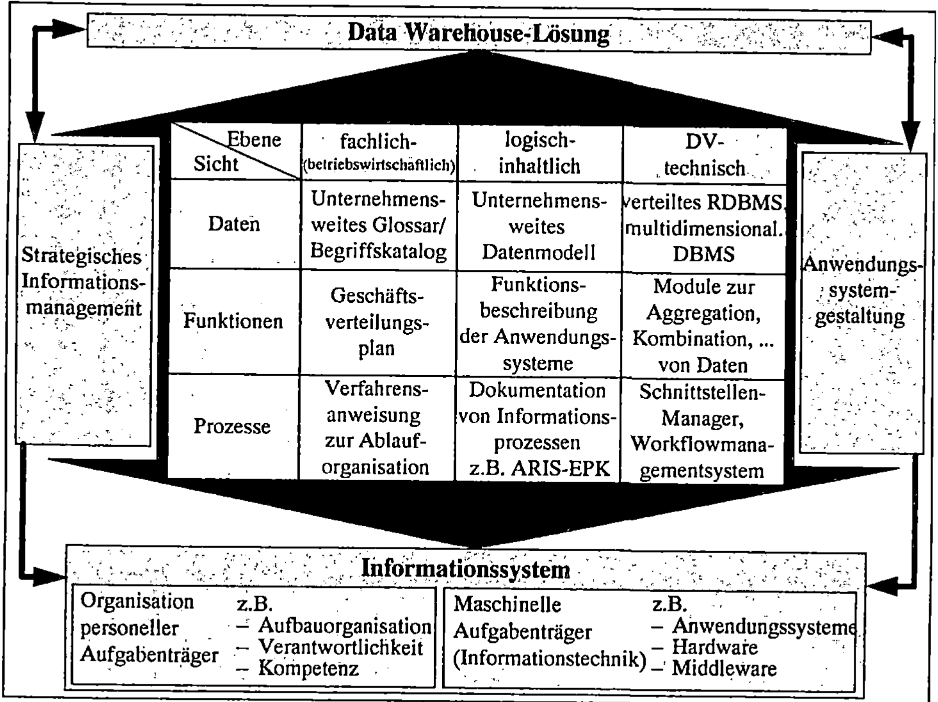

Abb. 4-11: Zusammenhänge zwischen Data Warehouse-Lösung und Informationssystem

4.2.2.2   Strategisches Informationsmanagement

Maschinelle Aufgabenträger

Die Data Warehouse-Lösung muß verschiedenste technologische Strukturen und logisch-inhaltliche Modelle des Informationssystems eines Unternehmens berücksichtigen. Im Umgang mit der physischen Heterogenität (→*3.6.2.4*) müssen in bezug auf die Technologie u.a. Entscheidungen zu folgenden Komponenten getroffen werden:

- Datenbankmanagementsysteme,

- Netzwerke mit physischen Strukturen und Netzwerkprotokollen,

- Middleware und Standardprotokolle, z.B. ODBC (Open Database Connectivity), CORBA (Common Object Request Broker Architecture), OLE (Object Linking and Embedding).

Hilfreich ist eine Unternehmensstrategie in bezug auf die verwendete Hardware und Systemsoftware. Auf der logischen Ebene liegen informationssystemweit i.d.R. Daten- Funktions- und Ablaufmodelle zu einzelnen Anwendungssystemen in unterschiedlichen Notationen vor, die insbesondere für die Metadatenintegration (→*3.5.3.5*) in der Data Warehouse-Lösung aufeinander abzustimmen sind.

Organisation personeller Aufgabenträger

Die zentrale Funktion der Data Warehouse-Lösung erfordert auch die aufbau-organisatorische Berücksichtigung in einer Organisationseinheit innerhalb des Informationsmanagements, in der personelle und maschinelle Ressourcen konzentriert werden. Die Zuständigkeit für Koordinationsfunktionen in den einzelnen Ebenen (*Abb. 4-12*) muß fachbereichsübergreifend geklärt sein. Dazu gehört auch die entsprechende Verfügbarkeit personeller Ressourcen für verschiedene Schwerpunkte (*Abb. 4-12*). Neben der zentralen Verwaltungsfunktion sind Aufgaben der Nutzer einer Data Warehouse-Lösungen, d.h. der Administratoren und Anwender von dezentralen operativen Anwendungssystemen und MSS zu definieren.

	organisatorisch	❏ Fachbereiche ❏ Projekte ❏ Kosten, Budgets
	fachlich- betriebswirtschaftlich logisch-inhaltlich	❏ Daten ❏ Funktionen ❏ Prozesse
	technisch	❏ Systeme, Netze ❏ Anwendungen ❏ Datenbanken

Abb. 4-12: Administrationsebenen einer Data Warehouse-Lösung

Die Verfügbarkeit personeller Ressourcen ist nicht nur für ein zeitlich begrenztes Data Warehouse-Projekt zu planen, sondern darüber hinaus in einer zentralen Organisationseinheit (z.B. im IT-Bereich) sicherzustellen. Diese Forderung ergibt sich aus dem inkrementellen Vorgehen in einem Data Warehouse-Projekt und der Verknüpfung von Einführung und Betrieb (→*3.6.4.2*). Die Verantwortung für die Administration und für die sich aus Vorgaben der Nutzer ergebende ständige Weiterentwicklung der Data Warehouse-Lösung ist daher frühzeitig im Data Warehouse-Projekt festzulegen. Der für die Data Warehouse-Lösung verantwortliche Bereich gibt eine Strategie in bezug auf die Datenlogistik vor und koordiniert die Funktionen einzelner Fachbereiche und deren Anwendungssysteme in Zusammenhang mit der Data Warehouse-Lösung (vgl. Fallstudie, →*A.3.2.2*).

Entsprechend der in *3.5.1* untersuchten grundsätzlichen Organisationsformen ist für eine unternehmensweite Datenlogistiklösung eine Hybridorganisation in vielen Fällen geeignet:

❏ Ein im zentralen Informationsmanagement angesiedelter Datenmanager (→*2.1.4.4*), der über umfassende Kenntnisse der Unternehmensprozesse verfügt, wird mit entsprechender Kompetenz ausgestattet und ist zuständig für unternehmensweite Architekturen, Modelle und Vorgehensweisen sowie diesbezügliche Entscheidungen.

❑ Für einzelne fachliche Schwerpunktfunktionen oder -prozesse werden Datenmanager aus den Fachbereichen benannt, an die der zentrale Datenmanager Verantwortung delegieren kann. Es sind dabei kompetente Mitarbeiter mit Verständnis für die jeweiligen Geschäftsprozesse einzusetzen.

Diese Hybridorganisation ist auch im Informationssystem umzusetzen, indem führende Anwendungssysteme in verschiedenen Bereichen festgelegt werden, die jeweils Ausgangspunkt für die Datenlogistikintegration eines Teilsystems sind, z.B. SAP als zentrale Komponente im kaufmännischen Bereich. Dieses Vorgehen, die Datenlogistik aus wichtigen zentralen Anwendungssystem heraus zu entwickeln, wird in der Fallstudie in *A.2* deutlich.

4.2.2.3 Anwendungssystemgestaltung

Die Data Warehouse-Lösung hat als Querschnittssystem Auswirkungen auf die Entwicklung und Nutzung von Anwendungssystemen. Da innerhalb eines Informationssystems, getrieben durch fachliche Anforderungen einzelner Fachbereiche, ständig neue Anwendungssysteme geplant, entwickelt und genutzt werden, sind sowohl Synergien in bezug auf existierende Anwendungssysteme zu schaffen als auch zukünftige Entwicklungsprojekte zu beeinflussen.

Entwicklung von Anwendungssystemen

Die Data Warehouse-Lösung kann in einer Zielorganisation eine Kanalisierung von Entwicklungsaktivitäten verschiedener Fachbereiche bewirken. Die Zusammenfassung von Schnittstellenfunktionen (Funktionssicht), die Steuerung von Datenaustauschprozessen (Prozeßsicht) und die Integration der Datenhaltung (Datensicht) schafft Synergien zwischen ansonsten unabhängigen Anwendungssystementwicklungen in einem Unternehmen, z.B.:

❑ gegenseitige Nutzung von Daten,

❑ gegenseitige Nutzung von Funktionalität,

❑ mehrfache Nutzung von Schnittstellen,

❑ Nutzung des zentralen Metadatenbanksystems als Repository für Geschäftsprozesse und deren Abbildung in Anwendungssystemen.

Damit wird der Entwicklung isolierter bereichsspezifischer Anwendungssystemlösungen entgegengewirkt. Die Zusammenführung von mehreren Projekten bzw. Aktivitäten für die Abstimmung der Datenlogistik hat eine Senkung des Gesamtaufwandes und eine Vereinfachung der Informationsprozesse zur Folge.

Nutzung von Anwendungssystemen

Datenquellen und Datensenken der Data Warehouse-Lösung sind Fachbereiche und deren Anwendungssysteme in unterschiedlichen Aufgabenebenen (z.B. operative Aufgaben und Managementaufgaben). Mit der Data Warehouse-

Einführung ändert sich vor allem die Informationsbereitstellung für betriebliche Aufgabenträger. Es ist notwendig, diese Veränderung der Informationsprozesse im Unternehmen aktiv zu gestalten, indem die Nutzung der Data Warehouse-Lösung als Informationslieferant motiviert und durchgesetzt wird. Die Data Warehouse-Lösung sollte dabei die Informationsflüsse so unterstützen, daß vorhandene Informationsbeziehungen (→*2.1.2*) zwischen den Bereichen erhalten und gleichzeitig über die Datenlogistik verbessert werden. Ein wesentliches Moment der organisatorischen Umgestaltung ist, daß sich andere Schwerpunkte in bezug auf die Arbeitsaufgaben der Mitarbeiter ergeben können (*Bsp. 4-1*).

Bsp. 4-1: Veränderung von Berichtsprozessen durch neue Werkzeuge

Eine konsistente Datenbank mit detaillierten Absatz- und Umsatzdaten aus verschiedenen Anwendungssystemen soll die Berichterstattung an den Vorstand verbessern. Dazu wird eine Data Warehouse-Lösung und auf deren Basis ein neues Anfragewerkzeug für die Erstellung der Berichte eingeführt. Dies stellt sowohl technologisch eine neue Qualität als auch organisatorisch eine enorme Vereinfachung dar. Alternativ dazu mußten bisher die Daten in mehreren Fachbereichen zusammengestellt werden. Diese wurden dann per Email als ASCII-Texte an die Berichtsabteilung gesandt, dort mit einem Tabellenkalkulationsprogramm zu einem Bericht zusammengefügt und gedruckt. Mit der Data Warehouse-Lösung entfällt die manuelle Vorbereitung der Daten in den Fachbereichen, wodurch Kapazitäten frei werden. In der Berichtsabteilung wiederum fehlen Ressourcen und Know-how für die Bedienung des neuen Anfragewerkzeugs, da keine Kenntnisse auf dem Gebiet relationaler Datenbanken vorhanden sind. Dies führt dazu, daß der IT-Bereich diese Aufgaben übernimmt. Gestaltet man im Vorfeld der Einführung der neuen Werkzeuge die damit verbundenen organisatorischen Veränderungen in den Bereichen nicht aktiv, kann dies dazu führen, daß die Informationsversorgung ...

❑   ...*unverändert* bleibt: Die Berichtserstellung läuft wie bisher.

❑   ...*redundant* ist: Den Berichtsempfänger erreichen zwei Berichte. Einer kommt vom IT-Bereich und wurde mit dem neuen Anfragewerkzeug erstellt. Der andere Bericht wurde von den Fachbereichen und der Berichtsabteilung manuell erzeugt.

❑   ...*unabgestimmt* ist: Die Fachbereiche liefern weiter Daten an die Berichtsabteilung. Diese werden allerdings dort nicht mehr benötigt, da die neue Data Warehouse-Lösung für die Erstellung des Berichts genutzt wird.

4.2.2.4 Schlußfolgerungen für die Data Warehouse-Einführung

Mit einer Data Warehouse-Lösung lassen sich organisatorische Probleme nicht lösen, jedoch können organisatorisch abgestimmte Informationsflüsse im betrieblichen Informationssystem wirksam unterstützt werden. Daher müssen die Ziele, das Vorgehen bei der Einführung und die Auswirkungen einer Data Warehouse-Lösung mit den betroffenen Fachbereichen gemeinsam festgelegt werden. In *Abb. 4-13* sind Klassen personeller Aufgabenträger aufgeführt, die im Zusammenhang mit der oben beschriebenen Veränderung der Entwicklung und Nutzung von Anwendungssystemen bei der Einführung einer Data Warehouse-Lösung berücksichtigt und einbezogen werden müssen.

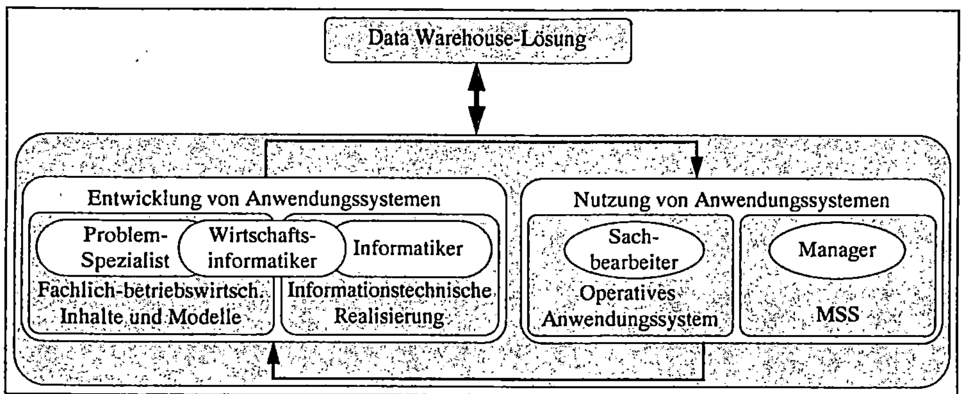

Abb. 4-13: Personelle Aufgabenträger für Anwendungssystementwicklung und -nutzung

Veränderungen der betrieblichen Aufbau- und Ablauforganisation beeinflussen ständig das betriebliche Informationssystem und damit insbesondere die zentrale Data Warehouse-Lösung. Dieser Dynamik muß durch ein geeignetes Datenlogistikmanagement als integraler Bestandteil des Informationsmanagements Rechnung getragen werden. Dies wiederum gründet sich auf eine flexible informationstechnische Infrastruktur (maschinelle Aufgabenträger) und entsprechendes Know-how (personelle Aufgabenträger), die in einem ausgewogenen Portfolio miteinander zu kombinieren sind.

4.3 Modellbildung für Datenlogistikprozesse

Der folgende Abschnitt schlägt ein Modellsystem, bestehend aus Modellebenen und -sichten, für die Beschreibung von Datenlogistikprozessen vor. Zunächst werden, abgeleitet aus bisherigen Erkenntnissen, Datenlogistik und Data Warehouse-Konzept in grundsätzliche Kategorien des betrieblichen Informationssystems eingeordnet. Daraus leiten sich Schwerpunkte für ein Modellsystem ab (→*4.3.1*). Es folgt die beispielhafte Modellierung eines Ausschnitts der Datenlogistik aus verschiedenen Modellsichten (→*4.3.2*). Anhand dieser Sichten werden anschließend Aufgaben der Data Warehouse-Komponenten (→*3.6.2*) für das Management der Datenlogistik dargestellt (→*4.3.2.3*).

4.3.1 Modellsystem für die Datenlogistik

4.3.1.1 Zusammenfassende, begriffliche Einordnung

In *Abb. 4-14* sind verschiedene Aspekte der Datenlogistik und die Rolle einer Data Warehouse-Lösung schematisch dargestellt. Es ergibt sich die folgende Einordnung.

Gegenstand der Datenlogistik

In Abschnitt *2.3.3.2.3* wurden steuernde Leistungsflüsse (SL-Fluß) zwischen Objekten (Teilsystemen) des betrieblichen Informationssystems als Kombination eines Steuerflusses und eines Dienstleistungsflusses dargestellt, wobei die Dienstleistung in Form von Informationen erbracht wird. Bei SCHEER heißen diese Informationsflüsse daher Informationsdienstleistungen zwischen Aufgabenträgern [Sche98a, 13 ff.]. Die Datenlogistik umfaßt Datenflüsse und deren Steuerung zwischen Anwendungssystemen als Grundlage von Leistungsbeziehungen zwischen Teilinformationssystemen, die in Form von Informationen erbracht werden.

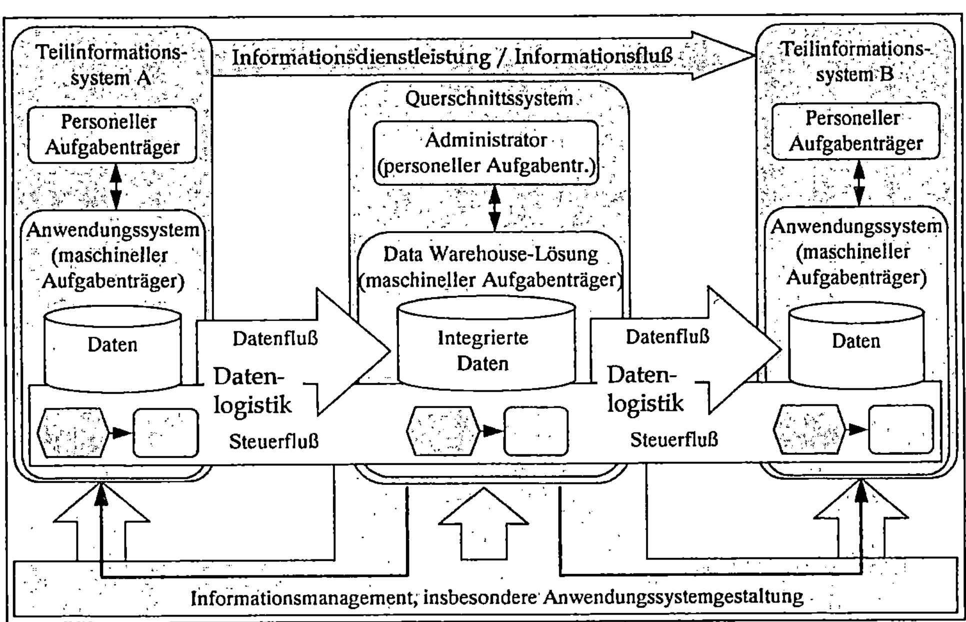

Abb. 4-14: Einordnung von Datenlogistik und Data Warehouse-Lösung

Gegenstand des zentralen Datenlogistikmanagements in der Data Warehouse-Lösung

Im Sinne der Aufgabenträgerorientierten Funktionsintegration (→*3.1.3*) übernimmt eine Data Warehouse-Lösung als maschineller Aufgabenträger den Aufgabenkomplex der Planung, Steuerung und Kontrolle von Datenflüssen zwischen Anwendungssystemen. Die Datenflüsse sind Bestandteil von Datenaustauschprozessen, die in der Data Warehouse-Lösung konzentriert werden (Integrierte Datenlogistikprozesse). Betrachtet werden dabei die Interaktionen zwischen Anwendungssystemen (objektorientierte Betrachtung, Außensicht, →*2.3.3.2.1*).

Einordnung in das Informationsmanagement

Die Anwendungssystemgestaltung als Teilaufgabe des Informationsmanagements unterteilt sich für eine Data Warehouse-Lösung in zwei überlappende Phasen:

- Die Entwicklungsphase dient der Gestaltung der Data Warehouse-Lösung als Anwendungssystem (oder mehrerer Anwendungssysteme bei Verteilung auf Data Marts, →*3.6.3*). Die Data Warehouse-Lösung ist so *Gegenstand des Informationsmanagements.*

- Als zentrale Datenlogistikmanager dient die Data Warehouse-Lösung selbst der Gestaltung von Anwendungssystemen (→*4.2.2*) und wird damit zu einem *Instrument des Informationsmanagements.*

Einordnung in die Informationssystem-Klassifikation

Entsprechend der vorgenommenen horizontalen Klassifikation des betrieblichen Informationssystems ist eine Data Warehouse-Lösung ein Querschnittssystem, d.h. es unterstützt andere Teile des Informationssystems bei ihrer Aufgabenerfüllung (→*2.1.3.1*). Querschnittsfunktionen begleiten den Objektfluß zwischen Teilinformationssystemen (→*2.1.3.3*). Die Aufgabe der Data Warehouse-Lösung bezieht sich dabei auf Daten- und Informationsflüsse (→*2.3.3.2*, →*3.3.2*). Eine Data Warehouse-Lösung kann man somit als Bestandteil des Lenkungssystems sehen, dessen Funktion in der Lenkung von Informationsdienstleistungen als Bestandteil des Leistungssystems besteht. Die Data Warehouse-Lösung hat selber keine spezielle betriebswirtschaftliche Aufgabe zu erfüllen, sondern lediglich Dienstleistungen gegenüber anderen betriebswirtschaftlichen Anwendungssystemen zu erbringen.

4.3.1.2 Modellsichten

Datenmodelle als alleinige Beschreibungsmittel eines Informationssystems stellen Einschränkungen für die Modellierung der betrieblichen Realität dar (→*2.3.1.3*). Für die Datenlogistik bestehen die Einschränkungen der Datensicht darin, daß ...

- ...funktionale Zusammenhänge zwischen den Anwendungssystemen eines Unternehmens nur unvollständig wiedergegeben werden,

- ...weder die Funktionen der einzelnen Anwendungssysteme noch die Leistungsbeziehungen zwischen den Anwendungssystemen erfaßt werden,

- ...die Abläufe innerhalb und zwischen den Anwendungssystemen nicht berücksichtigt sind.

In *2.3* wurden neben der Datenmodellierung objektorientierte und prozeßorientierte Ansätze für die Modellbildung von Informationssystemen als geeignet und umfassend hervorgehoben, da sie verschiedene Modellsichten eines Informationssystems integrieren.

Prozeßorientierter Ansatz

Die Datenlogistik repräsentiert Datenflüsse zwischen Anwendungssystemen entlang von verrichtungsorientierten Aufgabenketten. Prozeßorientierte Ansätze erfassen diese Abläufe mit den Beziehungen und Abhängigkeiten zwischen einzelnen Funktionsausführungen (→*2.3.2.1*). Kombiniert mit einer Daten- und Funktionssicht ermöglicht die prozeßorientierte Betrachtung eine umfassende Modellbildung der Zusammenhänge zwischen den Anwendungssystemen (→*2.3.2.2*).

Objektorientierter Ansatz

Der objektorientierte Ansatz hat u.a. folgende Vorteile für die Modellbildung der Datenlogistik in betrieblichen Informationssystemen (→*2.3.3*):

- Bildung von Teilinformationssystemen als Zusammenfassung von (maschinellen) Anwendungssystemen und personellen Aufgabenträgern,

- abstrakte (komplexitätsreduzierende) Beschreibung von Teilinformationssystemen innerhalb des Gesamtsystems,

- explizite Beschreibung der Leistungsbeziehungen zwischen Teilinformationssystemen,

- geschlossene Betrachtung der Funktions- und Datensicht.

4.3.1.3 Modellebenen

Entsprechend dem vorgestellten generischen Architekturrahmen für ein Informationssystem (→*2.2.2*) wird im folgenden ein Modellsystem vorgeschlagen, welches als Grundlage für die Modellierung der Datenlogistik genutzt werden kann.

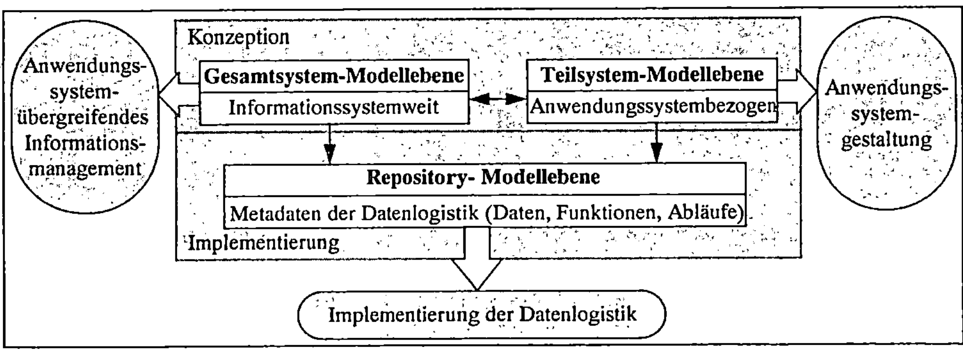

Abb. 4-15: Schwerpunkte der einzelnen Modellebenen

Zur Beschreibung der Datenlogistik in einem betrieblichen Informationssystem werden drei Modellebenen vorgeschlagen (*Abb. 4-15*). In Anlehnung an *2.2.2* repräsentieren die Modellebenen unterschiedliche Abstraktionen des relevanten Ausschnitts eines Informationssystems, die im Gegensatz zu den meisten Modellsystemen in der Literatur nicht hierarchisch angeordnet sind. Zwei dieser Modellebenen haben konzeptionellen Charakter, eine Modellebene dient als Grundlage für die Implementierung der Datenlogistik. Mit den beiden konzeptionellen Modellebenen werden informationssystemweite und auf Teilsysteme bezogene Modelle zur Beschreibung der Datenlogistik kombiniert, während die Repository-Modellebene der Abbildung der konzeptionellen Modelle in Metamodellen dient:

- Die *Gesamtsystem-Modellebene* ermöglicht die geschlossene Darstellung von Datenlogistikprozessen in einem Informationssystem aus der Sicht eines ganzheitlichen Informationsmanagements.

- Die *Teilsystem-Modellebene* dagegen fokussiert die Aufgabenteilung zwischen einzelnen Teilinformationssystemen und deren Zusammenwirken im Rahmen der Datenlogistik. Sie ist damit eine konzeptionelle Grundlage für die datenlogistikbezogene Gestaltung (Erweiterung oder Neuschaffung) einzelner Anwendungssysteme bzw. Data Marts.

- Die *Repository-Modellebene* ist die Grundlage für die Implementierung der Datenlogistikprozesse.

Die Unterscheidung der beiden konzeptionellen Modellebenen zielt auch auf eine Lösung der kontrovers geführten Diskussion um eine unternehmensweite Data Warehouse-Lösung auf der einen und verteilten Data Marts auf der anderen Seite (→*3.6.3.2*). Während die Gesamtsystem-Modellebene konzeptionell die unternehmensweite Integration von Datenlogistikprozessen abbildet, wird in der *Teilsystem*-Modellebene die Verteilung von Datenlogistikfunktionalität auf Teilinformationssysteme unter Beibehaltung der Integrationszielstellungen angestrebt.

Gesamtsystem-Modellebene

- Ziel:

  Zielstellung der Gesamtsystem-Modellebene ist die Darstellung von anwendungssystemübergreifenden Datenlogistikprozessen zum Zweck der Integration. Für eine ganzheitliche Sicht sind personelle Aufgabenträger einzubeziehen.

- Sichten:

  Die Sichten der Datenlogistik orientieren sich an der Architektur integrierter Informationssysteme (ARIS). Es wird unterschieden zwischen Daten-, Funktions- und Ablaufsicht (Steuersicht). Die Organisationssicht wird innerhalb dieser Arbeit nicht explizit genutzt, wenngleich Entwurfselemente für personelle Aufgabenträger in Modellen der Prozeßsicht verwendet werden.

In diese Ebene sind die Modelle in den Abschnitten *3.6.2* und *4.3.2* einzuordnen.

Teilsystem-Modellebene

□ Ziel:

Diese Modellebene hat zum Ziel, die Komplexität der Datenlogistik in einem Informationssystem besser zu beherrschen. Dazu wird die Datenlogistikfunktionalität auf einzelne Teilinformationssysteme verteilt. Ein objektorientierter Ansatz zur Dezentralisierung stellt folgendes sicher:

o Die Gesamtfunktionalität kann über Interaktionen zwischen den Teilinformationssystemen (Objekten) wiederhergestellt werden (Integration).

o Die objektinterne Funktionalität kann separat betrachtet werden, was die Komplexität erheblich reduziert (Abstraktion).

Objekte dieser Modellebene können als Entwurfselemente in der Gesamtsystem-Modellebene verwendet werden. Dieser Modellansatz ist ähnlich zum Interaktionsmodell innerhalb des Semantischen Objektmodells (SOM) auf der zweiten Stufe (→*2.3.3.3.1*).

□ Sichten:

Es werden zwei objektorientierte Sichten unterschieden:

o Die *Anwendungssystemsicht* beschreibt Anwendungssysteme mit den enthaltenen Daten und Funktionen nach objektorientierten Prinzipien. Ein Objekt ist dabei die datenlogistikbezogene Abstraktion eines Anwendungssystems.

o Die *Organisationssicht* beschreibt Unternehmensbereiche als Teilinformationssysteme mit allen Aufgabenträgern ebenfalls als Objekte und Beziehungen zwischen Objekten.

Für die Beschreibung von Objekten und Beziehungen zwischen Objekten können wiederum Daten-, Funktions- und Ablaufsicht verwendet werden.

Die Modelle (ARIS, SOM*pro*) im 5. Kapitel sind in der Anwendungssystemsicht dieser Ebene anzusiedeln.

Repository-Modellebene

□ Ziel:

In dieser Modellebene werden die Metadaten der Datenlogistik beschrieben. Abgleitet aus den beiden konzeptuellen Ebenen dient sie der Implementierung eines Repository. Metadaten können sowohl Bestandteil dezentraler Komponenten (Data Marts) als Erweiterung oder Neuschaffung von Anwendungssystemen sein als auch innerhalb einer zentralen Data Warehouse-Lösung umgesetzt werden.

□ Sichten:

Entsprechend verfügbarer Strukturen in relationalen Metadatenbanksystemen existiert nur eine Datensicht. Die Informationen über Funktionen und Abläufe sind auf relationale Modelle zurückzuführen (→*3.5.3.5*).

In Abschnitt *4.5.3* wird das aus den verallgemeinerten Metadaten von Stamm- und Bewegungsdaten abgeleitete Unimu-Schema als Grundlage einer integrierten Datenbank vorgestellt. Die Verwaltung von Informationen über Datenlogistikprozesse und entsprechende Extraktions- und Transformationsfunktionen in Metadaten wird in der Fallstudie in *A.2.3* anhand eines Schnittstellenmanagers zwischen Anwendungssystemen erläutert.

Die drei Modellebenen reflektieren Schwerpunkte für Konzeption und Implementierung einer Integrationslösung für die Datenlogistik und geben formal das Verständnis für die Schwerpunkte der Datenlogistikintegration innerhalb dieser Arbeit wieder. Die beiden konzeptionellen Ebenen korrespondieren mit den Anforderungen an ein Integrationskonzept für die Datenlogistik (→*3.4*). Die Gesamtsystem-Modellebene stellt gesamtheitliche Datenlogistikprozesse in den Vordergrund, während die Teilsystem-Modellebene die Modularisierung der Datenlogistik hervorhebt. Die Ergebnisse der Modellierung in beiden Ebenen müssen sich letztendlich in den Metadaten (Repository-Modellebene) der Integrationslösung für die Datenlogistik eines Unternehmens widerspiegeln.

Die drei Modellebenen stehen in engem Zusammenhang und sind daher nicht isoliert, sondern als unterschiedliche Betrachtungsweisen der Datenlogistikintegration zu sehen. So spielen im 5. Kapitel, welches die Teilsystem-Modellebene fokussiert, Ablaufmodelle der Gesamtsystem-Modellebene eine wichtige Rolle. Gleichermaßen ist die Modularität (Teilsystem-Modellebene) bei der Partitionierung der Data Warehouse-Datenbank (→*4.3.3.3*) oder dem Clustering der Modelle innerhalb der Gesamtsystem-Modellebene (→*4.3.1.3*) ein wesentliches Kriterium. Bei der Anwendung des Unimu-Schemas (Repository-Modellebene) wird sowohl auf Datenlogistikprozesse (→*4.5.4.3*) als auch die modulare Verteilung von Funktionalität (→*4.5.4.4*) Bezug genommen.

In *Abb. 4-16* ist der Zusammenhang zwischen den Modellsichten beider konzeptioneller Modellebenen sowie dem zentralem Management (Integration) und der Verteilung (Modularisierung) der Datenlogistik zusammenfassend dargestellt. Mit struktur-, verhaltens- und ablaufbezogenen Modellsichten ist die Datenlogistik konzeptionell umfassend beschrieben (→*2.3*). Entsprechend setzt sich das zentrale Datenlogistikmanagement in einer Data Warehouse-Lösung aus den Teilaufgaben *Datenmanagement, Datenflußmanagement* und *Workflowmanagement* zusammen. Die gedankliche Unterscheidung des Datenflußmanagements ist dabei als didaktische Hilfe zu verstehen, da Datenflüsse Gegenstand des Daten- bzw. Workflowmanagements sind. In objektorientierten Modellen spiegeln sich Daten und Funktionen in Objekten sowie Daten- und Steuerflüsse in Objektbeziehungen wider. Damit kann die Verteilung der Datenlogistik in Anwendungssystemen nach modularen Prinzipien beschrieben werden.

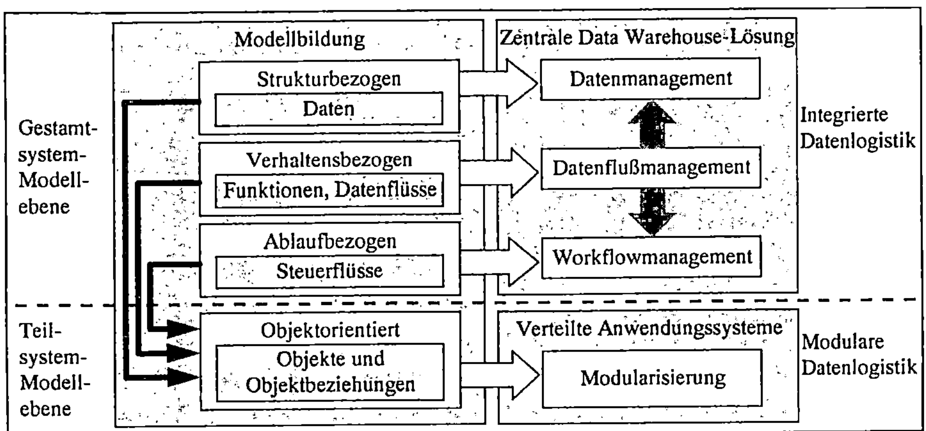

Abb. 4-16: Nutzung von Modellsichten für Integration und Verteilung der Datenlogistik

4.3.1.4 Vorgehensweise bei der Modellierung

Die Vorgehensweise bei der Modellbildung bewegt sich im Spannungsfeld der aufgabenbezogenen Dezentralisierung mit einer Autonomie der Daten- Funktions- und Ablaufmodelle in den einzelnen Teilinformationssystemen und der Herstellung logischer Beziehungen zwischen den einzelnen Modellen (→*3.4.3*).

Ein Lösungsansatz für dieses Problem wird im folgenden für die Datensicht ausgeführt und kann für Funktions- und Ablaufsicht in ähnlicher Form entwickelt werden. Insbesondere aus der Dynamik der in den Anwendungssystemen existierenden Datenmodelle ergeben sich Anpassungsprobleme des Unternehmensweiten Datenmodells (UDM). Die Unabhängigkeit der einzelnen Anwendungssysteme in bezug auf ihre Datenmodelle erfordert eine Abgrenzung des übergreifenden Datenmodells gegenüber Änderungen in den Anwendungssystemen.

Lösungspotentiale für dieses Problem liegen in einem objektorientierten Ansatz, bei dem die Strukturen der einzelnen Anwendungssysteme gekapselt und über definierte, überschaubare Schnittstellen miteinander in Beziehung gesetzt werden (Metadaten-Engineering, →*3.5.3.5*). Trotz dieser weitestgehenden Verlagerung der „Modellverantwortung" auf dezentrale Anwendungssystemobjekte besteht weiterhin die Forderung nach einer integrierten Betrachtung auf einer konzeptionellen Ebene. Dazu werden zwei grundsätzliche Vorgehensweisen bei der Modellierung vorgeschlagen (*Abb. 4-17*):

❑ *Clustering des Gesamtmodells*

> Die Datenmodelle der Anwendungssysteme werden grob geclustert (→*2.3.1.3*), um einen Überblick über Geschäftsprozesse und die diesbezüglichen Funktionalitäten und Aufgaben der einzelnen Systeme zu erhalten. Anhand dieser Cluster sind Überschneidungen, Abhängigkeiten und Schnittstellen zwischen den Anwendungen zu identifizieren.

❑ *Verfeinerung der schnittstellenrelevanten Modelle*

> Die schnittstellenrelevanten Teildatenmodelle werden durch schrittweise Verfeinerung detaillierter beschrieben und bilden letztendlich die Grundlage für die Datensicht der zentralen Datenlogistikkomponente.

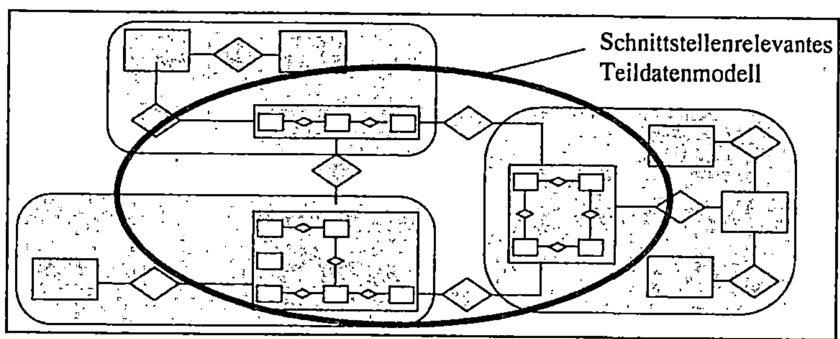

Abb. 4-17: Clustering und Verfeinerung von Datenmodellen

Für die Funktions- und Ablaufsicht kann anlog vorgegangen werden, indem man Funktionalitäten und Prozesse zunächst auf einer verdichteten Ebene modelliert und für die Datenlogistik relevante Teilmodelle weiter verfeinert. Ziel dieser Verfahrensweise ist die weitgehende Reduktion der Komplexität der anwendungssystemübergreifenden Datenlogistik.

4.3.2 Anwendung der Modellsichten

Am Beispiel von Berichtsprozessen werden im folgenden unterschiedliche Sichten der Datenlogistik in der Gesamtsystem-Modellebene verdeutlicht (vgl. [HePe98, 81 f.; EhPH98, 163 ff.]). Daraus ergeben sich die Anforderungen an das Management der Datenlogistik in einer Data Warehouse-Lösung.

4.3.2.1 Ablaufsicht

In *Abb. 4-18* ist die ablauforientierte Sicht der Datenlogistik beschrieben. Aufgrund der Übersichtlichkeit sind für betriebliche Funktionen organisatorische Verantwortlichkeiten und relevante Datencluster in Rechtecken zusammengefaßt Ausgehend von Absatz- und Umsatzdaten aus der Fakturierung werden mögliche anschließende Berichtsprozesse im Unternehmen dargestellt. Dabei wird die informationstechnische und die organisatorische Komplexität dieser Prozesse deutlich.

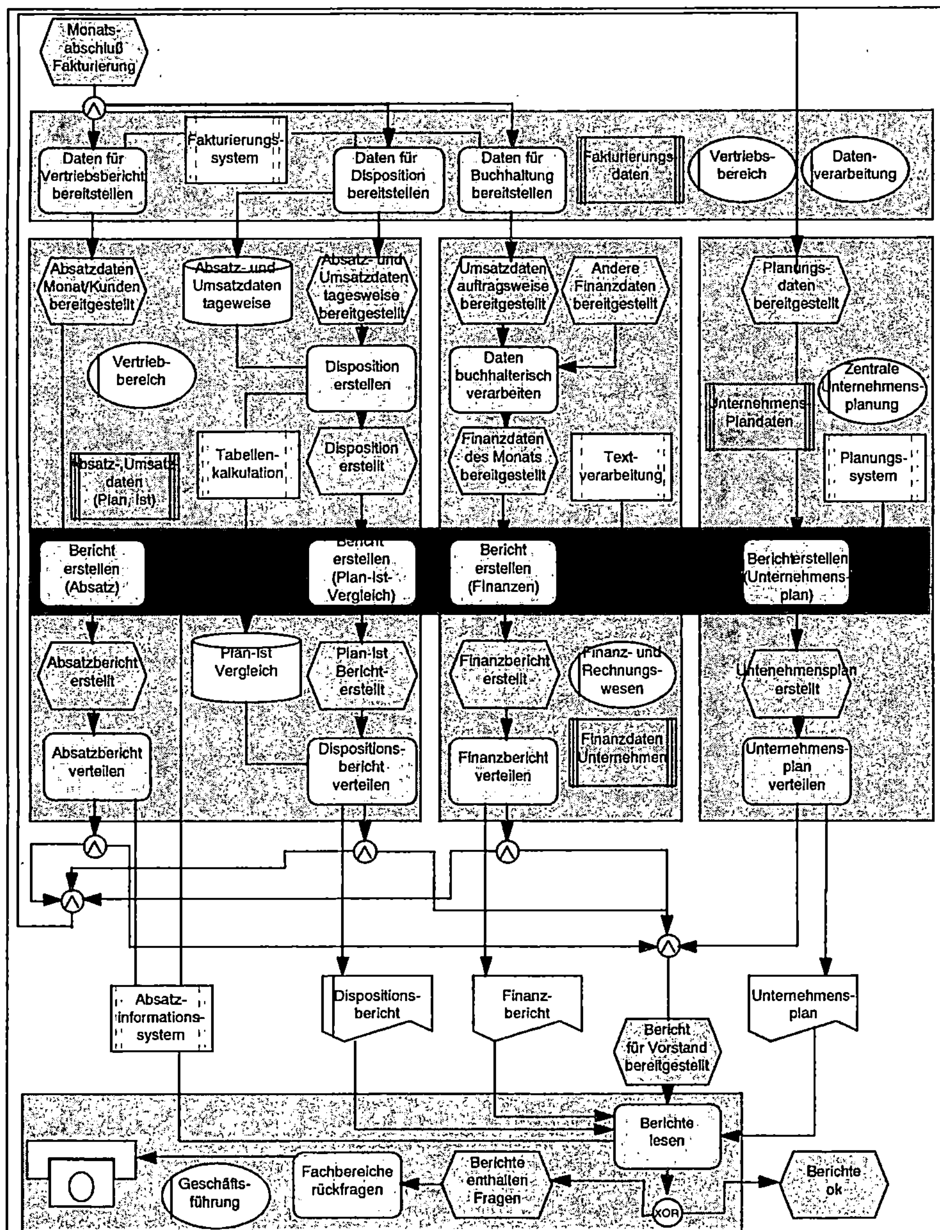

Abb. 4-18: Fallbeispiel Datenlogistik - Ablaufsicht

Zwei Schwerpunkte können identifiziert werden:

☐ Nach den operativen und dispositiven Funktionen entstehen bei der Berichterstattung Medienbrüche in den Prozeßketten beim Übergang vom

Fakturierungssystem zu den Office-Anwendungen (Tabellenkalkulation, Textverarbeitung) und zwischen verschiedenen Office-Anwendungen. Daraus ergibt sich die Notwendigkeit der vertikalen Integration.

❑ Horizontale Datenlogistikprozesse auf operativer und dispositiver Ebene sind die Grundlage vertikaler Datenlogistikprozesse zur Berichterstattung (→*4.1.4*).

Eine Data Warehouse-Lösung muß daher horizontale und vertikale Datenlogistikprozesse zwischen Anwendungssystemen integrieren (→*3.4.2.2*).

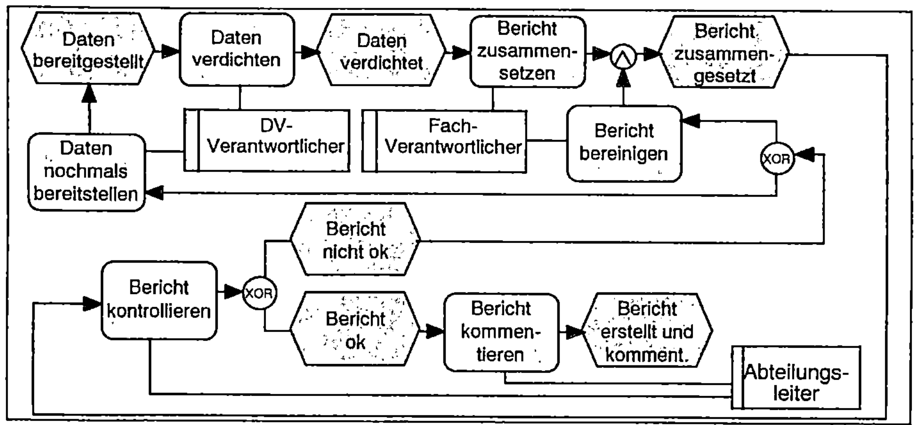

Abb. 4-19: Fallbeispiel Datenlogistik - Funktionssicht

4.3.2.2 Funktionssicht

Die Detaillierung der Funktion *Bericht erstellen* in *Abb. 4-19* soll verdeutlichen, daß in den einzelnen Fachbereichen für unterschiedliche Berichte prinzipiell in gleicher Weise vorgegangen wird. Für die Datenlogistik sind Transformations- und Transportfunktionen für Daten auszuführen.

Aufgabe der Data Warehouse-Lösung ist die Zusammenfassung dieser Funktionalitäten als Dienstleistung für verschiedene Anwendungssysteme.

4.3.2.3 Datensicht

In *Abb. 4-20* werden Entity-Typen zu Datenclustern (z.B. Absatz- und Umsatzdaten) zusammengefaßt, wobei die hier verwendeten Entity-Typen wiederum als Datencluster aufgefaßt werden können (→*2.3.2.2*). Die Cluster-Bildung eines Teildatenmodells ist durch abgerundete Rechtecke dargestellt. Die Entity-Typen repräsentieren Stamm- und Bewegungsdaten, die in mehreren Bereichen für unterschiedliche Berichte verarbeitet werden. Es sind dabei Überschneidungen der Datencluster ersichtlich. Daher ist die Datenintegration durch Datenaustausch zwischen Anwendungssystemen auf operativer, dispositiver und managementunterstützender Ebene sicherzustellen (→*3.4.2.1*).

Eine Data Warehouse-Lösung muß die einheitliche und konsistente Verwaltung der Daten auf der Basis eines bereichs- und anwendungssystemübergreifenden Datenmodells übernehmen (→3.4.2.3).

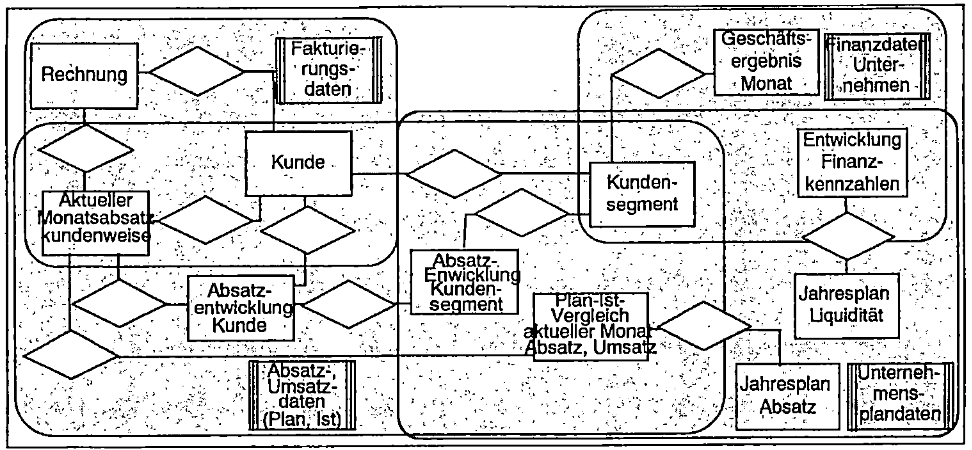

Abb. 4-20: Fallbeispiel Datenlogistik - Datensicht

4.3.3 Umsetzung im Data Warehouse-Konzept

Im folgenden werden anhand der in *4.3.2* verwendeten Modellsichten Aufgaben und Funktionsweise datenlogistischer Komponenten des Data Warehouse-Konzepts (→*3.6*) beschrieben. Ein Zusammenhang besteht insbesondere zwischen Datensicht und Speicherkomponente, während Funktions- und Ablaufsicht für die Input- und Output-Komponente relevant sind.

4.3.3.1 Schwerpunkte der Modellsichten

Datensicht

Die Datensicht des Data Warehouse-Konzepts steht im engen Zusammenhang mit der in *3.4.2.3* geforderten integrierten Datenbank und wird konzeptionell u.a. bestimmt durch:

- die Komplexität unternehmensweiter Datenmodelle (→*2.3.1.3*),
- die geforderte modular-integrierte Datenlogistik (→*3.4.3*),
- unterschiedliche Anforderungen an die Datenhaltung für Transaktions- und Analysezwecke (OLTP, OLAP, →*3.6.1.3*),
- die Charakteristik auszutauschender Daten bei horizontaler und vertikaler Integration (→*4.1.4*).

Die einzelnen Kategorien stellen unterschiedliche Anforderungen an die Datenmodellierung. Gegenstand der Betrachtungen zur Datensicht in der Speicherkomponente sind weniger spezielle Eigenschaften der Datenobjekte, sondern vielmehr die Datenorganisation und Datenmodellierung unter den komplexen Bedingungen unternehmensweiter Betrachtungen.

Funktionssicht

Die Datenlogistik zwischen Anwendungssystemen erfordert umfangreiche Abbildungsfunktionen zwischen verschiedenen Datenmodellen und den Datentransfer zwischen Datenbanksystemen der einzelnen Anwendungssysteme. Zur Beschreibung der Datenlogistik zwischen zwei Anwendungssystemen kann man den Datenfluß allgemein in Transformations- und Transportfunktionen unterteilen (→3.4.1, Abb. 4-21).

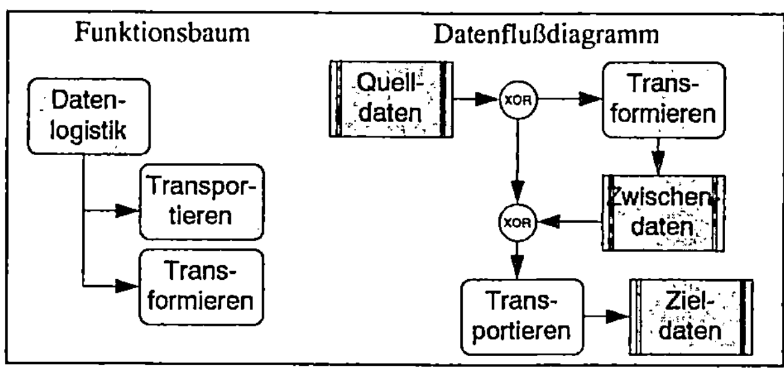

Abb. 4-21: Hauptfunktionen der Datenlogistik

Der Transport der Daten ist vor allem von der gegebenen Infrastruktur (Netze, Betriebssystem, Datenbanksystem, Middleware) abhängig, während die Transformation mit logischen (Datenmodelle) und technologischen (Datenformate) Strukturen im Zusammenhang steht. Neben der Verwendung von Middleware existieren für den Transport der Daten auch einfachere Möglichkeiten. Zwischen RDBMS sorgen sogenannte Datenbank-Links in homogenen Datenbankarchitekturen für eine einfache Verfügbarkeit von Datenobjekten aus Fremdsystemen. Bei grundsätzlich verschiedener Art der Datenhaltung können über eine Download-Funktion Daten zunächst in eine standardisierte, allgemein verwendbare Form überführt werden, um auf Empfängerseite über eine Upload-Funktion das spezielle Format des Zielsystems anzunehmen.

Transformations- und Transportfunktionen werden in der Input- und Output-Komponente einer Data Warehouse-Lösung ausgeführt und stellen das Bindeglied zwischen den integrierten Daten in der Data Warehouse-Datenbank und den verteilten Daten der Anwendungssysteme dar. *Abb. 4-22* zeigt die Beziehungen beider Informationssystemebenen (→2.1.3.1) zur zentralen Data Warehouse-Lösung. Die Datenflüsse zwischen den dezentralen Anwendungssystemen und der zentralen Data Warehouse-Lösung sind unabhängig von der Art des Systems bidirektional und nicht - wie klassischerweise im Data Warehouse-Konzept - unidirektional von den operativen Anwendungssystemen zu den MSS.

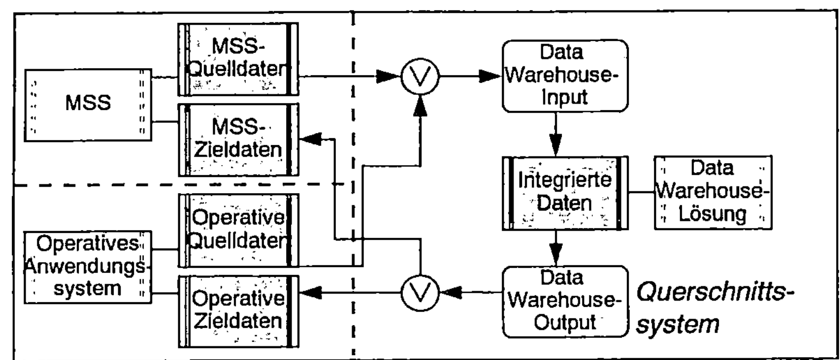

Abb. 4-22: Datenflüsse zwischen Informationssystemebenen

Ablaufsicht

Für Datenlogistikprozesse zwischen Anwendungssystemen sind Regeln zu definieren, nach denen die Interaktionen erfolgen. Aus ablauforientierter Sicht handelt es sich dabei um Workflows (→*3.5.3.2*). Für die Beschaffung und Verteilung der Daten in einer Data Warehouse-Lösung ist daher ein Workflowmanagement für die Steuerung von Datenlogistikfunktionen einzelner Data Warehouse-Komponenten sowie der Quell- und Zielsysteme erforderlich (*Abb. 4-23*). Für die Input-Komponente sind bspw. die Extraktion der Daten aus den Quellsystemen zu definierten Zeitpunkten und die Steuerung abhängiger Datentransformationen (z.B. Aggregation) zu übernehmen. Die Output-Komponente muß ereignisorientiert auf Datenanforderungen der Zielsysteme reagieren und Daten differenziert freigeben und verteilen.

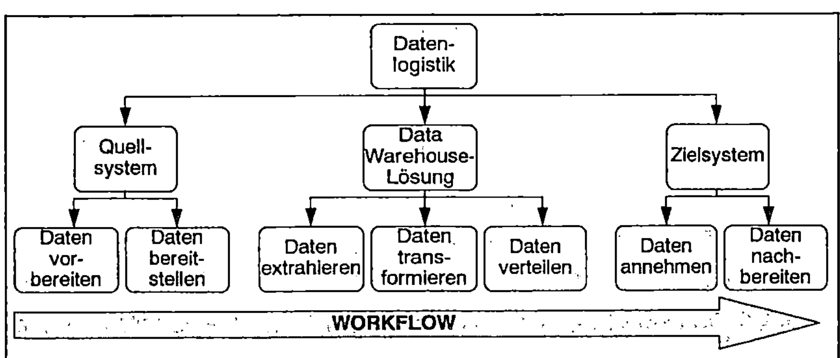

Abb. 4-23: Anordnung der Datenlogistikfunktionen in einem Workflow

Die Data Warehouse-Lösung als zentraler Manager der Datenlogistikprozesse zwischen Quell- und Zielsystemen stellt die Verbindung zwischen den Anwendungssystemen her. Für die Datenaktualisierung der Zielsysteme aus den Quellsystemen gibt es aus Steuerungssicht zwei grundsätzliche Alternativen:

- *Zyklische Aktualisierung*: Datenextraktion (Datenbeschaffung) aus den Quellsystemen und Datenverteilung (Datenabsatz) an die Zielsysteme sind getrennt. Der Übernahmezyklus bzw. die Übernahmezeitpunkte müssen frei wählbar sein (Minuten, Tage, Monate).

- *Auf Anforderung*: Datenextraktion und Datenverteilung sind über einen Workflow gekoppelt. Das Zielsystem ist verantwortlich für die Initiierung der Datenbereitstellung.

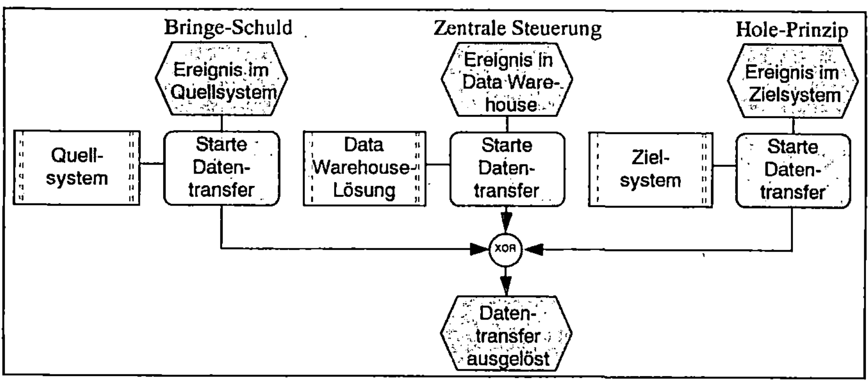

Abb. 4-24: Alternativen der Steuerung des Datentransfers

Die Steuerung der Workflows, d.h. das Workflowmanagement kann grundsätzlich von verschiedenen Anwendungssystemen übernommen werden (*Abb. 4-24*):

- *Zielsystem (Hole-Prinzip)*: Der Datenempfänger ist dafür zuständig, bei Bedarf die benötigten Daten anzufordern und über die zentrale Data Warehouse-Lösung vom Quellsystem zu holen.

- *Quellsystem (Bringe-Schuld)*: Wird in einem Anwendungssystem ein neues Datenobjekt angelegt, ist es dafür verantwortlich, dieses an andere Anwendungssysteme über eine zentrale Data Warehouse-Lösung weiterzugeben.

- *Data Warehouse-Lösung (zentrale Koordination)*: Die zentrale Data Warehouse-Lösung steuert anhand definierter Ablaufregeln die Datenflüsse zwischen den Anwendungssystemen.

Im Zusammenhang mit diesen Steuerungsalternativen ist auch die Übergabe der Ablaufkontrolle zwischen den Anwendungssystemen zu regeln. Dazu können entweder Mechanismen einer separaten bzw. in die Data Warehouse-Lösung integrierten Workflowmanagementkomponente genutzt werden oder die Anwendungssysteme besitzen eigene Möglichkeiten der ereignisorientierten Ablaufsteuerung, z.B. Trigger und Stored Procedures in RDBMS.

Im Zusammenhang mit der Input-Komponente werden für die Extraktion konkrete Varianten der Ablaufsteuerung erläutert (→*4.3.3.2.1*), die prinzipiell auch für die Output-Komponente zutreffen

4.3.3.2 Input

Die Schnittstelle zwischen den Quellsystemen und der Data Warehouse-Lösung bilden Extraktions- und Transformationsprogramme. Deren Aufgabe besteht in der Extraktion und Integration von Daten aus unternehmensinternen und -externen Datenquellen. Aufgrund des dezentralen Informationssystems in vielen Unternehmen und der resultierenden fehlenden Kontrolle über verteilt gespeicherte Daten (→*3.2.1*, →*3.2.4*) wird die Extraktion der Daten zu einem komplexen und komplizierten Vorgang (vgl. dazu weiterführend [Remu97a, 76]).

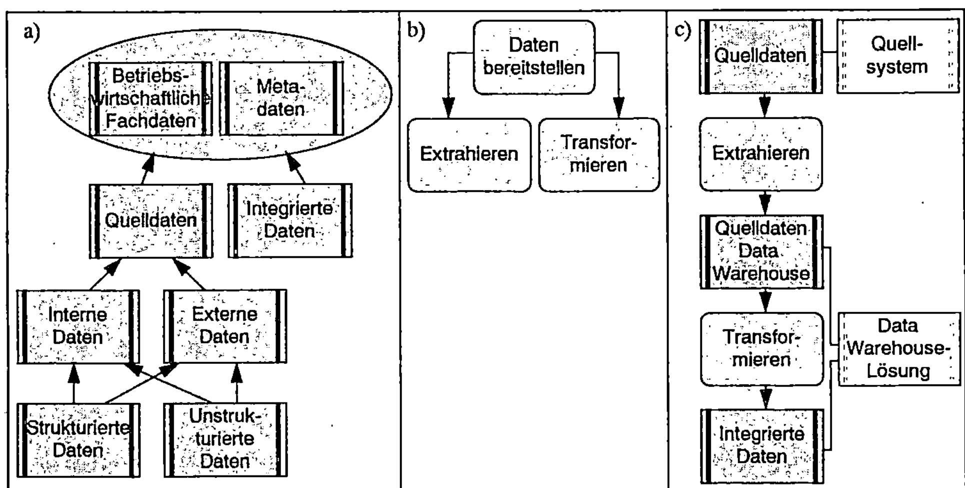

Abb. 4-25: Datencluster und Funktionen der Input-Komponente

Abb. 4-25 a) strukturiert ausgehend von der generellen Unterteilung in *3.6.2.1* die für die Input-Komponente relevanten Daten. Dabei sind die integrierten Daten das Ergebnis der von der Input-Komponente ausgeführten Datenbereitstellung in Form von Extraktions- und Transformationsfunktionen (*Abb. 4-25 b) und c)*). Da die Extraktion die Quelldaten nicht verändert, sondern lediglich vom Quellsystem in die Data Warehouse-Lösung transportiert (repliziert), werden Quelldaten des Quellsystem und der Data Warehouse-Lösung differenziert (*Abb. 4-25 c)*).

Extraktions- und Transformationsfunktionalitäten sind nicht zwangsläufig an die zentrale Data Warehouse-Lösung gebunden, sondern können auch von Quellsystemen als Datenlieferanten ausgeführt werden (vgl. dazu weiterführend objektorientierte Prinzipien, →*5.3*). Bei der folgenden Detaillierung notwendiger datenlogistischer Aufgaben wird die Funktionalität unabhängig von ihrer Zuordnung zu vorhandenen Anwendungssystemen oder der zentralen Data Warehouse-Lösung allgemein beschrieben.

4.3.3.2.1 Extraktion

Aufgabe der Extraktion ist es, die Daten aus den internen und externen Datenquellen herauszulesen und für die Weiterverarbeitung in der Data Warehouse-Lösung zur Verfügung zu stellen. Dies entspricht im einfachsten Fall einer Replikation der Quelldaten in die Data Warehouse-Datenbank. Die Extraktion ist jedoch i.d.R. bereits mit ersten Transformationsfunktionen (z.B. Filterung zu übernehmender Daten) gekoppelt.

Datenstrukturen

Für die Datengewinnung sind folgende, zumeist mit der Heterogenität der Quelldatenbanken im Zusammenhang stehende Aspekte relevant (→*3.1.3*, →*3.2.1.3*):

- ***Unterschiedliche logische Datenformate:*** Relationale Datenbanksysteme sind in Unternehmen mit einem Anteil von unter 20 Prozent verbreitet [Jenz95, 20]. Daneben existieren vor allem hierarchische Datenbanken und Netzwerkdatenbanken [Maur95, 45]. Dies bedeutet für die Extraktion, daß Metadaten unterschiedlichster Datenmodelle ausgewertet und vereinheitlicht werden müssen.

- ***Unterschiedliche physische Datenformate:*** Die Extraktion muß das Laden von Daten mit unterschiedlichen Datenformaten unterstützen [Bulo95, 97]. Dazu zählen neben Datenbanksystemen auch dateiorientierte Systeme mit entsprechender Datenhaltung (z.B. ASCII, VSAM).

- ***Unterschiedlicher Grad der Strukturiertheit:*** Externe Daten, wie Finanzstatistiken, Wettbewerbs- und Wirtschaftsdaten, sind für marktorientierte Unternehmen von großer Bedeutung [Kell94, 33] und liegen in der Regel in unstrukturierter Form vor. Diese unstrukturierten Daten können entweder in ihrer originalen Form zur Verfügung gestellt oder aber in einer strukturierteren Form mit anderen Daten verknüpft werden.

Die Quelldaten unterliegen in bezug auf Inhalte und Struktur (Metadaten) einer ständigen Änderung. Eine Automatisierung der Extraktion ist nur dann möglich, wenn die Extraktionsfunktionen von dieser Dynamik weitestgehend entkoppelt sind und notwendige Anpassungen der Funktionen eingeschränkt werden können (Kapselung, →*5.2.3.2*).

Datenflüsse

Grundsätzliche Alternativen für die Datenbereitstellung aus Quellsystemen sind inkrementelle oder vollständige Aktualisierungen:

- Bei der ***inkrementellen Aktualisierung*** (incremental refresh) wird der vollständige Datenbestand ***einmal*** vom Quellsystem in die Data Warehouse-

Datenbank transferiert. Danach werden nur noch Änderungen und Erweiterungen der Daten übernommen. Vorteil sind geringere Ladezeiten und die Unabhängigkeit und Unveränderlichkeit einmal übernommener Daten. Probleme bereiten die Identifizierung der Änderungen an den Quelldaten und die konsistente Einarbeitung von geänderten Quelldaten in die konsolidierte Datenbank unter Berücksichtigung historischer Daten. Durch fehlerhafte inkrementelle Aktualisierung können Inkonsistenzen zwischen den Datenbeständen im Quellsystem und in der Data Warehouse-Lösung entstehen.

□ Bei der *vollständigen Übernahme* (full refresh) werden die Data Warehouse-Daten bei jedem Transfer vollständig mit den aktuellen Quelldaten überschrieben. Ausgenommen sind Daten, die nur in der Data Warehouse-Lösung archiviert und im Quellsystem bereits gelöscht sind. Bei der vollständigen Übernahme kehren sich Vor- und Nachteile gegenüber der inkrementellen Aktualisierung um.

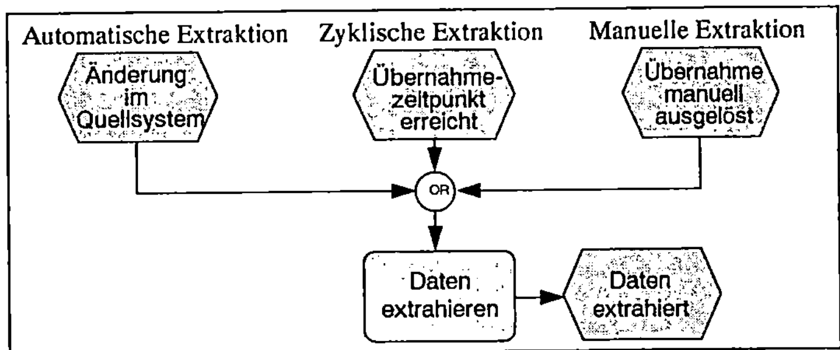

Abb. 4-26: Alternativen für die ereignisorientierte Steuerung der Extraktion

Steuerflüsse

Mit der Extraktion ist eine Ablauflogik für Datentransfers zwischen Quellsystem und Data Warehouse-Lösung verbunden (Ablaufsicht). Alternativen für die Steuerung des Datentransfers sind in *Abb. 4-26* abgebildet. Bei der *automatischen Extraktion* ist der Datentransfer an Veränderungen (Ereignisse) im Quellsystem gebunden und kann so von den maschinellen Aufgabenträgern automatisiert ausgeführt werden. Dagegen steuern bei der *manuellen Extraktion* personelle Aufgabenträger den Datentransfer. *Zyklische Übernahmen* werden in definierten zeitlichen Abständen bzw. zu bestimmten Zeitpunkten ausgeführt. Zu beachten sind dabei u.a. die Belastung des Quellsystems (z.B. bei stündlichen Übernahmen) und die Stabilität von Auswertungen, wenn die der Analyse zugrunde liegenden Daten periodisch überschrieben werden. In Zusammenhang mit dem oben vorgestellten inkrementellen Verfahren wird unterschieden zwischen:

□ Asynchroner Aktualisierung für zyklische Extraktionen und

□ Synchroner Aktualisierung für automatische Extraktionen [Sapi98, 8]:

Die Datenaktualisierungen in Quellsystemen und Data Warehouse-Lösung erfolgen in einer Transaktion. Dies setzt die ständige physische Verbindung zwischen beiden Systemen voraus (z.B. über ein Netzwerk) und kann u.U. zu Blockaden des Quellsystems führen. Die Aktualität der Data Warehouse-Datenbank ist dadurch sehr hoch.

Es sind somit für jeden Datenfluß folgende Entscheidungen zu treffen:

❑ Sind Datentransfers an Ereignisse im Quellsystem oder der Data Warehouse-Lösung gebunden?

❑ Sind das Quellsystem, die Data Warehouse-Lösung oder beide für die Steuerung des Datentransfers verantwortlich?

❑ Wie wird die diesbezügliche Kommunikation zwischen Quellsystem und Data Warehouse-Lösung realisiert?

Varianten für die Ablauflogik der Extraktion sind u.a. abhängig von:

❑ der IT-Infrastruktur:

   ○ Zugriffsmöglichkeiten auf Datenquellen (Kommunikationskanäle),

   ○ Verfügbarkeit von Datenquellen,

   ○ externe Steuerungsmöglichkeiten der Datenquellen,

   ○ Identifikation von Änderungen in den Datenquellen,

❑ Anforderungen der Anwender:

   ○ Aktualität der Daten,

   ○ Möglichkeiten der zeitweisen Sperre von Quellsystemen und Data Warehouse-Lösung.

Die zusammenfaßte Umsetzung von Daten- und Steuerflüssen der Extraktion in einer Data Warehouse-Lösung führt zur Integration von Datenlogistikprozessen und zur Bündelung von Anwendungssystemschnittstellen in der Extraktionskomponente. Eine auf den Datenlogistikprozessen basierende integrierte Datenbank nimmt die extrahierten Daten auf (→*3.4.2*).

Weiterführend wird die geeignete Gestaltung von Daten- und Steuerflüssen im Zusammenhang mit der Kopplung von Anwendungssystemen nach objektorientierten Prinzipien untersucht (→*5.3*).

4.3.3.2.2 Transformation

Logistikprozesse repräsentieren nur räumlich-zeitliche Transformationen von Gütern (→*3.3.2*), während in den Datenlogistikprozessen die Daten oft in verschiedener Art und Weise (*Abb. 4-27*) zu verändern sind. Für die Datenlogistik relevante Transformationsfunktionen gehen daher über die klassische Logistikfunktionalität hinaus. Die aus verschiedenen Datenquellen extrahierten Daten müssen in die integrierte Data Warehouse-Datenbank überführt werden, was eine Reihe von Transformationsfunktionen voraussetzt. Es können folgende Schwerpunktaufgaben unterschieden werden (*Abb. 4-27*):

- Formatierung von Daten

  Daten aus Dateien, z.B. im ASCII-Format, sind in ein einheitliches Datenbankformat zu überführen. Auch verschiedene Datenbankformate, z.B. mit unterschiedlichen Dezimaltrennzeichen, müssen u.U. vereinheitlicht werden.

- Konvertierung von Daten

  Unterschiedliche Datentypen können eine Datenkonvertierung erfordern, bspw. wenn in einem Datenbanksystem ein Datentyp für Textfelder beliebiger Länge existiert, der in Felder begrenzter Länge umzuwandeln ist.

- Standardisierung von Daten

  Auch bei gleicher Systemplattform und gleicher Art der Datenablage (z.B. in einem RDBMS) existieren häufig inkompatible Datenmodelle, die zu Interpretations- und Beschreibungsunterschieden der Daten führen (→*3.2.4*). Auf Basis einer einheitlichen Begriffswelt müssen diese Daten z.B. mit einheitlichen Schlüsseln versehen werden. Hilfestellung können hier unternehmensweite Datenmodelle leisten (vgl. dazu auch [Schr96, 83 ff.]).

- Bereinigung der Daten (Data Cleansing)

  Die Beseitigung von Inkonsistenzen zwischen verschiedenen Quelldaten, die Prüfung von Plausibilitäten oder die Vervollständigung von Zeitreihen sind Aufgaben der Datenbereinigung.

- Filterung der Daten

  Der Bedarf der Zielsysteme (z.B. MSS) bestimmt, welche Daten in die Data Warehouse-Lösung übernommen werden. Parameter sind u.a. der Detaillierungsgrad der Daten und der Betrachtungszeitraum.

- Kombination von Daten

  Daten aus unterschiedlichen Quellsystemen können miteinander kombiniert und zu Ergebnisdaten verbunden werden (z.B. Verknüpfung von Umsatzdaten aus dem Vertriebssystem und Aufwandsdaten aus dem Beschaffungssystem zu Ergebnisdaten).

- Aggregation und Verdichtung von Daten

  Für Analysezwecke sind Daten zu managementrelevanten Informationen zu verdichten, in unterschiedlichen Aggregationsstufen (z.B. Produktvariante - Produkt - Produktgruppe) in der Datenbank abzulegen und für Auswertungen zur Verfügung zu stellen.

- Zusammenstellung von Daten

Aus zu verschiedenen Zeitpunkten ausgeführten regelmäßigen Extraktions-
prozessen sind Daten zu einer Historie oder Zeitreihe zusammenzufassen.

Die drei letztgenannten Funktionen der Datenweiterverarbeitung ...

❑ ...setzen die fünf erstgenannten Integrationsfunktionen voraus,

❑ ...bauen auf den integrierten Daten auf,

❑ ...ergeben sich aus den Anforderungen der Zielsysteme und

❑ ...verdeutlichen den Zusammenhang mit Transformationsfunktionen der
    Output-Komponente (→*4.3.3.4*).

Zu den Transformationsfunktionen sind Metadaten als Grundlage für die spätere
automatische Ausführung abzulegen. Die für die Erstellung der Transformationsprogramme notwendigen Programmierwerkzeuge müssen mächtig genug sein, um
komplexe Transformationsalgorithmen mit den in *Abb. 4-27* beschriebenen
grundsätzlichen Funktionen abzubilden. Die von Datenbank-Anfragesprachen,
wie SQL, zur Verfügung gestellte Funktionalität reicht dazu oft nicht aus.

Betriebswirtschaftliche Daten werden an einigen Stellen zu Metadaten. Produkt-
gruppen sind aus betriebswirtschaftlicher Sicht fachliche Eigenschaften von
Produkten und gleichzeitig Metadaten für die Datenverdichtung in der Data
Warehouse-Lösung und die Navigation im MSS.

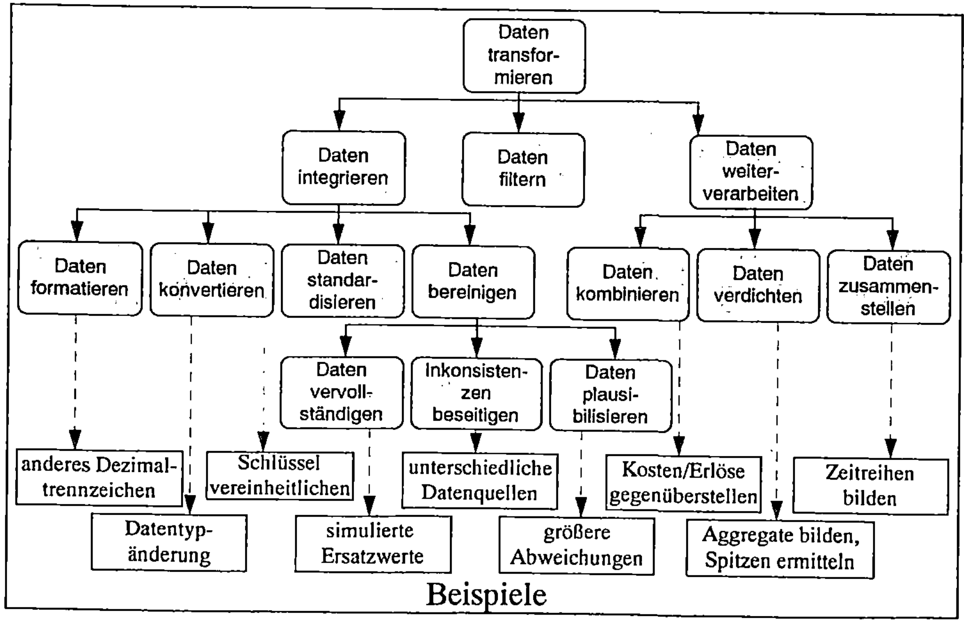

Abb. 4-27: Transformationsfunktionen

4.3.3.3 Speicherung in der Data Warehouse-Datenbank

Die Datenbank stellt den Kern einer Data Warehouse-Lösung dar. Die über die Input-Komponente gewonnenen und transformierten Daten müssen in der Data Warehouse-Datenbank in geeigneter Form gespeichert werden. Im Zusammenhang mit der Datenhaltung wird oft die physische Ablage großer Datenmengen diskutiert, was jedoch nicht Gegenstand der folgenden Betrachtungen sein soll und u.a. in [Grim96, 104 ff.] nachgelesen werden kann.

Datenorganisation

In der Data Warehouse-Datenbank sind folgende Daten zu verwalten (→*3.6.2.2*):

- Quelldaten: Originaldaten aus den Quellsystemen (extern und intern),

- integrierte Daten: konsolidierte, zusammengefaßte Daten,

- Zieldaten: kombinierte und abgeleitete Daten für bestimmte Zwecke und spezielle Zielsysteme.

Die letzten beiden Kategorien stellen den informationellen Mehrwert der Data Warehouse-Lösung dar. Das Datenmodell einer Data Warehouse-Lösung ist komplexer und umfangreicher als das operativer Anwendungssysteme und auf die datenlogistische Funktionalität ausgerichtet. Es besteht dabei ein Spannungsfeld zwischen:

- einer homogenen Speicherung der umfangreichen integrierten Datenbestände, um die Administration durch standardisierte Metadaten zu vereinfachen und

- einer zielorientierten, differenzierten Abbildung der Daten, um auf der einen Seite die Lieferung zu erleichtern (Input) und auf der anderen Seite die Nutzung der Daten optimal zu unterstützen (Output).

Ein mögliche Lösung dieses Problems ist die Partitionierung (oder auch Fragmentierung), bei der die Data Warehouse-Datenbank in mehrere selbständige und redundanzfreie Datenbestände (Partitionen) aufgeteilt wird. Diese kleineren Teilbereiche sind physisch (Indizierung, Datensicherung, Reorganisation) und logisch (Administration, Modellerweiterung) leichter zu handhaben. Die Partitionierung wird durch technische oder betriebswirtschaftliche Eigenschaften bestimmt. Allerdings erfordert die Partitionierung der Data Warehouse-Datenbank:

- selektive Übernahmen aus den Quellsystemen für jede Partition (Input),

- differenzierte Datenmodelle für die einzelnen Partitionen und deren Verknüpfung (Speicherung),

- kompliziertere Vorgehensweisen bei der Nutzung der Daten, wenn Daten aus mehreren Partitionen zu beschaffen sind (Output).

Generell ist eine (zumindest logische) Trennung zwischen Schnittstellendaten auf Input- und Output-Seite und einem konsolidierten, systemunabhängigen Datenbestand sinnvoll.

Weitere Gestaltungsparameter der Datenhaltung sind:

- die Entscheidung zwischen relationalen und multidimensionalen Datenstrukturen bzw. Datenbanken (vgl. weiterführend *4.5.2*),

- die Verteilung der Datenbanken in verschiedenen Anwendungssystemen (vgl. dazu Organisationsformen, *→3.6.3*),

- Art und Umfang der Archivierung.

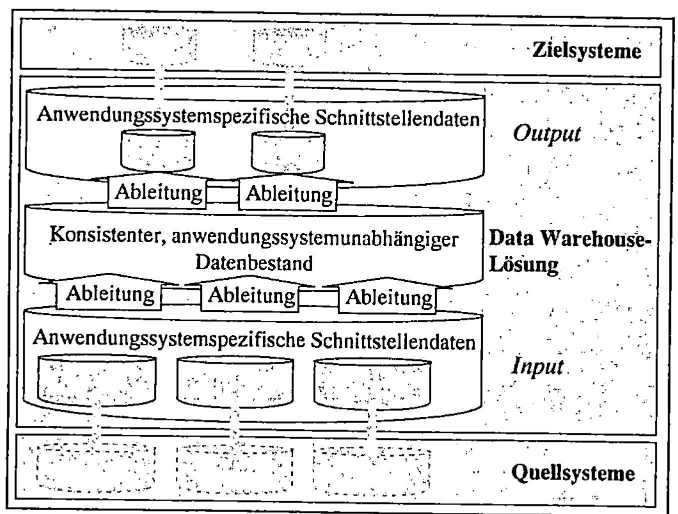

Abb. 4-28: Ableitungsebenen

Verbindung anwendungssystemspezifischer und integrierter Daten

Die beschriebene Partitionierung der Data Warehouse-Datenbank führt dazu, daß Teildatenmodelle der verteilten Anwendungssystemobjekte auf Quell- und Zielseite und integrierte Datenmodelle nebeneinander existieren müssen. Innerhalb einer zentralen Data Warehouse-Lösung kann der Zusammenhang zwischen beiden Kategorien über zwei Ableitungsschritte hergestellt werden (*Abb. 4-28*). In der *Input-Komponente* erfolgt zunächst durch Replikation eine redundante Ablage der Quelldaten. Die Datenstrukturen dieser Komponente werden von den Datenmodellen der Quellsysteme bestimmt. Die Daten der *Output-Komponente* werden im Zusammenhang mit den Zielsystemen analog behandelt. Die Verbindung zwischen Input- und Output-Schnittstelle wird über einen konsistenten, anwendungssystemunabhängigen Datenbestand auf der Basis eines anwendungssystemübergreifenden Datenmodells realisiert. Grundlage der

Ableitungsregeln zwischen den drei Schichten sind Abbildungsvorschriften zwischen teilsystemspezifischen und -übergreifenden Datenmodellen.

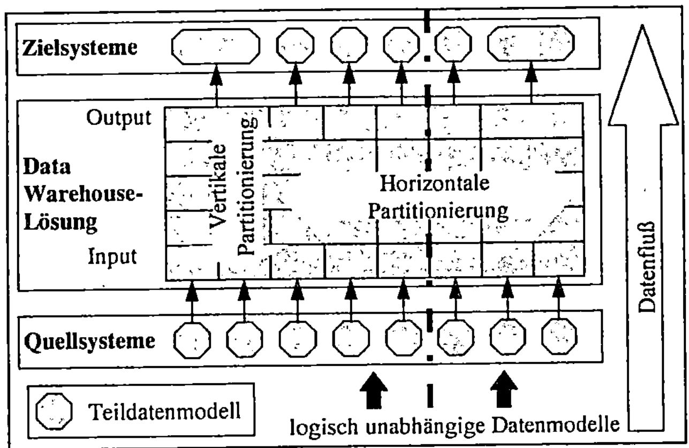

Abb. 4-29: Partitionierung von Schnittstellendaten und integrierten Daten

Abb. 4-29 charakterisiert die notwendigen Abbildungsschritte zwischen den Datenmodellen der Quell- und Zielsysteme. Auf Input- und Output-Seite der Data Warehouse-Lösung entsprechen die Teildatenmodelle den Modellen der angekoppelten Anwendungssysteme. Diese werden auf Input-Seite zusammengeführt und auf Zielseite wieder differenziert. Zielfunktion der diesbezüglichen vertikalen (Anzahl der Abbildungsschritte) und horizontalen (Anzahl der nebeneinander stehenden Teildatenmodelle) Partitionierung sollte eine größtmögliche Separierung von Teilmodellen sein. Je mehr Verknüpfungen zwischen den einzelnen Datenclustern bestehen, desto komplexer ist das Gesamtmodell. Je geringer die Kopplung zwischen den einzelnen Schnittstellendaten ist, desto mehr entfernt man sich von der Forderung nach unternehmensweiten Datenmodellen, die oftmals ohnehin nicht zu erfüllen ist (→*2.3.1.3*). Im Beispiel in *Abb. 4-29* können zumindest zwei Partitionen völlig unabhängig voneinander behandelt werden (dargestellt durch die Strich-Punkt-Linie), da kein Zusammenhang zwischen den Datenclustern herzustellen ist.

4.3.3.4 Output

Die Output-Komponente dient wie die Input-Komponente der Integration von Datenlogistikprozessen. Die in der Data Warehouse-Lösung verfügbaren Daten werden über die Output-Komponente einer konkreten Verwendung in den Zielsystemen zugeführt. Dies beinhaltet:

- die Aufbereitung der Daten entsprechend den Erfordernissen der Zielsysteme (Transformation),
- die Übergabe der Daten an die Zielsysteme (Verteilung) und

❑ die Nutzung der Daten in den Zielsystemen.

Ausgangspunkt für die Strukturierung relevanter Datencluster in *Abb. 4-30 a)* ist wiederum Abschnitt *3.6.2.2.* Kombinierte Daten sind Ergebnis der Verknüpfung verschiedener Quelldaten, z.B. die Gegenüberstellung von Umsatzentwicklung (interne Daten) und Entwicklung des Martkvolumens (externe Daten). Abgeleitete Daten entstehen als Resultat von Aggregationen oder anderer mathematischer Operationen, z.B. statistischer Funktionen. Die Zieldaten sind je nach Empfänger-system operative Daten (horizontale Integration) oder für MSS aufbereitete analytische Daten (vertikale Integration) und korrespondieren mit den Integrationsrichtungen der Datenlogistik (→*3.4.2.1*).

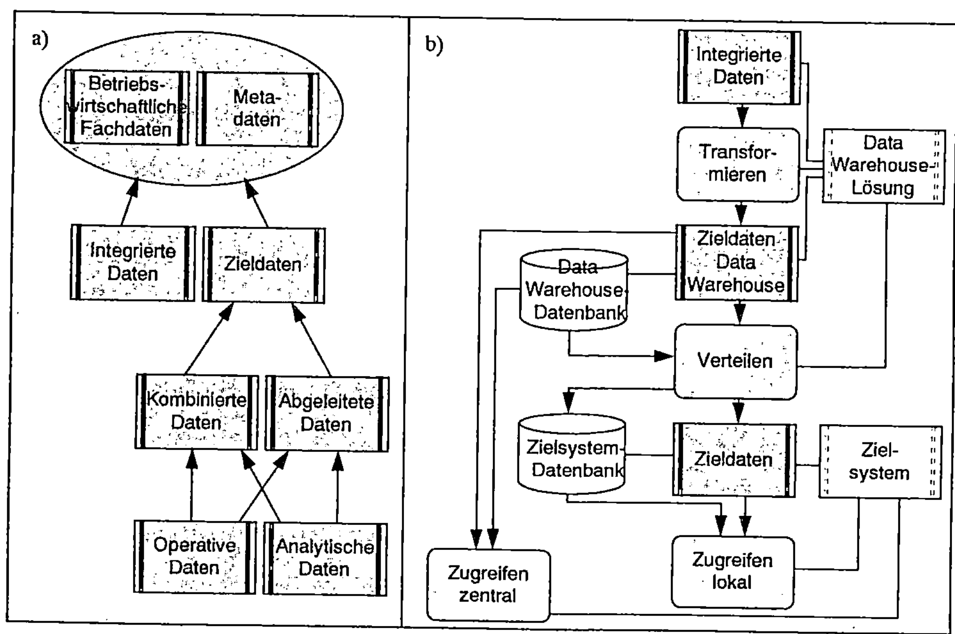

Abb. 4-30: Datencluster und Funktionen der Output-Komponente

Die Output-Komponente baut auf den integrierten Daten in der Data Warehouse-Datenbank auf *(Abb. 4-30 b))*. Diese werden über Transformationsfunktionen an die Anforderungen der Zielsysteme angepaßt. Ein Beispiel dafür ist die Bereitstellung der Daten in multidimensionaler Form für ein OLAP-Werkzeug (vgl. dazu weiterführend *4.5.2*). Für die Nutzung der Daten in einem Zielsystem sind in *Abb. 4-30 b)* zwei grundsätzliche Möglichkeiten dargestellt:

❑ Das Zielsystem, z.B. ein MSS, besitzt keine eigene Datenbank. Die Nutzer arbeiten dann direkt mit der Data Warehouse-Datenbank (Funktion *Zugreifen zentral*).

❑ Die Daten werden von der Data Warehouse-Lösung an ein nachgelagertes separates Anwendungssystem weitergegeben und die Nutzer arbeiten mit der von der Data Warehouse-Lösung unabhängigen Datenbank des Anwendungssystems (Funktion *Zugreifen lokal*).

Zumindest logisch sollte eine Trennung zwischen datenlogistischer Funktionalität und Datenauswertefunktionen vorgenommen werden (→*3.6.1.2*). Mit dieser Separierung ist auf der Output-Seite die gleiche Konstellation wie bei der Input-Komponente gegeben. Die Handhabung der Schnittstellen zu den Zielsystemen gleicht der Kopplung mit den Quellsystemen auf der Input-Seite (→*4.3.3.2*). Daten- und Steuerflüsse sind dann ähnlich zu gestalten, nur daß die Data Warehouse-Lösung nicht als Datenempfänger, sondern als Datenlieferant fungiert. Die Verteilung der Daten steht anlog zur Extraktion mit der Problematik der physischen und logischen Heterogenität der Anwendungssysteme im Zusammenhang. Verschiedene Hardwareplattformen, Betriebssysteme und Datenbanken (→*3.6.2.4*) sowie an die Datenverwendung gebundene Datenmodelle erschweren auch die Datenverteilung. Auf der logischen Ebene können Metadaten (→*3.5.3.5*) Unterstützung leisten.

4.4 Datenauswertung

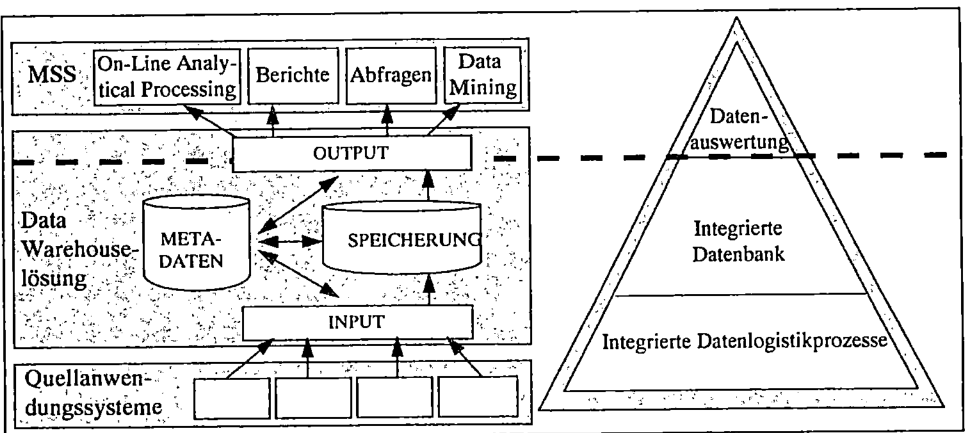

Abb. 4-31: Einordnung der Datenauswertung

4.4.1 Zusammenhang zwischen Datenlogistik und Datenauswertung

Das zentrale Management der Datenlogistik und die damit verbundene Integration der Daten in einer Data Warehouse-Lösung ist Grundlage für die Datenauswertung in MSS und ermöglicht die vertikale Integration von Anwendungssystemen (*Abb. 4-31, →3.4.2.1, →3.6.1*). Ein wesentliches Nutzenspotential der Data Warehouse-Lösung besteht demnach in der zielorientierten Auswertung der erschlossenen Datenbestände. Bisher wurde die Datenauswertung bewußt nicht betrachtet, um das logistische Problem separat darzustellen.

In *Abb. 4-32* ist das Zusammenwirken von Datenlogistik und Datenauswertung dargestellt. Die Informationslogistik (→*3.3.1*) unterstützt die Informationsversorgung betrieblicher Aufgabenträger in Geschäftsprozessen. Grundlage der Informationslogistik sind Datenlogistik und Datenauswertung. Während die Datenlogistik der Kommunikation zwischen maschinellen Aufgabenträgern dient, besteht die Aufgabe der Datenauswertung darin, das Datenmaterial für die Unterstützung personeller Aufgabenträger zu aussagekräftigen Informationen aufzubereiten. Dies unterstreicht den Zwillingscharakter und die gegenseitige Abhängigkeit von Information und Kommunikation (→*2.1.1.5*).

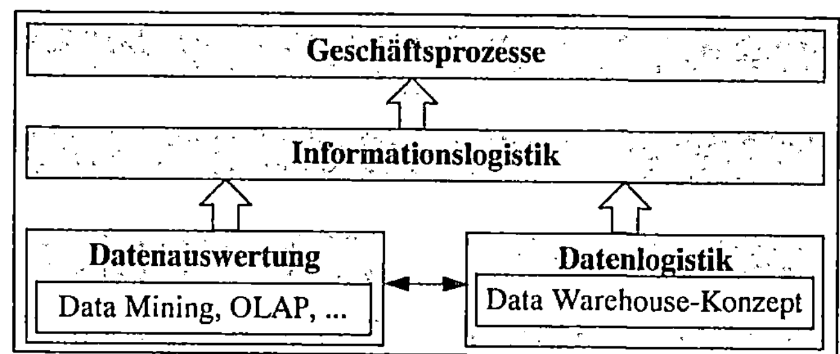

Abb. 4-32: Zusammenhang zwischen Datenlogistik und Datenauswertung

4.4.2 Klassifikation von Anwendungssystemen

Für die Managementunterstützung ist zumeist ein Portfolio verschiedener Werkzeuge vorzusehen. Bestimmte Managementaufgaben erfordern spezielle Arten der Datenauswertung, weshalb in einem Unternehmen Werkzeuge entsprechend der zu unterstützenden Aufgaben modular zu einem MSS zusammengesetzt werden sollten (vgl. dazu weiterführend *5.3.3.4*). Die folgenden Klassifikationen können als Referenz für die Auswahl von Werkzeugen genutzt werden. Häufig werden Anwendungssysteme nach der Art der Datenauswertung klassifiziert (vgl. z.B. [Mart96, 10; Bage97, 286 ff.]). Für die geeignete Auswahl einer Werkzeugklasse sind je nach Zielstellung weitere Parameter zu berücksichtigen:

- Art der Datenhaltung,

- Benutzergruppen und entsprechend vorgesehene Benutzeroberflächen,

- Ziel und Zweck der Datenauswertung,

- Art der zu präsentierenden Informationen,

- Möglichkeiten zur Erstellung des Anwendungssystems.

Art der Auswertung

Die Eigenschaften der bereits vorgestellten Arten der Datenauswertung lassen sich folgendermaßen charakterisieren und weiter differenzieren [Löbe97, 32]:

□ **Ad-hoc-Anfragen**

Ad-hoc-Anfragen bieten für geschulte Nutzer mächtige Funktionen für den Zugriff auf eine Datenbank. Sie sind aufgrund ihrer einfachen Struktur für einen breiten Einsatz im Unternehmen geeignet.

□ **Managed Query**

Mit Managed Queries werden Nutzer durch semantische Unterstützung zu komplexen Anfragen befähigt. Ermöglicht wird dies durch eine Datenabstraktionsschicht [Mart96, 10 ff.]. Diese besteht aus einem Informationskatalog mit vordefinierten Daten- und Datenzugangs-Objekten für die Erstellung von Anfragen, mit denen „naive" Anwender umgehen können.

□ **Reporting, Berichte (Standardauswertungen)**

Wie Ad-hoc-Anfragen bzw. Managed Queries sind Berichtsfunktionen eine einfache Möglichkeit, Daten aus einer Datenbank zu extrahieren. Die Anfragen sind hier vordefiniert, so daß die Nutzung vorgefertigter Berichte keine speziellen Kenntnisse des Anwenders voraussetzt.

□ **OLAP**

OLAP (On-Line Analytical Processing) dient der flexiblen Analyse von Unternehmenskennzahlen (vgl. weiterführend [Codd94; Jahn96, 321]).

□ **Data Mining und klassische Statistik**

Während OLAP von Hypothesen und Anfragen und damit von Fähigkeiten des Menschen abhängig ist, ist Data Mining eher im Bereich der Künstlichen Intelligenz (KI) anzusiedeln. Gegenstand ist die Suche nach unbekannten Mustern und damit versteckten Informationen. [BiHa93, 48; FPS96, 1-34; Nimi96, 8 f.]

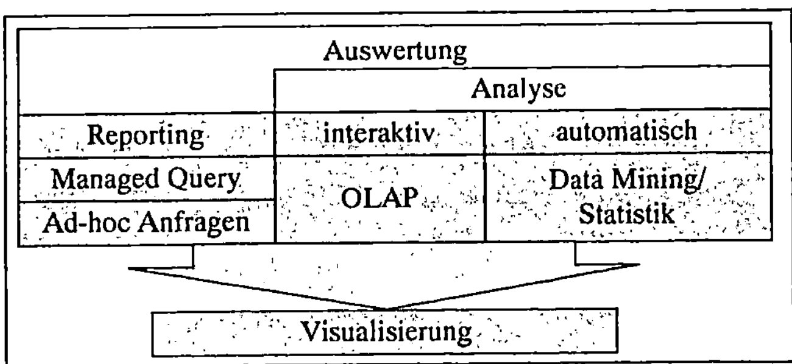

Abb. 4-33: Arten der Datenauswertung

□ *Daten Visualisierung*

> Alle Ergebnisse der Anfrage-, Auswerte- und Analyseprozesse müssen in geeigneter Form präsentiert werden. Zur anschaulichen Visualisierung der Daten bieten sich insbesondere Graphiken an.

In *Abb. 4-33* sind die Arten der Datenauswertung und deren Beziehungen zusammengefaßt.

Datenhaltung

Anwendungssysteme zur Datenauswertung können entweder direkt auf die integrierte Datenbank einer Data Warehouse-Lösung zugreifen oder aber eine eigene Datenhaltung besitzen. Kriterien, sowie Vor- und Nachteile entsprechender Lösungen wurden in *3.6.3* behandelt.

Ziele der Auswertung und Benutzergruppen

Die Zielgruppe für die Nutzung von Informationen ist sehr heterogen, da sie alle Hierarchieebenen des Unternehmens umfassen kann. In [BeMu96, 11 f] werden nach dem Aufgabengebiet folgende Benutzergruppen unterschieden:

□ *Executives* sind an Informationen über den Markt und die Positionierung des eigenen Unternehmens im Markt interessiert. Für Koordinations- und Steuerungsaufgaben benötigen sie Standard- und Ausnahmeberichte mit wichtigen Kennzahlen.

□ *Knowledge Worker* bereiten die Entscheidungen der Executives vor. Dies umfaßt die Beobachtung des Geschäfts, das Erkennen von Geschäftschancen und die Analyse relevanter Daten.

□ *Case Worker* sind im operativen Geschäft tätig. Sie verarbeiten Detailinformationen über die Geschäftsprozesse wie Kosten oder Verbrauch von Ressourcen.

Die Ansprüche verschiedener Nutzergruppen an die Oberfläche können stark divergieren. Dies ist auch durch die Frequenz der Nutzung (Erfahrungskurve) begründet. Der von einer Reihe von Werkzeuganbietern erhobene Anspruch, Endbenutzern unabhängig von ihren Fähigkeiten die Möglichkeit zu verschaffen, komplexe Analysen über komplexen Datenschemata zu erstellen, erweist sich in der Praxis oft als unrealistisch. Fachleute und Experten verlangen immer tiefer gehende Methoden und Werkzeuge für Analysen und Recherchen, was zu mehr Funktionalität und höherer Komplexität in der Handhabung führt [ClSe96c, 46]. Insbesondere besteht die Notwendigkeit, die nutzerspezifische Differenzierung und Spezialisierung der Funktionalität für einzelne Anwender über Metadaten zu verwalten. Während z.B. Manager einfache „Lesezeichen" nutzen, erhalten versierte Knowledge-Worker über komplexe Metadatenstrukturen schnellen und flexiblen Zugang zu den Daten.

Art der Information

In [ClSe96c, 45 f.] wird folgende Einteilung vorgeschlagen:

- Die **tabellarische Darstellung von Kennzahlen** erlaubt es, rasch einen Überblick über die Unternehmensentwicklung zu gewinnen und kritische Bereiche für eine Detailanalyse zu identifizieren. Kennzahlen werden oft als „one page memos" oder „Schwerpunktmemos" in Tabellenform mit relativ wenigen Spalten und Zeilen präsentiert.

- Einzelne Kennzahlen determinieren kritische Erfolgsfaktoren. Für diese können **Schwellwerte** definiert werden, bei denen das System automatisch alarmiert (Alarmserver, Frühwarnsystem).

- Kennzahlen können mit **Business-Graphiken** visualisiert werden (z.B. Ampelanalysen, Säulen- und Balkendiagramme, Portfoliodarstellungen).

- Viele Daten haben einen Bezug zu geographischen Regionen (z.B. Adressen von Kunden und Lieferanten über die Postleitzahlen, Telefonbesitzer über die Vorwahl, Fahrzeuge über die Kfz-Nummer). Ein geeigneter Zugang zu diesen Daten besteht über **geographische Karten** in Geographische Informationssystemen (GIS), in denen geographische Daten mit Daten anderer Ordnungskriterien, wie Umsatz, verknüpft werden. Diese Art der Darstellung dient der nutzerfreundlichen Darstellung variierender Strukturdaten, z.B. für Markforschung oder Verkaufsunterstützung.

- Oft liegen Informationen als **Bildobjekte** vor, z.B. gescannte Fotos, Berichte oder Entwurfszeichnungen, zu deren Verwaltung eine Bilddatenbank erforderlich ist.

- **Textdokumente** werden zumeist in Textverarbeitungsprogramm erstellt und sind ebenfalls in Datenbanken zu verwalten.

Diese Klassifikation ist insbesondere wichtig für die Datenmodellierung, da die einzelnen Informationsstrukturen die zugrunde liegenden Datenstrukturen stark beeinflussen.

Art der Erstellung des Anwendungssystems

Von der geforderten Auswertefunktionalität kann die Auswahl eines Analysewerkzeugs abhängen:

- Verwendung eines Standardprodukts,

- Anpassung (Konfiguration) eines vorhandenen Werkzeugs,

- Eigenentwicklung der Analyseanwendung.

Einflußfaktoren für eine diesbezügliche Entscheidung sind die Spezifika der Analyse, die Anforderungen der Nutzer, die Dynamik der funktionalen Eigenschaften, die resultierende Wartung des Werkzeugs und natürlich die Kosten.

4.4.3 Datenorganisation für Analysezwecke

4.4.3.1 Unternehmensweite Kennzahlenmodelle

Für die Datenanalyse ist oft eine unternehmensweite Sicht auf den Datenbestand notwendig, was entsprechende Modelle voraussetzt. Die Anforderungen an ein UDM unterscheiden sich je nach Aufgabenebene des Informationssystems (→*2.1.3.1*). Während auf der operativen Ebene die Entwicklung eines UDM in der Praxis oft gescheitert ist (→*2.3.1.3*), existieren für Analysezwecke im managementunterstützenden Teilsystem aufgrund anderer Zielstellungen und Charakteristika der Datenhaltung weitaus bessere Voraussetzungen für Unternehmensdatenmodelle (vgl. weiterführend *4.5.3*).

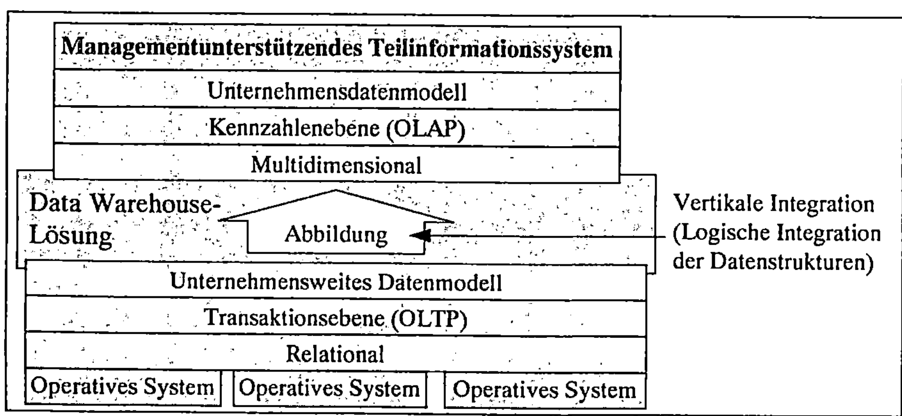

Abb. 4-34: Unternehmensdatenmodelle auf unterschiedlichen Ebenen

Ein UDM auf operativer Ebene basiert auf den operativen Anwendungssystemen und kann als Grundlage für ein Data Dictionary operativer Daten im Unternehmen genutzt werden *(Abb. 4-34)*. Das Unternehmensdatenmodell auf Kennzahlenebene repräsentiert für Analysezwecke eine multidimensionale Sicht auf die Gesamtheit der Informationen eines Unternehmens und stellt diese für MSS zur Verfügung *(Abb. 4-34)*. Das Unternehmensgeschäft ist durch geeignete betriebswirtschaftliche Modelle abzubilden und auf deren Basis zu bewerten [Baue96]. Dies führt zur Fragestellung, mit welchen Kennzahlen die Geschäftssituation beurteilt werden kann, zu deren Beantwortung ...

- ❑ ...Unternehmensziele zu definieren sind,

- ❑ ...Kennzahlen festzulegen sind, die diese Ziele meßbar machen,

□ ...Kennzahlen wiederum in Komponentenkennzahlen zu zerlegen sind.

Wenn die in MSS benötigten Kennzahlen semantisch definiert sind, können die sich ergebenden Bestandteile des Kennzahlenmodells auf Datenelemente des UDM in der operativen Ebene abgebildet werden [Welc96]. Die in Metadaten formulierten Abbildungsvorschriften sind dann für Transformationen zu nutzen.

Ausgehend von einem Unternehmensdatenmodell auf Kennzahlenebene können über Rückverfolgung der Abbildungen aus den Datenmodellen der operativen Systeme Redundanzen und Inkonsistenzen zwischen den operativen Systemen erkannt werden. Damit existiert ausgehend vom Unternehmensdatenmodell auf Kennzahlenebene ein Reengineering-Potential in bezug auf das unternehmensweite Datenmodell auf Transaktionsebene.

4.4.3.2 Spezielle Datenmodellierung

Die Datenhaltung für Analysezwecke in MSS erfordert spezielle Techniken der Datenmodellierung [Holt95, 23 ff.]:

□ redundante Ablage verdichteter, hochgranularer Daten,

□ Denormalisierung,

□ Partitionierung (→*4.3.3.3*).

Redundante Ablage verdichteter, hochgranularer Daten

Die Granularität beschreibt den Detaillierungsgrad der Daten. Detaillierte Daten haben eine niedrige Granulariät, die mit steigender Verdichtung zunimmt. Die Ablage verdichteter Daten in verschiedenen Granularitäten wirkt sich auf den Speicherplatzbedarf, die Verarbeitungsgeschwindigkeit und die Flexibilität bei der Analyse aus. Eine hohe Granularität ist mit einem geringeren Bedarf an Ressourcen (Speicherplatz, Verarbeitungskapazität, Transportkapazität im Netz) verbunden. Eine niedrige Granularität der Daten ist Grundlage für detaillierte Analysen (z.B. im Rahmen von Data Mining). Zweckmäßig sind unterschiedliche Granularitäten je nach Relevanz der Daten, z.B. detaillierte aktuelle Daten und Datenverdichtung mit zunehmenden Alter der Daten.

Denormalisierung

Die redundante Ablage verdichteter Daten ist eng mit dem Prinzip der Denormalisierung verbunden (vgl. weiterführend multidimensionale Modellierung, →*4.5.5.2*). Durch den Verzicht auf Normalisierung werden ...

□ ...die Daten an den Bedarf der Zielsysteme angepaßt,

□ ...die Anzahl der Datenbankzugriffe reduziert (Performance),

□ ...die Komplexität der Abfragen reduziert und damit z.B. Analysen erleichtert,

❑ ...verdichtete Daten von Detaildaten entkoppelt und damit unabhängig manipulierbar (Flexibilität).

4.5 Datenintegration mittels uniformer Datenstrukturen

Für die Datenintegration in einer Data Warehouse-Lösung spielen einheitliche, möglichst einfache und flexible Datenstrukturen sowohl für die Datenlogistik als auch für die Datenauswertung eine entscheidende Rolle. Im Rahmen der Datenlogistik kann eine Standardisierung der Datenflüsse zwischen der Data Warehouse-Lösung und den angekoppelten Anwendungssystemen erreicht werden. In ähnlicher Weise übertragen sich Einfachheit, Einheitlichkeit und Flexibilität des Datenmodells auf die Datenauswertung. Dazu existieren eine Reihe von Ansätzen für die logische Modellierung multidimensionaler Datenstrukturen, welche die flexible, analysegerechte Abbildung betriebswirtschaftlicher Kennzahlen erlauben.

Der folgende Abschnitt stellt in Anlehnung an [EhHe98a] ein **Uniformes Datenschema für multidimensionale Daten** (**Unimu**-Schema) vor. Das Unimu-Schema ist wie traditionelle Varianten relationaler Modelle für multidimensionale Strukturen (→*4.5.2.4*) in der Ebene der logischen Datenmodellierung angesiedelt. Um die geforderte Flexibilität und Uniformität zu erreichen, wurde das logische Datenmodell von der semantischen Ebene stärker entkoppelt als es bei den in *4.5.2.4* aufgeführten Ansätzen der Fall ist. Im Unimu-Schema wird die Semantik der multidimensionalen Datenorganisation logisch über eine dreidimensionale Modellierung (Kennzahl, Zeit, Objekt) in uniformen Datenstrukturen abgebildet. Die klassische sternförmige Modellierung multidimensionaler Daten wird dabei genutzt und weiterentwickelt.

4.5.1 Anforderungen an die Datenmodellierung

Die Datenintegration für Zwecke der Datenlogistik und Datenauswertung erfordert in bezug auf die Datenmodellierung einheitliche Datenstrukturen, die folgendes berücksichtigen:

❑ Zeitreihen für verschiedene Kennzahlen (Absatz, Umsatz, Preise, ...),

❑ unterschiedliche zeitliche Granularitäten (Stunde, Tag, Monat, Quartal, Jahr),

❑ wählbare Zeiträume entsprechend der zeitlichen Granularitäten,

❑ beliebige Dimensionen (Kunde, Abnehmerklasse, Region, ...),

❑ flexibler Vergleich zwischen Objekten ggf. unterschiedlicher Dimensionen (z.B. Kunde A und Bundesland X) oder Summation ausgewählter Objekte (z.B. Kunden einer Region),

◻ einheitlicher Präsentationsstil für die Datenauswertung sowie parametrierbare und konfigurierbare Bildschirmmasken.

Neue Dimensionen und Kennzahlen müssen mit geringem Aufwand für Datenbeschaffung, Datenverwaltung und Präsentation ergänzt werden können.

Diese Anforderungen, die weitestgehend allgemeinen Charakter haben, ergaben sich insbesondere innerhalb der in *A.2.2* geschilderten Entwicklung eines MSS für Energieversorgungsunternehmen. Für die Problemlösung wurden konzeptionelle Betrachtungen zu den Datenschemata durchgeführt, eine Reihe von Standardwerkzeugen untersucht, sowie individuelle Lösungen prototypisch entwickelt [EhKS98; EhHe98b]. Dabei zeigte sich, daß die meisten Werkzeuge zwar die geforderte Funktionalität zur Verfügung stellen konnten, aber auch zu einer Reihe von Problemen führten. So sind die Front-End-Anwendungen zumeist sehr mächtig und komplex und für personelle Aufgabenträger, die Erfahrungen im Umgang mit solchen Werkzeugen und Grundkenntnisse der Datenmodellierung haben, gut geeignet. Gelegentliche und weniger geschulte Nutzer sind jedoch mit derartigen Analyseinstrumenten oft überfordert. Eine standardisierte, uniforme Datenbeschaffung und Datenauswertung wird mit den Werkzeugen nicht oder unzureichend erfüllt, da entsprechende Datenstrukturen nicht modelliert und ausgewertet werden können.

4.5.2 Multidimensionale Datenmodellierung

4.5.2.1 Motivation

Die Modellierung von Daten für einen betriebswirtschaftlichen Sachverhalt ist abhängig von der mit der Modellbildung verbundenen Zielstellung. In Datenmodellen operativer Systeme werden Daten möglichst redundanzarm in Form von Relationen gespeichert. Die Strukturen sind für transaktionsorientierte Anwendungen des Tagesgeschäfts optimiert. Dies führt i.d.R. zu einer großen Fragmentierung, da logisch zusammengehörige Objekte auf mehrere Tabellen verteilt sind [GaGl97, 21]. Relationale Datenstrukturen werden jedoch nicht mit dem Ziel entwickelt, große Datenmengen für Analysezwecke zu verwalten [CoCo93, 26 f.]. Einen alternativen Ansatz bieten multidimensionale Modelle. Die Datenstrukturen sind dabei eher auf betriebswirtschaftliche Kennzahlenobjekte (z.B. Finanzkennzahlen) als auf Transaktionsobjekte (z.B. Rechnungen, Aufträge) ausgerichtet.

Die multidimensionale Datenmodellierung wird in der Literatur vor allem im Zusammenhang mit Analysefunktionen im Rahmen von OLAP diskutiert. Multidimensionale Modelle können jedoch gleichfalls für andere Arten der Datenauswertung, wie Reporting, Tabellenkalkulation oder Data Mining genutzt werden.

4.5.2.2 Multidimensionale Datenstrukturen

In multidimensionalen Datenstrukturen werden managementrelevante Datenobjekte als Dimensionen abgebildet. Diese multidimensionale Sicht entspricht sehr stark der Betrachtungsweise von Managern, z.B. wie hoch war der Absatz in einem bestimmten Monat (Dimension 1) für eine ausgewählte Produktgruppe (Dimension 2) in einem vorgegebenen Absatzgebiet (Dimension 3).

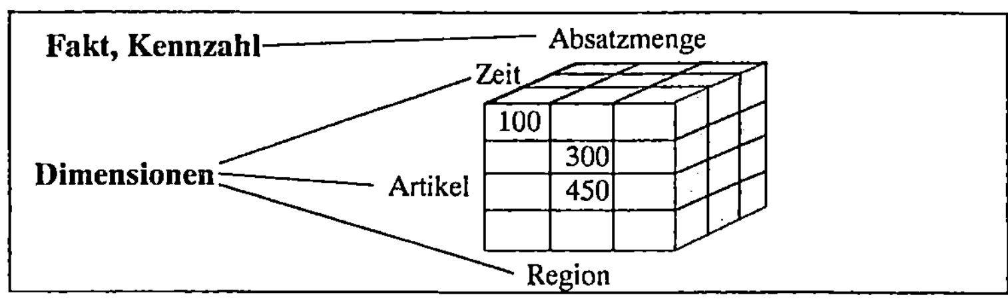

Abb. 4-35: Dreidimensionale Matrix für eine betriebswirtschaftliche Kennzahl

Multidimensionale Daten lassen sich am geeignetsten in Form von multidimensionalen Matrizen (auch bezeichnet als Kreuztabellen) darstellen. Die Inhalte der Zellen einer solchen Matrix werden als *Fakten* bezeichnet. Fakten sind betriebswirtschaftliche Kennzahlen, wie z.B. Absatz, Umsatz oder Kosten, die als quantifizierbare Werte dargestellt werden können. Die Semantik eines Fakts wird durch die *Dimensionen* bestimmt [Holt97, 143]. Dimensionen repräsentieren unterschiedliche Sichten auf Kennzahlen. Gleichartige Einflußgrößen werden in einer Dimension gesammelt (z.B. Landkreis und Bundesland in einer Regionsdimension). Ein dreidimensionale multidimensionale Matrix ist in *Abb. 4-35* dargestellt.

Hierarchisierung

Zwischen den Positionen (Elemente, Ausprägungen) einer Dimension bestehen i.d.R. hierarchische Beziehungen, die sich aus Attributen der Dimensionspositionen ergeben [Rade98]. Beispielsweise kann einem Artikel die Artikelgruppe als Attribut zugeordnet werden. In *Abb. 4-36* sind Beispiele für solche Hierarchien dargestellt.

Aus den Hierarchiebeziehungen lassen sich sogenannte *Konsolidierungspfade* für die Aggregation von Fakten ableiten. Innerhalb einer Hierarchie existieren auf der untersten Ebene Elementarpositionen, die entlang der Konsolidierungspfade zu verdichteten Positionen aggregiert werden können, d.h. die Aggregate werden unter Nutzung der Detaildaten konsolidiert. Die einzelnen Verdichtungsstufen enthalten Daten unterschiedlicher Granularität. Unter einer Dimension versteht man dann "die höchste Stufe eines Konsolidierungspfades ..." [Codd94, 9].

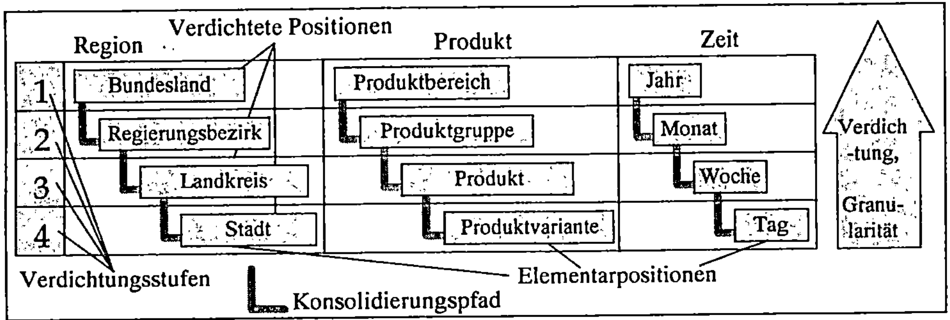

Abb. 4-36: Dimensionshierarchie

Aggregationen

Unter einer Aggregation wird in diesem Kontext die Zusammenfassung von elementaren Daten zu aggregierten Daten, i.d.R. über mathematischen Funktionen, verstanden. Bei der Aggregation zu Dimensionen mit einer höheren Verdichtung ist darauf zu achten, daß die Fakten additiv sind, da sonst, wie z.B. bei Preisen, unsinnige Ergebnisse entstehen [Rade98]. Aggregationen können aber auch andere funktionale Abhängigkeiten repräsentieren, wie beispielsweise die Tagesspitzenabnahme im Monat als Maximum der Tageswerte in der Energiewirtschaft. Weitere Besonderheiten für Aggregationen bilden Strukturanomalien in Dimensionen, die Implementierungs- oder Analyseprobleme in bezug auf Dimensionshierarchien verursachen [Holt97, 154 ff.]:

- *Unausgeglichene Strukturbäume*: Die Elementarpositionen einer Hierarchie befinden sich in unterschiedlichen Hierarchieebenen.

- *Anteilige Verrechnung*: Eine Dimensionsposition ist anteilig auf zwei Dimensionsposition höherer Verdichtung zu verteilen.

- *Überschneidungen innerhalb einer Dimensionsposition*: Die Kriterien für Dimensionspositionen einer Ebene können nicht überschneidungsfrei formuliert werden.

- *Überschneidungen zwischen Hierarchien*: Zwei Dimensionen besitzen die gleichen Dimensionspositionen.

Dimensionsbildung

Obwohl die Dimensionen je nach betriebswirtschaftlichem Kontext variieren, können allgemeine Aussagen zur Dimensionierung in Anwendungssystemen getroffen werden. In [Holt97, 148] wird zwischen Standarddimensionen und individuellen Dimensionen unterschieden:

- *Standarddimensionen* gelten für mehrere Anwendungsbereiche:

o Zeit: Die Zeit ist eine besondere Dimension und muß demzufolge auch besonders behandelt werden. Sie ist in den meisten Datenauswertungen enthalten, da sich die Analyse von Kennzahlen i.d.R. auf Zeitreihen bezieht. Außerdem ist die Zeit eine sequentielle Dimension, da eine logische Ordnung der Dimensionspositionen vorliegt [Bulo96, 34].

o Wertetypen (Ist-, Soll- und Planwerte), Szenarien, Versionen,

o Maßeinheiten (Währung, Stückzahlen, Längen- und Gewichtseinheiten).

□ *Individuelle Dimensionen* gelten für einen bestimmten Aufgabenbereich, z.B. für den Vertrieb:

o Organisationseinheit (Konzern, Teilunternehmen...),

o Region (Land, Bundesland...),

o Kunden (Kundengruppen, Einzelkunden...),

o Artikel (Einzelprodukte, Produktgruppen...).

Für die Modellierung eines speziellen betriebswirtschaftlichen Anwendungsfalls sind folgende Fragen zu beantworten, um danach das multidimensionale Modell zu gestalten [Sapi98]:

1. Welcher Geschäftsprozeß wird untersucht?

2. Über welche Fakten werden die Geschäftsprozesse beurteilt?

3. Welcher Detaillierungsgrad der Fakten (Granularität) ist notwendig?

4. Welche gemeinsamen Eigenschaften, d.h. welche Dimensionen, besitzen die Fakten?

5. Durch welche Attribute werden die Dimensionen charakterisiert?

6. Welche Dimensionspositionen besitzt jede Dimension?

7. Sind Dimensionsattribute über die Zeit unveränderlich oder variabel?

4.5.2.3   Funktionen über multidimensionalen Strukturen

Die multidimensionalen Strukturen erlauben ...

□ ...auf Grundlage der Dimensionen unterschiedlichste Sichten auf die Kennzahlen des Unternehmens und

□ ...auf Grundlage der Hierarchien eine Navigation über verschiedene Verdichtungsstufen hinweg.

In diesem Zusammenhang sind folgende Funktionen zu unterscheiden:

□ Drill-down und Roll-up

Drill-down und Roll-up beschreiben die Navigation innerhalb einer Dimensionshierarchie entlang der Konsolidierungspfade zu Elementen mit niedrigerem bzw. höherem Verdichtungsniveau (*Abb. 4-37*).

- Data Slicing

  Werden bis auf zwei Dimensionen für alle Dimensionen die Ausprägungen festgelegt, erhält man im multidimensionalen Raum eine Scheibe, d.h. eine zweidimensionale Matrix (*Abb. 4-38*, vgl. dazu [KeTe95, 16]; auch als Rotation bezeichnet [Holt97, 145 f.]).

- Data Dicing

  Der Dimensionsraum wird durch Eingrenzung der Dimensionen auf einen Teilraum eingeschränkt (*Abb. 4-38*, vgl. dazu [Holt97, 147]; auch als Ranging bezeichnet).

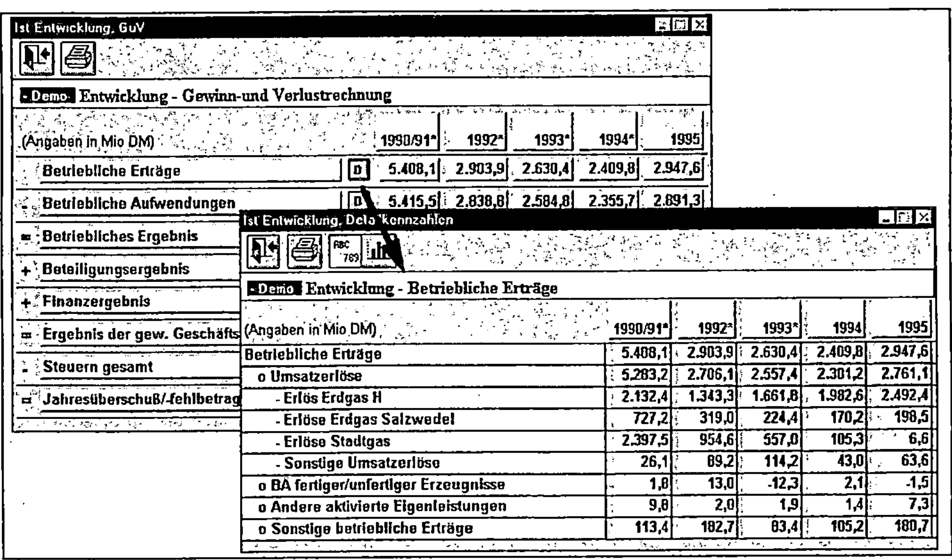

Ist Entwicklung, GuV

Demo Entwicklung - Gewinn-und Verlustrechnung

(Angaben in Mio DM)	1990/91*	1992*	1993*	1994*	1995
Betriebliche Erträge	5.408,1	2.903,9	2.630,4	2.409,8	2.947,6
Betriebliche Aufwendungen	5.415,5	2.838,8	2.584,8	2.355,7	2.891,3
Betriebliches Ergebnis					
+ Beteiligungsergebnis					
+ Finanzergebnis					
= Ergebnis der gew. Geschäfts					
- Steuern gesamt					
= Jahresüberschuß/-fehlbetrag					

Ist Entwicklung, Delta "kennzahlen

Demo Entwicklung - Betriebliche Erträge

(Angaben in Mio DM)	1990/91*	1992*	1993*	1994	1995
Betriebliche Erträge	5.408,1	2.903,9	2.630,4	2.409,8	2.947,6
o Umsatzerlöse	5.283,2	2.706,1	2.557,4	2.301,2	2.761,1
- Erlös Erdgas H	2.132,4	1.343,3	1.661,8	1.982,6	2.492,4
- Erlöse Erdgas Salzwedel	727,2	319,0	224,4	170,2	198,5
- Erlöse Stadtgas	2.397,5	954,6	557,0	105,3	6,6
- Sonstige Umsatzerlöse	26,1	89,2	114,2	43,0	63,6
o BA fertiger/unfertiger Erzeugnisse	1,8	13,0	-12,3	2,1	-1,5
o Andere aktivierte Eigenleistungen	9,8	2,0	1,9	1,4	7,3
o Sonstige betriebliche Erträge	113,4	182,7	83,4	105,2	180,7

Abb. 4-37: Drill-down-Funktionalität in einem MSS

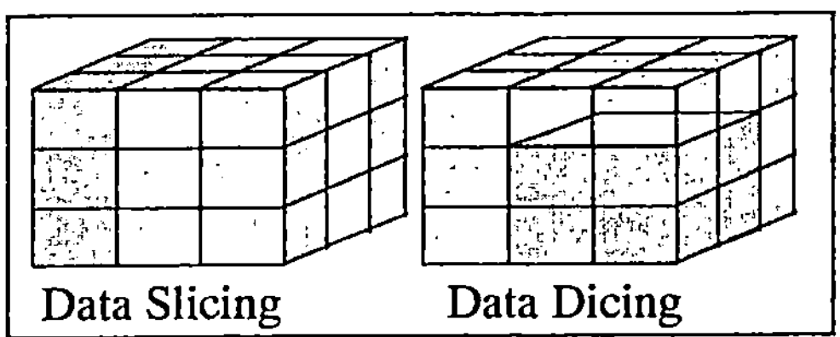

Abb. 4-38: Data Slicing und Data Dicing

4.5.2.4 Abbildung multidimensionaler Daten in relationalen Modellen

Eine multidimensionale Modellierung ist nicht an ein multidimensionales Datenbanksystem (vgl. dazu [Holt97]) gebunden. Vielmehr kann sie dazu genutzt werden, auf der semantischen Ebene die Auswertungsdimensionen transparent darzustellen, während für die logische Modellierung multidimensionaler Strukturen relationale Datenmodelle eingesetzt werden. Um mit relationalen Modellen Daten multidimensional abzubilden und homogene Analysestrukturen zu erhalten, wird bewußt auf klassische Prinzipien, wie Normalisierung und Redundanzfreiheit, verzichtet (→*4.4.3.2*). Ergebnis sind Datenschemata, bestehend aus Fakt- und Dimensionstabellen. In der Literatur werden im wesentlichen die nachfolgend erläuterten vier Schemaausprägungen unterschieden (vgl. weiterführend [Poe96, 121 ff.; Holt97, 171 ff.; Rade98; StTe95, 13 f.]).

Star-Schema

Das Star-Schema besteht aus einer Fakttabelle und mehreren Dimensionstabellen (*Abb. 4-39*). Die Fakttabelle enthält kennzahlbezogene Bewegungsdaten und ist normalisiert (in *Abb. 4-39* in 3. Normalform), während die Dimensionstabellen nicht vollständig normalisiert sind [Kimb96, 29 f.]. In *Abb. 4-39* ist die Tabelle *Zeit* für die Zeitdimension nicht in 3. Normalform. Die Beziehungen zwischen Fakttabelle und den Dimensionstabellen werden über Fremdschlüssel (FK) realisiert. Der Schlüssel der Fakttabelle setzt sich aus den über die Fremdschlüsselbeziehung vererbten Primärschlüsseln der Dimensionstabellen zusammen. Die Fakttabelle enthält im allgemeinen eine sehr große Anzahl an Datensätzen.

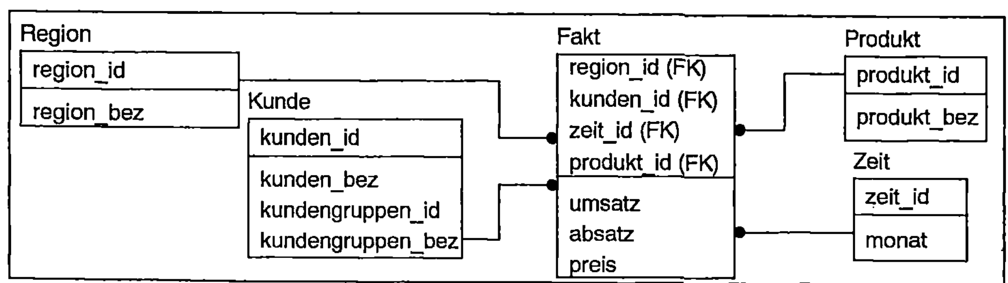

Abb. 4-39: Star-Schema

Bei der praktischen Anwendung des Modellkonzepts können einige Probleme auftreten:

- Performance-Probleme durch die Größe der Fakttabelle [Holt97, 174 ff.],

- Beschreibung von Kennzahlen, die nicht durch die vorhandenen Dimensionen determiniert sind,

- Einschränkung von theoretisch möglichen auf praktisch vorhandene Kombinationen der Dimensionspositionen (dünn besetzte Matrizen [KeTe95, 23]).

Die letzten beiden Punkte erfordern zumeist Anpassungen auf der Seite der Anwendungssoftware, was die Uniformität des Datenmodells und damit die Variabilität der Anfragemöglichkeiten einschränkt.

Das Star-Schema, das in reiner Form in der Praxis kaum anzutreffen ist, bildet die konzeptionelle Grundlage für die folgenden Modellierungsansätze.

Snowflake-Schema

Das Snowflake-Schema (*Abb. 4-40*) unterscheidet sich vom Star-Schema dadurch, daß Dimensionstabellen normalisiert werden [Poe96, 128]. Ausgehend vom Modell in *Abb. 4-39* werden bspw. die Attribute *kundengruppe_id* und *kundengruppe_bez* der Tabelle *Kunde* in eine neue Tabelle ausgelagert und damit transitive Abhängigkeiten zwischen Attributen beseitigt. Hierarchische Beziehungen (in *Abb. 4-40* zwischen *Kunde* und *Kundengruppe*) werden über eine Fremdschlüsselbeziehung modelliert.

Die Ebenen einer Dimensionshierarchie werden in separaten Tabellen abgelegt [Pete98]. Dabei besteht die Möglichkeit, unterschiedliche Hierarchiestufen nach dem Prinzip des Star-Schemas zu verknüpfen und modelltechnisch gleich zu behandeln (in *Abb. 4-40* z.B. die Dimensionspositionen *Zeit_Jahr* und *Zeit_Quartal*). Die mit der Fakttabelle verknüpften Dimensionstabellen enthalten bei vollständiger Normalisierung nur noch Elementarpositionen.

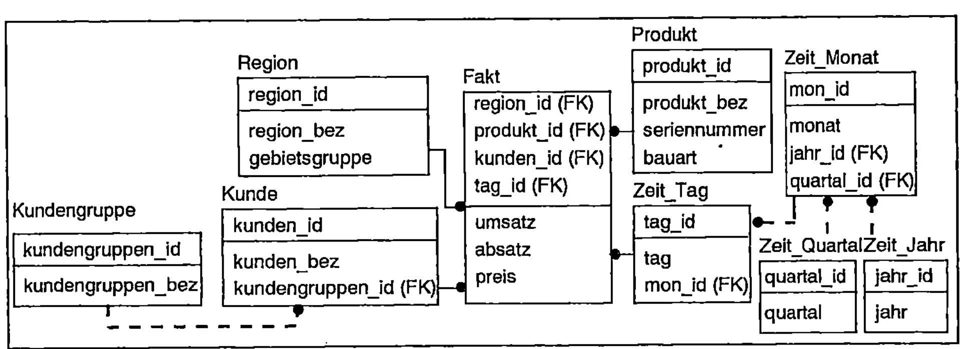

Abb. 4-40: Snowflake-Schema

Ergebnisse der Snowflake-Modellierung sind:

- Beseitigung von transitiven Abhängigkeiten,
- Einsparung von Speicherplatz,
- Abbildung von Hierarchien, wobei die Navigation aufgrund der höheren Komplexität des Datenmodells kompliziert sein kann,
- schlechtere Performance, da in Abfragen mehr Tabellen zu verknüpfen sind.

Galaxy-Schema

Mit dem Galaxy-Schema (auch bezeichnet als Multi-Fakttabellen-Schema) lassen sich Kennzahlen mit unterschiedlichen Dimensionen darstellen. Die Beschränkung auf eine Fakttabelle wird dabei aufgehoben. Zur Veranschaulichung wird das bisher verwendete Beispiel um die Kennzahl *Kosten* erweitert (*Abb. 4-41*).

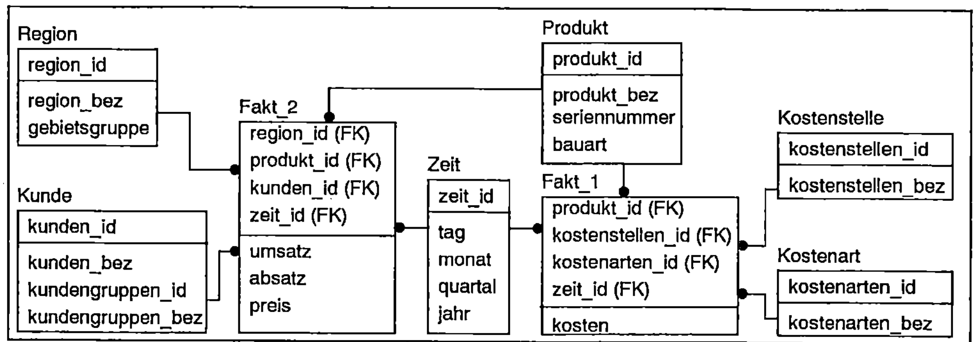

Abb. 4-41: Galaxy-Schema

Durch die Aufteilung der Fakttabelle in mehrere kleinere Tabellen (z.B. auf unterschiedlichen Aggregationsstufen) kann zusätzlich die Performance des Systems erhöht werden, was jedoch die Navigation im Datenbestand erschwert und zu Lasten der Anfragevariabilität geht.

Das Galaxy-Schema ist aufgrund der möglichen inhomogenen Dimensionsstrukturen ein praxisrelevanter Ansatz für die relationale Modellierung multidimensionaler Strukturen.

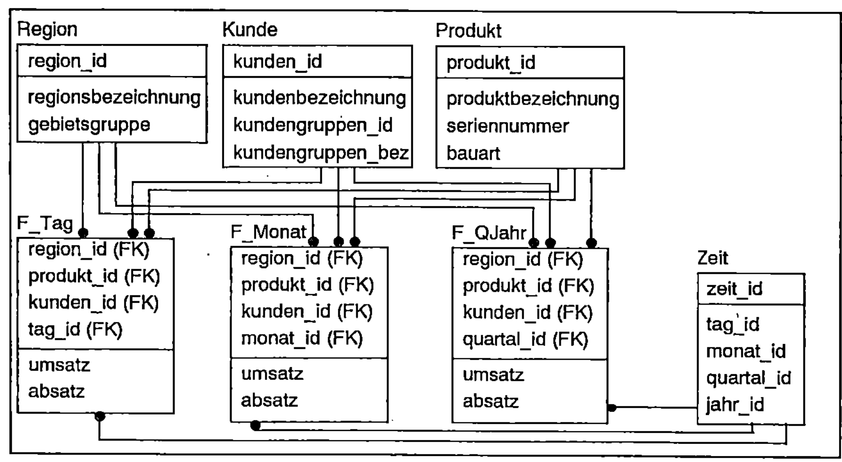

Abb. 4-42: Fact Constellation-Schema

Fact Constellation-Schema

Mit dem Fact Constellation-Schema können gegenüber den bisher erläuterten Schemata auch aggregierte Werte in zusätzlichen Fakttabellen abgespeichert werden. Das Modell in *Abb. 4-42* kann bspw. zeitbezogene Aggregate bis zum Quartal aufnehmen. Die Speicherung von Aggregaten ist jedoch mit neuen Tabellen und so mit einer Erweiterung des Datenmodells verbunden. Die Datenstrukturen der entstehenden Fakttabellen sind zudem identisch oder sehr ähnlich.

Zusammenfassung

In *Abb. 4-43* sind die vier relationalen Modellierungsansätze für multidimensionale Strukturen zusammenfassend dargestellt. Die auf dem Star-Schema basierenden Ansätze lassen zahlreiche Freiheitsgrade für die Modellbildung zu, wodurch bspw. gleichartige betriebswirtschaftliche Sachverhalte in verschiedenen Anwendungssystemen unterschiedlich modelliert werden können. Bei einer Kopplung der Anwendungssysteme im Rahmen der informationssystemweiten Datenlogistik führt dann die Verknüpfung der Daten oft zu Problemen.

In bezug auf die in *4.5.1* gestellten Anforderungen besitzen die genannten Schemata folgende Schwächen:

- Die Ergänzung neuer Dimensionen ist mit neuen Tabellen und deshalb mit einer Datenmodelländerung verbunden.

- Die Speicherung von zeit- oder objektbezogenen aggregierten Werten ist entweder nicht möglich oder im Galaxy-Schema und Fact Constellation-Schema mit separaten Fakttabellen verbunden.

- Unterschiedliche Dimensionen für verschiedene Fakten sind nur im Galaxy-Schema abbildbar, wobei zusätzliche Tabellen benötigt werden.

- Die Einfachheit des Star-Schemas geht mit den erweiterten sternförmigen Schemata verloren. Insbesondere sind für die differenzierten Datenstrukturen auch differenzierte Datenlogistik- und Datenauswertefunktionen notwendig.

Star-Schema		
Normalisierung (transitive Abhängigkeiten)	Kennzahlen mit inhomogenen Dimensionen	Abspeicherung von Aggregaten
Snowflake-Schema	Galaxy-Schema	Fact Constellation-Schema

Abb. 4-43: Relationale Modellierungsansätze für multidimensionale Strukturen

Im folgenden wird deshalb das Unimu-Schema vorgestellt, das diese Schwierigkeiten überwindet und dabei Eigenschaften der oben beschriebenen Schemata in geeigneter Weise nutzt.

4.5.3 Uniforme Strukturen für multidimensionale Daten im Unimu-Schema

Die Entwicklung des Unimu-Schemas war eingebettet in den zyklischen Prozeß der Konzeption, Implementierung und Nutzung eines MSS sowie der damit verbundenen Datenlogistiklösung (→*A.2.2*). Vereinfacht läßt sich diese Entwicklung in vier aufeinanderfolgenden Schritten darstellen (*Abb. 4-44*):

1. Uniformierung der Datenstruktur für die Zusammenfassung dimensionsbezogener, betriebswirtschaftlicher Kennzahldaten in *einer* Tabelle,

2. Zerlegung der Datenstruktur in eine Fakttabelle sowie je eine Tabelle für die (uniforme) Zeitdimension und die (uniforme) Objektdimension unter Nutzung des Star-Schemas,

3. Bildung einer Dimensionstabelle für Kennzahlen basierend auf dem Snowflake-Schema,

4. Hierarchische Verknüpfung von Dimensionspositionen durch die Ergänzung von Hierarchietabellen.

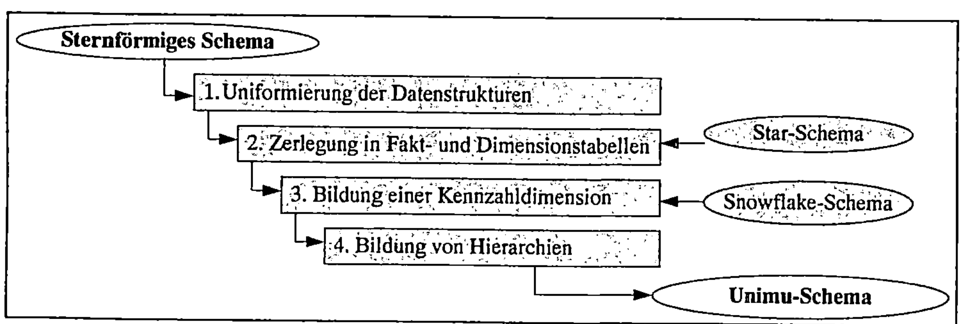

Abb. 4-44: Entwicklung des Unimu-Schemas

4.5.3.1 Uniformierung der Datenstrukturen

Ausgangspunkt für die Modellierung ist ein klassisches sternförmiges Datenschema für multidimensionale Daten, wie es in *Abb. 4-45* beispielhaft dargestellt ist. Alle Dimensionen werden in separaten Tabellen abgelegt.

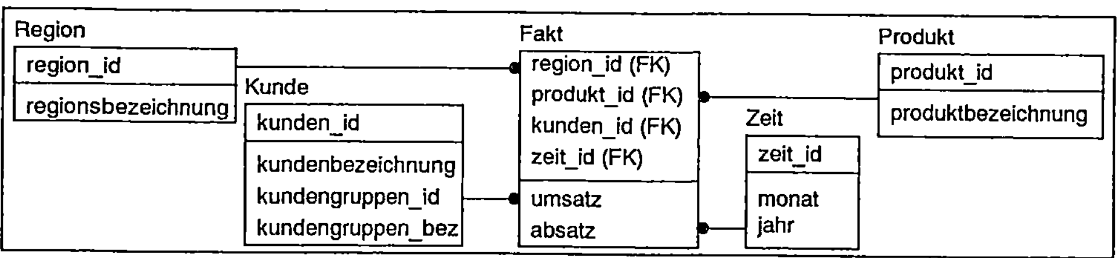

Abb. 4-45: Ausgangspunkt: Star-Schema

Im ersten Schritt wird zunächst für alle dimensionsbezogenen Kennzahlen eine uniforme Datenstruktur entwickelt, die auf den vereinheitlichten Metadaten der einzelnen Dimensionen beruht. Unter Metadaten werden in diesem Zusammenhang die Datenstrukturen der Dimensionen verstanden. Die Dimensionen werden unabhängig von ihrer Semantik und den hierarchischen Beziehungen gleich behandelt und sind so uniformiert, daß für einen Fakt nur noch eine Objektdimension und eine Zeitdimension benötigt werden. Bei den Objektdimensionen (Kunde, Produkt, Region) sind die Metadaten durch einen Identifikator (als Primärschlüssel, in *Abb. 4-45* gekennzeichnet durch Präfix *id*) und eine textuelle Bezeichnung charakterisiert. Die Zeitdimension stellt eine Besonderheit dar. Die Verdichtungen über Zeitperioden sind einfach möglich, da Hierarchiebeziehungen in der Semantik eines Zeitabschnitts implizit enthalten sind. Daher können alternativ zur Zeitdimension die Aggregate für verdichtete Dimensionspositionen über einfache Aggregatfunktionen berechnet werden.

In *Abb. 4-46* ist das Ergebnis der Modellierung dargestellt. Anhand der Beispieldaten können die Datenstrukturen des Ausgangsschemas in *Abb. 4-45* leichter identifiziert werden. Der Hauptunterschied zum sternförmigen Schema in *Abb. 4-45* besteht in der Modellierung der Dimensionen. In der Tabelle *Zeit* (*Abb. 4-45*) sind die Positionen der Zeitdimension Zeit- als separate Felder modelliert (*monat* und *jahr*), was dazu führt, daß in der Fakttabelle ausschließlich Kennzahlen mit der niedrigsten Zeitgranularität abgelegt sind. In der Tabelle *Fakt* in *Abb. 4-46* hingegen werden alle Dimensionspositionen der Zeit, unabhängig von ihrer Granularität, gleich behandelt. Jedem Fakt ist die Dimensionsposition der Zeit (Feld *zeitdim*) und eine entsprechende Ausprägung (Feld *zeit_id*) zugeordnet. Metadaten des Starschemas (*Abb. 4-45* in Tabelle *Zeit* die Felder *jahr* und *monat*) sind in der Tabelle *Fakt* in *Abb. 4-46* als Daten (Inhalte des Feldes *zeitdim*) abgelegt. In ähnlicher Weise werden die in den Tabellen *Region, Produkt* und *Kunde* gespeicherten Objekte der übrigen Dimensionen (*Abb. 4-45*) in *Abb. 4-46* in den Feldern *dimension* und *objekt_id* zusammengefaßt, wobei das Feld *dimension* wiederum Metadaten (Tabellennamen) des Star-Schemas enthält.

Fakt

dimension objekt_id zeitdim zeit_id objekt_bez zeit_bez umsatz absatz	dimension	objekt_id	objekt_bez	zeitdim	zeit_id	zeit_bez	umsatz	absatz
	Kunde	1	Kunde A	Monat	199802	Feb.98	34	134
	Kunde	2	Kunde B	Monat	199802	Feb.98	28	122
	Region	A	Sachsen	Monat	199802	Feb.98	234	1256
	Region	A	Sachsen	Jahr	1998	1998	2360	12680
	Gruppe	1	Chemie	Jahr	1998	1998	3450	19860
	Produkt	5	Erdgas	Jahr	1998	1998	1650	8670

Abb. 4-46: 1. Schritt: Uniformierung der Datenstrukturen mit Beispieldaten

4.5.3.2 Zerlegung in Fakt- und Dimensionstabellen

Die Objekt- und die Zeitdimension werden im zweiten Schritt in je eine Tabelle ausgelagert, erhalten eine eindeutige Identifizierung und werden über einen Fremdschlüssel (FK) mit der Fakttabelle verbunden (*Abb. 4-47*). Dabei werden die Vorteile der uniformen Struktur beibehalten und gleichzeitig Redundanzen in bezug auf textuelle Beschreibungen der Objekte (in *Abb. 4-46* Attribute *objekt_bez, zeit_bez*) durch Normalisierung der Fakttabelle abgebaut. Daraus resultiert auch ein Gewinn an Speicherplatz gegenüber dem Schema in *Abb. 4-46*.

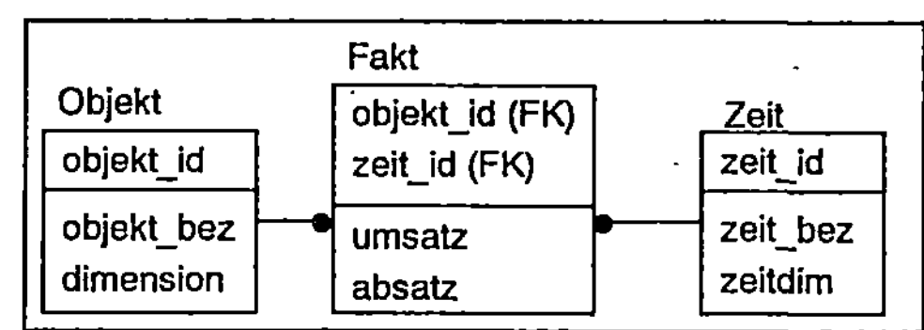

Abb. 4-47: 2. Schritt: Zerlegung in Fakt- und Dimensionstabellen

4.5.3.3 Bildung einer Kennzahldimension

Unter Berücksichtigung des Snowflake-Schemas lassen sich weitere Modifikationen vornehmen. Objekt- und Zeittabelle werden durch Auslagerungen der jeweiligen Dimensionen normalisiert und über Fremdschlüssel mit den so entstandenen Tabellen verbunden (*Abb. 4-48*).

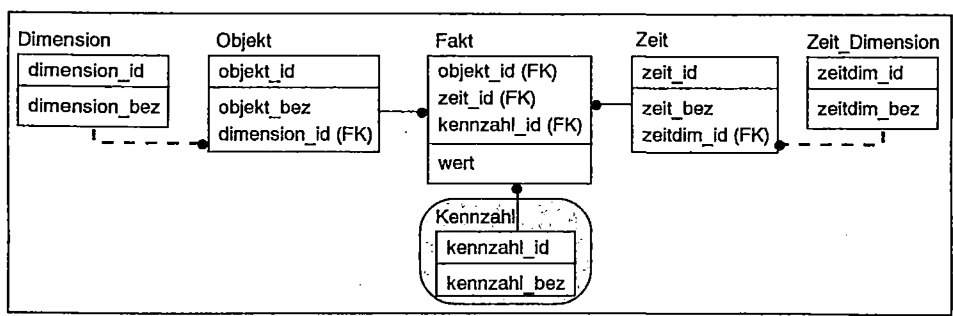

Abb. 4-48: 3. Schritt: Bildung einer Kennzahldimension

Der wesentliche Aspekt des 3. Schrittes ist die Bildung einer Kennzahldimension durch die Einführung einer *Kennzahl*-Tabelle (*Abb. 4-48*). Die Änderung stellt wiederum eine Verlagerung von Metadaten in die Datenebene dar. In der Fakttabelle steht nur noch ein Wert, dessen Semantik nicht mehr durch die Datenstruktur (z.B. Feldbezeichnung *umsatz* in *Abb. 4-47*), sondern durch den Fremdschlüssel *kennzahl_id* aus der *Kennzahl*-Tabelle bestimmt wird. Es ist damit möglich, das System um eine Kennzahl zu erweitern, ohne eine Änderung des Modells vornehmen zu müssen. Voraussetzung ist die Kompatibilität der Datentypen aller Kennzahlen in der *Kennzahl*-Tabelle.

4.5.3.4 Bildung von Hierarchien

Hierarchien, die für Navigationszwecke (Drill-down, Roll-up) bei der Datenanalyse und für Verdichtungsalgorithmen innerhalb der Transformationsfunktionen benötigt werden, lassen sich durch drei Tabellen modellieren (*Abb. 4-49*). Die Tabelle *Hierarchie* nimmt alle existierenden Hierarchien auf. In der Tabelle *Dim_Hierarchie* werden die hierarchischen Beziehungen zwischen Dimensionen und in der Tabelle *Objekt_Hierarchie* zwischen Objekten abgebildet. Damit kann z.B. dargestellt werden, welcher Kunde in welche Region gehört bzw. welches Produkt er bezieht. Gleichzeitig bildet diese Tabelle die Grundlage für Navigations- und Verdichtungsfunktionen. Ein Vorteil dieser separaten Hierarchietabellen besteht darin, daß ein Objekt bzw. eine Dimension in mehreren Hierarchien mit unterschiedlichen Oberobjekten (Oberdimensionen) auftreten kann.

Mit einer zusätzlichen Tabelle *Hierarchie_Sicht* können Hierarchien für Benutzer, Benutzergruppen oder Anwendungssysteme verwaltet werden. Über einen Fremdschlüssel (*sicht_id*) in der Tabelle *Hierarchie* sind so die aus einer bestimmten Benutzersicht relevanten Hierarchien identifizierbar.

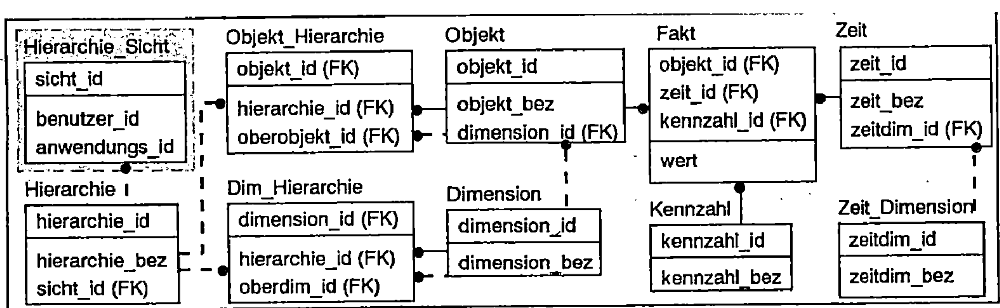

Abb. 4-49: 4. Schritt: Bildung von Hierarchien

4.5.4 Anwendungspotentiale des Unimu-Schemas

4.5.4.1 Wesentliche Eigenschaften des Unimu-Schemas

Das Unimu-Schema basiert auf einer dreidimensionalen Modellierung betriebswirtschaftlicher Kenngrößen.

Zeitdimension

Jeder Fakt ist mit einer uniform verwendbaren *zeit_id* versehen. Beliebige zeitbezogene Aggregate können somit in einer Fakttabelle abgelegt werden. Die

zeitliche Dimensionierung kann individuell für alle Kombinationen von Kennzahl-
und Objektdimensionen festgelegt werden.

Kennzahldimension

Die Kennzahlen werden in einer Dimension zusammengefaßt. Neue Kennzahlen
können so ohne Datenmodelländerung und Anpassung der Analyseanwendung
hinzugefügt werden. Nicht sinnvolle Kombinationen von Kennzahlen und
Objekten (z.B. Preis pro Produktgruppe) können ausgeschlossen werden. Die
flexible Modellierung ist allerdings mit dem Nachteil einer umfangreichen
Fakttabelle verbunden.

Objektdimension

Durch die Modellierung erfolgt eine Trennung in logische und semantische
Dimensionen. Semantische Dimensionen sind bspw. Kunden, Produkte und
Regionen. Logische Dimensionen können semantischen Dimensionen entsprechen
oder ergeben sich aus der Verknüpfung semantischer Dimensionen (z.B. Kunden
pro Region). Die n:m-Beziehungen zwischen semantischen Dimensionen werden
auf 1:n-Beziehungen zwischen logischen Dimensionen zurückgeführt. Kombinationen semantischer Dimensionen können über die Hierarchiebeziehung in einer
logischen Dimension festgehalten werden. Die Ausprägungen der logischen
Dimension ergeben sich dann aus der Teilmenge des Kreuzproduktes der
Ausprägungen der semantischen Dimensionen. Diese Modellierung hat den
Vorteil, die Kombination von Dimensionen auf semantisch sinnvolle Varianten
einzuschränken. Damit wird die Komplexität von Analysen im MSS reduziert.
Eine freie Kombination von Dimensionen ist somit nicht vorgesehen.

Da Dimensionen als Daten und nicht als Datenstrukturen verwaltet werden, sind
folgende Erweiterungen ohne Schemaänderung abbildbar:

- neue Kennzahlen,

- neue Objektdimensionen und

- neue zeitliche Granularitäten.

4.5.4.2   Datenauswertung in MSS

Flexible, effiziente Datenauswertung

Die Uniformierung der Datenstrukturen für beliebige Kennzahlen und Dimensionen hat den Vorteil, daß die Daten bei Auswertungen in MSS generell gleich-
behandelt werden können. Jede beliebige Kombination einer Kennzahl, einer
logischen Dimension, einer Zeitgranularität und einer entsprechenden Zeitperiode
kann über universelle Anfragen aus der Datenbank extrahiert werden, wie z.B.:

```
SELECT  Objekt.objekt_bez, Zeit.zeit_bez, Fakt.wert
FROM    Fakt, Objekt, Zeit
WHERE   Fakt.objekt_id = Objekt.objekt_id AND Fakt.zeit_id = Zeit.zeit_id AND
        Fakt.kennzahl_id = <KENNZAHL > AND Objekt.dimension = <DIM> AND
        Zeit.zeitdim = <ZEITDIM> AND ...
        /* weitere Einschränkungen von Zeitraum und/oder Objektmenge */
```

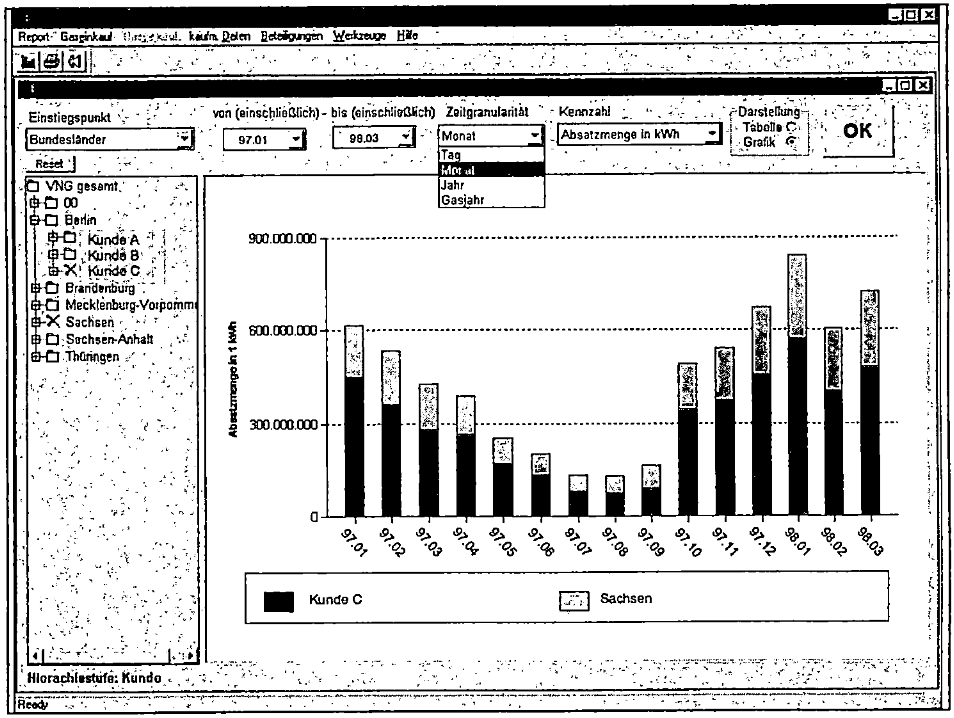

Abb. 4-50: Universelle Bildschirmmaske für multidimensionale Analyse in MSS

Diese Universalität wirkt sich auf das MSS dahingehend aus, daß nur eine Bildschirmmaske für jede Art von Analysen ausreicht (*Abb. 4-50*), wodurch die Software hinsichtlich Wartbarkeit, Erweiterbarkeit, Einfachheit und Verständlichkeit wesentlich an Qualität gewinnt. Die universelle Anfragemöglichkeit beeinflußt weiterhin die Effizienz des Gesamtsystems, da Auswahlanfragen grundsätzlich auf dem leistungsfähigen Datenbankserver durchgeführt und Clients von Verarbeitungsaufgaben entlastet werden können.

Die geringe Anzahl von Dimensionstabellen führt außerdem bei Anfragen zu weniger Join-Operationen. Aggregate können analog zum Fact Constellation-Schema, jedoch mit einer wesentlich einfacheren Struktur, ohne Aggregationsfunktionen in der Anfrage gebildet werden. Jeder beliebige zeitliche Verlauf einer

Kennzahl kann mit Beginn- und Endzeitpunkt sowie der Zeitgranularität innerhalb des vorgegebenen Zeitraums genau beschrieben werden.

In *Abb. 4-51* sind die Auswirkungen uniformer Datenstrukturen auf MSS hinsichtlich Benutzung, Entwicklung und Architektur zusammenfassend dargestellt.

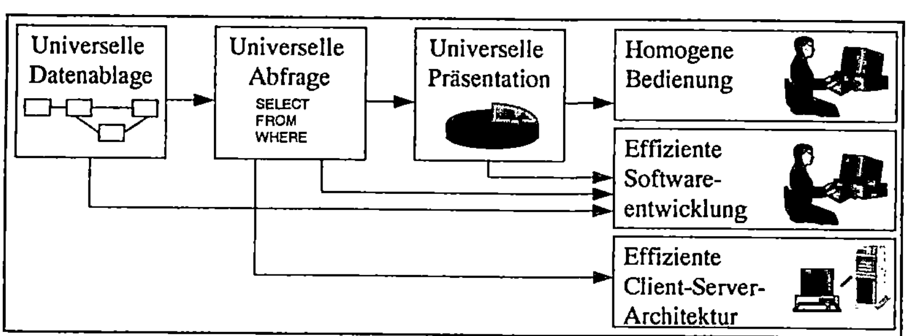

Abb. 4-51: Auswirkungen uniformer Datenstrukturen auf Entwicklung und Nutzung von MSS

Analyserelevante Metadaten

Die Stabilität des Datenmodells gegenüber Änderungen bei Kennzahlen und Dimensionen wirkt sich positiv auf die Wartung der Anwendungsprogramme aus. Außerdem läßt sich das Datenmodell um eine Reihe analyserelevanter Metadaten erweitern (*Abb. 4-52*). So gehören zusätzlich zur Tabelle *Objekt_Hierarchie*, um die Drill-down-Funktionalität zu unterstützen, eine Verdichtungsstufe (*nr_stufe*) und ein Status (*ist_vater*) über die Existenz von Detailobjekten. Die Tabelle *Zeit_Hierarchie* dient ebenfalls der Drill-down-Funktionalität innerhalb der Zeitdimension, indem atomare Zeitobjekte über das Feld *ist_atom* gekennzeichnet und parallele Konsolidierungspfade über das Feld *typ* verwaltet werden. Die *Clipboard*-Tabelle enthält nutzerspezifische "Lesezeichen". Das Feld *id_quellsystem* in der Tabelle *Objekt* beinhaltet mit dem Schlüssel des Quellsystems für ein Stammdatenobjekt die Information zur Umschlüsselung und ist damit Grundlage für Datenkonversionen (vgl. dazu [Öste95, 252]) der Bewegungsdaten zwischen Quellsystemen und Datenbank des MSS im Rahmen der Datenlogistik.

Konsolidierungspfade der Dimensionen

Ein Objekt auf einer Hierarchiestufe ist das Aggregat seiner zugeordneten Unterobjekte. In *Abb. 4-52* ist dieser Zusammenhang in Tabelle *Objekt_Hierarchie* im Attribut *oberobjekt_id* abgebildet. Für die Zeitdimension ist bis auf die Kalenderwoche der Konsolidierungspfad, d.h. die Reihenfolge vom atomaren Wert bis zum höchsten Aggregat, linear und damit eindeutig festgelegt, da es immer nur einen Weg zu einer tieferen oder höheren Konsolidierungsstufe gibt. Eine programmtechnische Abbildung dieser Funktionalität ist somit problemlos möglich. Dagegen existieren für Objektdimensionen ggf. verschiedene, parallel laufende

Konsolidierungspfade. Bspw. können einem Kundenobjekt Objekte der Dimensionen Kundengruppe, Region oder Produktgruppe übergeordnet sein. Analog lassen sich einem Objekt Unterobjekte verschiedener Dimensionen unterordnen, wenn es in verschiedenen Hierarchien auftaucht (bspw. Landkreise oder Kunden in einem Bundesland).

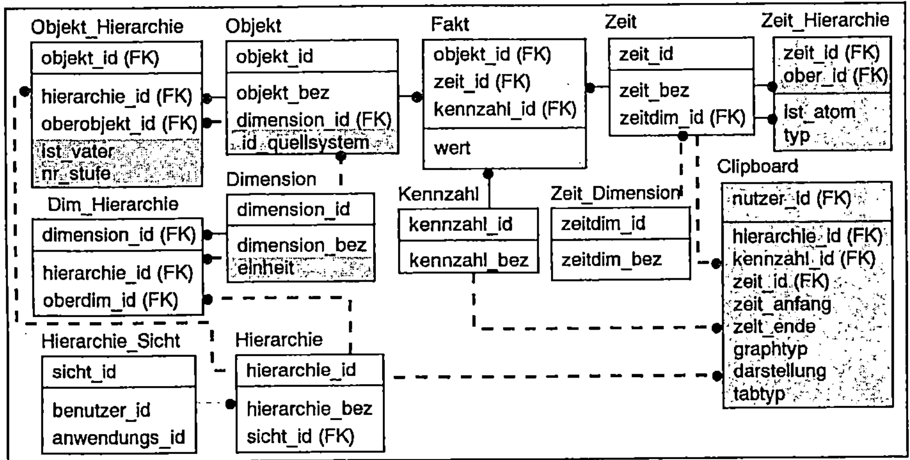

Abb. 4-52: Erweiterung des Unimu-Schemas um analyserelevante Metadaten

Um bestimmte Konsolidierungspfade eindeutig festzulegen, ist daher deren Linearisierung erforderlich. Ein Linearisierungsschritt muß für jeden Konsolidierungspfad durchgeführt werden, was u.U. zu zahlreichen Hierarchien führt. Zur Vereinfachung sollten daher nach Analysegesichtspunkten Zusammenhänge zwischen Objekten nur in ausgewählten Hierarchien dargestellt und nicht alle denkbaren Ober-/Unterobjektbeziehungen abgebildet werden. In *Abb. 4-53* bspw. lassen sich aus den Zusammenhängen der Dimensionen anhand vorgegebener Navigationsvarianten vier Hierarchien bilden.

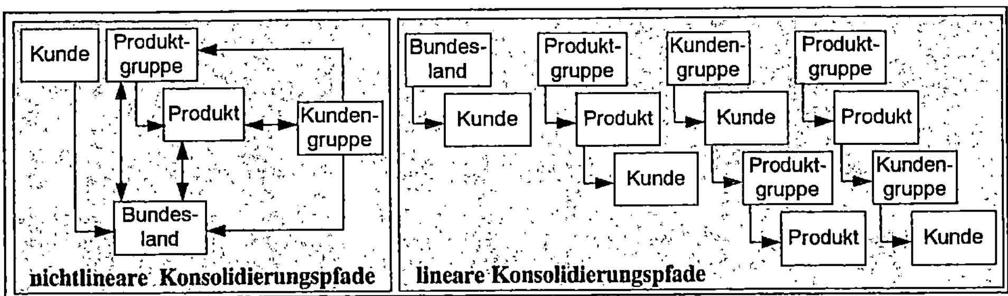

Abb. 4-53: Nichtlineare und lineare Konsolidierungspfade

Die ggf. komplizierte Abbildung von Hierarchien ist ein Nachteil des Modells gegenüber dem klassischen Star- oder Snowflake-Schema. Die Variationen und Beziehungen zwischen den Dimensionen sind ausschließlich über die Hierarchiebeziehungen zugänglich. Allerdings sind nicht alle theoretisch möglichen Kombinationen von Dimensionen sinnvoll. Die relevanten Verknüpfungen können sich nach Branchen unterscheiden. Die Anwendbarkeit des Modells für Analysezwecke ist daher abhängig von der Ausprägung des multidimensionalen Raums, insbesondere von der vorliegenden Kunden- und Produktstruktur. In *Abb. 4-53* wird deutlich, daß die Komplexität im wesentlichen von der Produktstruktur abhängig ist. Bei wenigen Produkten wirken sich die Nachteile des Modells weniger stark aus. Ein wesentlicher Gradmesser für eine Nutzung des Modells sind daher Breite und Tiefe der Produktpalette.

4.5.4.3 Datenlogistik

Mit dem Unimu-Schema können beliebige Zeitreihen betriebswirtschaftlicher Kennzahlen uniform abgebildet werden. In dieser standardisierten Form sind die Zeitreihen für verschiedene Anwendungssysteme einheitlich verwendbar. Der Vorteil des Unimu-Schemas besteht in der allgemeinen Nutzung der Datenstrukturen für den Datenaustausch zwischen Anwendungssystemen (vgl. dazu [Öste95, 250 ff.]) im Rahmen der Datenlogistik, wobei ähnlich wie bei der Datenauswertung (→*4.5.4.2*) vorzugehen ist. Die für einen speziellen Datenaustausch relevanten Kennzahlen und Dimensionen können innerhalb der uniformen Anfrage als Selektionskriterium definiert und als Parameter übergeben werden. Der Datenfluß wird damit unabhängig von Kennzahlen und Dimensionen durch einheitliche Metadaten definiert. Ein konkreter Datenaustausch wird auf der Basis dieser Metadaten durch die Angabe der Dimensionen und Kennzahlen spezifiziert.

Das Unimu-Schema bietet eine Reihe von Vorteilen für die Datenlogistik innerhalb einer Data Warehouse-Lösung, insbesondere im Zusammenhang mit der Sicherung der Datenkonsistenz. So unterstützt das Schema die in *4.1.4* klassifizierten Datenflüsse Stammdatenabgleich, Bewegungsdatenaustausch und Datenversorgung von MSS. Im Unimu-Schema (*Abb. 4-49*) repräsentiert die Tabelle *Fakt* Bewegungsdaten. Alle anderen Tabellen enthalten Stammdaten für die Analyse.

Verdichtungsvorschriften für Bewegungsdaten

Die Verdichtungsvorschriften für Bewegungsdaten orientieren sich an den hierarchischen Beziehungen zwischen den einzelnen Dimensionspositionen, wofür die Hierarchieverknüpfungen zwischen den Objekten (Tabelle *Objekt_Hierarchie* in *Abb. 4-49*) Grundlage sind.

Stammdatenkonsistenz

Eine wesentliche Anforderung an den Datenaustausch zwischen Anwendungssystemen besteht darin, neben der Übernahme der dynamischen Bewegungsdaten nach definierten Vorschriften, auch für einen Stammdatenabgleich zwischen den Quell- und Zielsystemen zu sorgen. Nur wenn die Stammdaten im Zielsystem aktuell sind, können alle Bewegungsdaten korrekt interpretiert werden (→*4.1.4*). Dafür gibt es prinzipiell zwei Möglichkeiten:

- Die Stammdaten werden in Quell- und Zielsystem redundant gepflegt und manuell abgeglichen.

- Die Stammdaten werden vom Quellsystem in das Zielsystem übernommen.

Die zweite Variante setzt voraus, daß entsprechende Abbildungsvorschriften zwischen den Stammdaten existieren. Eine strukturierte Modellierung der Stammdaten im Quellsystem erleichtert die Transformation in das Datenmodell des Zielsystems (*Abb. 4-54*).

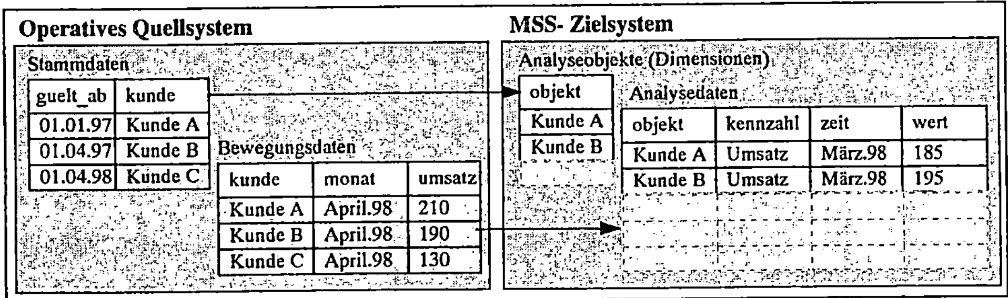

Abb. 4-54: Konsistente Stammdaten

Änderung der Stammdaten

Trotz Abgleich der Stammdaten können im Zusammenhang mit der Historisierung von Stammdaten eine Reihe von Problemen entstehen. Beispiele dafür sind die Aufspaltung von Produktlinien oder die Neuaufteilung von Kundengruppen. In solchen Fällen muß entschieden werden, wie mit den zugehörigen "alten" Bewegungsdaten umzugehen ist. Mögliche Alternativen sind:

- Die Historie wird innerhalb der Analysedaten abgebildet (*Abb. 4-55*, Variante C).

- Alte und neue Bewegungsdaten stehen in keinem Zusammenhang (*Abb. 4-55*, Variante A).

- Der neue Zustand wird in der Vergangenheit künstlich hergestellt (*Abb. 4-55*, Variante B).

Operatives Quellsystem

Stammdaten

produkt	guelt_ab	guelt_bis
Produkt A0	01.01.97	01.01.98
Produkt A1	01.01.98	
Produkt A2	01.01.98	

Bewegungsdaten

produkt	jahr	umsatz
Produkt A0	1997	210
Produkt A1	1998	120
Produkt A2	1998	130

MSS- Zielsystem

Variante A — Analyseobjekte

objekt
Produkt A0
Produkt A1
Produkt A2

Variante A — Analysedaten

objekt	kennzahl	zeit	wert
Produkt A0	Umsatz	1997	210
Produkt A1	Umsatz	1998	120
Produkt A2	Umsatz	1998	130

Variante B — Analyseobjekte

objekt
Produkt A1
Produkt A2

Gleichverteilung der Umsätze

Variante B — Analysedaten

objekt	kennzahl	zeit	wert
Produkt A1	Umsatz	1997	105
Produkt A2	Umsatz	1997	105
Produkt A1	Umsatz	1998	120
Produkt A2	Umsatz	1998	130

Variante C — Analyseobjekte

objekt
Hauptpr. A
Produkt A0
Produkt A1
Produkt A2

Variante C — Analysedaten

objekt	kennzahl	zeit	wert
Hauptpr. A	Umsatz	1997	210
Hauptpr. A	Umsatz	1998	250
Produkt A0	Umsatz	1997	210
Produkt A1	Umsatz	1998	120
Produkt A2	Umsatz	1998	130

Abb. 4-55: Abbildung von Stammdatenänderungen

Operatives Quellsystem

Stammdaten

gueltig	kunde	gruppe
ja	Kunde A	X
nein	Kunde B	X
nein	Kunde C	X

Bewegungsdaten

kunde	monat	umsatz
Kunde A	April.98	210
Kunde B	April.98	190
Kunde C	April.98	130

MSS-Zielsystem

Analyseobjekte (Dimensionen)

dimension	objekt
kunde	Kunde A
kunde	Auslauf
gruppe	X

Analysedaten

objekt	kennzahl	zeit	wert
Kunde A	Umsatz	April.98	210
Auslauf	Umsatz	April.98	320
X	Umsatz	April.98	530

Abb. 4-56: Gelöschte Stammdaten

Löschen von Stammdaten

Es ist zu entscheiden, ob nicht mehr aktuelle Objekte, wie z.B. ein aus dem Sortiment entferntes Produkt oder eine neu aufgeteilte Region, weiterhin für Analysezwecke genutzt werden sollen. Ungültige Objekte können die Auswertungen belasten, da sie für bestimmte Managementaufgaben nicht mehr relevant sind. Ein grundsätzliche Aussonderung ist jedoch nicht möglich, wenn diese Objekte in historische Aggregate eingehen müssen (z.B. ein ausgelaufenes Produkt in einer bestimmten Produktgruppe). Damit kann es zu Inkonsistenzen kommen, wenn z.B. der Umsatz eines derartigen Produktes nicht mehr sichtbar, aber im Aggregat der Produktgruppe enthalten ist. Eine mögliche Lösung des Problems kann die Generierung einer künstlichen Auffangposition für solche Objekte sein (*Abb. 4-56*). Generell gilt, daß die Stammdatenabbildung von der Verwendung der zugehörigen Bewegungsdaten im Zielsystem abhängig ist.

Wesentliche Voraussetzung für die ordnungsgemäße Handhabung der aufgezählten Fälle ist die Führung von Historien für Stammdaten. Dazu ist jedes Stammdatum mit einem Gültigkeitszeitraum zu versehen, um zu jedem Zeitpunkt eine Aussage über die Historie treffen zu können. Für Planungszwecke können darüber hinaus zukünftig gültige Stammdaten berücksichtigt werden.

Die Verwaltung von Stammdatenänderungen auf diese Art führt allerdings zu umfangreichen Stammdatentabellen, da jede Stammdatenmodifikation einen neuen Datensatz mit sich bringt. Eine Alternative dazu bietet eine zentrale Änderungsprotokollierung, bei der jede Stammdatenmodifikation mit einem Zeitstempel in einer zentralen Tabelle gespeichert wird (*Abb. 4-57*). Für die informationstechnische Umsetzung dieser Änderungsprotokollierung bieten sich Datenbank-Trigger an. Um Änderungen an verschiedenen Tabellen in einer zentralen Änderungstabelle zu protokollieren, ist es notwendig, eine Metadatenhistorie des Datenmodells mitzuführen. Darüber ist jeder der einheitlich abgelegten Protokolldatensätze anhand der zum Protokollierungszeitpunkt gültigen Tabellendefinition interpretierbar.

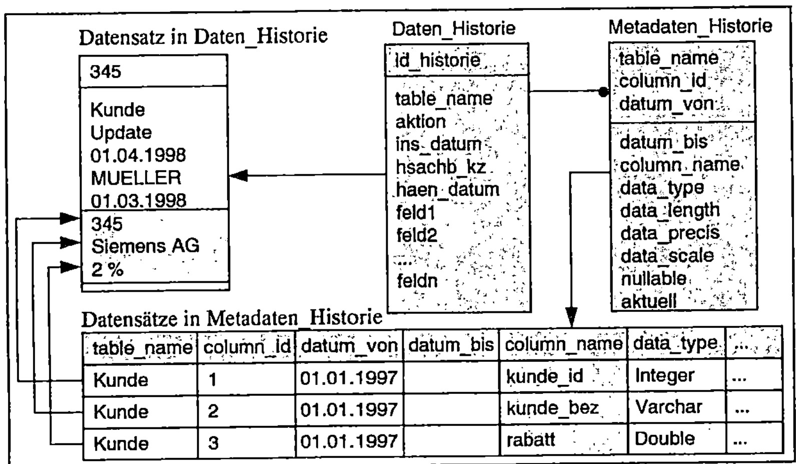

table_name	column_id	datum_von	datum_bis	column_name	data_type	...
Kunde	1	01.01.1997		kunde_id	Integer	...
Kunde	2	01.01.1997		kunde_bez	Varchar	...
Kunde	3	01.01.1997		rabatt	Double	...

Abb. 4-57: Zentrale Änderungsprotokollierung

4.5.4.4 Auswirkungen auf die Quellanwendungssysteme

Datenflüsse im Rahmen der Datenlogistik gehen i.d.R. von den operativen Quellsystemen aus. Folgt man den im 5. Kapitel besprochenen objektorientierten Prinzipien für die Gestaltung der Datenlogistik, ist es sinnvoll, Funktionalität auf die Quellsysteme zu verlagern und dort einzukapseln. Im folgenden werden diesbezügliche Datenmodelle im Zusammenhang mit dem entwickelten Unimu-Schema vorgestellt. Die uniforme Datenstrukturen werden demnach bereits in den

Quellsystemen durch die geeignete Verwaltung von betriebswirtschaftlichen Daten bzw. Metadaten in der Datenbank sichergestellt.

Mandantenfähigkeit

Mandanten nutzen innerhalb eines Anwendungssystems die gleiche Funktionalität, arbeiten jedoch in disjunkten Datenbereichen. So können bspw. zwei Betriebe dasselbe Buchhaltungssystem mit einer Datenbank auf einem Rechner nutzen, ohne sich gegenseitig zu beeinflussen oder zwei Einkäufer dasselbe Beschaffungsmodul nutzen, ohne die Daten des jeweils anderen zu sehen. Mandanten werden i.d.R. über ein Mandantenfeld im Primärschlüssel jeder Datenbanktabelle abgebildet. Bei der Datenbereitstellung und der damit verbundenen Aufbereitung der Daten für das Unimu-Schema können die Mandanten in Dimensionen überführt werden. So kann ein Buchhaltungssystem die Umsatzdaten für drei Betriebsbereiche, die das selbe System nutzen, direkt zur Verfügung stellen, wobei der Mandantenschlüssel der Betriebsbereiche den Dimensionsschlüssel der Betriebsbereich-Dimension ergibt.

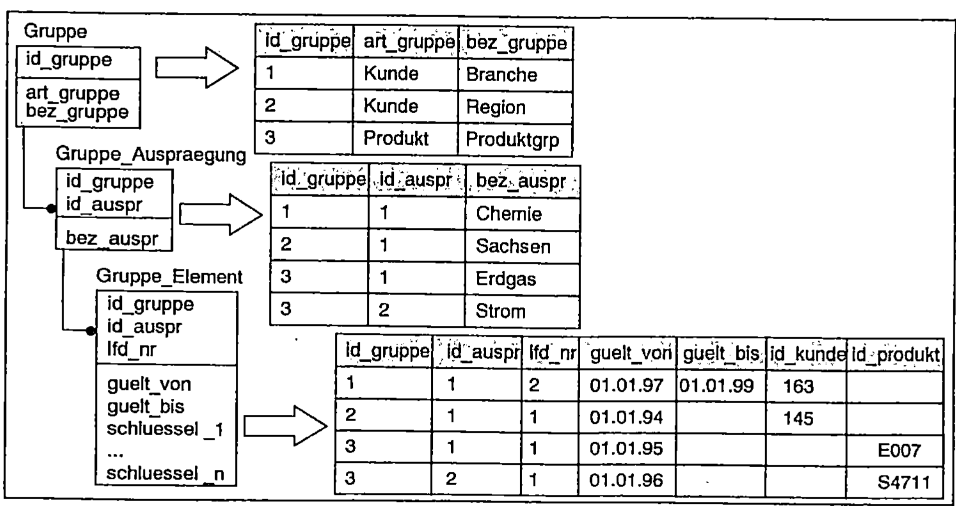

Abb. 4-58: Gruppierungen

Gruppierungen

In *Abb. 4-58* ist eine Möglichkeit für die allgemeine Abbildung von Gruppierungen für Stammdatenobjekte angegeben. Dabei können Objekte verschiedener Schlüsselung (in *Abb. 4-58* Kunde und Produkt) zu Gruppen zusammengefaßt werden. Die Tabelle *Gruppe* definiert einen Gruppierungskriterium, wie z.B. die Zusammenfassung von Kunden in einer Branche. Die Tabelle *Gruppe_Auspraegung* legt dafür die möglichen Gruppen, z.B. die relevanten Branchen, fest, während Tabelle *Gruppe_Element* die Objekte den Gruppen, z.B.

die Kunden der Branche, zuordnet. Auf diese Weise können Konsolidierungspfade für Dimensionen (→*4.5.4.2*) bereits im operativen Anwendungssystem abgebildet und verwaltet werden. Gegenüber einer individuellen Abbildung der Gruppierungen in den Stammdatentabellen mit Referenzen zu separaten Gruppentabellen (z.B. der Fremdschlüssel einer Branchentabelle in der Kundentabelle) bieten die uniformen Gruppierungstabellen folgende Vorteile:

- Es sind keine zusätzlichen Tabellen zur Verwaltung von Gruppierungen, wie Branchen, Produktgruppen oder Regionen, erforderlich.

- Neue Gruppierungen können ohne Datenmodelländerungen ergänzt werden.

- Verschiedene Aggregationen können nach gleichem Muster auf der Basis der uniformen Gruppierungstabellen gebildet werden, wodurch die Datenverdichtung vereinheitlicht wird.

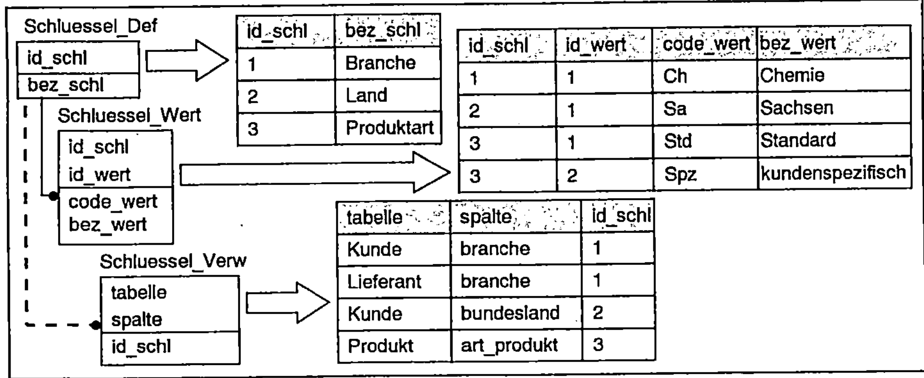

id_schl	bez_schl
1	Branche
2	Land
3	Produktart

id_schl	id_wert	code_wert	bez_wert
1	1	Ch	Chemie
2	1	Sa	Sachsen
3	1	Std	Standard
3	2	Spz	kundenspezifisch

tabelle	spalte	id_schl
Kunde	branche	1
Lieferant	branche	1
Kunde	bundesland	2
Produkt	art_produkt	3

Abb. 4-59: Schlüsselverwaltung

Schlüsselverwaltung

Die in *Abb. 4-59* dargestellte Schlüsselverwaltung folgt einem ähnlichen Prinzip wie die Gruppierungen. In der Tabelle *Schluessel_Def* werden Schlüsselkriterien abgelegt, während in der Tabelle *Schluessel_Wert* die möglichen Ausprägungen eines Schlüssels gespeichert sind. Im Unterschied zu den Gruppierungen, werden die Ausprägungen den Datenobjekten in den einzelnen Objekttabellen zugeordnet. Dabei können Schlüssel von mehreren, unterschiedlichen Objekttypen genutzt werden (z.B. die Branche für Kunden und Lieferanten). Die entsprechenden Referenzen werden in der Tabelle *Schluessel_Verw* verwaltet. Dies hat den Vorteil, daß die Schlüsselausprägungen bei der Verwaltung der entsprechenden Datenobjekte festgelegt werden können bzw. bei entsprechender Auslegung des Datenmodells und der Anwendungssoftware festgelegt werden müssen. So besteht bspw. die Möglichkeit, Kundenauftragspositionen Eigenschaften (z.B. die weitere

Verwendung des Produkts beim Kunden) zuzuordnen, die für spätere Absatz- und Umsatzauswertungen nutzbar sind.

Es besteht ein direkter Zusammenhang zwischen uniformer Schlüsselverwaltung und Unimu-Schema (*Abb. 4-49*), da die Schlüssel (Tabelle *Schluessel_Def*) den Dimensionen (Tabelle *Dimension*) und Ausprägungen (Tabelle *Schluessel_Wert*) den Objekten (Tabelle *Objekt*) entsprechen.

4.5.4.5 Potentiale für die Weiterentwicklung

Neben den beschrieben Potentialen des Unimu-Schemas für die Datenlogistik und die Datenauswertung in MSS ergeben sich mit der uniformen Abbildung beliebiger Zeitreihen Nutzungsmöglichkeiten in anderen Aufgabenebenen des betrieblichen Informationssystems. So können bspw. Kennzahlen in Planungssystemen einheitlich verwaltet und verarbeitet oder Meßdatenverläufe in Steuer-, Meß- und Reglungssystemen gleich behandelt werden. Die durchgängige Nutzung des Unimu-Schemas in verschiedenen Anwendungssystemen vereinfacht wiederum die Datenlogistik, da die Systeme ähnliche Datenstrukturen nutzen, die gleichzeitig für den Datenaustausch verwendet werden können.

Bei der Weiterentwicklung des Unimu-Schemas sollten die Flexibilität des Datenschemas für Zwecke der Datenauswertung erhöht und erweiterte Abbildungsmöglichkeiten für die Kombination von Dimensionen untersucht werden. Dies läßt sich durch eine zusätzliche Abbildung semantischer Dimensionen auf die logischen Dimensionen erreichen. In *Abb. 4-60* ist dargestellt, wie in den Tabellen *ElemDimension* und *ElemObjekt* semantische Dimensionen bzw. Objekte als Elementarpositionen (Felder *elemdim_id* und *elemobjekt_id*) mit den logischen Dimensionen bzw. Objekten explizit verknüpft werden können. Sollen nunmehr in einer Analyse elementare Objekte miteinander kombiniert werden, lassen sich über die Zuordnung zum logischen Objekt die entsprechenden Fakten ermitteln. Sind die Fakten zu den Objekten mit kleinster Granularität gespeichert und gleichzeitig alle Zuordnungen zwischen den Objekten abgelegt, können alle gewünschten Kombinationen von Dimensionen gebildet werden.

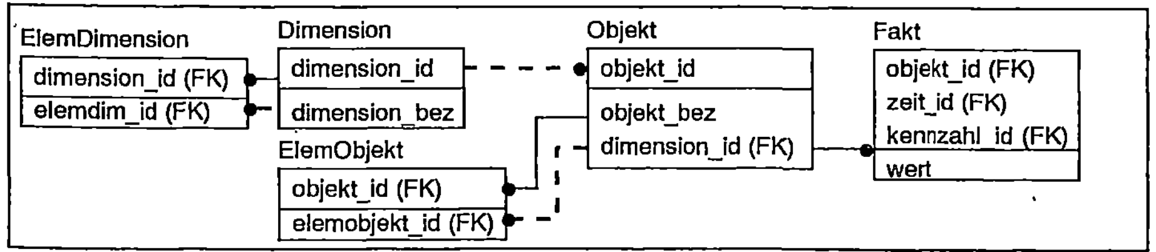

Abb. 4-60: Zuordnung zwischen Dimensionen

5 Modulare Datenlogistik

Die Forderung nach einer modularen Datenlogistik ergibt sich aus existierenden dezentralen Informationssystemen (→*3.2.1*, →*3.4.3.2*). Das Zusammenwirken der Anwendungssysteme in Datenlogistikprozessen ist eine Voraussetzung für die Integration im Gesamtsystem (→*4.1.2*). Die Modularität kann durch eine geeignete Verteilung von Datenlogistikfunktionalität auf existierende Teilinformationssysteme erreicht werden. Die objektorientierte Modellierung von Datenlogistikprozessen ist ein möglicher Ansatz zur Modularisierung, wobei insbesondere die Komplexität der Integrationsaufgabe reduziert werden kann, wenn Anwendungssysteme als zu integrierende Objekte bereits unter der Zielstellung einer datenlogistischen Verknüpfung gestaltet werden.

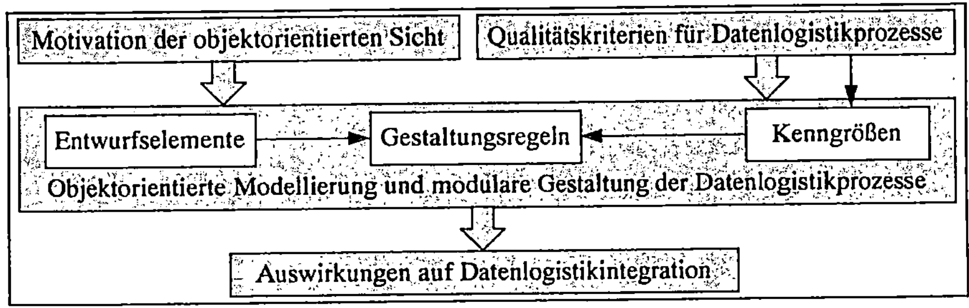

Abb. 5-1: Vorgehen im 5. Kapitel

In *Abb. 5-1* ist das Vorgehen im 5. Kapitel dargestellt. Zunächst wird das objektorientierte Paradigma für die Modellierung der Datenlogistik motiviert und charakterisiert (→*5.1*). Abschnitt *5.2* systematisiert Qualitätskriterien für Datenlogistikprozesse, wobei die Modularität als wichtiges Kriterium hervorgehoben wird. Folglich wird auf der Grundlage objektorientierter Modellelemente die Datenlogistik modularisiert (→*5.3*). Abschließend werden Interdependenzen zwischen Modularisierung und Integration der Datenlogistik zusammengefaßt (→*5.4*). Neben einer modelltechnischen Grundlage für die Modularisierung der Datenlogistik soll im 5. Kapitel auch ein theoretischer Beitrag zur Nutzung objektorientierter Methoden für die Gestaltung von Informationssystemen geleistet werden.

5.1 Objektorientierte Sicht der Datenlogistik

5.1.1 Motivation für Objektorientierung

In *3.4.3.2* wurde eine an verteilten, funktionsorientierten Anwendungssystemen ausgerichtete modulare Datenlogistik gefordert. Die gegebene dezentrale Struktur eines Informationssystems mit speziellen betriebswirtschaftlichen Funktionen und Daten in den Anwendungssystemen einerseits und die Notwendigkeit der Einbettung dieser Anwendungssysteme in informationssystemweite integrierte Geschäftsprozesse andererseits führen zu einem Spannungsfeld von Modularisierung und Integration der Datenlogistikprozesse (→*3.4.3*). Die Anwendungssysteme sind dabei als Objekte des Informationssystems (→*2.3.3.2*) zu sehen, deren (Daten-)Strukturen und (funktionales) Verhalten auch weiterhin auf spezielle betriebswirtschaftliche Aufgaben ausgerichtet sind. Die geforderte Integration bezieht sich auf die Interaktionen zwischen diesen Objekten in Datenlogistikprozessen.

Das objektorientierte Paradigma bietet eine Reihe von Vorteilen, die auf für die Datenlogistik relevante Datenstrukturen, Funktionen und Abläufe in den Anwendungssystemen übertragen werden können. „There are two primary arguments for object technology, productivity and quality." [Your95, 4] Die Wiederverwendung von Daten, Funktionen und Abläufen in den verteilten Anwendungssystemen für Zwecke der Datenlogistik vereinfacht die Schaffung eines integrierten Informationssystems (→*3.4.3.2*). Verständlichkeit und gute Anpassungsfähigkeit einzelner Anwendungssysteme sind Ausdruck der Qualität objektorientiert gestalteter Informationssysteme. Objektorientierte Modelle beschreiben ein System sehr realitätsnah. „There is a very minor semantic gap between reality and the model." [Jaco95, 47] Das objektorientierte Paradigma ist daher ein adäquater Modellierungsansatz für komplexe, dezentrale Informationssysteme.

5.1.2 Nutzung objektorientierter Prinzipien

Für die Gestaltung der Datenlogistik in einem verteilten Informationssystem werden objektorientierte Prinzipien auf die Modellierung der Datenlogistikprozesse übertragen. In einem objektorientierten Modell für Datenlogistikprozesse können dezentrale Anwendungssysteme zunächst als eigenständige Objekte betrachtet und über objektorientierte Beziehungen wieder zu einem Gesamtsystem verbunden werden. Auf die Problematik der Datenlogistik angewendete objektorientierte Modellelemente bilden die Grundlage für die modulare Gestaltung von Datenlogistikprozessen, die durch eine Data Warehouse-Lösung als zentraler Manager der Datenlogistik zu integrieren sind. Bezogen auf die Gestaltung einer Data Warehouse-Lösung wird das in *3.6.3.2* geschilderte Problem der Verknüpfung dezentraler Data Marts aufgegriffen, indem Data Marts als Objekte und die Integration der Data Marts als Schnittstellenproblem zwischen Objekten aufgefaßt werden.

Bildung von Objekten

Teilaufgaben und Verantwortung der Fachbereiche einschließlich der funktionalen Ausrichtung der betriebenen Anwendungssysteme bleiben erhalten, indem Teilinformationssysteme als Objekte unabhängig von anderen Teilinformationssystemen ihre Aufgaben erfüllen (→*2.3.3.2.1*). Die Anwendungssysteme verwalten die dazu notwendigen Daten autonom und leisten mit den Daten bestmögliche Zuarbeit für die Datenlogistik im Gesamtsystem. Damit wird u.a. erreicht, daß bereits durch das Informationssystem unterstützte betriebswirtschaftliche Funktionen nicht in einer zentralen Data Warehouse-Lösung redundant abgebildet werden müssen, sondern sowohl informationstechnisch als auch organisatorisch in den Teilinformationssystemen (Objekten) verbleiben, wo darauf ausgerichtete personelle und maschinelle Aufgabenträger existieren. In *Abb. 5-2* bspw. kann das Fakturierungssystem die in den Stammdaten abgelegten Informationen (z.B. über Kunden) zur Aufbereitung der Bewegungsdaten (z.B. Kundenaufträge und -rechnungen) für das MSS nutzen (→*4.5.4.4*).

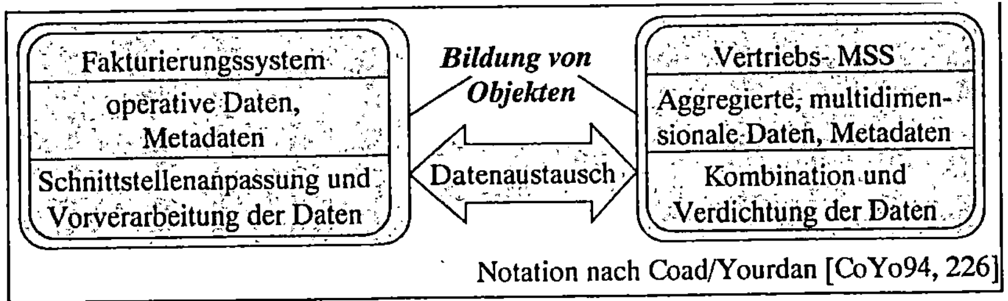

Abb. 5-2: Bildung von Objekten

Datenaustausch zwischen Objekten

Die objektorientierte Sicht reduziert die Gestaltung des Datenaustauschs zwischen Anwendungssystemen auf die Außenbetrachtung von Teilsystemobjekten (→*2.3.3.2.1*). Die aus Außensicht betrachteten Datenlogistikprozesse zwischen Anwendungssystemen sind strukturell oft sehr ähnlich. Ein einmal definierter prinzipieller Ablauf kann für mehrere Teilnehmer am Datenaustausch mit geringen Anpassungen wiederverwendet werden. Es ist daher sinnvoll, sowohl informationstechnisch als auch organisatorisch allgemeine Vorschriften für Datenlogistikprozesse zu entwickeln und davon den konkreten Datenaustausch zwischen Objekten des betrieblichen Informationssystems abzuleiten. Dies sorgt für mehr Transparenz der Datenlogistikprozesse, ist Voraussetzung für standardisierte Metadaten, erleichtert somit die Administration und ermöglicht die schnelle Integration neuer Objekte in die betriebliche Datenlogistik.

In einer zentralen Data Warehouse-Lösung können die objektübergreifenden Datenlogistikprozesse informationstechnisch unterstützt werden. Wichtig ist es, die in der Data Warehouse-Lösung abgebildeten Nachrichtenbeziehungen zwischen Objekten mit allen relevanten Kommunikationsbeziehungen im Unternehmen abzustimmen, da sonst Inkonsistenzen zwischen Informationsflüssen auftreten können. Mit der Unterstützung von Nachrichten zwischen betrieblichen Teilinformationssystemen übernimmt die Data Warehouse-Lösung eine wichtige Kommunikationsfunktion im Unternehmen (→*3.3.2*, vgl. dazu auch [Kais97, 528]).

5.1.3 Modellierung von Datenlogistikprozessen mit dem Semantischen Objektmodell

Um die objektorientierte Sicht zu verdeutlichen, werden in diesem Abschnitt Datenlogistikprozesse auf einem hohen Abstraktionsniveau unter Nutzung des SOM-Ansatzes (zu Modellsichten und zur Notation vgl. *2.3.3.3.2*) objektorientiert modelliert, wobei in Anlehnung an [Kahl89] die ersten beiden Ebenen des Vorgehensmodells (→*2.3.3.3.1*) beschrieben werden.

In *Abb. 5-3* ist die Kopplung von Datenlogistikprozessen und wertschöpfenden Prozessen bzw. Informationsbereitstellungsprozessen in MSS dargestellt. Die Datenlogistik unterstützt Wertschöpfung und Informationsbereitstellung für das Management, indem die Datenversorgung operativer Anwendungssysteme und der MSS sichergestellt wird (horizontale und vertikale Integration, →*4.1.4*). Es handelt sich dabei um eine auf die Ressource Daten bezogene Dienstleistung für Anwendungssysteme und deren Nutzer.

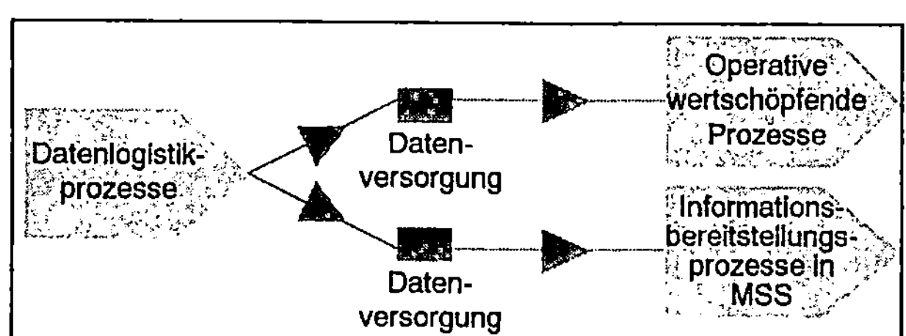

Abb. 5-3: Übersicht der Prozeßkopplungen in der Leistungssicht

5.1.3.1 Objektsystem und Zielsystem

Gemäß dem Vorgehensmodell zur Objektmodellierung (→*2.3.3.3.1*) werden in der ersten Ebene das Objektsystem und das zugehörige Zielsystem abgegrenzt.

Objektsystem

Objektsystem für den Datenlogistikprozeß ist ein Teilsystem des betrieblichen Informationssystems, das sich aus folgenden, an der Datenlogistik beteiligten Objekten zusammensetzt: operative Anwendungssysteme, MSS sowie die Data Warehouse-Lösung als zentrales, koordinierendes Objekt.

Zielsystem

Sachziel der betrieblichen Datenlogistik ist die Datenversorgung betrieblicher Aufgabenträger (Anwendungssysteme und deren Nutzer). Formalziele sind die Konsistenz und Effizienz der Datenversorgung sowie die Vermeidung von unnötigen Redundanzen in Datenspeicherung bzw. Datenaustausch und des damit verbundenen Bedarfs an personellen und maschinellen Aufgabenträgern.

5.1.3.2 Grundlegende Prozesse

Abb. 5-4 zeigt die strukturorientierte Sicht des der Datenlogistik zugrunde liegende Geschäftsprozeßmodells. Dargestellt werden die an den Prozessen beteiligten Objekte und die verknüpfenden Leistungs- und Steuerflüsse auf der höchsten Aggregationsstufe.

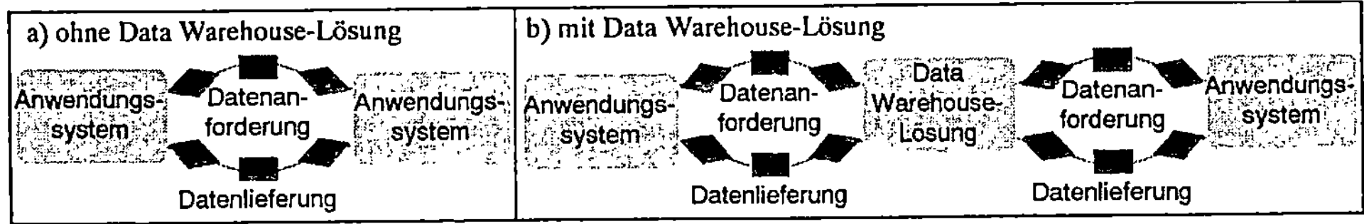

Abb. 5-4: Interaktionsschema an der Datenlogistik beteiligter Objekte

Während *Abb. 5-4 a)* den Datenaustausch zwischen Anwendungssystemen ohne Data Warehouse-Lösung beschreibt, geht *Abb. 5-4 b)* bereits von einer Data Warehouse-Lösung als zentrale Datenlogistikkomponente aus. Der Datenaustausch zwischen Anwendungssystemen und Data Warehouse-Lösung erfolgt wechselseitig, d.h. die Anwendungssysteme sind zugleich Datennachfrager (Clients) und Datenlieferanten (Supplier) der Data Warehouse-Lösung.

In der zweiten Ebene des SOM-Vorgehensmodells (→*2.3.3.3.1*) können Objektsystem und Aufgabensystem in mehreren Stufen in Interaktionsschemata bzw. Vorgangs-Ereignis-Schemata schrittweise verfeinert werden. Im folgenden werden zwei Zerlegungsschritte dargestellt.

5.1.3.3 Erste Zerlegungsstufe

Die erste Zerlegungsstufe des Datenlogistikprozesses charakterisiert Steuer- und Leistungsflüsse sowie Aufgaben der beteiligten betrieblichen Objekte beim Datenaustausch (*Abb. 5-5, Abb. 5-6*). Auf dieser hohen Aggregationsstufe sind Datenaustauschprozesse qualitativ ähnlich, unabhängig davon, ob ein MSS oder ein operatives Anwendungssystem mit der Data Warehouse-Lösung in Beziehung steht.

Strukturorientierte Sicht (Objektsystem)

In *Abb. 5-5* wird nur eine Richtung des Datenflusses berücksichtigt, bei der die Anwendungssysteme als Clients auftreten. Der Gegenfluß - die Datenbeschaffung seitens der Data Warehouse-Lösung mit Anwendungssystemen als Supplier - kann analog modelliert werden. Seitens eines Anwendungssystems besteht eine Datenanforderung, die von der Data Warehouse-Lösung quittiert wird. Die bereitgestellten Daten können danach vom Anwendungssystem übernommen werden.

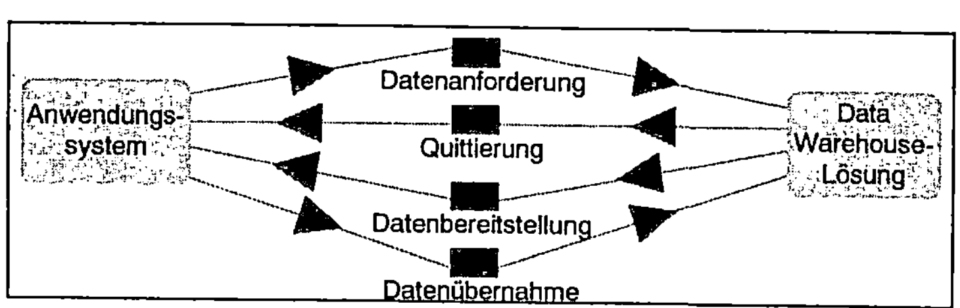

Abb. 5-5: Interaktionsschema eines Datenlogistikprozesses (1. Zerlegungsstufe)

Ablaufsicht (Aufgabensystem)

Abb. 5-6 zeigt - korrespondierend zum oben dargestellten Interaktionsschema - die Aufgabenzerlegung für die Objekte *Data Warehouse-Lösung* und *Anwendungssystem* in einem Vorgangs-Ereignis-Schema, wobei gleichfalls der grundsätzliche Ablauf im Fall des Datenbedarfs eines Anwendungssystems modelliert ist. Die Aufgaben des Anwendungssystems sind mit (A) und die der Data Warehouse-Lösung mit (D) gekennzeichnet. Der Datenanforderung durch das Anwendungssystem folgt die Prüfung der Verfügbarkeit der angeforderten Daten durch die Data Warehouse-Lösung. Sind die Daten verfügbar, erfolgt deren Lieferung nach dem dargestellten Ablauf. Kann der Datenbedarf durch die Data Warehouse-Lösung nicht befriedigt werden, ist zu prüfen, ob eine diesbezügliche Erweiterung des Datenangebots möglich und sinnvoll ist. Dazu können folgende Kriterien herangezogen werden:

□ zu erwartende Frequenz und Regelmäßigkeit des Datenbedarfs,

□ Umfang der benötigten Daten,

□ Interdependenzen mit anderen Daten bzw. Datenanforderungen von Anwendungssystemen.

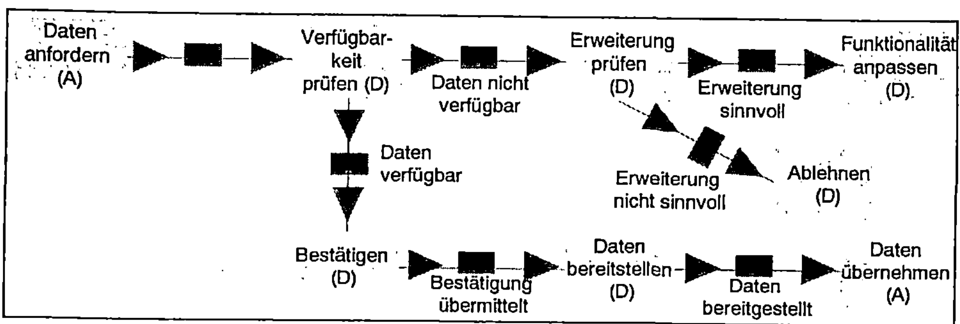

Abb. 5-6: Vorgangs-Ereignis-Schema eines Datenlogistikprozesses (1. Zerlegungsstufe)

Die dargestellte Beziehung zwischen Nutzung der Data Warehouse-Lösung im Fall verfügbarer Daten und Erweiterung bei Nichtverfügbarkeit der Daten unterstreicht die in *3.6.4.2* geforderte Verbindung von Weiterentwicklung und Betrieb beim evolutionären Aufbau einer Data Warehouse-Lösung.

5.1.3.4 Zweite Zerlegungsstufe

Der Datenlogistikprozeß wird nun weiter detailliert, wobei die internen Aufgaben des Objekts *Data Warehouse-Lösung* fokussiert werden und die Funktionalität des Anwendungssystems nicht weiter verfeinert wird (vgl. dazu weiterführend die modulare Gestaltung von Data Marts, →*5.2.3.2*). Auf dieser Zerlegungsstufe werden im Gegensatz zu *5.1.3.3* die Fälle *Datenbedarf des Anwendungssystem* (Anwendungssystem als Client) und *Datenbedarf der Data Warehouse-Lösung* (Anwendungssystem als Supplier) betrachtet.

Strukturorientierte Sicht (Objektsystem)

Das Objekt *Data Warehouse-Lösung* wird entsprechend seiner Datenlogistikfunktionen (→*4.3.3*) zerlegt und die internen Aufgaben werden auf die entstehenden folgenden Teilobjekte verteilt (*Abb. 5-7*):

- *Schnittstellenmanagement*, d.h. Extraktion auf der Input- und Verteilung auf der Output-Seite (→*4.3.3.2.1*, →*4.3.3.4*),

- *Datentransformation* (→*4.3.3.2.2.*),

- *Datenspeicherung* in der Data Warehouse-Datenbank (→*4.3.3.3*),

- *Administration* für die Steuerung von *Schnittstellenmanagement*, *Datentransformation* und *Datenspeicherung* auf der Basis von Metadaten (→*3.6.2.3*).

Zwischen den Teilobjekten *Datentransformation* und *Schnittstellenmanagement* bzw. *Datenspeicherung* und *Schnittstellenmanagement* bestehen Datenflüsse, die von Steuerflüssen begleitet sind.

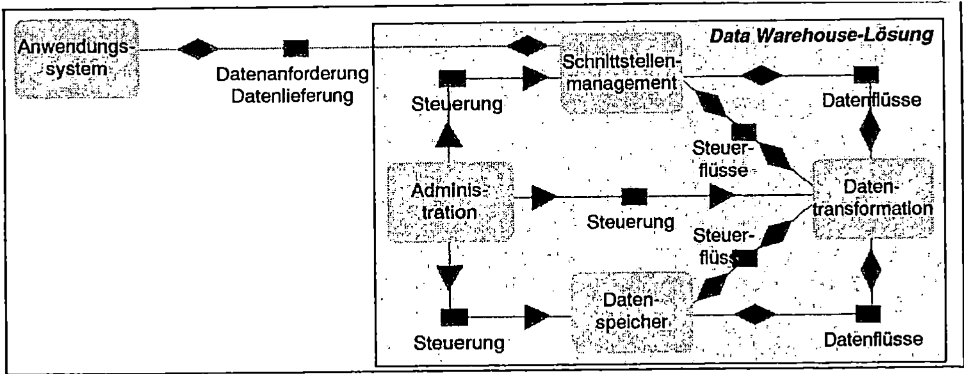

Abb. 5-7: Interaktionsschema eines Datenlogistikprozesses (2. Zerlegungsstufe)

Ablaufsicht (Aufgabensystem)

In der Ablaufsicht zum Interaktionsschema der 2. Zerlegungsstufe werden die Abläufe der auszuführenden Aufgaben in Vorgangs-Ereignis-Schemata dargestellt.

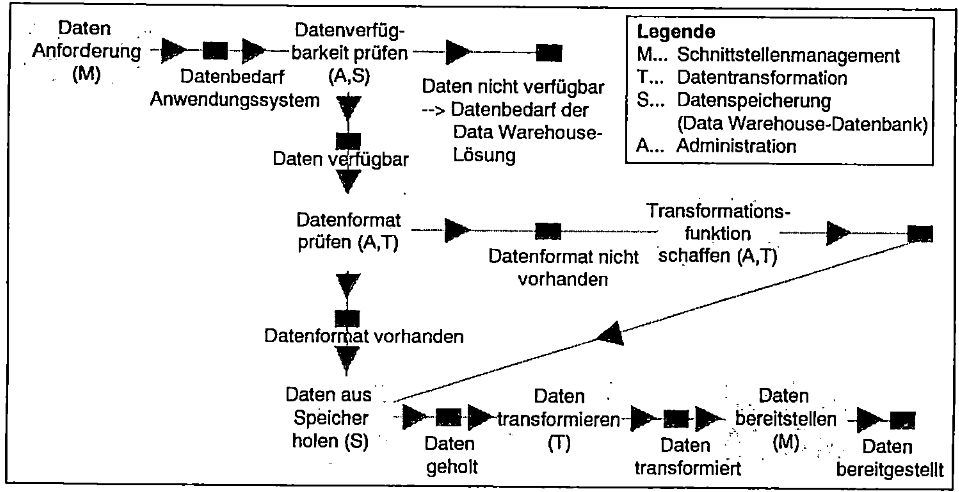

Abb. 5-8: Vorgangs-Ereignis-Schema für den Datenbedarf eines Anwendungssystems

Fall 1: Datenbedarf eines Anwendungssystems (Abb. 5-8)

Über den Schnittstellenmanager (M) empfängt die Data Warehouse-Lösung eine Datenanforderung seitens eines Clients und prüft die Verfügbarkeit der Daten, indem die Metadatenbank nach den gewünschten Datenstrukturen durchsucht wird. Sind die Daten in der Data Warehouse-Datenbank nicht vorhanden, ergibt sich ein Datenbedarf der Data Warehouse-Lösung *(Fall 2)*. Andernfalls können Daten aus der Data Warehouse-Datenbank nach einer anforderungsspezifischen Transformation bereitgestellt werden. Ggf. sind die notwendigen Transformationsfunktionen zu schaffen und in der Metadatenbank abzulegen.

Fall 2: Datenbedarf der Data Warehouse-Lösung (Abb. 5-9)

Daten werden entweder zyklisch oder auf Anforderung aus Anwendungssystemen über einen Datenbeschaffungsprozeß in die Data Warehouse-Datenbank übernommen (→*4.3.3.2.1*). Aus dem Datenbedarf eines Clients kann sich, falls die Daten in der Data Warehouse-Datenbank nicht vorhanden sind, ein Datenbedarf der Data Warehouse-Lösung ergeben *(Abb. 5-8)*. Dieser ist entweder durch einen existierenden Datenbeschaffungsprozeß abgedeckt oder muß durch einen neu zu implementierenden Prozeß befriedigt werden. Im zweiten Fall ist zunächst die Datenquelle zu ermitteln, sind die Schnittstellenfunktionen zu schaffen und der Datenbeschaffungsprozeß mit Extraktions- und Transformationsfunktionalitäten zu implementieren. Auf Basis der Extraktions- und Transformationsfunktionalitäten werden die Daten in der erforderlichen Form beschafft und in der Data Warehouse-Datenbank abgelegt.

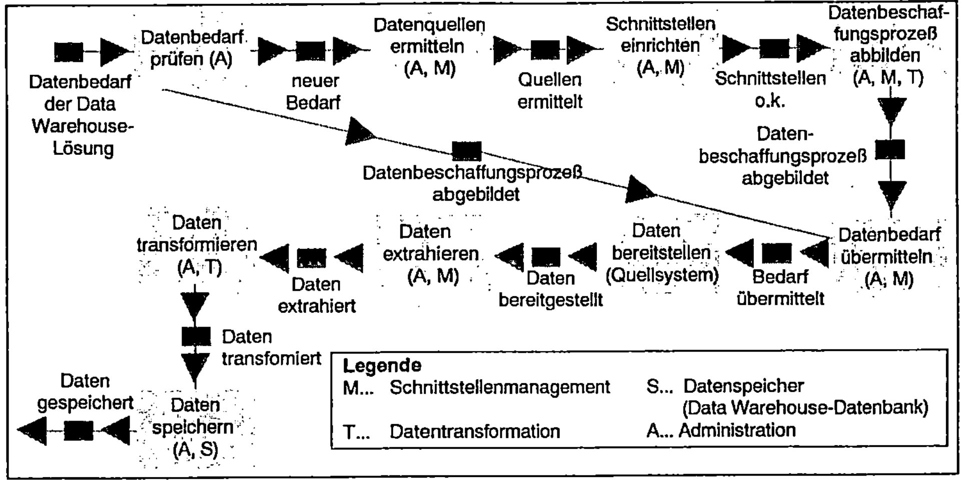

Abb. 5-9: Vorgangs-Ereignis-Schema für den Datenbedarf einer Data Warehouse-Lösung

5.2 Qualitätskriterien für Datenlogistikprozesse

In diesem Abschnitt wird die Anwendung objektorientierter Prinzipien für die Modellierung und modulare Gestaltung der Datenlogistik anhand systematisierter Qualitätskriterien motiviert. Für die Qualität von Datenmodellen, d.h. die isolierte Betrachtung der Datensicht, gibt es bereits umfangreiche Arbeiten (vgl. z.B. [Maie96, 97 ff.]). Für die Datenlogistik sind zusätzlich die Funktions- und die Ablaufsicht, d.h. Daten- und Steuerflüsse, zu betrachten (→4.3.2). Ausgangspunkte für diesbezügliche Untersuchungen innerhalb dieser Arbeit sind Qualitätskriterien im Software-Engineering. Prinzipien, die der Konstruktion von Softwareprogrammen zugrunde liegen, werden dabei auf die Gestaltung eines verteilten Informationssystems angewendet.

Die Übertragbarkeit von Methoden des Software-Engineering auf die Informationssystemgestaltung wurde innerhalb dieser Arbeit bereits an verschiedenen Stellen gezeigt:

- Objektorientierte Konzepte wurden vom Software-Engineering und der Programmiersprachenentwicklung geprägt und werden nunmehr auch für die Gestaltung verteilter Informationssysteme genutzt (→2.3.3).

- Geschäftsprozesse als organisatorische Ausrichtung für die Verknüpfung funktionsorientierter Unternehmensbereiche finden ihre Entsprechung in Workflows, die Anwendungssysteme prozeßorientiert miteinander verbinden (→*3.5.3.2*).

▫ Die Architektur Integrierter Informationssysteme (ARIS) stellt einen Zusammenhang zwischen der Fachkonzeptebene für die Geschäftsprozeßgestaltung und der DV-Konzept- und Implementierungsebene für die Softwaregestaltung her, wobei Äquivalenzen zwischen den Metamodellen der Ebenen bestehen, die auf ähnliche Gestaltungsgrundsätze für Geschäftsprozeß- und Software-Engineering hinweisen (→*2.3.2.2*). SCHEER betont, daß die gleiche Methodik sowohl einen Anwendungsnutzen für das Geschäftsprozeß-Engineering (betriebswirtschaftlich-organisatorischer Anwendungsnutzen) als auch für das Software-Engineering (Anwendungsnutzen für die Entwicklung von Informationssystemen) erbringt [Sche98b, 2 ff.].

	Software-Engineering	Prozeß-Engineering der Datenlogistik
Gegenstand der Betrachtung	Programmlogik	Datenlogistik
System	Softwareprogramm	Informationssystem
Bausteine / Objekte	Funktionale Software-Module (Funktionen, Prozeduren)	Funktionale Anwendungssysteme
Steuerflüsse	Prozeduraufrufe	Datenflußsteuerung
Datenflüsse	Prozedurparameter und Funktionsergebnisse	Datenaustausch

Abb. 5-10: Äquivalenz von Prozeß-Engineering und Software-Engineering

YOURDON et. al. stellen im Zusammenhang mit der Geschäftsprozeßmodellierung fest: „Most of the techniques which are relevant for system development generally are also useful for business analysis." [Your95, 27]. ÖSTERLE hebt hervor, daß die Entwicklung von Informationssystemen ein methodisches Gerüst für das Prozeß-Engineering darstellt [Öste95, 28]. In *Abb. 5-10* sind Engineering der Datenlogistikprozesse und Software-Engineering gegenübergestellt und Zusammenhänge zwischen Merkmalen beider Engineering-Bereiche zusammengefaßt.

5.2.1 Qualität von Datenlogistikprozessen

Eine Motivation für die Entwicklung neuer Methoden und Modelle im Software-Engineering, so auch für das objektorientierte Konzept, ist die Sicherung und Verbesserung der Softwarequalität. In diesem Kapitel werden davon ausgehend Kriterien für die Qualität von Datenlogistikprozessen untersucht.

5.2.1.1 Qualitätsfaktoren für die Softwareentwicklung

Möglichkeiten für eine exakte und differenzierte Spezifikation von Softwarequalität bieten sogenannte Qualitätsmodelle (vgl. dazu [Scha90; Boeh78; Wall90]).

Der Aufbau eines Qualitätsmodells erfolgt in drei Ebenen [Hein93b, 16]:

1. Der Qualitätsbegriff wird durch mehrere Qualitätsfaktoren genau spezifiziert.

2. Für die Qualitätsfaktoren werden Kriterien in Form von Prozeß- oder Produktmerkmalen festgelegt.

3. Den Merkmalen werden Prozeß- und Produktkenngrößen zugeordnet, die diese Merkmale meß- und bewertbar machen.

Es erfolgt somit eine dreistufige Zerlegung des Qualitätsbegriffs, deren unterste Ebene mit den Qualitätskenngrößen die Basis für die Qualitätsbewertung darstellt. Während sich die Auswahl der Qualitätsfaktoren nach den spezifischen externen Anforderungen richtet, hängen die Kriterien und Kenngrößen im wesentlichen von der internen Realisierung ab. FENTON beschreibt solche inneren und äußeren Faktoren und deren Zusammenhang folgendermaßen [Fent91]:

❑ *Äußere Qualitätsfaktoren* (Anforderungen an Software)

Äußere Qualitätsfaktoren charakterisieren die für die Nutzung der Software relevanten Eigenschaften. An der Erfüllung dieser Faktoren sind besonders Projektmanager und Softwareanwender interessiert. Letztlich sind diese Faktoren entscheidend für Akzeptanz und Erfolg eines Softwareprodukts.

❑ *Innere Qualitätsfaktoren* (Struktur von Software)

Innere Qualitätsfaktoren sind Merkmale, die dem Softwareprodukt direkt zugeordnet werden. Sie sind Kriterien für die Erfüllung der äußeren Qualitätsfaktoren.

Äußerer Qualitätsfaktor	Innere Qualitätsfaktoren (Kriterien)
Flexibilität	Modularität, Allgemeingültigkeit, Erweiterbarkeit
Portabilität	Modularität, Güte der Dokumentation, Maschinenunabhängigkeit, Systemsoftwareunabhängigkeit
Wiederverwendbarkeit	Allgemeingültigkeit, Modularität, Maschinenunabhängigkeit, Systemsoftwareunabhängigkeit, Güte der Dokumentation
Verknüpfbarkeit	Modularität, Kompatibilität
Testbarkeit	Einfachheit, Modularität, Güte der Dokumentation
Wartbarkeit	Konsistenz, Einfachheit, Modularität, Güte der Dokumentation
Anwendbarkeit	Schulung, Verständlichkeit, Funktionstüchtigkeit
Integrität	Zugriffskontrolle, Prüfbarkeit der Systemveränderungen
Effizienz	Laufzeiteffizienz, Speicherplatzeffizienz
Zuverlässigkeit	Fehlertoleranz, Konsistenz, Betriebssicherheit, Einfachheit
Korrektheit	Ablaufverfolgbarkeit, Konsistenz, Vollständigkeit

Abb. 5-11: Qualitätsmodell von MC CALL [Dumk92]

Eines der verbreitetsten Qualitätsmodelle ist das von MC CALL (beschrieben in [Vinc88]), welches die Zuordnung von inneren zu äußeren Qualitätsfaktoren beschreibt (*Abb. 5-11*). Andere Qualitätsmodelle findet man u.a. in [Wall90].

5.2.1.2 Qualitätsfaktoren für Datenlogistikprozesse

Qualitätsfaktoren für Datenlogistikprozesse können anhand des vorgestellten Qualitätsmodells abgeleitet werden. Es sind analog zum Software-Engineering für das Qualitätsmodell der Datenlogistik zwei Betrachtungsebenen zu unterscheiden:

- *Äußere Qualitätsfaktoren*: Diese Qualitätsfaktoren charakterisieren die Eigenschaften der Datenlogistikprozesse in bezug auf die gestellten Anforderungen und sind je nach unternehmensspezifischer Zielstellung unterschiedlich ausgeprägt. Die Akzeptanz einer Datenlogistiklösung, z.B. einer Data Warehouse-Lösung, hängt von der Erfüllung dieser Faktoren ab.

- *Innere Qualitätsfaktoren*: Innere Qualitätsfaktoren kennzeichnen die Struktur (Daten, Funktionen, Abläufe) der Datenlogistikprozesse und sind Kriterien für die Erfüllung äußerer Faktoren.

Äußerer Qualitätsfaktor	Innere Qualitätsfaktoren (Kriterien)
Flexibilität	Modularität, Allgemeingültigkeit, Erweiterbarkeit, Güte der Dokumentation
Wiederverwendbarkeit	Allgemeingültigkeit, Modularität, Güte der Dokumentation
Verknüpfbarkeit	Modularität, Kompatibilität
Wartbarkeit	Konsistenz, Einfachheit, Modularität, Güte der Dokumentation

Abb. 5-12: Qualitätsmodell für Datenlogistikprozesse

In *Abb. 5-12* sind äußere und innere Qualitätsfaktoren von Datenlogistikprozessen einander zugeordnet. Die äußeren Faktoren sind Erfolgsfaktoren von Datenlogistiklösungen (→*3.6.2.3*, →*4.1.2*):

- *Flexibilität*: Die über Datenlogistikprozesse in Beziehung stehenden Anwendungssysteme unterliegen oft einer permanenten Entwicklung aufgrund sich ändernder betriebswirtschaftlicher Anforderungen, weshalb die Datenlogistik flexibel anpassungsfähig sein muß.

- *Wiederverwendbarkeit*: Einheitliche Datenlogistikprozesse zwischen Anwendungssystemen sind die Grundlage standardisierter Metadaten für die Integration der Datenlogistik. Die in den Metadaten formulierten Regeln können dann für beliebige Datenlogistikprozesse wiederverwendet werden.

- *Verknüpfbarkeit*: Die über den Austausch von Daten realisierte Verknüpfung von Anwendungssystemen ist Gegenstand der Datenlogistik, wofür geeignete Schnittstellenlösungen in den Anwendungssystemen verfügbar sein müssen.

□ *Wartbarkeit*: Die Wartbarkeit einer integrierten Datenlogistiklösung ist abhängig von der Bewältigung der mit der Integration heterogener, verteilter Anwendungssysteme verbundenen Komplexität.

Die inneren Qualitätsfaktoren hängen mit geforderten Eigenschaften von Datenlogistiklösungen zusammen:

□ *Modularität*: Modulare Datenlogistik (→*3.4.3.2*, →*4.1.2*),

□ *Allgemeingültigkeit*: Vereinheitlichung von Daten, Funktions- und Ablaufstrukturen der Datenlogistik in einer Data Warehouse-Lösung (→*4.3.3*); Uniformierung von Metadaten (→*3.6.2.3*, →*4.5.3*),

□ *Güte der Dokumentation*: Beschreibung der Datenlogistikprozesse aus verschiedenen Sichten (→*4.3*),

□ *Erweiterbarkeit*: inkrementelles Vorgehen bei der Data Warehouse-Einführung (→*3.6.4.2*),

□ *Konsistenz*: Konsistenz heterogener Datenbestände in verteilten Informationssystemen (→*3.1.3*, →*3.2.1.3*, →*4.3.2*),

□ *Kompatibilität*: logische Kompatibilität von Datenstrukturen verteilter Datenbanken (→*3.2.4*, →*3.4.3.1*, →*3.5.3.1*, →*4.3.2.3*),

□ *Einfachheit*: Reduktion der Komplexität der Datenlogistikprozesse durch modulare Verteilung, Kapselung und Wiederverwendung (→*3.4.3.2*, →*3.5.2*, →*3.6.3*, →*4.3.1.4*).

5.2.2 Wiederverwendung als wichtiger Qualitätsfaktor

Die Forderung nach Wiederverwendung besteht sowohl für die Data Warehouse-Lösung als Integrationskomponente der Datenlogistik als auch für die zu integrierenden Anwendungssysteme. Einerseits sind in Datenlogistikprozessen möglichst existierende Funktionalitäten der Anwendungssysteme zu nutzen (→*3.4.3*, →*4.1.2*), andererseits liefert die Data Warehouse-Lösung Vorgaben für einheitliche Strukturen und Abläufe in Datenlogistikprozessen, die von Anwendungssystemen genutzt werden können, z.B. in Form standardisierter Metadaten (→*3.6.2.3*, →*4.5.4*).

5.2.2.1 Wiederverwendung in den Anwendungssystemen

Die Wiederverwendung von in Teilinformationssystemen bereits existierenden Funktionalitäten für die informationssystemweite Datenlogistik richtet sich an dem Ziel der dezentralen Aufgabenerfüllung aus und ist eine wichtige Voraussetzung für die Integration (→*3.4.3*). Durch die Einbindung personeller Aufgabenträger in den Unternehmensbereichen wird die vorhandene Kompetenz für die fachgerechte Verarbeitung und Bereitstellung der Daten genutzt (wiederverwendet) und gleichzeitig die Informationsbereitschaft dieser Bereiche (→*4.2.1.3*) erhöht. Bei maschinellen Aufgabenträgern werden existierende Funktionalitäten der Anwendungssysteme in die Datenlogistikprozesse einbezogen.

Für die Wiederverwendung bestehender Funktionalität aus vorhandenen Anwendungssystemen und bestehender fachlicher Kompetenz in den Unternehmensbereichen für Zwecke der anwendungssystemübergreifenden Datenlogistik gibt es verschiedene Gründe:

□ Eine Data Warehouse-Lösung ist eine neue Komponente des betrieblichen Informationssystems. Die bereits existierenden Anwendungssysteme sind gewachsen und konsolidiert.

□ Funktionen werden an der Stelle ausgeführt, wo das meiste Wissen darüber existiert.

□ Die Komplexität der Datenlogistikprozesse wird reduziert, wenn Datenlogistikfunktionen in den Anwendungssystemen gekapselt ausgeführt werden können.

□ Erfahrungen mit Datenlogistikfunktionen in einem kleineren Data Mart für einen Unternehmensbereich können für eine informationssystemweite Data Warehouse-Lösung genutzt werden.

Softwarewiederverwendung auf der Basis objektorientierter Bausteine wird bereits in Data Warehouse-Lösungen praktiziert [Schw96, 80]. Weitaus schwieriger ist die Wiederverwendung umfangreicher fachlicher und datenlogistischer Komponenten, da Klarheit über die Funktionalität bestehen muß, was wiederum genaue Dokumentationen voraussetzt.

5.2.2.2 Wiederverwendung in der Integrationskomponente

Die in einer zentralen Datenlogistikkomponente abgelegten Metadaten der Datenlogistik ermöglichen die Wiederverwendung standardisierter Daten- und Ablaufstrukturen für den Datenaustausch zwischen Anwendungssystemen. Zur Wiederverwendung im Zusammenhang mit den Metadaten einer Data Warehouse-Lösung vgl. auch *3.6.2.3*.

Wiederverwendbarkeit erfordert allgemeine, anwendungssystemunabhängige Modelle für Daten, Funktionen und Abläufe als Grundlage für Metadatenbanksysteme, welche die mehrfache Verwendung von standardisierten Datenlogistikfunktionen in verschiedenen Datenlogistikprozessen erlauben. Dazu können bspw. die in *4.3.3* systematisierten Modelle zu Data Warehouse-Komponenten genutzt werden. In *4.5.3* wurden für verschiedene betriebswirtschaftliche Anwendungsfälle wiederverwendbare Metadaten auf der Basis uniformer multidimensionaler Datenstrukturen entwickelt. Bei den in *5.3* entwickelten objektorientierten Modellen spielt Wiederverwendung eine entscheidende Rolle.

5.2.3 Modularität als wichtiges Qualitätskriterium

In *Abb. 5-12* wurde die Bedeutung der Modularität für die Gestaltung von Datenlogistikprozessen deutlich. Wichtige Faktoren wie Flexibilität der Datenlogistik, Verknüpfbarkeit von Anwendungssystemen und Wiederverwendbarkeit von Funktionalität sind demnach entscheidend von einer geeigneten Modularisierung abhängig. In *Abb. 5-13* sind die innerhalb dieser Arbeit im Zusammenhang mit der Modularität verwendeten Begriffe zusammengefaßt. *Modularisierung* bedeutet modulare Gestaltung der Datenlogistik, während *Modularität* als Eigenschaft der Datenlogistik das Resultat der Modularisierung ist. Die Umsetzung von Prinzipien der Modularisierung (→*5.2.3.2*) führt demnach zur Erfüllung von Modularitätskriterien (→*5.2.3.1*).

Die Modularität charakterisiert zum einen die Verteilung, d.h. die Dezentralisierung der Datenlogistikfunktionen (→*3.6.3.1*) und zum anderen ist Modularisierung die Grundlage für das Zusammenwirken der Anwendungssysteme im Rahmen integrierter Datenlogistikprozesse (→*3.4.3.2*). Insbesondere kann mit modularen Prinzipien der Zusammenhang zwischen einer zentralen, integrierenden Data Warehouse-Lösung und der Verteilung der Funktionalität auf verschiedene Data Marts hergestellt werden (→*3.6.3.2*).

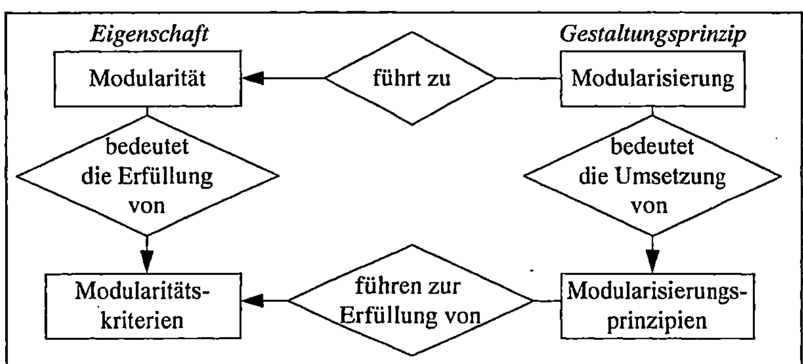

Abb. 5-13: Zusammenhang zwischen Modularisierung und Modularität

5.2.3.1 Charakteristik der Modularität

In [FeSi94, 38 ff.] wird Dezentralisierung durch die Schaffung von Teilsystemen als Möglichkeit zur Beherrschung der Komplexität betrieblicher Informationssysteme charakterisiert (→*2.3.3.2.1*). Eingeschränkt auf das Teilproblem der Datenlogistik ist die Bildung von Data Marts Ausdruck der Modularisierung der informationssystemweiten Datenlogistik (→*3.6.3.2*). Gleichermaßen werden in Softwareprogrammen Module gebildet, um wohldefinierte, dokumentierte Abgrenzungen zu erreichen und die Komplexität zu reduzieren [Booc95, 76]. Allen drei Arten der Modularisierung stimmen dahingehend überein, daß die gebildeten Module im Gesamtsystem in geeigneter Form zusammenwirken müssen:

- In [FeSi94, 38] wird festgestellt, daß über die Außensicht die Beziehungen eines Teilsystems zu umgebenden Teilsystemen beschrieben werden müssen (→*2.3.3.2*).

- Gleichermaßen sind Data Marts in Datenlogistikprozessen in geeigneter Weise zu kombinieren (→*3.6.3.2*).

- In [Meye90, 11] wird gefordert, Softwaresysteme aus autonomen, durch eine klare einfache Struktur miteinander verbundenen Modulen zu schaffen.

Das Kriterium Modularität wird in [Meye90, 11 ff.] durch fünf Unterkriterien (*Abb. 5-14*) genauer spezifiziert. Im folgenden werden diese Kriterien zunächst allgemein charakterisiert und danach auf die Gestaltung der Datenlogistikprozesse angewendet. In den in *Abb. 5-14* dargestellten Modularitätskriterien spiegeln sich die Aspekte der Teilsystembildung unter der Prämisse, die Funktionsweise des Gesamtsystems zu erhalten, wider.

Kriterien	Zerleg-barkeit	Kombinier-barkeit	Verständ-lichkeit	Stetigkeit	Abschot-tung
Flexibilität	X				
Wiederverwendbarkeit		X	X	X	X
Verknüpfbarkeit		X		X	X
Wartbarkeit	X		X	X	

Abb. 5-14: **Zusammenhang zwischen äußeren Qualitätsfaktoren und Modularitätskriterien**

Bezogen auf die Datenlogistik sind die Zusammenhänge zwischen äußeren Qualitätsfaktoren (→*5.2.1.2*) und Modularitätskriterien in *Abb. 5-14* dargestellt und werden im folgenden für die Gestaltung von Data Marts erläutert:

- *Zerlegbarkeit:* Eine Entwurfsmethode unterstützt die Zerlegung des Moduls in verschiedene, voneinander unabhängige Teilprobleme. Dies hilft, die Komplexität eines Problems zu reduzieren.

    ⇒ Die Verteilung der Datenlogistikfunktionalität auf mehrere Data Marts reduziert die Komplexität des Gesamtsystems. Die Entwicklung, Einführung und Wartung kleinerer Datenlogistikmodule ist einfacher als die einer komplexeren Data Warehouse-Lösung. Außerdem ist eine bessere Aufteilung der personellen Verantwortlichkeiten für einzelne Data Marts möglich.

- *Kombinierbarkeit:* Eine Entwurfsmethode fördert die Herstellung solcher Softwareelemente, die miteinander frei zur Entwicklung neuer Softwaresysteme kombiniert werden können (Baukastenprinzip, vgl. auch Componentware, →*2.1.4.3*). Kombinierbarkeit ist der Ausgangspunkt für *Wiederverwendbarkeit*.

⇒ Die Kombinierbarkeit von Data Marts charakterisiert deren Möglichkeiten zum Zusammenwirken innerhalb der Datenlogistik und ist damit Grundlage für die Integration.

◻ *Verständlichkeit:* Die Module sind für den Leser verständlich und auch ohne umfassende Kenntnis des Gesamtsystems lesbar. Dies ist eine wichtige Voraussetzung für die *Wartbarkeit* von Modulen.

⇒ Ein einzelner Data Mart ist unabhängig von seinem Zusammenwirken mit anderen Modulen der Datenlogistik separat zu dokumentieren. Zwar sind die Abhängigkeiten zu anderen Data Marts darzustellen, jedoch muß ein Data Mart auch ohne den Gesamtzusammenhang der Datenlogistikprozesse verständlich sein.

◻ *Modulare Stetigkeit:* Kleine Änderungen in der Problemspezifikation wirken sich als kleine Änderung in nur einem Modul oder wenigen Modulen aus. Die Gesamtarchitektur des Systems ist damit relativ beständig gegenüber Modifikationen der Systemanforderungen. Dieses Kriterium steht somit für eine einfache *Erweiterbarkeit* des Systems.

⇒ Die modulare Stetigkeit ist ein wesentliches Kriterium für Datenlogistikprozesse. Aufgrund vielfältiger Abhängigkeiten von Data Marts in Datenlogistikprozessen ist es notwendig, einen Data Mart weitestgehend von Änderungen in anderen Data Marts zu entkoppeln. Andernfalls kann die Weiterentwicklung der Data Marts hohe Änderungsaufwendungen in Datenlogistikprozessen bewirken.

◻ *Abschottung:* Die Behandlung von Ausnahmesituationen zur Laufzeit erfolgt in dem Modul, in welchem die Ausnahme auftritt bzw. „pflanzt" sich nur auf wenige andere Module fort. Damit wird die Fehlerausbreitung in Programmen eingeschränkt und die Fehlerbeseitigung vereinfacht.

⇒ Dieses Kriterium bezieht sich z.B. auf die Bereinigung der Daten (→*4.3.3.2.2*). Daten sollten so früh wie möglich im Verarbeitungsprozeß und an der Stelle bereinigt werden, wo sie produziert bzw. zusammengeführt werden. Inkonsistenzen werden damit in den Data Marts beseitigt, in denen sie entstehen. Werden inkonsistente Daten an andere Data Marts übergeben, besteht die Gefahr, daß in späteren Phasen der Verarbeitung in einem anderen Data Mart notwendige Informationen zur Bereinigung der Daten fehlen.

5.2.3.2 Prinzipien der Modularisierung

Aus den fünf Kriterien für Modularität lassen sich fünf Prinzipien der Modularisierung [Meye90, 18 ff.] als Grundlage für die modulare Gestaltung der Datenlogistikprozesse herleiten. Die Abhängigkeiten sind in *Abb. 5-15* dargestellt.

- *Sprachliche Moduleinheiten*: Einzelne Data Marts können als Module der Datenlogistik aufgefaßt und als solche explizit benannt werden.

- *Wenige Schnittstellen*: Zwischen den Data Marts sollen so wenig wie möglich Interaktionen stattfinden.

- *Schmale Schnittstellen*: Die über Schnittstellen ausgetauschten Datenmengen zwischen Data Marts sollen möglichst klein und die entsprechenden Datenstrukturen möglichst einfach sein.

- *Explizite Schnittstellen*: Jede erforderliche Schnittstelle zwischen zwei Data Marts sollte als solche explizit unterstützt und dokumentiert werden.

- *Geheimnisprinzip*: Nur die für andere Data Marts relevanten Daten sollten Bestandteil der datenlogistischen Schnittstelle eines Data Mart sein.

Prinzip \ Kriterium	Zerlegbarkeit	Kombinierbarkeit	Verständlichkeit	Stetigkeit	Abschottung
Sprachliche Moduleinheiten	x	x			x
Wenige Schnittstellen	x				x
Schmale Schnittstellen				x	x
Explizite Schnittstellen	x	x	x	x	
Geheimnisprinzip			x		x

Abb. 5-15: Zusammenhang zwischen Modularitätskriterien und Prinzipien der Modularisierung

5.3 Objektorientierte Modellierung der Datenlogistik

5.3.1 Objektorientierte Modellelemente

Bei der folgenden Vorstellung objektorientierter Modellelemente werden ein Reihe von Begriffen aus dem Bereich des Objektorientierten Design ohne ausführliche Erläuterung verwendet. Für eine Vertiefung des objektorientierten Vokabulars wird auf [Booc95; CoYo94; Heue92; Meye90] verwiesen.

5.3.1.1 Kriterien für Objektorientiertheit nach MEYER

MEYER beschreibt sieben Ebenen der Objektorientierung, welche Kriterien für objektorientierte Programmiersprachen im speziellen und für objektorientierte Methoden im allgemeinen sind [Meye90, 65 ff.]:

- Ebene 1: *Objektbasierte modulare Struktur*

    Systeme werden auf der Grundlage ihrer Datenstrukturen modularisiert.

- Ebene 2: *Datenabstraktion*

    Objekte sind als Implementierungen abstrakter Datentypen zu beschreiben.

- Ebene 3: *Automatische Speicherplatzverwaltung*

  Unbenutzte Objekte sollten ohne explizite Programmierung vom Sprachsystem freigegeben werden.

- Ebene 4: *Klassen*

  Jeder nicht-einfache Typ ist ein Modul und wird als Klasse bezeichnet, und jedes Modul (Klasse) auf höherer Ebene ist ein Typ.

- Ebene 5: *Vererbung*

  Eine Klasse kann als Einschränkung oder Erweiterung einer anderen Klasse definiert werden.

- Ebene 6: *Polymorphismus und dynamisches Binden*

- Ebene 7: *Mehrfache und wiederholte Vererbung.*

Anstatt einer prozedur- oder funktionsorientierten Sichtweise auf zu entwickelnde Anwendungssysteme stützt sich das objektorientierte Paradigma demnach auf Objekte und Klassen.

Im Rahmen dieser Arbeit werden objektorientierte Prinzipien nicht für die objektorientierte Analyse betriebswirtschaftlicher Problemstellungen mit dem Ziel der objektorientierten Softwareerstellung genutzt. Vielmehr sind Datenlogistikprozesse zwischen Anwendungssystemen mit dem Ziel einer modularen Funktionsverteilung und entsprechender Schnittstellengestaltung objektorientiert zu modellieren. In diesem Kontext können besonders drei der von MEYER definierten Kriterien folgendermaßen genutzt werden:

- Ebene 1: Objektbasierte modulare Struktur

  Die Datenlogistik wird auf der Grundlage der vorhandenen Anwendungssysteme und deren Datenstrukturen sowie Funktionalitäten modularisiert.

- Ebene 2: Datenabstraktion

  (Daten-)Strukturen und (funktionales) Verhalten der Anwendungssystemobjekte werden gekapselt. Die Kapselung bezieht sich sowohl auf betriebswirtschaftliche Daten als auch auf Metadaten der Anwendungssysteme. Die Beschreibung des Objekts *Anwendungssystem* abstrahiert von den Datenstrukturen und Funktionen, welche nicht Bestandteil der für die Datenlogistik relevanten Schnittstelle sind.

- Ebene 3: Automatische „Garbage collection"

  Daten, die von keinem Anwendungssystem mehr benötigt werden, können archiviert bzw. gelöscht und damit aus den Datenlogistikprozessen entfernt werden. Neben der physischen Entlastung der Datenbanken ist dies eine Möglichkeit zur Begrenzung der Informationsflut in Unternehmen.

In *Abb. 5-16* sind die Kriterien *Objektbasierte modulare Struktur* und *Datenabstraktion* zusammenfassend für zwei Teilinformationssysteme A und B dargestellt. Die Anwendungssysteme sind jeweils neben den (in *Abb. 5-16* nicht dargestellten) personellen Aufgabenträgern Bestandteil von Teilinformationssystemen. Für Datenlogistikprozesse sind die Datenlogistikfunktionen als Teilmenge der Gesamtfunktionalität und die für den Datenaustausch relevanten Daten als Teilmenge der Gesamtdaten von Bedeutung und daher in der objektorientierten Abstraktion des Anwendungssystems enthalten.

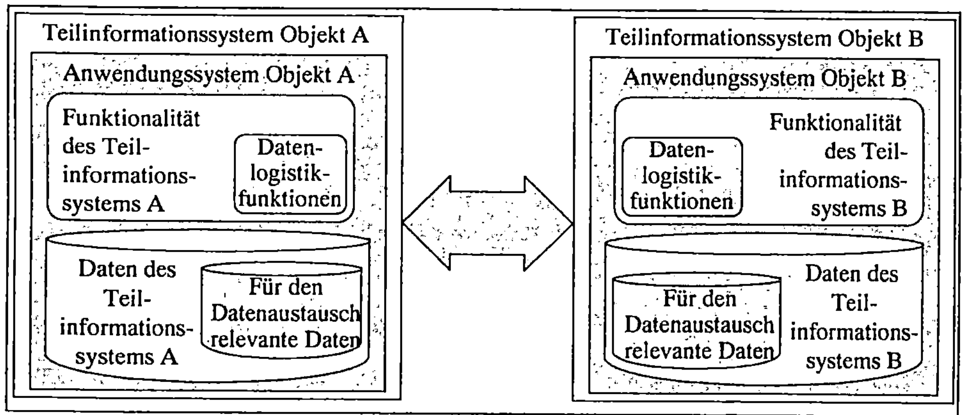

Abb. 5-16: Objektorientierte modulare Struktur und datenlogistische Abstraktion

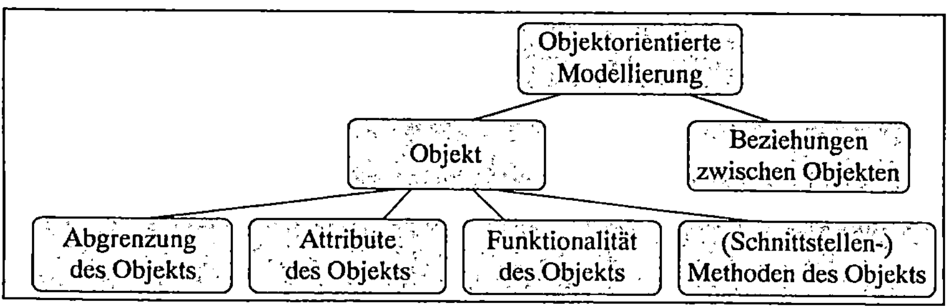

Abb. 5-17: Elemente objektorientierter Modelle (in Anlehnung an [Booc86])

5.3.1.2 Prinzipien der Komplexitätsreduzierung

Mit objektorientierten Prinzipien soll u.a. die Komplexität der Datenlogistik bewältigt und reduziert werden. Komplexität ist eines der größten Probleme der Datenlogistik, da informationssystemweite Datenlogistikprozesse aufgrund heterogener, nicht abgestimmter Anwendungssysteme i.d.R. sehr umfangreich und kompliziert sind (→*4.3.2*). Zur Handhabung dieser Komplexität bedient sich ein Modellierungsprozeß solcher Prinzipien wie Dekomposition, Abstraktion und Hierarchische Gliederung [Booc95, 32 ff.]. Das objektorientierte Paradigma umfaßt verschiedene Prinzipien der Strukturierung (*Abb. 5-17*, vgl. z.B. [Booc86; CoYo94, 28]), die für die objektorientierte Modellierung der Datenlogistik gezielt und sinnvoll eingesetzt werden.

5.3.1.3 Systematik der Modellelemente

Bei der objektorientierten Modellierung werden eine Vielzahl von Modellelementen miteinander kombiniert. Eine Einteilung dieser Elemente zeigt *Abb. 5-17*. Diese Systematik wird für die folgende objektorientierte Modellierung der Datenlogistikprozesse übernommen (*Abb. 5-18*):

□ Modellierung von Data Marts

> Ein Data Mart ist als Objekt der Datenlogistik abzugrenzen und durch ein Datenschema (als Äquivalent zu den Attributen) und die Funktionalität zu spezifizieren. Die definierte Schnittstelle umfaßt Bestandteile des Data Mart, die für andere Data Marts nutzbar sind. Im Gegensatz zur klassischen objektorientierten Modellierung mit rein funktionalen Schnittstellen in Form von ausführbaren Methoden (*Abb. 5-17*) können Datenstrukturen Bestandteil der Schnittstelle eines Data Marts sein.

□ Modellierung der Kooperation von Data Marts

> Zwischen den Data Marts sind aus objektorientierter Sicht die in *Abb. 5-18* dargestellten Beziehungen zu unterscheiden.

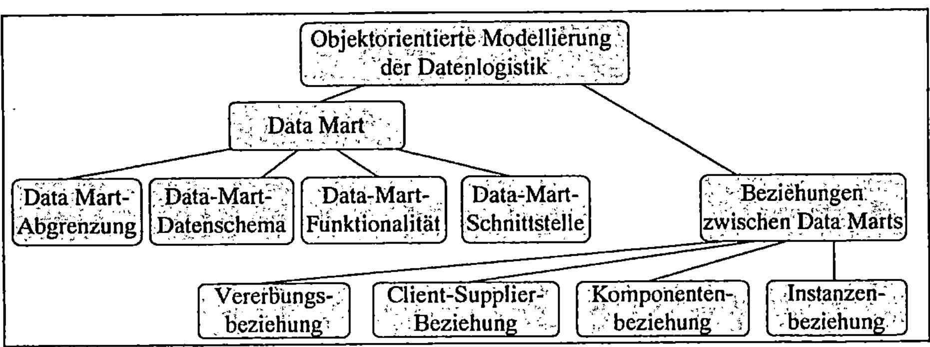

Abb. 5-18: Elemente objektorientierter Modelle der Datenlogistik

Im folgenden werden die in *Abb. 5-18* systematisierten objektorientierten Modellelemente hinsichtlich ihrer Verwendung für die Modellbildung der Datenlogistik charakterisiert.

5.3.2 Einzelbetrachtung von Data Marts

5.3.2.1 Charakteristik eines Data Mart als Objekt der Datenlogistik

Charakteristik eines Objekts

Ein *Objekt* ist die Abstraktion eines Elements des Problembereichs (fachliches Objekt) oder der informationstechnischen Umsetzung (informationstechnisches Objekt) und besteht aus der Kapselung von Attributwerten (Daten) und entsprechenden Diensten [CoYo94, 74 f.]. Ein Objekt ist im Sinne der objektorientierten Modellierung durch drei Merkmale gekennzeichnet:

1. Der *Zustand* eines Objekts ist durch statische Attribute und aktuelle, meist dynamische Attributwerte charakterisiert.

2. Das *Verhalten* eines Objekts beschreibt dessen Aktionen und Reaktionen in Form von Zustandsänderungen und Nachrichtensendungen an andere Objekte über Dienste (auch bezeichnet als Methoden oder Operationen).

3. Die *Identität* ist eine spezielle Eigenschaft, die das Objekt von anderen unterscheidet.

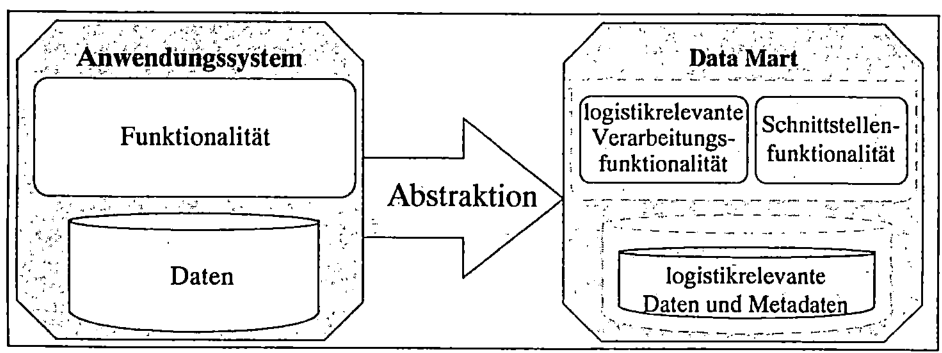

Abb. 5-19: Data Mart als Abstraktion eines Anwendungssystems

Charakteristik eines Data Mart

Ein *Data Mart* ist die Abstraktion eines Anwendungssystems aus Sicht anwendungssystemübergreifender Datenlogistikprozesse. Der *Zustand* des Data Marts ist durch eine Datenbank mit Datenstrukturen (Analogie zu Attributen) und aktuell enthaltene Daten (Analogie zu Attributwerten) charakterisiert. Das *Verhalten* ist gekennzeichnet:

□ aus Innensicht (→*2.3.3.2.1*) durch eine Menge von Verarbeitungsfunktionen (Analogie zu Zustandsänderungen),

□ aus Außensicht (→*2.3.3.2.1*) durch eine definierte Schnittstelle, die aus Schnittstellenfunktionen (Analogie zu Diensten) besteht, über die Schnittstellendaten an andere Data Marts transferiert (Analogie zu Nachrichtensendungen) werden können.

Data Marts repräsentieren somit Anwendungssysteme, die Bestandteil der unternehmensweiten Datenlogistik sind. Mit der Abstraktion werden nur solche Eigenschaften eines Anwendungssystems betrachtet, die für das Zusammenwirken mit anderen Anwendungssystemen relevant sind (*Abb. 5-19*).

Ein Data Mart kann ...

□ ... nur der Datenlogistik dienen und somit keine eigene betriebswirtschaftliche Funktionalität besitzen (Analogie zu informationstechnischem Objekt), z.B. der in der Fallstudie beschriebene Schnittstellenmanager (→*A.2.3*), oder

□ ... zusätzlich zur datenlogistischen eine bestimmte betriebswirtschaftliche Aufgabe haben (Analogie zu fachlichem Objekt), z.B. das in der Fallstudie vorgestellte Fakturierungssystem (→*A.2.1*).

Diese Charakteristik eines Data Mart stellt den Zusammenhang zwischen der in der Literatur geläufigen begrifflichen Verwendung eines Data Mart als bereichsspezifisches Anwendungssystem mit Data Warehouse-Funktionalität (→*3.6.3.2*) und der objektorientierten Modellierung her.

Die objektorientierte Modellierung eines Data Mart schafft Möglichkeiten für die Komplexitätsreduzierung beim Aufbau einer informationssystemweiten Datenlogistik: Im ersten Schritt sind die Data Marts als autonome, eigenständige Objekte zu entwickeln. Erst wenn die Daten- und Funktionsstrukturen unabhängig von anderen Objekten (Data Marts) feststehen, können im zweiten Schritt die möglichen Schnittstellen zu anderen Objekten unterstützt werden (*Bsp. 5-1*).

Bsp. 5-1: Schnittstellenkonzeption

Es ist eine Schnittstellenlösung zwischen einem Planungssystem und einem MSS zu konzipieren. Dazu sind das Datenmodell und die Funktionalität beider Seiten zu untersuchen und abzustimmen. Erst wenn diesbezügliche, genaue Beschreibungen für beide Anwendungssysteme als Modelle aus verschiedenen Sichten (→*4.3*) vorliegen, können Schnittstellen spezifiziert werden. Beide Systeme werden parallel zueinander in unterschiedlichen Projekten entwickelt. Die Schnittstellen sollen bereits in der Entwurfsphase festgelegt, um die entstehenden Systeme funktional voneinander abzugrenzen und in Datenlogistikprozessen geeignet zu koppeln. Wenn allerdings für das MSS das genaue Datenmodell noch nicht entwickelt wurde, können Abbildungsvorschriften für die zu transferierenden Daten nicht beschreiben werden. Falls die detaillierte, funktionale Beschreibung des Planungssystems nicht vorliegt, kann keine Abgrenzung der Aufgaben beider Systeme zur Vermeidung von Redundanzen vorgenommen werden. Um parallel laufende Entwicklungen von Anwendungssystemen im Rahmen der Datenlogistik frühzeitig aus anwendungssystemübergreifender Sicht zu koordinieren, sind daher aus objektorientierter Sicht Schnittstellen abzustimmen, ohne die inneren Strukturen beider Systeme offenzulegen.

5.3.2.2 Standardisierung von Data Marts in Klassen

Charakteristik einer Klasse

Struktur und Verhalten von gleichartigen Objekten werden in einer gemeinsamen Klasse definiert, wobei die Objekte dann Instanzen dieser Klasse heißen. Demnach ist eine *Klasse* eine Menge von Objekten mit gleicher Struktur (Attribute) und gleichem Verhalten (Dienste) [CoYo94, 75].

Eine Klasse ist in bezug auf die Sichtbarkeit von Attributen und Diensten zweigeteilt:

- *öffentliches Interface:* nach außen sichtbar,

- *geschützte Implementierung:* nach außen verborgen (Geheimnisprinzip).

Das Interface enthält die für Objekte der Klasse verfügbaren Operationen und charakterisiert somit die Außensicht. Die Implementierung repräsentiert die den Operationen zugrunde liegende verborgene Struktur, d.h. die Attribute und Funktionen über den Attributen.

Standardisierung von Metadaten der Data Marts

Mit Hilfe des Klassenbegriffs können die Struktur und das Verhalten von Data Marts einheitlich definiert werden. Diese Vereinheitlichung bezieht sich nicht auf unterschiedliche betriebswirtschaftliche Funktionalitäten sondern auf Metadaten der Data Marts (vgl. z.B. Unimu-Schema, →*4.5.4*). Wie bei einer Klasse kann auch bei der Modellierung der Data Marts zwischen zwei Teilen unterschieden werden:

- *öffentliches Interface:* die nach außen verfügbare Schnittstelle des Data Mart,

- *private Implementierung:* die nach außen verborgene Realisierung der Funktionalität, die für Schnittstellen nicht relevant ist (Geheimnisprinzip).

Die für die Datenlogistik relevante Schnittstelle sollte in formaler Form beschrieben sein, z.B. durch ein Relationenmodell für Schnittstellentabellen. Eine für private Daten- und Funktionsstrukturen des Data Mart vorliegende Beschreibung kann als Grundlage weiterer Nutzenspotentiale des Data Mart für die Datenlogistik dienen, wobei eine halbformale oder textuelle Form ausreicht. Für den privaten Teil ist bspw. ein grobes Clustering des Datenmodells (→*2.3.1.3*, →*4.3.1.4*) angemessen.

Für die Einbindung in Datenlogistikprozesse sind einheitliche Schnittstellen der Data Marts besonders wichtig (*Bsp. 5-2*).

Bsp. 5-2: Standardisierung von Metadaten

Zwei operative Systeme sind Lieferanten von Absatzdaten für ein MSS. Das eine liefert Plandaten, das andere die entsprechenden Ist-Daten, jeweils in verschiedenen Aggregationen (kundenweise, regionsweise usw.). Für eine einfache Verknüpfung dieser Daten in einem MSS ist es zweckmäßig, wenn beide Systeme die Absatzdaten für gleiche Dimensionen mit den gleichen Objektidentifikatoren über ihre Schnittstelle zur Verfügung stellen (→*4.5.4.3*, →*4.5.4.4*).

Mit der Vereinheitlichung von Metadaten in verschiedenen Systemen wird der Austausch von Daten zwischen den Systemen vereinfacht (→*4.5.4.3*). Außerdem werden einige der beschriebenen Qualitätsfaktoren unterstützt (→*5.2.1.2*):

- *Verknüpfbarkeit*: Die Data Marts sind gut verknüpfbar, da ihre Metadaten aufeinander abgestimmt sind.

- *Wiederverwendbarkeit*: Eine existierende Schnittstelle zwischen zwei Data Marts kann als Schnittstelle für einen weiteren Data Mart wiederverwendet werden, da die Metadaten die gleiche Struktur haben.

- *Erweiterbarkeit*: Ist ein neuer Data Mart in die übergreifende Datenlogistik einzubinden, sind seine Schnittstellen anhand vorgegebener einheitlicher Metadaten zu beschreiben und demnach leicht durch andere Data Marts zu nutzen.

5.3.2.3 Objektorientierte Modellierung eines Data Mart

Klassen und deren Beziehungen sind der wichtigste, bei rein objektorientierten Systemen sogar der einzige Systemstrukturierungsmechanismus. In [Meye90, 58 ff.] wird vorgeschlagen, eine Klasse als Implementierung eines Abstrakten Datentyps (ADT) zu beschreiben. Die Theorie des ADT steht insbesondere mit den geforderten Modularisierungsprinzipien in Zusammenhang (→*5.2.3.2*). Der Vorteil dieser implementationsunabhängigen Beschreibung von Klassen ist, daß nicht nur Softwareprogramme formuliert, sondern allgemein objektorientierte Modelle abgebildet werden können.

5.3.2.3.1 Formale Spezifikation eines ADT

Die Spezifikation eines ADT besteht aus folgenden Elementen (vgl. dazu ausführlich [Meye90, 56 ff.]):

- *TYPE*: gibt einen abstrakten Datentyp an, der eine Menge von Instanzen beschreibt. Ein ADT ist generisch und bezieht sich auf einen Typparameter, für den konkrete Datentypen einzusetzen sind. Eine typisierte Instanz des ADT ist gleichzusetzen mit einem Objekt.

- *FUNCTIONS*: beschreibt für Instanzen des Typs die verfügbaren Operationen.

- *CONDITIONS*: beschreibt Bedingungen, die vor der Ausführung einer Funktion gelten müssen.

- *AXIOMS*: beschreibt die Semantik der Funktionen durch Formulierung von Invarianten, die für alle Instanzen des ADT gelten müssen.

5.3.2.3.2 Modellierung eines Data Mart

Bei der Modellierung eines Data Mart wird auf eine Typisierung verzichtet, d.h. statt dem Klassen- wird der Objektbegriff verwendet (*Abb. 5-20*):

- **OBJECT**: Data Mart als abstraktes Objekt.

- **FUNCTIONS**: die für Datenlogistikprozesse verfügbare Schnittstellen-funktionalität mit entsprechenden Datenstrukturen, d.h. die Input-Funktionen (→*4.3.3.2.1*) und die Output-Funktionen (→*4.3.3.4*) des Data Mart. Außerdem können von anderen Data Marts steuerbare Verarbeitungsfunktionen im Data Mart (in *Abb. 5-20* die Funktion *compute*, z.B. Konvertierungs- und Aggregationsfunktionen, →*4.3.3.2.2*) zur Vorverarbeitung der Daten für Daten-logistikprozesse definiert werden.

- **CONDITIONS**: Bedingungen hinsichtlich der Daten im Data Mart, die vor der Ausführung einer Input- bzw. Output-Funktion gelten müssen.

- **AXIOMS**: Konsistenzbedingungen für den Datenbestand im Data Mart.

OBJECT	data_mart
FUNCTIONS	*input*: input_data, data_mart_data → data_mart_data
	output: data_mart_data → output_data, data_mart_data
	compute: data_mart_data → data_mart_data
CONDITIONS PRE	*input*= check_consistency
PRE	*output*= check_consistency
AXIOMS	*Konsistenzbedingungen für alle Daten im Data Mart*

Abb. 5-20: Objektorientierte Beschreibung eines Data Mart

Bsp. 5-3: Objektorientierte Modellierung eines Data Mart

In *Abb. 5-21* sind die Elemente der objektorientierten Beschreibung eines Data Mart als ARIS-Modelle illustriert. Das Objekt ist ein Absatzplanungssystem, welches drei Funktionen in seiner Schnittstelle zur Verfügung stellt:

- eine Input-Funktion zur Übernahme der Ist-Absatzdaten,

- eine Output-Funktion zur Weitergabe der Plan-Absatzdaten und

- eine Verarbeitungsfunktion zur Ermittlung der Plan-Absatzdaten aus den Ist-Absatzdaten.

Bestandteil der Input-Funktion ist eine Konsistenzprüfung, ob alle eingehenden Ist-Absatzdaten enthaltenden Kundenschlüssel (ID) als Stammdaten im System geführt werden (→*4.1.3*, →*4.5.4.3*). Andernfalls würde eine Fremdschlüsselverletzung auftreten. Auf der Output-Seite erfolgt eine Kontrolle, ob die Planung ordnungsgemäß abgeschlossen ist, bevor die Plan-Absatz-daten an ein anderes Anwendungssystem, z.B. für die Erlösplanung, weitergegeben werden. Der Output für personelle Aufgabenträger besteht im visualisierten Plan-Ist-Vergleich für verschiedene

Aggregationen (Kunden, Kundengruppen, ...). In *Abb. 5-21* wird auch deutlich, daß eine ereignisbezogene Betrachtung der Datenlogistik notwendig ist (ablauforientierte Sicht, →*4.3.2.1*).

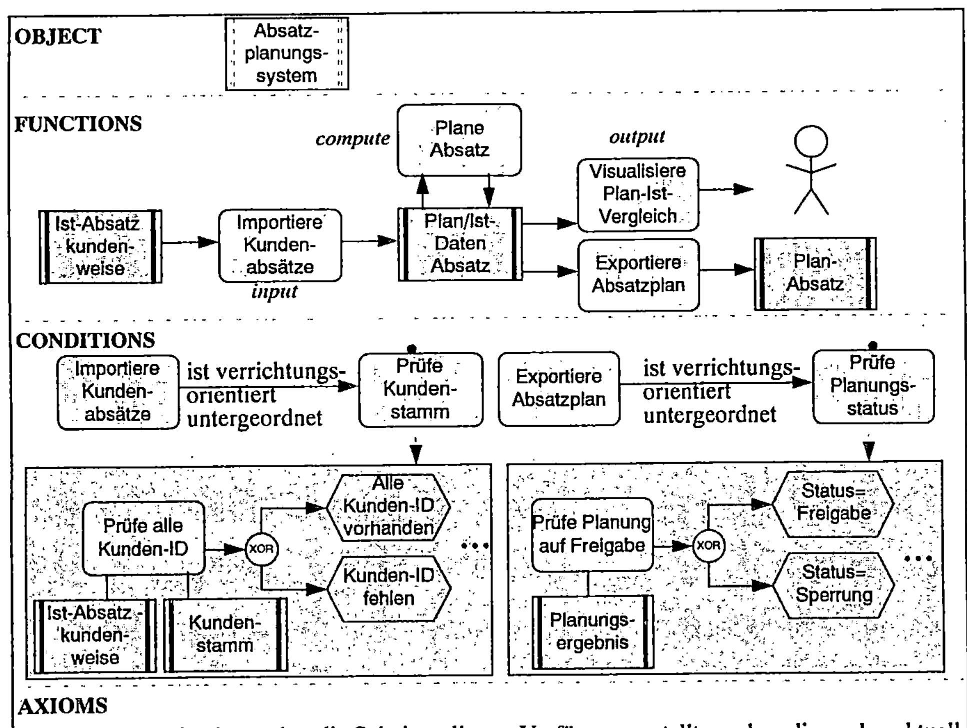

AXIOMS
Es dürfen nur Plandaten über die Schnittstelle zur Verfügung gestellt werden, die zu den aktuell im Data Mart verfügbaren Ist-Daten konsistent sind, d.h. bei einem neuen Import der Ist-Daten muß die damit überholte Planvariante archiviert werden.

Abb. 5-21: Beispiel für die Elemente der objektorientierten Modellierung eines Data Mart

5.3.2.3.3 Modularität und ableitbare Qualitätsfaktoren

Wichtige Prinzipien der Modularisierung (→*5.2.3.2*) werden durch die vorgestellte Modellierung eines Data Mart unterstützt:

- *Sprachliche Moduleinheiten:* Ein Data Mart ist ein abgegrenztes Objekt innerhalb von Datenlogistikprozessen.

- *Explizite Schnittstellen:* Die Schnittstellen des Data Mart werden explizit definiert (FUNCTIONS).

- *Geheimnisprinzip:* Nicht in der Schnittstellendefinition enthaltene Funktionen und Datenstrukturen sind im Data Mart gekapselt.

Weitere Prinzipien der Modularisierung, wie *Wenige Schnittstellen* und *Schmale Schnittstellen* müssen durch eine geeignete Gestaltung der Schnittstellen des Data

Mart mit entsprechender Funktionalität verwirklicht werden (vgl. dazu weiterführend Kopplung, →*5.3.5.2*).

Die Unterstützung der Prinzipien für Modularisierung trägt dazu bei, die Modularitätskriterien (→*5.2.3.1*) zu erfüllen:

- *Kombinierbarkeit* : Auf Grund von explizit definierten Schnittstellen können Data Marts gut miteinander kombiniert werden.

- *Verständlichkeit:* Die einheitliche und exakte Definition eines Data Mart in der oben beschriebenen Art und Weise trägt zu einem guten Verständnis der Funktionalität im Rahmen der Datenlogistik bei.

- *Modulare Stetigkeit:* Die durch die objektorientierte Modellierung begründete Unterscheidung von privatem Teil und öffentlichem Schnittstellenteil und die damit verbundene Kapselung von Daten, Funktionen und Metadaten führt dazu, daß Änderungen innerhalb des Data Mart keinen Einfluß auf die Interaktionen mit anderen Data Marts haben. Nur falls die Schnittstellendefinition angepaßt werden muß, ergeben sich Modifikationen für andere Objekte der Datenlogistik.

Nach objektorientierten Prinzipien aufgebaute Data Marts als Module der Datenlogistik führen zur Verbesserung wichtiger Qualitätsfaktoren (*Abb. 5-22*):

- *Wiederverwendbarkeit*: Ein Data Mart kann als Datenlieferant für unterschiedliche Anwendungssysteme genutzt werden. Die Schnittstelle ist genau spezifiziert, die verfügbaren Daten und Funktionalitäten sind damit bekannt und können von anderen Data Marts (wieder-) verwendet werden. Andere Data Marts haben keinen Einfluß auf die gekapselten Funktionen und Daten des Data Mart, wodurch im „Inneren" des Data Mart die Konsistenz der gelieferten Daten sichergestellt wird.

- *Erweiterbarkeit*: Aufgrund der modularen Stetigkeit eines Data Mart kann dieser als eigenständige Komponente funktional erweitert werden, ohne daß notwendigerweise eine Anpassung anderer Data Marts erforderlich ist. Gleichzeitig sind neue Data Marts einfacher in Datenlogistikprozesse zu integrieren, indem sie über die definierten Schnittstellen mit den anderen Data Marts gekoppelt werden.

- *Wartbarkeit*: Einzelne, von anderen Data Marts unabhängige Data Marts sind leichter zu warten als funktional eng verknüpfte Data Marts mit komplexen Beziehungen. Insbesondere treten bei einer objektorientierten Strukturierung aufgrund der explizit definierten Schnittstellen eines Data Mart keine Seiteneffekte in anderen Data Marts auf.

- *Verknüpfbarkeit*: Eine Verknüpfung zwischen Data Marts ist aufgrund der explizit definierten Schnittstellen einfach möglich.

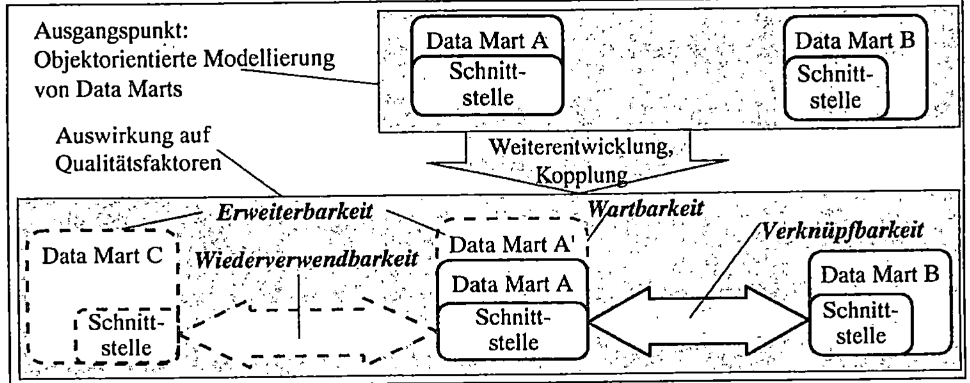

Abb. 5-22: Verbesserung von Qualitätsfaktoren bei objektorientierter Strukturierung

In *Abb. 5-22* sind zwei nach objektorientierten Prinzipien aufgebaute Data Marts A und B schematisch dargestellt, wobei die Zielstellung besteht, die Data Marts weiterzuentwickeln und in Datenlogistikprozessen zu koppeln:

□ *Verknüpfbarkeit*: A und B können über ihre Schnittstelle verknüpft werden.

□ *Wartbarkeit und Erweiterbarkeit*: A kann unabhängig von B erweitert und verändert werden, solange die Schnittstelle nicht betroffen ist.

□ *Erweiterbarkeit und Wiederverwendbarkeit*: Die Datenlogistik kann zunächst unabhängig von A und B um einen neuen Data Mart C erweitert werden. Dieser kann die Schnittstelle von A nutzen (wiederverwenden).

5.3.2.3.4 Kombination mit anderen Sichten der Datenlogistik

In Abschnitt *4.3.2* wurden Ablauf-, Funktions- und Datensicht zur Modellierung von Datenlogistikprozessen beschrieben. Objektorientierte Modelle bieten im Zusammenhang mit diesen Sichten folgende Vorteile:

□ *Modularisierung*: Die Modularisierung verbessert die Wiederverwendbarkeit von Teilprozessen der Datenlogistik. Teilprozesse können somit besser kombiniert und zu größeren Prozeßketten zusammengesetzt werden.

□ *Komplexität* : Mit objektorientierten Modellen ist eine hohe Komplexität in bezug auf Daten- und Prozeßmodelle gut handhabbar, da stufenweise von Detailmodellen abstrahiert werden kann (→*4.3.1.4*).

□ *lokale Integritätsbedingungen:* In Ablaufmodellen werden Reihenfolgevorschriften für die Datenlogistikprozesse über mehrere Data Marts hinweg starr festgelegt. Aus objektorientierter Sicht sind von bestimmen Daten abhängige Fallunterscheidungen in den Abläufen objektintern innerhalb des Data Mart, z.B. als Konsistenzbedingung für die Daten, definierbar und damit änderbar. In *Abb. 5-23* bspw. ist die Weiterleitung der aus Data Mart Q extrahierten Daten an Data Mart Z an eine lokale, d.h. von Q und Z unabhängige Konsistenzprüfung in Data Mart L gebunden.

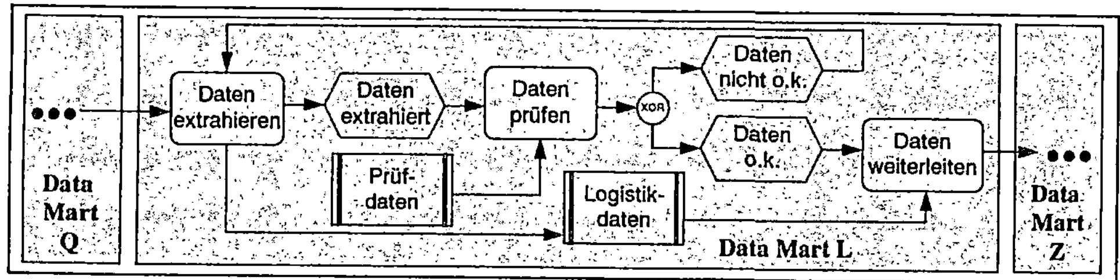

Abb. 5-23: Integritätssicherung in Datenlogistikprozessen

5.3.3 Beziehungen zwischen Data Marts

In den vorangegangenen Abschnitten wurden Data Marts als einzelne Objekte betrachtet. Die Datenlogistik ist jedoch durch das Zusammenwirken mehrerer Data Marts gekennzeichnet, da Datenlogistikprozesse auf Interaktionen zwischen Data Marts beruhen. Im folgenden werden analog zur bisherigen Vorgehensweise zunächst objektorientierte Modellelemente (*Abb. 5-18*) allgemein charakterisiert und danach für die Modellierung der Datenlogistik genutzt.

5.3.3.1 Beziehungen zwischen Klassen und Objekten

Die Funktionalität eines objektorientierten Programmsystems beruht auf den Interaktionen verschiedener Objekte und Beziehungen mehrerer Klassen. An dieser Stelle wird aufgrund der Dualität beider Begriffe nicht explizit zwischen Objekt- und Klassenbeziehungen unterschieden. Genauer differenziert wird in [Booc95, 128 ff. u. 140 ff.]. In der Literatur gibt es teilweise erhebliche Unterschiede für die Systematisierung und Bezeichnung der Beziehungen zwischen zwei Klassen (vgl. z.B. [Booc95, 141;CoYo94, 103 ff.]). Die für die Modellierung der Datenlogistik wichtigen Beziehungen werden im folgenden kurz vorgestellt.

Vererbungsbeziehungen

Vererbung ist eine Beziehung zwischen Klassen, bei der eine Klasse die Struktur und die Funktionalität von einer (Einfachvererbung) oder mehreren (Mehrfachvererbung) Klassen übernimmt. Man sagt auch: Eine Klasse erbt von ihrer Oberklasse, oder eine Klasse vererbt an ihre Unterklasse. Vererbung definiert somit eine Klassenhierarchie. Eine Unterklasse kann die Struktur und die Funktionalität ihrer Oberklassen erweitern oder redefinieren (vgl. dazu weiterführend [Booc95, 144 ff.; Meye90, 234 ff.; Heue92, 203 ff.]).

Nutzungsbeziehungen

Bei Nutzungsbeziehungen zwischen den Klassen nutzt eine Client-Klasse eine Supplier-Klasse, weshalb in [Lieb88, 38 ff.] der Begriff *Client-Supplier-Beziehung* verwendet wird. Eine Nutzungsbeziehung kann über den Aufruf eines Dienstes [Heue92, 233] oder das Senden von Nachrichten [Heue92, 254] realisiert sein und wird daher in [CoYo94, 169] als *Message Connection* bezeichnet.

Client-Klassen nutzen i.d.R. ausschließlich die über die Schnittstelle des Suppliers zur Verfügung gestellten Funktionen. Einige objektorientierte Entwurfs- und Programmiersprachen erlauben für bestimmte Clients die Nutzung der gesamten Struktur, d.h. auch des privaten Teils der Supplier-Klassen, wodurch zwar das Geheimnisprinzip verletzt wird, aber dafür einfachere Softwareentwürfe und effizientere Implementierungen möglich sind.

Komponentenbeziehungen

Komponentenbeziehungen (auch bezeichnet als *part_of*-Beziehung oder *Whole-Part-Structure* [CoYo94, 104]) drücken aus, daß ein Objekt Komponentenobjekte als Attribute enthält. Die Semantik dieser Beziehung ist nur ein Teil dessen, was Nutzungsbeziehungen im allgemeinen ausdrücken können. Während Komponentenbeziehungen nur Aggregationen repräsentieren, können Nutzungsbeziehungen auch die Bedeutung einer Assoziation besitzen.

Instanzenbeziehungen

Instanzenbeziehungen bestehen zwischen einem *Template* (auch Containerklasse oder generische Klasse) und dessen Instanzen (vgl. [Booc95, 171 f.]). Eine Klasse ist Schablone für konkrete Instanzierungen, z.B. *Set* ist Schablone für *Set_of_products* und *Set_of_costumers*. Andere bekannte Templates sind *stack, list, string, queue, dequeue, ring, map, bag, tree* und *graph* [Halb88, 74 ff.]. Während eine Klassendefinition die Operationen für ihre Objekte zur Verfügung stellt, definiert der generische Teil eines Templates die Operationen, die wiederum die Instanzen dieses Templates ihren Objekten zur Verfügung stellen.

5.3.3.2 Client-Supplier-Beziehungen als Interaktionen zwischen Data Marts

Client-Supplier-Beziehungen beschreiben den Datenaustausch zwischen Data Marts und sind daher wesentliches Modellelement für Datenlogistikprozesse. Sie sind nicht nur für konzeptionelle Modelle von Bedeutung (im Gegensatz zu Instanzenbeziehungen), sondern besitzen auch Relevanz für die Implementierung der Datenlogistikprozesse. Dies wird deutlich, wenn man den in [Lieb88, 38 ff.] geprägten Begriff der *Client-Supplier-Beziehung* zwischen Objekten als *Client-Server-Beziehung* zwischen Anwendungssystemen interpretiert.

Abb. 5-24: Nachrichten zwischen Data Marts

Über eine von der Schnittstellenfunktion eines Data Mart A ausgelöste Nachricht werden Daten zwischen den Data Marts A und B transferiert, wobei auf der Seite des Clients B eine Funktion zum Empfang und zur Verarbeitung der erhaltenen Daten auszulösen ist (*Abb. 5-24*). Die beiden gebräuchlichen Konstruktionen für Client-Supplier-Beziehungen in objektorientierten Programmen, Nachrichtensendung und Aufruf einer Methode (entspricht einer Schnittstellenfunktion), können konzeptionell auf Interaktionen zwischen Data Marts übertragen werden:

- Eine auf einer Methode basierende Nachricht wird vom empfangenden Data Mart über einen Rückgabewert bestätigt. Die Quittierung erfolgt somit als *Bestandteil der Nachrichtensendung.*

- Bei einer ausschließlich auf Nachrichten basierenden Abwicklung wird die Nachricht seitens des empfangenden Data Mart mit einer *zweiten Nachricht* an das sendende Data Mart beantwortet.

Im einfachsten Fall wird der Empfang vom Client mit einer Statusmeldung quittiert, welche die Korrektheit der Daten und damit die Annahme oder fehlerhafte Daten und damit die Ablehnung der Daten bestätigt. Es können jedoch auch komplexere Ergebnisdaten an den Supplier zurückgeliefert werden.

Die Nutzung von privaten Teilen des Data Mart, die nicht explizit als Bestandteil der Schnittstelle definiert wurden, ist aufgrund der transparenten Struktur von RDBMS technisch sehr einfach möglich. So können z.B. über SQL-Anfragen und Standardprotokolle alle Daten aus der relationalen Datenbank eines Data Mart abgefragt werden. Allerdings werden damit das wesentliche Prinzip der Kapselung und somit wichtige Qualitätsfaktoren, wie z.B. die modulare Stetigkeit (→*5.2.3.1*), verletzt. Im folgenden wird eine Client-Supplier-Beziehung aus Daten-, Funktions- und Ablaufsicht dargestellt.

Funktionssicht

In *Abb. 5-25* sind Funktionen einer Client-Supplier-Beziehung zwischen zwei Data Marts in einem Funktionsbaum systematisiert. Die Schraffuren kennzeichnen dabei die Zuordnung zum Client- bzw. Supplier-Data Mart. Es ist ersichtlich, daß Transformations- und Transportfunktionen (in *Abb. 5-25* dargestellt im mittleren Teil als kariert schraffierte Fläche) in bezug auf ausgetauschte Daten sowohl vom Client als auch vom Supplier ausgeführt werden können.

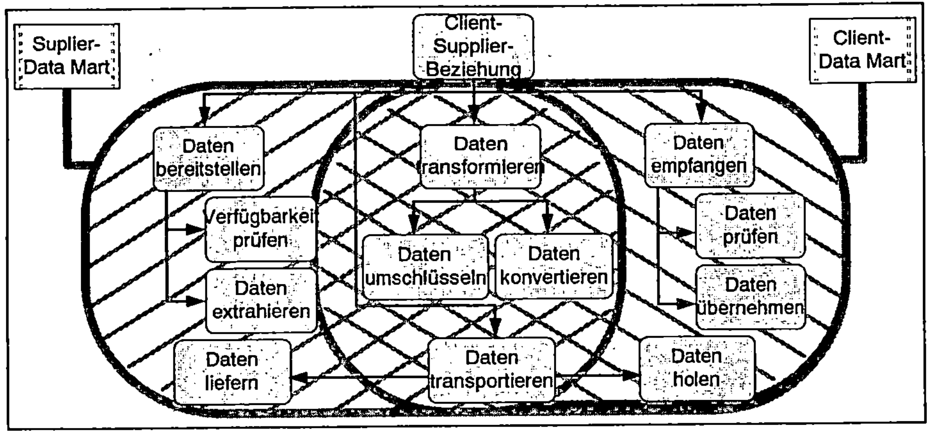

Abb. 5-25: Funktionen in einer Client-Supplier-Beziehung

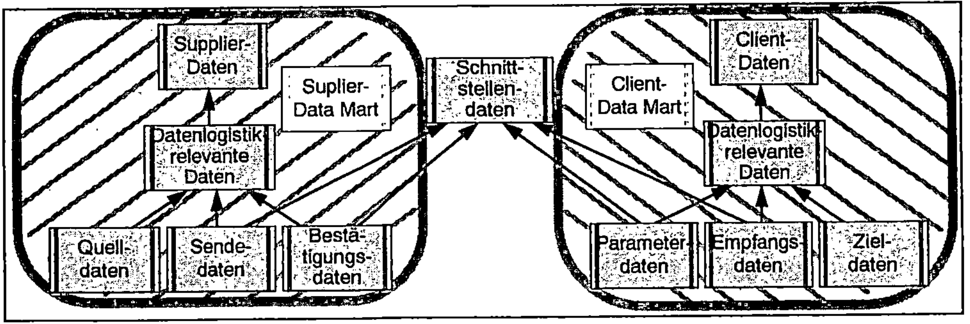

Abb. 5-26: Datencluster einer Client-Supplier-Beziehung

Datensicht

Aus der Datensicht (*Abb. 5-26*) ist die Bedeutung der Schnittstellendaten sowohl auf Client- als auch auf Supplier-Seite ersichtlich. Die Schnittstellendaten sind die an einer Schnittstelle zwischen zwei Data Marts ausgetauschten Daten. Zunächst muß der Client seine Anforderung genau spezifizieren (Parameterdaten), damit der Supplier die Verfügbarkeit der gewünschten Daten prüfen und entsprechend quittieren kann (Bestätigungsdaten). Die eigentlichen (betriebswirtschaftlichen) Transferdaten sind vom Supplier zu senden (Sendedaten) und vom Client zu empfangen (Empfangsdaten). Die zu sendenden Daten basieren auf den von der Schnittstelle unabhängigen Quelldaten. Gleichermaßen sind die empfangenen Daten auf Client-Seite Grundlage für die schnittstellenunabhängigen Zieldaten, die letztendlich im Data Mart zur Nutzung zur Verfügung stehen.

Ablaufsicht

In *Abb. 5-27* kennzeichnet ein Funktionszuordnungsdiagramm für eine Client-Supplier-Beziehung den vereinfachten Ablauf des Datenlogistikprozesses mit den oben dargestellten Daten (*Abb. 5-26*) und Funktionen (*Abb. 5-25*). Die Datenanforderung des Clients wird über Parameterdaten (z.B. eine Menge von Kundenschlüsseln, für die die Absatzdaten des letzten Monats benötigt werden) an den Supplier gesendet. Dieser prüft zunächst die Verfügbarkeit dieser Daten und generiert ggf. die Sendedaten, die nach dem Transfer auf der Client-Seite geprüft und ggf. in die Zieldaten übernommen werden.

Dem Datenlogistikprozeß sind i.d.R. sowohl im Client als auch im Supplier Datenverarbeitungsprozesse vor- und nachgelagert. In einem Vertriebsplanungssystem als Supplier muß z.B. die Planung erfolgt sein, bevor die Plan-Absatzdaten an das Unternehmensplanungssystem zur Planung der zukünftigen Ergebnissituation weitergegeben werden können. Diese objektinternen Prozesse mit zugehörigen Daten und Funktionen sind jedoch im Supplier-Data Mart gekapselt und werden über explizite Schnittstellenfunktionen (in *Abb. 5-27* z.B. die Bestätigung nach der Verfügbarkeitsprüfung) mit dem Client-Data Mart abgestimmt.

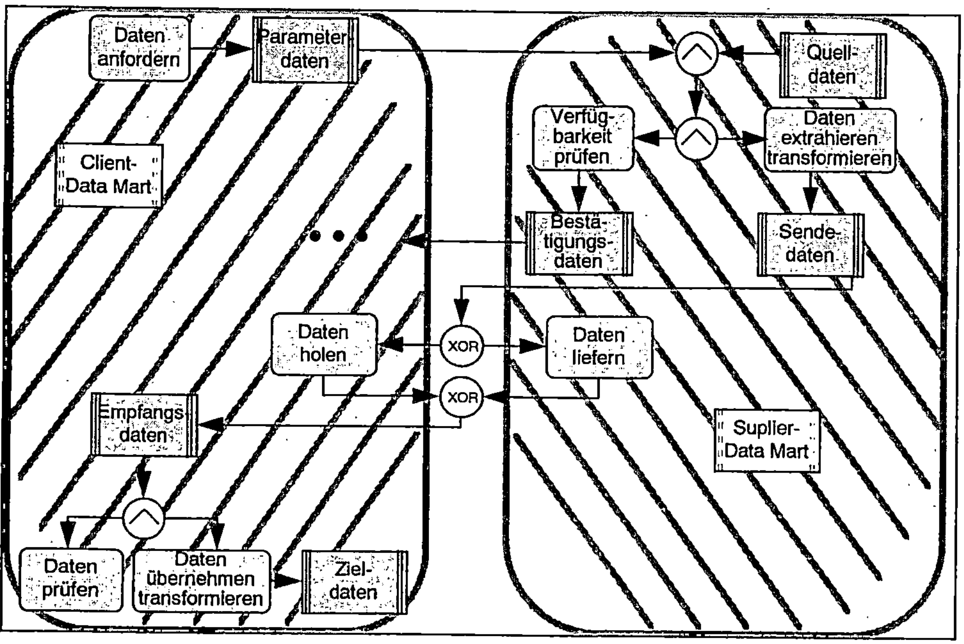

Abb. 5-27: Funktionszuordnungsdiagramm einer Client-Supplier-Beziehung

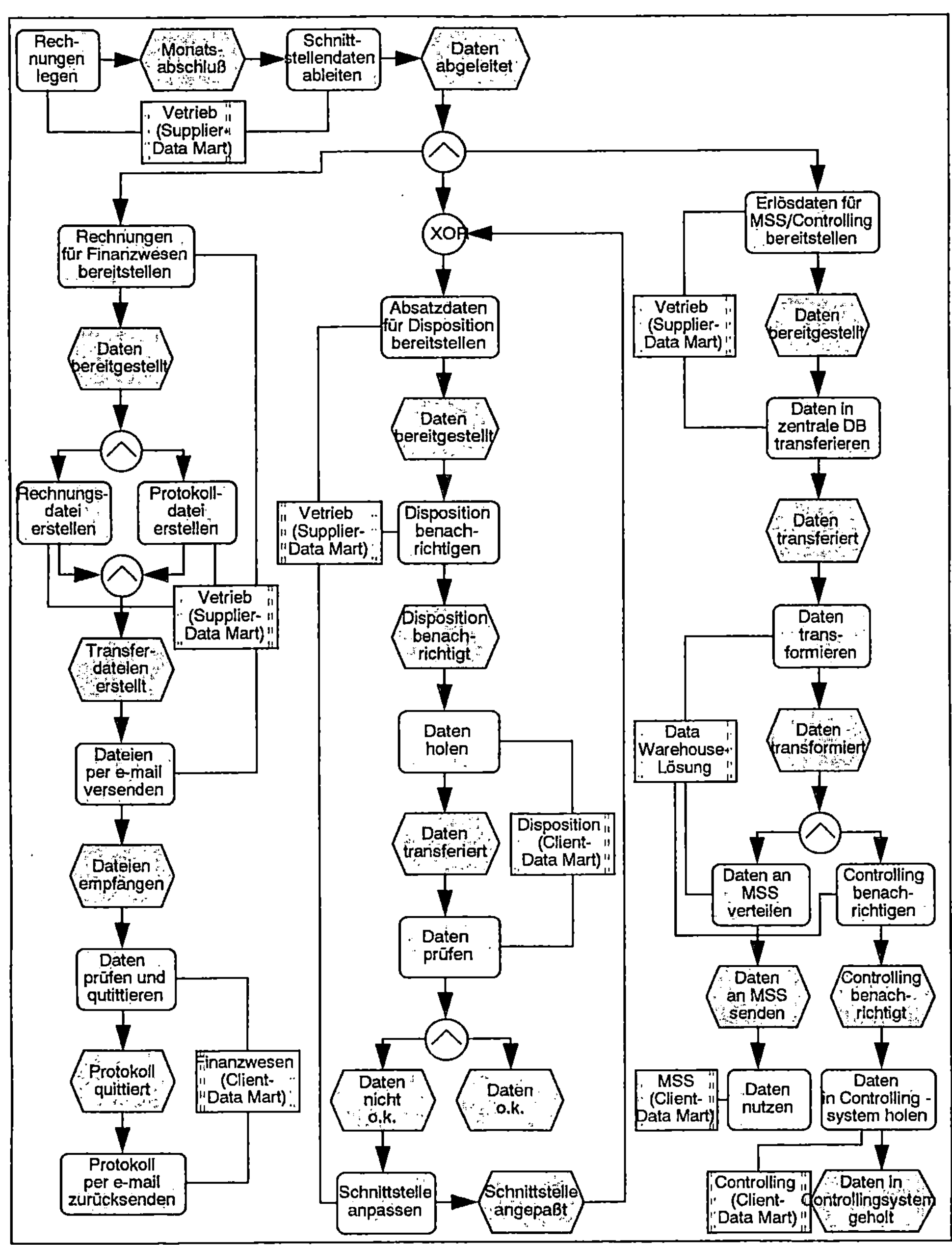

Abb. 5-28: Beispiele für Client-Supplier-Beziehungen

Bsp. 5-4: Client-Supplier-Beziehungen

In *Abb. 5-28* sind verschiedenartige Beispiele für Client-Supplier-Beziehungen in Form von Ereignisgesteuerten Prozeßketten (EPK) dargestellt. Ein Vertriebs-Data Mart als Supplier versorgt verschiedene Data Marts mit unterschiedlichen Daten (vgl. dazu Fallstudie, →*A.2.1*). Basis für alle Schnittstellen ist die Ableitung von Schnittstellendaten nach dem Monatsabschluß im Vertrieb, wodurch alle zu transferierenden Daten den gleichen Aktualisierungsstand aufweisen. Der Finanzwesen-Data Mart bekommt Rechnungsdaten in detaillierter Form geliefert und quittiert seinerseits den Empfang über eine ausgefüllte Protokolldatei. Im Gegensatz dazu ist der Dispositions-Data Mart für den Transfer der für die Planung relevanten Absatzdaten verantwortlich, nachdem er eine entsprechende Information durch den Vertriebs-Data Mart erhalten hat. Probleme bei der Datenübernahme können sich ergeben, wenn dem Dispositions-Data Mart relevante Stammdaten fehlen, die bspw. im Vertriebs-Data Mart neu angelegt wurden. In diesem Fall kann eine Anpassung der Schnittstelle erforderlich sein (Stammdatenabgleich). Dem MSS und dem Controlling-Data Mart werden die Daten aus einer Data Warehouse-Lösung, die für beide Clients die notwendigen Transformationsfunktionen ausführt, zur Verfügung gestellt. Während dem MSS die Daten geliefert werden, indem dessen Datenbank von der Data Warehouse-Lösung aktualisiert wird, erhält der Controlling-Data Mart eine Nachricht, die zum Holen der Daten veranlaßt.

5.3.3.3 Vererbungsbeziehungen als Spezialisierungen von Data Marts

Spezialisierungen von Data Marts können als Vererbungsbeziehungen aufgefaßt werden. Die Beziehung besitzt konzeptionelle Bedeutung und dient der Komplexitätsreduzierung, wobei die Nutzung für Implementationszwecke offen bleibt. In einer abstrakten Oberklasse werden Datenstrukturen und Funktionalität für bestimmte Data Marts vorgegeben. Konkrete Data Marts erben Eigenschaften der Oberklasse und können diese erweitern oder redefinieren. Auf diese Weise wird die Konsistenz von Datenstrukturen und Funktionen der Data Marts sichergestellt.

5.3.3.4 Modularer Aufbau von Data Marts durch Komponentenbeziehungen

Komponentenbeziehungen charakterisieren den modularen Aufbau von Data Marts und beschreiben weniger die Abläufe in Datenlogistikprozessen. Zielstellung ist z.B., mehrere physische Data Marts für den Anwender zu einem logischen Data Mart zusammenzufassen, um damit Funktionalitäten dieser Data Marts gebündelt zur Verfügung zu stellen, ohne daß ein Datenaustausch notwendig ist. Komponentenbeziehungen sind daher in bestimmten Fällen eine sinnvolle Alternative zu Client-Supplier-Beziehungen, da keine komplizierten Daten- und Steuerflüsse zwischen den Komponenten implementiert werden müssen. Data Marts können in unterschiedlicher Art und Weise über Datenbankkomponenten, funktionale Komponenten und komplexe Datenobjekte miteinander verknüpft sein.

Datenbankkomponenten

Mit einem *Datenbank-Link* sind Tabellen einer Datenbank in einer anderen Datenbank ohne physischen Transport verfügbar. In *Abb. 5-29* ist beispielhaft dargestellt, wie ein Teil der Datenbank von Data Mart A über den Datenbank-Link in der Datenbank von Data Mart B als logische Komponente eingebunden ist. Data Mart B kann damit in gleicher Weise mit den über den Datenbank-Link aus Data Mart A verfügbaren Daten operieren wie mit eigenen Daten.

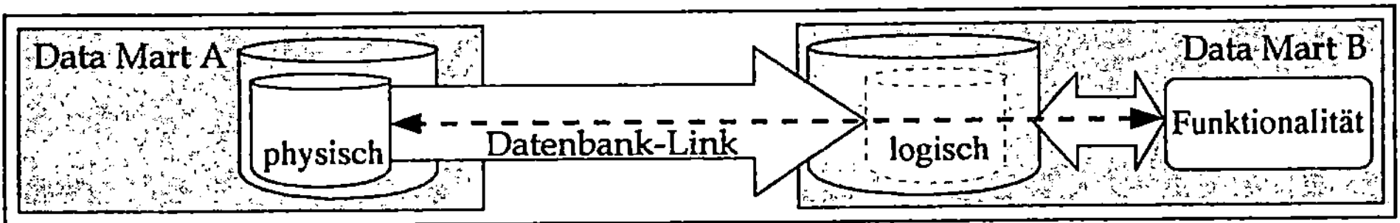

Abb. 5-29: Datenbank-Link

Damit ist es für Data Mart B möglich, ohne einen Replikationsprozeß Daten von Data Mart A zu nutzen und ggf. sogar zu bearbeiten (in *Abb. 5-29* durch Strichlinie mit Pfeil gekennzeichnet). Es entfallen damit Datenlogistikprozesse für den physischen Datenaustausch zwischen Data Mart A und Data Mart B. Nachteile dieser Lösung sind:

- Außer der Nutzung der durch Datenbankkonstrukte (z.B. Views) zur Verfügung gestellten Verarbeitungsfunktionen sind keine Transformationen möglich.

- Die Performance in Data Mart B kann durch die Zugriffe von Data Mart A beeinträchtigt werden.

- Die Daten von Data Mart B können durch Data Mart A bei fehlender Zugriffskontrolle unkontrolliert manipuliert werden.

Kombination von Funktionalitäten der Data Marts

Eine weitere Möglichkeit einer Komponentenbeziehung zwischen Data Marts ist die unterstützte kombinierte, wechselseitige Nutzung von Daten und Funktionalitäten beider Systeme durch einen Anwender.

In einem Fakturierungssystem können bspw. eine Reihe kundenbezogener Daten, wie Auftragsvolumen, Auftragsanzahl, Preise, Rabatte etc. zur Auswertung zur Verfügung stehen und gleichzeitig in einem Kundenverwaltungssystem solche Informationen wie Adressen, Kundenkontakte, Ansprechpartner etc. existieren. Ein Anwender, z.B. ein Vertriebsleiter, hat Interesse, Informationen aus beiden Systemen kombiniert auszuwerten. Eine Möglichkeit wäre, die Daten in einem der beiden Data Marts oder einem neu zu schaffenden Data Mart bzw. einer zentralen Data Warehouse-Lösung zusammenzufassen. Um die damit verbundenen Datenlogistikprozesse zu vermeiden, besteht als zweite Alternative die Unterstützung einer kombinierten Nutzung von Funktionalitäten beider Systeme, wobei für die Nutzung vorgesehene Metadaten zwischen den Data Marts ausgetauscht werden (*Abb. 5-30*). Der Anwender nutzt dabei Funktionen beider Data Marts gleichzeitig, und es ist dafür zu sorgen, daß beim Übergang zwischen den Data Marts Metadaten über den aktuellen Auswertungskontext übergeben werden. Ein Beispiel für eine solche Metadatenstruktur ist die in *4.5.4.2* vorgestellte Clipboard-Tabelle, die nutzerspezifische Einstellungen verwaltet. Analysiert bspw. ein Anwender in Data Mart A die Absätze eines Kunden und sucht im nächsten Schritt in Data Mart B die Telefonnummer des Geschäftsführers für ein Gespräch, wird von Data Mart A an Data Mart B der Identifikator des betreffenden Kunden übergeben.

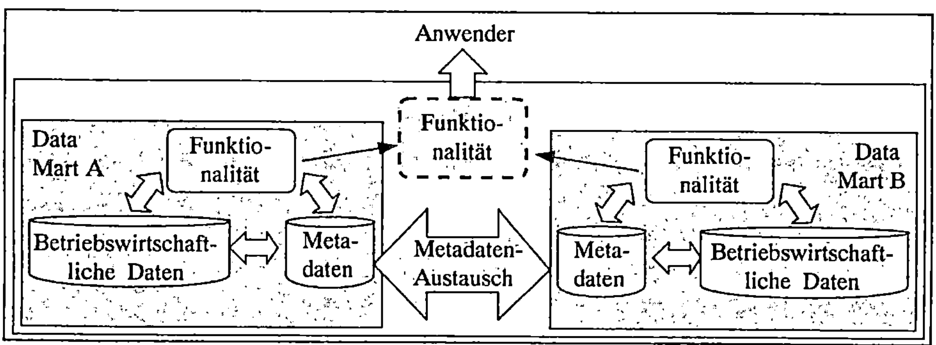

Abb. 5-30: Unterstützte Kombination von Funktionalitäten zweier Data Marts

Komplexe Datenobjekte

Alternativ zum bisher behandelten Austausch relationaler Daten können auch komplexere Datenobjekte zwischen Anwendungssystemen übergeben werden. In *Abb. 5-31* ist dazu beispielhaft die Funktionsweise von Object Linking and Embedding (OLE) dargestellt. Der Data Mart übernimmt bspw. direkt eine Auswertung aus einem Tabellenkalkulationsprogramm (z.B. eine formatierte Tabelle oder eine Graphik), wobei die der Auswertung zugrunde liegenden Daten nicht im Data Mart abgespeichert sind.

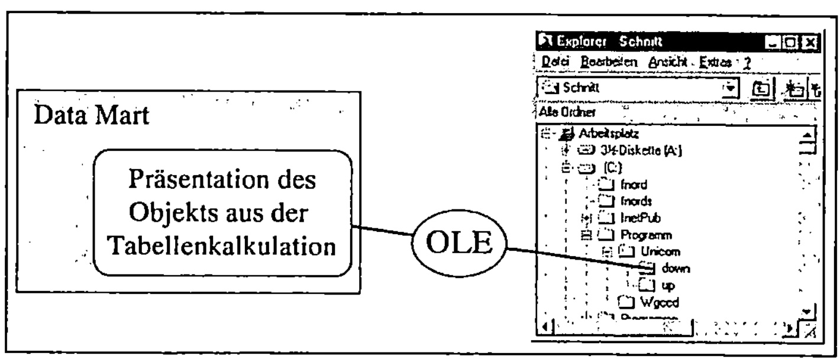

Abb. 5-31: Nutzung von OLE

Die Einbindung komplexer Datenobjekte aus verschiedenen Datenquellen hat folgende Vorteile:

- Es sind keine komplizierten Daten- und Steuerflüsse zwischen Datenquelle und Data Mart abzubilden, wodurch Datenlogistikprozesse vereinfacht werden.

- Die bereits in ausgewerteter Form vorliegenden Datenobjekte werden wiederverwendet und sind nicht in die Datenbank zu übernehmen. Damit entfallen Transformationsfunktionen.

- Die Verantwortung für Inhalt, Aktualität und Layout der Datenauswertung kann dezentral in den datenliefernden Fachbereichen wahrgenommen werden.

Demgegenüber existieren folgenden Nachteile:

- Es sind keine flexiblen Auswertungen der Daten möglich, z.B. OLAP-Funktionen.

- In den Datenobjekten enthaltene Daten können nicht mit anderen kombiniert werden. Ein Datenobjekt kann nur als Ganzes mit anderen Objekten in Beziehung gesetzt werden. Spezifische Beziehungen zwischen Datenelementen dieses Objekts zu anderen Daten sind nicht abbildbar.

- Die Datenkonsistenz kann nicht automatisch sichergestellt werden.

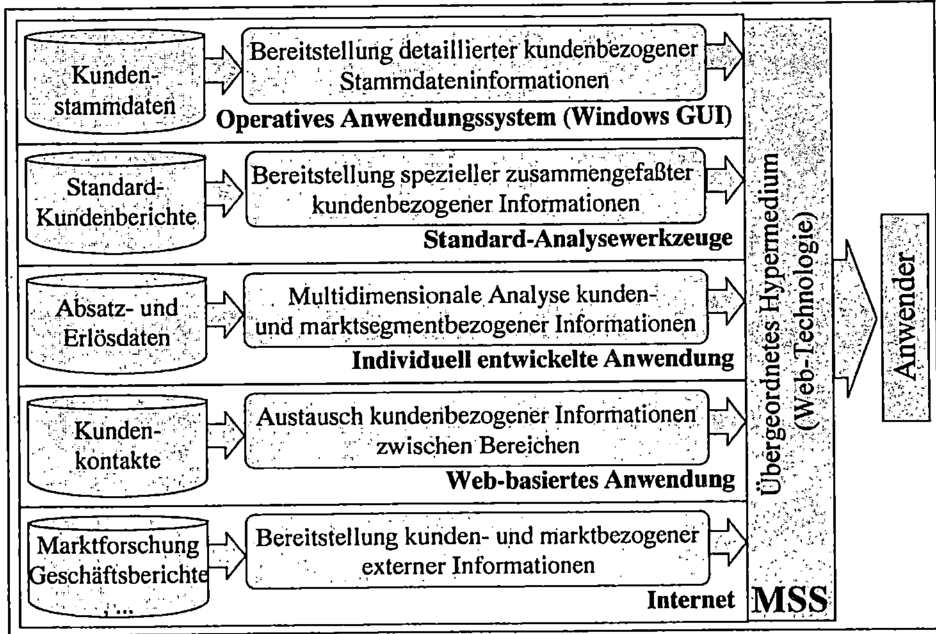

Abb. 5-32: MSS mit eingebetteten Komponenten

Anwendungsfälle für die Nutzung von Datenobjekten in der geschilderten Art und Weise sind:

- Prototyping-Phasen bei der Entwicklung von Data Marts,

❑ Zeitdruck für die Integration neuer Auswertungen in Data Marts,

❑ einfache Datenauswertungen ohne komplexe Analysefunktionen.

Komfortablere Möglichkeiten der Verknüpfung dezentraler Komponenten als das in *Abb. 5-31* dargestellte OLE bieten Web-Technologien in einem Intranet (→*3.5.3.3, Abb. 5-32*), bei denen die Web-Seiten als komplexe Datenobjekte angesehen werden können.

Bsp. 5-5: MSS mit eingebetteten Komponenten

In einem Intranet können Fachbereiche z.B. auf eigenen Webseiten ihre Informationen zur Nutzung in einem MSS zur Verfügung stellen. In *Abb. 5-32* sind verschiedene Komponenten eines MSS aufgeführt, die in ein hypermediales, auf der Web-Technologie basierendes System eingebettet sind. Die Web-Technologie dient dazu, dem Anwender eine homogene Benutzeroberfläche zur Verfügung zu stellen, mit der er Daten und Funktionalitäten der Data Marts auf einfache Art und Weise nutzen kann.

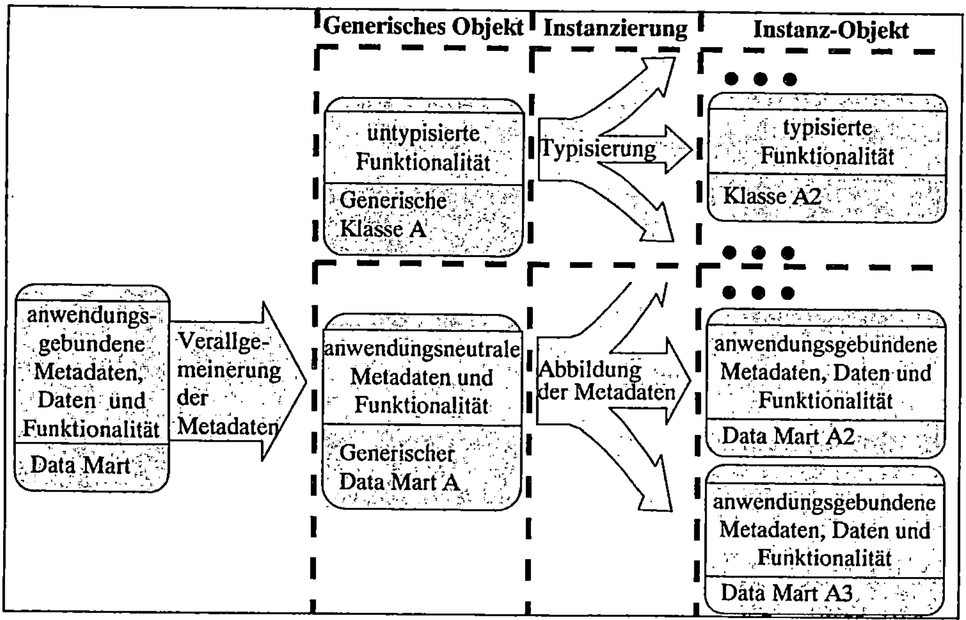

Abb. 5-33: Analogie zwischen generischer Klasse und generischem Data Mart

5.3.3.5 Generische Data Marts und Instanzenbeziehungen

Abb. 5-33 verdeutlicht die Verwendung generischer Data Marts in Analogie zu generischen Klassen. Grundgedanke dabei ist, daß allgemein formulierte Metadaten in einem generischen Data Mart für verschiedene Anwendungsfälle genutzt werden. Die Metadaten des generischen Data Mart sind daher mit uniform einsetzbaren Strukturen zu beschreiben. Das Vorgehen zur Erstellung eines solchen generischen Data Mart umfaßt im Vergleich zur Entwicklung generischer Klassen bei Programmiersprachen einen vorausgehenden Schritt. Bei der Programmierung wird die generische Klasse abstrakt definiert und dann in einer Instanzklasse durch konkrete Typen instanziert. Ein Data Mart hingegen wird i.d.R. zunächst für einen konkreten Anwendungsfall entwickelt. Im zweiten Schritt sind die Metadaten zu verallgemeinern (→*4.5.3*) und können so durch weitere Anwendungen mit anderen betriebswirtschaftlichen Inhalten instanziert werden. Indem die Metadaten vom konkreten Anwendungsfall gelöst und verallgemeinert werden, entsteht aus dem Data Mart ein generischer Data Mart.

Mit generischen Strukturen kann die Wartbarkeit und Wiederverwendbarkeit von Data Marts verbessert werden. Insbesondere ist es möglich, für verschiedene betriebswirtschaftliche Zwecke gleich strukturierte Data Marts (gleiche Metadaten) zu nutzen. Die Data Marts können somit zentral mit weniger Aufwand gewartet und weiterentwickelt werden, während die Nutzung dezentral durch verschiedene Fachbereiche in unterschiedlichem Kontext möglich ist.

Nutzung generischer Strukturen

Häufig werden nicht vollständige Data Marts als generische Objekte genutzt, sondern einzelne Daten-, und Funktions- oder Ablaufstrukturen. Ein Beispiel für generische Datenstrukturen ist das bereits vorgestellte Unimu-Schema (→*4.5.3*). Die Datenstrukturen sind ein Container für multidimensionale Daten in verschiedenen Anwendungsfeldern.

Die Nutzenspotentiale generischer Ansätze bestehen vor allem für MSS, da die betriebswirtschaftliche Funktionalität operativer Systeme i.d.R. zu unterschiedlich sind, um sie in generischen Strukturen zu verallgemeinern. Für die gemeinsame Nutzung generischer Strukturen sind u.a. folgende Anwendungsfälle denkbar:

- verschiedene Bereiche innerhalb eines Unternehmens mit ähnlichen Prozessen (z.B. Logistikprozesse in Beschaffung und Vertrieb),
- Unternehmen mit ähnlichem Geschäft, z.B. multidimensionale Analyse von Absatzinformationen in Unternehmen der gleichen Branche: Dies wird in dem in *A.2.2* vorgestellten MSS praktiziert. In den Unternehmen werden die selben Datenstrukturen, aber unterschiedliche Analysedimensionen genutzt.
- Metadaten, die aufgrund ihrer uniformen Struktur auf verschiedene betriebswirtschaftliche Sachverhalte anwendbar sind (z.B. Kennzahlen, *Abb. 5-34*).

Bsp. 5-6: Generische Strukturen in MSS

In *Abb. 5-34* ist die Nutzung von Datenstrukturen zur Verwaltung betriebswirtschaftlicher Kennzahlen für die Präsentation eines Finanzplans und einer Gewinn- und Verlustrechnung (GuV) dargestellt. Dabei wird deutlich, daß die zugrunde liegenden Datenstrukturen gleich sind, während sich die Präsentationen entsprechend der betriebswirtschaftlichen Semantik unterscheiden.

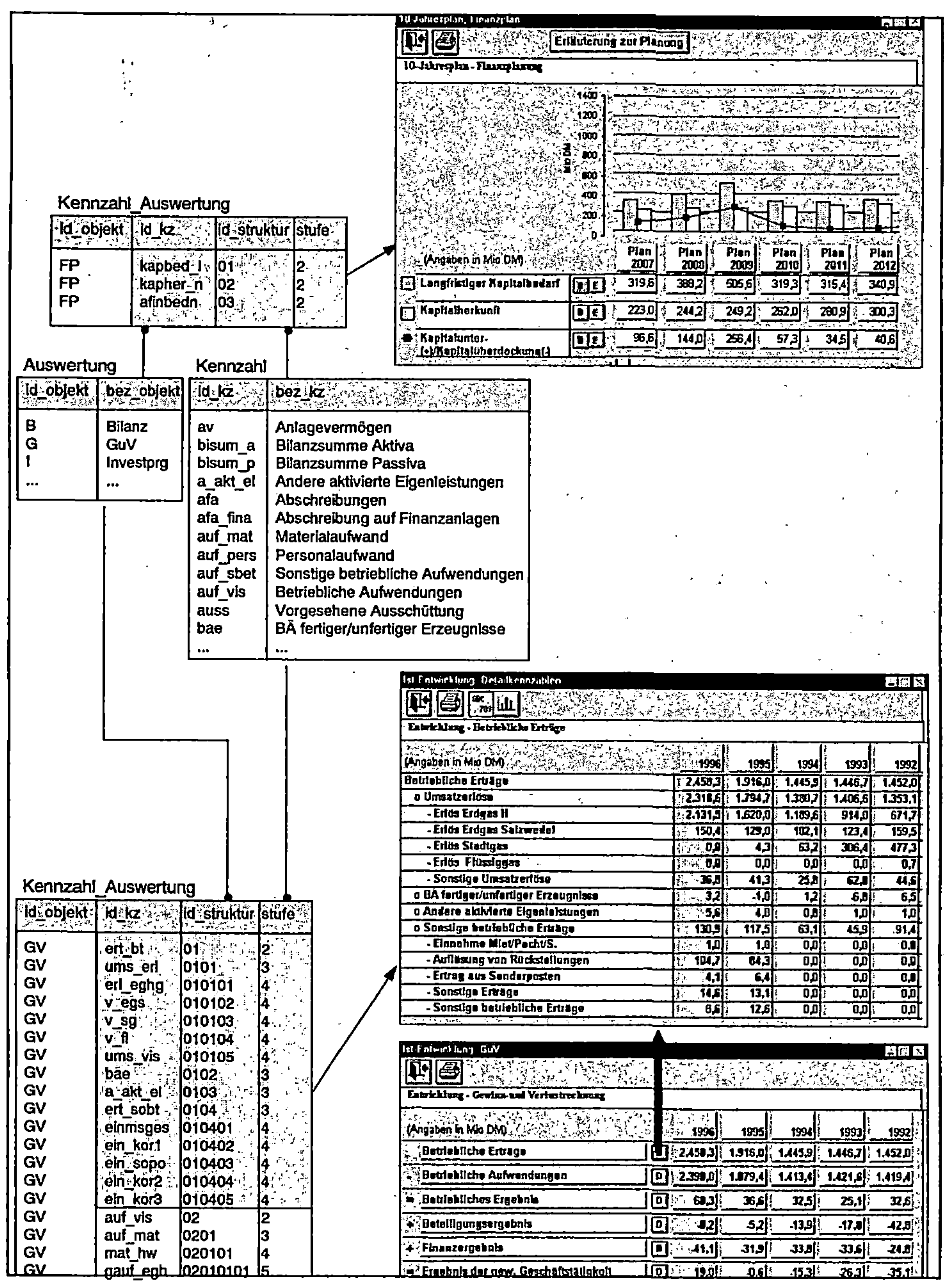

Kennzahl_Auswertung

id_objekt	id_kz	id_struktur	stufe
FP	kapbed_i	01	2
FP	kapher_n	02	2
FP	afinbedn	03	2

(Angaben in Mio DM)

		Plan 2007	Plan 2008	Plan 2009	Plan 2010	Plan 2011	Plan 2012
Langfristiger Kapitalbedarf	B E	319,6	388,2	505,6	319,3	315,4	340,9
Kapitalherkunft	B E	223,0	244,2	249,2	252,0	280,9	300,3
Kapitalunter-(+)/Kapitalüberdeckung(-)	B E	96,6	144,0	256,4	57,3	34,5	40,6

Auswertung

id_objekt	bez_objekt
B	Bilanz
G	GuV
I	Investprg
...	...

Kennzahl

id_kz	bez_kz
av	Anlagevermögen
bisum_a	Bilanzsumme Aktiva
bisum_p	Bilanzsumme Passiva
a_akt_el	Andere aktivierte Eigenleistungen
afa	Abschreibungen
afa_fina	Abschreibung auf Finanzanlagen
auf_mat	Materialaufwand
auf_pers	Personalaufwand
auf_sbet	Sonstige betriebliche Aufwendungen
auf_vis	Betriebliche Aufwendungen
auss	Vorgesehene Ausschüttung
bae	BÄ fertiger/unfertiger Erzeugnisse
...	...

Kennzahl_Auswertung

id_objekt	id_kz	id_struktur	stufe
GV	ert_bt	01	2
GV	ums_erl	0101	3
GV	erl_eghg	010101	4
GV	v_egs	010102	4
GV	v_sg	010103	4
GV	v_fl	010104	4
GV	ums_vis	010105	4
GV	bae	0102	3
GV	a_akt_el	0103	3
GV	ert_sobt	0104	3
GV	einmsges	010401	4
GV	ein_kor1	010402	4
GV	ein_sopo	010403	4
GV	ein_kor2	010404	4
GV	ein_kor3	010405	4
GV	auf_vis	02	2
GV	auf_mat	0201	3
GV	mat_hw	020101	4
GV	gauf_egh	02010101	5

Ist-Entwicklung – Detailkennzahlen

Entwicklung - Betriebliche Erträge

(Angaben in Mio DM)	1996	1995	1994	1993	1992
Betriebliche Erträge	2.458,3	1.916,0	1.445,9	1.446,7	1.452,0
o Umsatzerlöse	2.318,6	1.794,7	1.380,7	1.406,6	1.353,1
- Erlös Erdgas H	2.131,5	1.620,0	1.189,6	914,0	671,7
- Erlös Erdgas Salzwedel	150,4	129,0	102,1	123,4	159,5
- Erlös Stadtgas	0,9	4,3	63,2	306,4	477,3
- Erlös Flüssiggas	0,9	0,0	0,0	0,0	0,7
- Sonstige Umsatzerlöse	36,5	41,3	25,8	62,8	44,6
o BA fertiger/unfertiger Erzeugnisse	3,2	-1,0	1,2	-6,8	6,5
o Andere aktivierte Eigenleistungen	5,6	4,8	0,8	1,0	1,0
o Sonstige betriebliche Erträge	130,9	117,5	63,1	45,9	91,4
- Einnahme Miet/Pacht/S.	1,0	1,0	0,0	0,0	0,8
- Auflösung von Rückstellungen	104,7	64,3	0,0	0,0	0,0
- Ertrag aus Sonderposten	4,1	6,4	0,0	0,0	0,8
- Sonstige Erträge	14,6	13,1	0,0	0,0	0,0
- Sonstige betriebliche Erträge	6,6	12,6	0,0	0,0	0,0

Ist-Entwicklung – GuV

Entwicklung - Gewinn- und Verlustrechnung

(Angaben in Mio DM)		1996	1995	1994	1993	1992
Betriebliche Erträge	B	2.458,3	1.916,0	1.445,9	1.446,7	1.452,0
Betriebliche Aufwendungen	D	2.398,0	1.879,4	1.413,4	1.421,6	1.419,4
= Betriebliches Ergebnis	D	60,3	36,6	32,5	25,1	32,6
+ Beteiligungsergebnis	D	-8,2	-5,2	-13,9	-17,8	-42,8
+ Finanzergebnis	B	-41,1	-31,9	-33,8	-33,6	-24,8
= Ergebnis der gew. Geschäftstätigkeit	D	19,0	0,6	-15,3	26,3	35,1

Abb. 5-34: Generische Datenstrukturen

Der generische Charakter der Datenstrukturen kommt dadurch zum Ausdruck, daß die durch das Feld *Kennzahl_Auswertung.id_struktur* repräsentierte Kennzahlenstruktur generisch ist und in verschiedenen Auswertestrukturen (in diesem Fall der Finanzplan und die GuV) in unterschiedlicher Art und Weise genutzt (instanziert) werden kann. Die auf dem gleichen Feld basierende Drill-Funktion (→*4.5.2.3*) wird in beiden Auswertungen zur Verfügung gestellt.

5.3.4 Schnittstellenfunktionen in Data Marts

5.3.4.1 Dienste eines Objekts

Die Dienste definieren in Zusammenwirken mit den Attributen eines Objekts dessen funktionales Verhalten. Im objektorientierten Sinn wird der Aufruf einer Dienstes auch als *Nachricht* bezeichnet. Dienste werden innerhalb von Client-Supplier-Beziehungen ausgeführt, d.h. ein Client stößt mit einer Nachricht einen Dienst des Supplier-Objekts an. Man unterscheidet dabei folgende Arten:

- *Modifier*: Dienst, der Attributwerte eines Objekts ändert,

- *Selector*: Dienst, der nur lesend auf Attribute zugreift,

- *Iterator*: Dienst, der auf verschiedene Attribute eines Objekts in einer definierten Ordnung zugreift.

Die Zugriffsbeschränkungen von Diensten sollten explizit als Integritätsbedingung definiert werden (z.B. kein schreibender Zugriff für Selectors).

5.3.4.2 Systematik der Funktionen eines Data Mart

Die Schnittstellenfunktionen eines Data Mart lassen sich ähnlich zu den Diensten von Objekten in Programmen systematisieren:

- *Output*: Es werden Daten aus dem Data Mart an andere Data Marts weitergegeben (lesender Zugriff).

- *Input*: Daten werden aus anderen Data Marts in einen Data Mart importiert (schreibender Zugriff).

- *Modifikation*: Es erfolgt eine durch externe Objekte (andere Data Marts) gesteuerte Modifikation der Daten. Der Datenfluß zwischen den Objekten beschränkt sich dabei auf Modifikationsparameter (schreibender Zugriff).

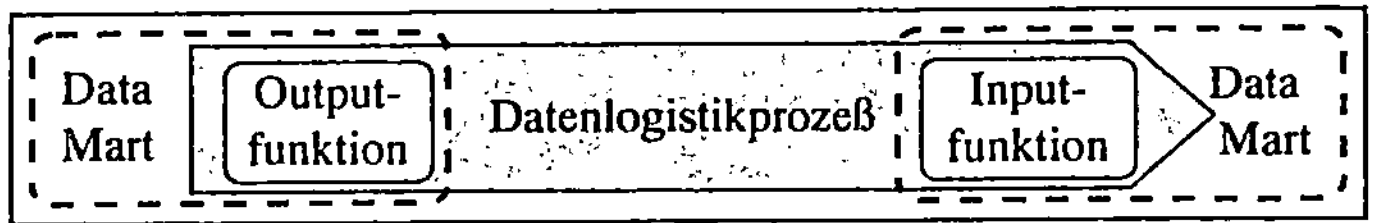

Abb. 5-35: Schnittstellenfunktionen in Datenlogistikprozessen

Die Steuerung des Datenaustauschs kann dabei beim Supplier-Data Mart als Bestandteil einer Output-Funktion oder beim Client-Data Mart als Bestandteil einer Input-Funktion liegen (→*5.3.3.2*). Input- und Output-Funktionen sind die „Endpunkte" der Datenlogistikprozesse zwischen den Data Marts (*Abb. 5-35*).

Im folgenden werden zwei grundsätzliche Möglichkeiten für die Implementierung von Schnittstellenfunktionen bei Data Marts dargestellt:

- *Datenzugriffsfunktionen* können als Input-, Output und Modifikationsfunktionen dienen.

- *Views* repräsentieren i.d.R. Output-Funktionen. Sie können auch für Input-Funktionen genutzt werden, wenn es sich um einen schreibbaren View handelt. Eine Modifikationsfunktion ist durch einen View abbildbar, wenn dieser bei Aktualisierung einen Datenbank-Trigger auslöst, der wiederum Daten modifiziert und dabei die über den View aktualisierten Daten als Parameter für die Modifikation nutzt.

5.3.4.2.1 Datenzugriffsfunktionen

Eine streng objektorientierte Implementierung erfordert rein funktionale Schnittstellen, d.h. es ist kein direkter Zugriff (z.B. über SQL-Anfragen und Datenbankstandardprotokolle) auf die Daten des Data Mart möglich. Es kann nur über funktionale Schnittstellen zugegriffen werden, für die im folgenden der Begriff der Datenzugriffsfunktion verwendet wird. Datenzugriffsfunktionen kapseln Daten und Datenstrukturen des Data Mart ein, da jeder lesende bzw. schreibende Datenzugriff über diese Funktionen erfolgt. In *Abb. 5-36* sind Datenzugriffsfunktionen schematisch dargestellt. Mit den Funktionen kann auf die Datencluster als Zusammenfassung mehrerer Datenstrukturen (Entities) von anderen Data Marts aus zugegriffen werden.

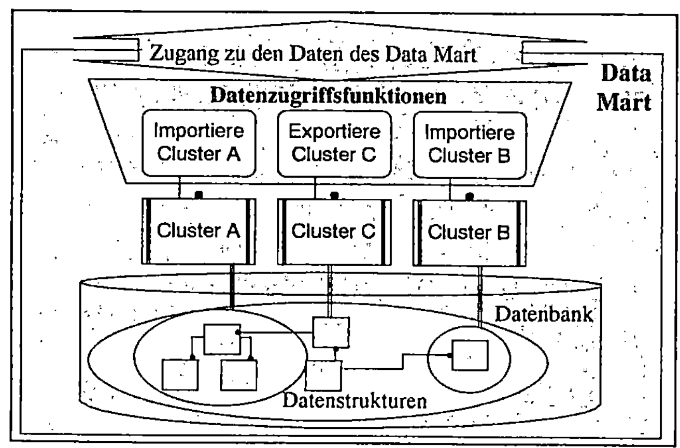

Abb. 5-36: Datenzugriffsfunktionen

Die Kapselung von Daten und Datenstrukturen durch Datenzugriffsfunktionen hat u.a. folgende Vorteile:

❑ *Modulare Stetigkeit* (→*5.2.3.1*): Änderungen im Datenmodell haben zunächst nur eine Anpassung der Datenzugriffsfunktionen zur Folge. Für Clients als Nutzer der Datenzugriffsfunktionen bleibt diese Änderung verborgen (Geheimnisprinzip, →*5.2.3.2*). Nur eine für die Außensicht relevante Abwandlung der Funktionalität erfordert die Modifikation der Clients.

❑ *Reduktion der Schnittstellenkomplexität*: Beim Zugriff über eine Funktion können Tabellen zu Datenclustern zusammengefaßt werden. Der Datentransfer bezieht sich nicht auf eine, sondern auf mehrere Tabellen, was zur Verminderung der Schnittstellen beiträgt (→*5.2.3.2*).

❑ *Konsistenz*: Eine Datenzugriffsfunktion kann sich auf mehrere voneinander abhängige Tabellen beziehen und so die Integrität ausgetauschter Daten erhalten. Dadurch ist die Konsistenz importierter Daten bei Input-Funktionen und exportierter Daten bei Output-Funktionen explizit sichergestellt.

5.3.4.2.2 Views

Views als vordefinierte Anfragen an eine Datenbank sind als einfache Schnittstellenfunktionen anzusehen. Ein View kann Daten verschiedener Tabellen verknüpfen und dabei mathematische Operationen ausführen. Durch Nutzung eines Views sind für einen Client somit unabhängig von den Datenstrukturen im Inneren des Supplier-Data Mart speziell aufbereitete Daten verfügbar.

Views bieten Möglichkeiten der Kapselung. Auch wenn die Datenstrukturen für Client-Data Marts direkt nutzbar sind, kann es sinnvoll sein, den Client über einen View auf die Daten des Suppliers zugreifen zu lassen. Änderungen des Datenmodells im Supplier können dann über die Anpassung des Views gegenüber dem Client verborgen werden (Geheimnisprinzip, →*5.2.3.2*). In *Abb. 5-37* sind mögliche Funktionen von Views dargestellt, wobei gleichzeitig die Trennung zwischen dem gekapselten privaten Teil und dem für Clients nutzbaren öffentlichen Schnittstellenteil des Data Mart deutlich wird.

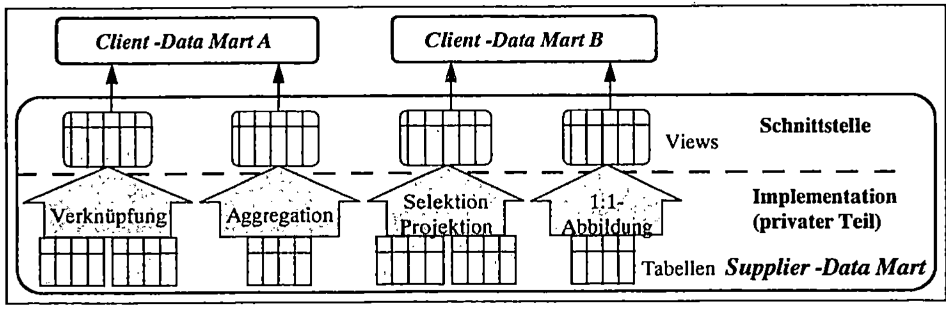

Abb. 5-37: Funktionale Abstraktion über Views

Vorteile

- Im Supplier-Data Mart sind keine client-bezogenen abgeleiteten Datenstrukturen und entsprechende Daten zu verwalten, da die Daten für einen Client-Data Mart dynamisch über den View zusammengestellt werden. Dies führt neben einer Vereinfachung der Administration zu geringerem Datenvolumen.

- Der Zugriff auf Daten über einem View entspricht einer normalen Tabellenanfrage mit eine Standardanfragesprache, wie z.B. SQL.

- Zu transferierende Datenmengen werden beschränkt, da in Views client-spezifische Projektionen ausgeführt werden können.

- Individuelle Zugriffsrechte für öffentliche Views können vom Datenbanksystem client-spezifisch vergeben werden, während die privaten Originaltabellen für den Zugriff gesperrt sind.

- Es müssen keine Daten- und Steuerflüsse für die Ableitung client-spezifischer Daten aus den originalen Daten des Suppliers implementiert werden.

Nachteile

- Operationen werden zur Laufzeit, d.h. zur Zeit der Anfrage ausgeführt, was zu Performance-Problemen führen kann.

- Abgeleitete Daten sind nicht unabhängig von Originaldaten manipulierbar, und Änderungen an Originaldaten werden bei abgeleiteten Daten sofort wirksam.

- Es können nur einfache Aggregationsfunktionen entsprechend der Mächtigkeit der Anfragesprache ausgeführt werden.

- Eine Parametrierung des Datenaustauschs seitens des Clients ist kompliziert, da ein View nicht direkt parametrierbar ist.

Bsp. 5-7: Views zur Ableitung multidimensionaler aus relationalen Datenstrukturen

In Abschnitt *4.5.3* wurde das Unimu-Schema als Grundlage für die uniforme Verwaltung multidimensionaler Datenstrukturen vorgestellt. Um Daten eines operativen Anwendungssystems in diese allgemeine Form zu überführen, sind eine Reihe von Transformationsfunktionen notwendig. In *Abb. 5-38* wird demonstriert, wie aus den operativen Daten eines Vertriebssystems multidimensionale Daten über die alleinige Anwendung von Views abzuleiten sind. Ausgangsdaten sind Bewegungsdaten zu Kundenrechnungen (Tabellen *RECHNUNG* und *RECH_POS*) sowie Stammdaten zu Kunden und Artikeln (Tabellen *KUNDE* und *ARTIKEL*). Schrittweise werden diese operativen Datenstrukturen in uniforme Datenstrukturen überführt und dabei Konstrukte der SQL-Anfragesprache folgendermaßen genutzt:

- Aggregationsfunktionen (*SUM* in Verbindung mit *GROUP BY*) bilden die notwendigen Verdichtungsstufen für die einzelnen Dimensionen (*V1, V2, V3, V4, V5, V10*).

- Projektionen (*SELECT*) separieren die jeweiligen Dimensionen (*V1- V5, V7, V8, V10*).

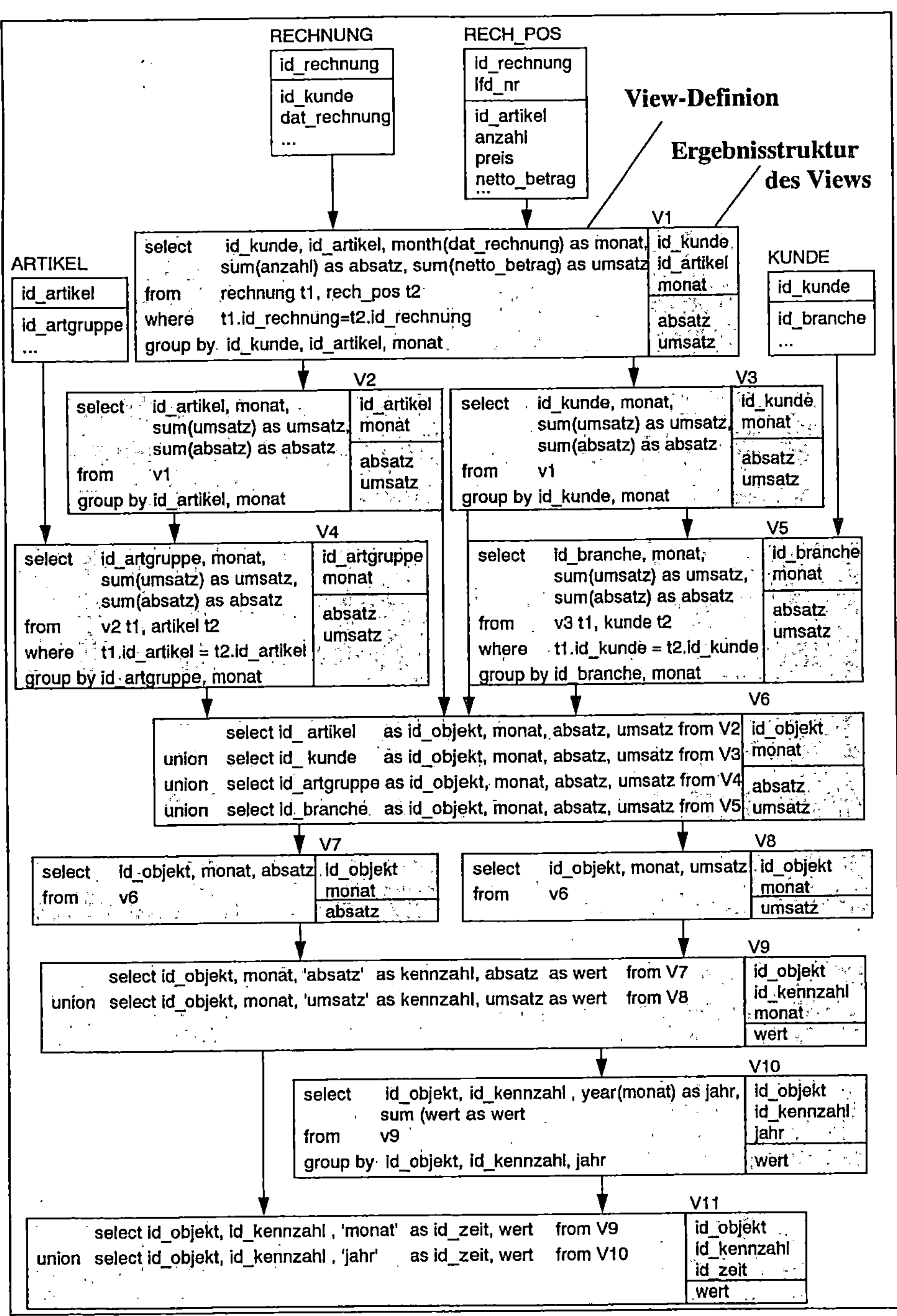

Abb. 5-38: Views zur multidimensionalen Datenableitung

❑ Mengenvereinigungen (*UNION*) führen die separierten Dimensionen in einer Struktur zusammen. Dabei sorgen Umbenennungen von Spaltennamen (...*AS* ...) für eine uniforme Bezeichnung der Datenstrukturen für Dimensionen (*V6, V9, V11*).

Es ist damit möglich, auch komplexe Transformationsfunktionen über Views zu realisieren und die originalen Datenmodelle so einzukapseln, daß nach außen die Daten in völlig anderen Strukturen nutzbar sind. Allerdings können verschachtelte Views, wie in *Abb. 5-38*, zu erheblichen Performance-Problemen bei der Abfrage führen und sind daher in Abhängigkeit von Datenbanksystem und Datenmenge einzusetzen.

5.3.5 Gestaltungsprinzipien für Datenlogistikprozesse

5.3.5.1 Kenngrößen objektorientierter Modelle

In [Meye90, 64] wird folgende treffende Definition für Objektorientiertes Design gegeben: *"Objektorientiertes Design ist die Entwicklung von Softwaresystemen als strukturierte Sammlungen von Implementierungen Abstrakter Datentypen."*

Für die Gestaltung eines objektorientierten Modells ergeben sich zwei Fragen:

1. Wie konstruiert man geeignete Klassen bzw. Objekte (als Implementierungen Abstrakter Datentypen)?

2. Wie sind Beziehungen zwischen den Klassen bzw. Objekten zu modellieren?

Für die Modularisierung der Datenlogistik sind analog zum Entwurf objektorientierter Programmodule zwei wesentliche Aufgaben zu unterscheiden, zwischen denen Wechselwirkungen existieren (→*5.3.1.3*):

❑ Konstruktion geeigneter Data Marts als Objekte der Datenlogistik (→*5.3.2*),

❑ Gestaltung der Beziehungen zwischen den Data Marts (→*5.3.3*).

Einzelne Data Marts können zunächst unabhängig von der informationssystemweiten Datenlogistik betrachtet werden. Für die Gestaltung der Beziehungen zwischen Data Marts sind nur Schnittstellenfunktionen zu nutzen. Die objektorientierte Modellierung ist nicht nur für die modulare Gestaltung der Datenlogistikprozesse von Vorteil, sondern bildet auch die Grundlage für das schrittweise Vorgehen beim Aufbau einer informationssystemweiten, integrierten Datenlogistik.

In einem Informationssystem gibt es bei einer gegebenen Anwendungssystemlandschaft i.d.R. mehrere Möglichkeiten für die Verteilung von Datenlogistikfunktionen auf dezentrale Data Marts und die Zentralisierung von Integrationsfunktionen in einer Data Warehouse-Lösung (→*3.6.3.1*). Es sind daher Kriterien für diesbezügliche Entscheidungen festzulegen, wobei insbesondere die mit einer integrierten Datenlogistiklösung verbundene Komplexität durch eine geeignete Modularisierung zu reduzieren ist. Für das OOD existieren dazu die Kenngrößen Kopplung, Kohäsion, Einfachheit und Vollständigkeit [Booc95, 176 f.]. Kopplung, Kohäsion und Einfachheit hängen mit den Kriterien für modulare Strukturen

(→*5.2.3*) zusammen. Anhand der Kenngrößen werden im folgenden Gestaltungsprinzipien für die Modularisierung der Datenlogistik vorgeschlagen, wobei an einigen Stellen auf Metriken (vgl. zum Begriff der Metrik [Dumk92; Dumk93; Fent91]) zur Quantifizierung der Kenngrößen hingewiesen wird und im Ausblick mögliche weiterführende Forschungsaufgaben formuliert werden.

5.3.5.2 Kopplung

5.3.5.2.1 Kopplung in objektorientierten Programmen

Die Kopplung ist ein Maß für die Stärke der Bindung zwischen Objekten. Der Grad der Kopplung zwischen zwei Komponenten wird gemessen über Menge und Komplexität der ausgetauschten Daten zwischen den Komponenten. Für diesbezügliche Metriken wird auf [Hein93b, 60 ff.] verwiesen.

Im OOD gibt es zwei Arten von Kopplung [CoYo91]:

□ Interaktionskopplung: Nutzungsbeziehung zwischen zwei Objekten,

□ Vererbungskopplung: Ableitung von Objekte in Vererbungshierarchien.

Die Vererbungskopplung wird nicht weiter ausgeführt, da sie für die Datenlogistik weniger relevant ist.

Schwach gekoppelte Objekte sind, zumindest in bezug auf die nachfolgend betrachtete Interaktionskopplung, aus zwei Hauptgründen wünschenswert:

□ *Lesbarkeit*: Die Datenflußkomplexität der Programme wird geringer und damit verbessert sich die Lesbarkeit. Um als Systementwickler die Funktionsweise eines Objekts zu verstehen, ist das Verständnis nur weniger anderer Komponenten notwendig [Booc95, 177].

□ *Erweiterbarkeit*: Die Änderung einer Systemkomponente hat eine minimale Wirkung auf andere Systemelemente [CoYo91].

Interaktionskopplung

In [CoYo91] werden folgende Richtlinien für die Minimierung von Interaktionskopplungen gegeben:

1. Die Komplexität einer Nachrichtenbeziehung ist zu reduzieren. Ein Methodenaufruf soll nach Möglichkeit nicht mehr als drei Argumente umfassen.

2. Die Anzahl der empfangenen und gesendeten Nachrichten eines bestimmten Objekts muß minimiert werden.

3. *Message pass-through* sollte vermieden werden. In *Abb. 5-39* ist eine solche Beziehung dargestellt, bei der Objekt B eine Nachricht von A empfängt und diese ohne Nutzung oder Verarbeitung direkt an C weiterleitet. Diese Beziehung impliziert eine unnötige Kopplung zwischen A und B sowie B und C.

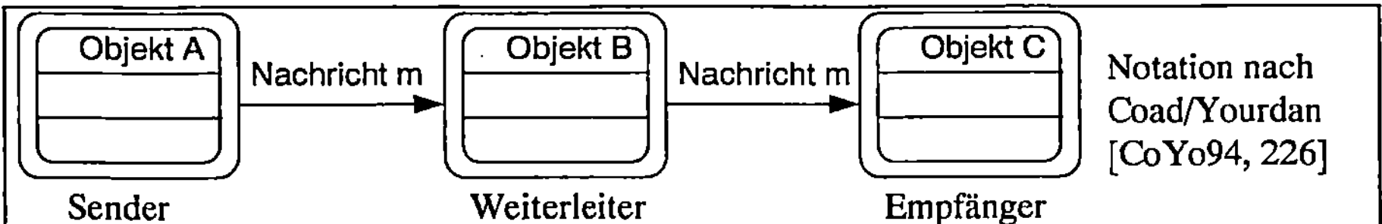

Abb. 5-39: Message pass-through

5.3.5.2.2 Kopplung von Data Marts

Der Kopplungsbegriff ist im Zusammenhang mit Data Marts im Sinne von Interaktionskopplung zu verstehen. Eine Interaktionskopplung zwischen Data Marts entsteht durch Client-Supplier-Beziehungen (→5.3.3.2). Die Kopplung charakterisiert die Stärke der Bindung zwischen Data Marts. Der Grad der Kopplung ist bestimmt durch Menge und Strukturkomplexität der zwischen den Data Marts ausgetauschten Daten. Neben Datenflüssen sind Steuerflüsse ein wesentliches Element der Interaktionskopplung. Obwohl beide Kopplungsaspekte i.d.R. gemeinsam auftreten, kann man sie getrennt voneinander betrachten:

- Die *Datenflußkopplung* ist determiniert durch Struktur und Menge der ausgetauschten Daten.

- Die *Steuerflußkopplung* beschreibt die Komplexität des Übertragungsprotokolls, d.h. den Mechanismus der Datenübergabe zwischen den Data Marts.

Eine geringe Interaktionskopplung zwischen den Data Marts wirkt sich positiv auf verschiedene Qualitätsfaktoren der Datenlogistik aus:

- *Verständlichkeit:* Weniger und einfach strukturierte Datenflüsse zwischen Data Marts sorgen für eine geringere Komplexität der Datenlogistikprozesse, da weniger Abhängigkeiten zwischen Data Marts existieren. Die Unabhängigkeit von Data Marts verbessert auch deren Verständnis als eigenständige Objekte.

- *Erweiterbarkeit* : Die funktionale Erweiterung eines Data Mart A kann dessen Schnittstelle zu anderen Data Marts beeinflussen. Sind nur wenige Data Marts mit dem Data Mart A gekoppelt, müssen potentiell auch nur wenige Data Marts angepaßt werden. Ist die Schnittstelle zwischen zwei Data Marts einfach strukturiert (geringe Kopplung), wird damit auch deren Anpassung bei Änderungen der Datenlogistikprozesse erleichtert.

Neben diesen strukturellen Faktoren werden auch softwaretechnische Eigenschaften verbessert:

- *Performance:* Je weniger Daten zu transferieren sind, desto schneller kann ein Datenaustausch zwischen Data Marts abgewickelt werden.

- *Protokollkomplexität:* Die Schnittstellen heterogener Anwendungssysteme basieren oft auf dem Einsatz entsprechender Middleware. Reduziert man die

Kopplung zwischen den Systemen, müssen potentiell weniger Middleware-Komponenten eingesetzt werden.

Über folgende Metriken kann man die Interaktionskopplung zwischen zwei Data Marts quantifizieren:

- Metriken in bezug auf Datenobjekte (Datenflußkopplung, *Abb. 5-40*):

  - Anzahl der Datenobjekte: Anzahl der Tabellen (große Kopplung in Fall A),

  - Strukturkomplexität der Datenobjekte: Anzahl der Attribute pro Tabelle (große Kopplung in Fall B),

  - Datenvolumen: Anzahl der ausgetauschten Datensätze (in strukturorientierter Darstellung in *Abb. 5-40* nicht enthalten),

- Metriken in bezug auf Steuerflüsse (Steuerflußkopplung):

  - Anzahl der Datenübertragungen pro Zeiteinheit,

  - Komplexität des Übertragungsprotokolls,

  - Anzahl der ausgelösten Folgevorgänge im Client-Data Mart.

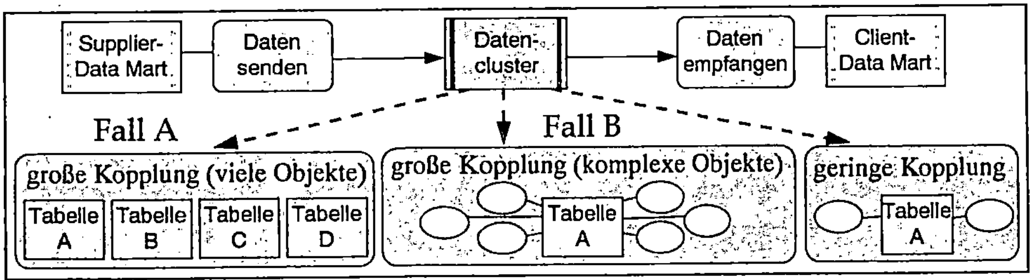

Abb. 5-40: Datenflußkopplung zwischen Anwendungssystemen

Abgeleitet von diesen Metriken kann man die Interaktionskopplung zwischen Data Marts folgendermaßen reduzieren:

- Vereinfachung der Schnittstellen hinsichtlich Datenstrukturen und -umfang,

- Minimierung der ausgetauschten Datensätze,

- Entkopplung von Schnittstelle und internen Verarbeitungsfunktionen,

- Reduktion der Anzahl der Datentransfers,

- einfache Übergabemechanismen zwischen den Data Marts.

In *Abb. 5-41* ist der Ablauf eines Datenlogistikprozesses mit einer großen Steuerflußkopplung dargestellt, da die Steuerung sehr oft zwischen den Kommunikationspartnern übergeben wird.

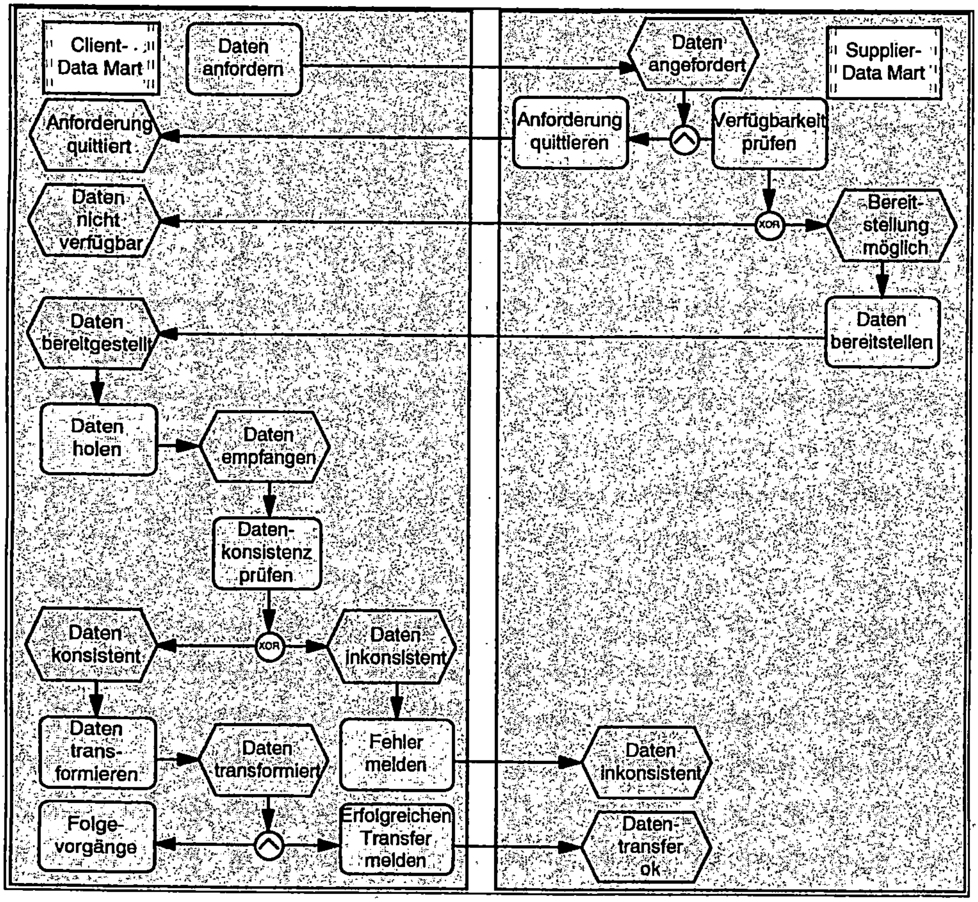

Abb. 5-41: Steuerflußkopplung zwischen Anwendungssystemen

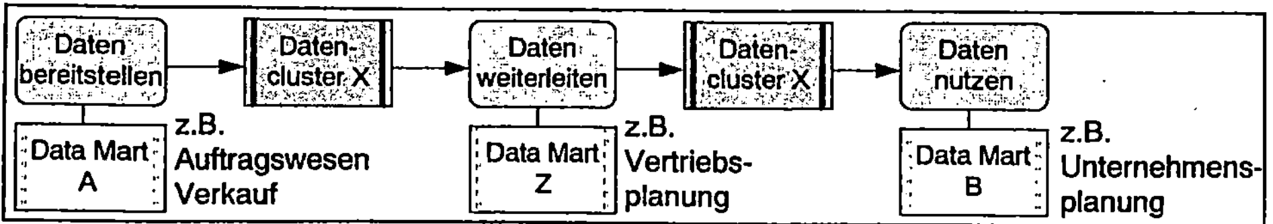

Abb. 5-42: Vermeidbares Message pass-through[12]

5.3.5.2.3 Vermeidbares Message pass-through

Das oben vorgestellte Message pass-through (*Abb. 5-39*) kann in der Datenlogistik dann auftreten, wenn Daten durch einen Data Mart (oder eine zentrale Data Ware-

---

[12] In dieser und in den folgenden Abbildungen werden zu den Anwendungssystemtypen beispielhaft Unternehmensbereiche angegeben, in denen die Data Marts genutzt werden könnten.

house-Lösung) durchgeleitet und dabei nicht verarbeitet und geändert werden (*Abb. 5-42*). In *Abb. 5-42* stellt Data Mart Z keine Verarbeitungsfunktionalität in bezug auf Datencluster X zur Verfügung. Den dargestellten Datenfluß kann man vereinfachen, indem Data Mart A die Daten direkt an Data Mart B übergibt. Die Client-Supplier-Beziehung zwischen Data Mart A und Data Mart Z sowie zwischen Data Mart B und Data Mart Z würde entfallen, was die Interaktionskopplung von Data Mart Z reduziert.

5.3.5.2.4 Funktional erweitertes Message pass-through

In einigen Fällen kann Message pass-through mit zusätzlicher Funktionalität ein Mittel sein, um die Interaktionskopplung zwischen Data Marts zu reduzieren. Die im folgenden aufgeführten funktionalen Erweiterungen der zentralen Komponente Z aus *Abb. 5-42* beschreiben Anforderungen, die eine solche Komponente rechtfertigen. Z übernimmt dann integriert Datenlogistikfunktionen, was der Aufgabe einer zentralen Data Warehouse-Lösung entspricht. Datenlogistikprozesse sind daher hinsichtlich solcher Fälle zu untersuchen und bei der Entwicklung einer Data Warehouse-Lösung zu berücksichtigen.

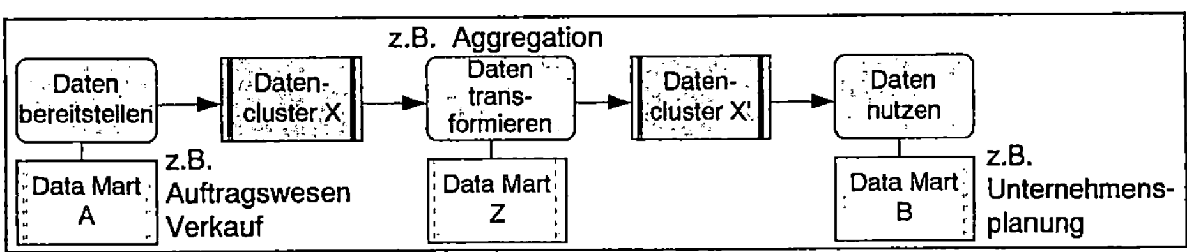

Abb. 5-43: Transformation von Daten

Transformation von Daten

In *Abb. 5-43* wird das in Data Mart A bereitgestellte Datencluster X für die weitere Nutzung in Data Mart B in ein Datencluster X' transformiert. Die Transformation wird von einem zentralen Data Mart Z übernommen, könnte jedoch auch von Data Mart A oder Data Mart B ausgeführt werden. Der Transformationsschritt kann bspw. Umschlüsselungsfunktionen enthalten (→*4.3.3.2.2*).

Vorteile eines speziell für solche Funktionen vorgesehenen Data Mart sind:

□ Bündelung von Metadaten für Transformationsfunktionalitäten in Z,

□ ausschließliche Bestimmung von A und B für betriebswirtschaftliche Funktionalitäten und Spezialisierung von Z auf datenlogistische Funktionen,

□ die Möglichkeit der persistenten Speicherung von originalen und abgeleiteten Daten in Data Mart Z unabhängig von Data Mart A und Data Mart B (in *Abb. 5-43* betrifft dies die Datencluster X und X').

Bündelung von Steuerflüssen

In *Abb. 5-44* haben die Data Marts A und C Daten an einen dritten Data Mart B zu liefern. Im Fall einer direkten Datenübergabe an Data Mart B sind die Daten- und Steuerflüsse beider Datentransfers unabhängig voneinander, d.h. die übergebenen Daten stehen in keiner Beziehung und die Datenübertragungen bedingen einander nicht. In Komponente Z können die zugehörigen Steuerflüsse gebündelt werden, woraus sich folgende Vorteile ergeben:

- Die Datenübertragungen vollziehen sich nach dem gleichen, von Z bestimmten Steuerflußprinzip.
- Metadaten und Metadatenstrukturen zur Steuerung der Datenübertragung müssen nur im Data Mart Z verwaltet werden.
- Die Interaktionskopplung von Data Mart B ist geringer, da dieser nur mit Data Mart Z gekoppelt ist.

Nachteil einer solchen Lösung ist die Verwaltung des zusätzlichen Data Marts Z und seiner Schnittstellen.

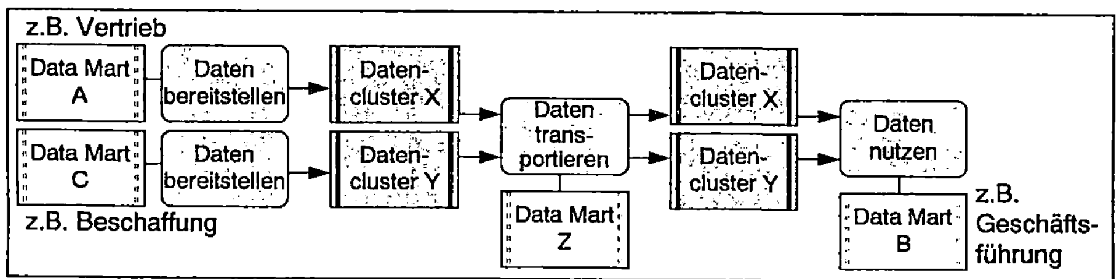

Abb. 5-44: Bündelung von Steuerflüssen

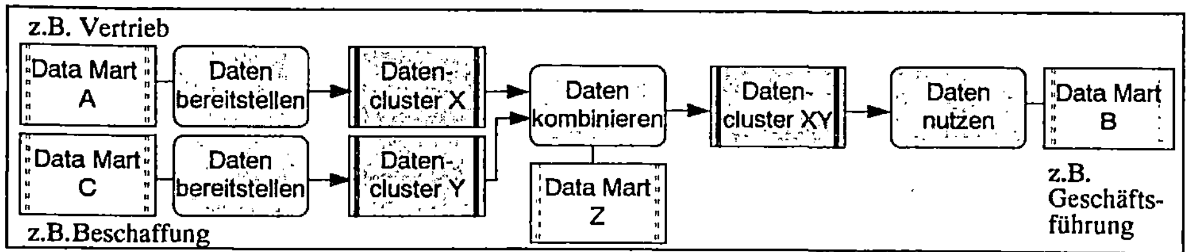

Abb. 5-45: Kombination von Daten

Kombination von Daten

In *Abb. 5-45* werden Daten aus den Data Marts A und C miteinander kombiniert und an einen dritten Data Mart B weitergegeben. In Data Mart Z werden somit in Erweiterung von *Abb. 5-44* sowohl Daten- als auch Steuerflüsse zusammengefaßt. Neben der Kombination der Daten können damit auch gegenseitige Abhängigkeiten der Steuerflüsse abgebildet werden. In *Abb. 5-45* z.B. ist die Kombination der Datencluster X und Y mit Weitergabe des Datenclusters XY an Data Mart B erst dann möglich, wenn die Data Marts A und C ihre Daten bereitgestellt haben.

5.3.5.3 Kohäsion

5.3.5.3.1 Kohäsion für objektorientierte Modellelemente

Die Kohäsion ist ein Maß für den Grad der Bindung innerhalb eines objektorientierten Modellelements (Klasse, Objekt, Methode). Diesbezügliche Metriken sind in [Hein93b, 51, 60 ff.] aufgeführt. Ein Indikator für Kohäsion ist, inwieweit die Teilkomponenten des Modellelements zu einer gemeinsamen, wohldefinierten Funktionalität beitragen. Für Datenlogistikprozesse sind zwei Arten der Kohäsion von Interesse [CoYo91], die sich in objektorientierten Entwürfen und Softwaresystemen folgendermaßen ausprägen.

- *Methodenkohäsion:* Eine Methode sollte genau eine Funktionalität ausdrücken. Es sind weder Methoden mit multipler Funktionalität wünschenswert, noch solche, die nur Teilfunktionen repräsentieren. Anhaltspunkte für die ausgedrückte Funktionalität einer Methode sind die Anzahl und die Art der Statements. In der Regel sind Methoden in objektorientierten Programmen relativ klein. In Smalltalk sind es üblicherweise nicht mehr als 3 bis 5 Statements pro Nachricht. Ein anderer Weg zur Ermittlung von Methodenkohäsion ist die Beschreibung der Methode mit einem Satz in natürlicher Sprache. Sind dazu zusammengesetzte Sätze, viele Verben oder solche Begriffe wie *erster, nächster* und *letzter* notwendig, ist dies ein Zeichen von multipler oder Teilfunktionalität. In der Regel ist es möglich, eine Methode hoher Kohäsion in einem einfachen Satz mit einem Verb und einem Objekt zu beschreiben [CoYo91].

- *Klassenkohäsion:* Zwischen Attributen und Methoden einer Klasse soll untereinander eine möglichst starke Kohäsion herrschen. In [Booc95, 167] werden zwei Arten von Kohäsion unterschieden: Bei *zufälliger Kohäsion* sind Attribute und Methoden zufällig einer Klasse zugeordnet. Im Fall *funktionaler Kohäsion* wirken alle Elemente einer Klasse zur Beschreibung des Verhaltens der Klasse zusammen.

5.3.5.3.2 Kohäsion innerhalb eines Data Mart

In bezug auf einen Data Mart ist die Kohäsion ein Maß für die Bindung zwischen dessen Systemkomponenten (Datenstrukturen und Funktionen). Dabei kann man analog zu den beiden Arten der Kohäsion in *5.3.5.3.1* eine Unterscheidung treffen zwischen Kohäsion von Schnittstellenfunktionen und Kohäsion der Gesamtfunktionalität des Data Mart.

5.3.5.3.3 Kohäsion von Schnittstellenfunktionen

Ein Data Mart besitzt i.d.R. mehrere Schnittstellen zu anderen Data Marts, über die verschiedenste Daten transferiert werden können. Im Beispiel in *Abb. 5-46* sind Varianten angegeben, um von einem Supplier-Data Mart S Daten an zwei Client-Data Marts C1 und C2 zu liefern. In *Abb. 5-46 a)* werden die Daten über dieselbe Schnittstellenfunktion an beide Client-Data Marts transferiert. Der Vorteil dieser Variante liegt darin, daß im Supplier-Data Mart nur eine, wenn auch multiple Schnittstellenfunktion benötigt wird. Allerdings enthält das gelieferte Datencluster Daten für beide Client-Data Marts, was eine für beide Data Marts passende Datenstruktur und eine allgemeine Schnittstellenfunktion voraussetzt. Für die Variante *a)* gibt es zwei Untervarianten:

- ❑ Die Schnittstelle und damit die Transferdatenstruktur wird von den Clients wechselseitig genutzt. Die Datenstruktur kann dann für unterschiedliche Zwecke mit unterschiedlichen Daten gefüllt werden.

- ❑ Die Schnittstelle wird von den Clients gleichzeitig genutzt. Transferdaten für beide Client-Data Marts sind „nebeneinander" in der Datenstruktur enthalten.

In *Abb. 5-46 b)* ist die Schnittstellenfunktionalität aufgeteilt. Jeder der Client-Data Marts wird über eine separate Funktion mit Daten versorgt. Damit können sowohl Schnittstellenfunktion als auch Datenstruktur individuell für jeden Client-Data Mart angepaßt werden. Änderungen einer Schnittstelle haben nicht notwendigerweise Einfluß auf die andere Schnittstelle (modulare Stetigkeit, →*5.2.3.1*). Beide Schnittstellen sind außerdem voneinander entkoppelt, d.h. sowohl Daten- als auch Steuerflüsse sind unabhängig.

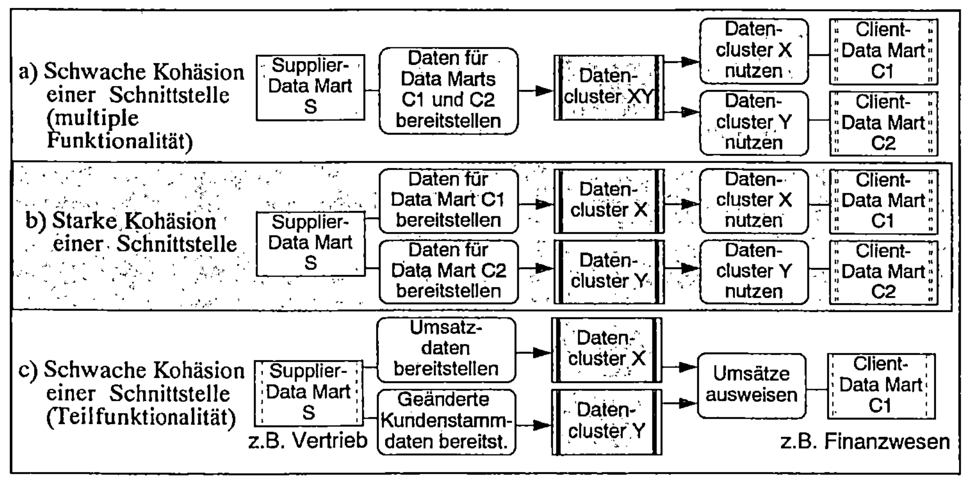

Abb. 5-46: Schnittstellenkohäsion

In *Abb. 5-46 c)* wird nur noch die Schnittstelle zwischen dem Supplier-Data Mart S und dem Client-Data Mart C1 betrachtet, wobei die gesamte Schnittstellenfunktionalität auf zwei Teilfunktionen aufgeteilt ist. Dies führt zur impliziten Abhängigkeit zwischen beiden Datentransfers, die allerdings nicht explizit unterstützt wird. Die Datentransfers sind voneinander unabhängig, die Umsätze (Bewegungsdaten) können jedoch in Data Mart C1 nur im Zusammenhang mit den ggf. geänderten Kundenstammdaten ausgewiesen werden (→*4.1.4*).

Eine starke Kohäsion innerhalb der Schnittstellenfunktionen, wie in Fall *b)*, ist anzustreben. Multiple Funktionalitäten (Fall *a)*) oder Teilfunktionalitäten (Fall *c)*) innerhalb von Schnittstellenfunktionen sind zu vermeiden.

Als weiteres Kriterium für die Kohäsion wurde in *5.3.5.3.1* der Beschreibungsumfang für die Methode aufgeführt. Dies läßt sich auf die Schnittstellenfunktion eines Data Mart übertragen: Eine Schnittstellenfunktion mit hoher Kohäsion kann mit einem einfachen Satz beschrieben werden (*Bsp. 5-8*).

Bsp. 5-8: Kohäsion einer Schnittstellenfunktion

a) Starke Kohäsion: Die Schnittstellenfunktion eines Data Mart liefert die Erlösdaten pro Kunden und Monat für ein zu parametrierendes Jahr.

b) Schwache Kohäsion: Die Schnittstellenfunktion eines Data Mart liefert die Erlösdaten für ausgewählte Kunden einer bestimmten Abnehmerklasse einzeln für alle Monate eines Jahres und als Jahressumme.

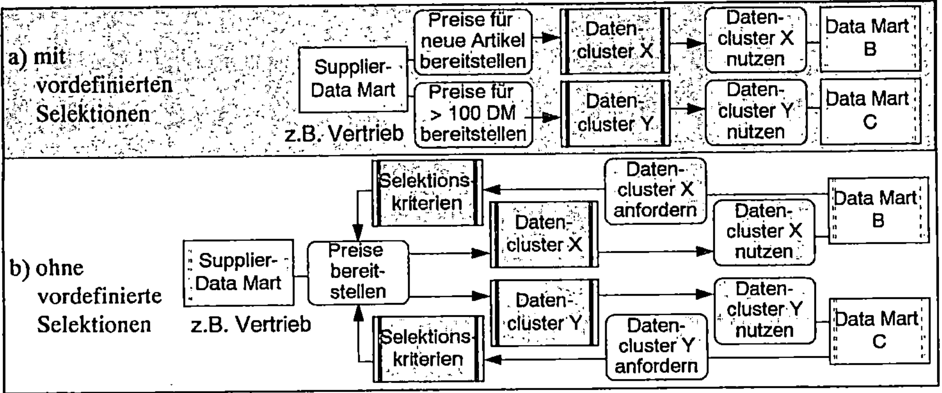

Abb. 5-47: Selektionen in Schnittstellenfunktionen

Kriterien für eine hohe Kohäsion der Schnittstellenfunktion sind, wie in *Bsp. 5-8 a)*, die Vermeidung vordefinierter Selektionen und eine einfache Struktur der zu transferierenden Datencluster. In *Bsp. 5-8 b)* dagegen komplizieren Selektionen bestimmter Kunden und der Abnehmerklasse sowie verschiedene Aggregationen (Monat, Jahr) die Schnittstellenfunktion. In *Abb. 5-47 a)* sind Beispiele für vordefinierte Selektionen dargestellt. Die beiden Schnittstellenfunktionen schränken die zu liefernden Datencluster speziell für die zu bedienenden Client-Data Marts ein (Teilfunktionalität). Potentielle Anforderungen anderer Client-Data Marts, die Preise außerhalb der vordefinierten Selektionskriterien benötigen, werden nicht bedient. In *Abb. 5-47 b)* ist die Schnittstellenfunktion allgemeiner definiert und kann somit von Client-Data Marts, die beliebige Preisangaben benötigen, genutzt werden. Über eine spezielle Anforderung schränken die Client-Data Marts mit Selektionskriterien den Umfang der zu liefernden Daten dynamisch ein (nicht statisch wie in *Bsp. 5-8 b)* und *Abb. 5-47 a)*). Der Vorteil dieser Variante liegt darin, daß die Schnittstellenfunktion uniform nutzbar ist. Je allgemeiner dabei die lieferbaren Datenstrukturen modelliert sind, desto allgemeiner können die Schnittstellenfunktionen definiert werden (→*4.5.4.3*). Allerdings wächst mit der Parametrierung durch den Client-Data Mart die Interaktionskopplung (→*5.3.5.2*) gegenüber *Abb. 5-47 a)*, da der sich aus der Parameterübergabe ergebende Daten- und Steuerfluß hinzukommt.

5.3.5.3.4 Kohäsion der Gesamtfunktionalität des Data Mart

Ein Data Mart sollte eine wohldefinierte und zusammengehörige Funktionalität besitzen. Während in operativen Systemen i.d.R. spezielle betriebswirtschaftliche Aufgaben unterstützt werden, sind in MSS oft umfangreiche Funktionalitäten zusammenzuführen (→*3.2.2.1*). In *4.4.2* wurden in einer Systematik von Anwendungssystemen zur Datenauswertung funktionale Schwerpunkte unterschieden. Hauptproblem der Abgrenzung ist das Aufgabenspektrum eines Managers, welches bei den MSS teilweise zu einer Überladung und ungenügenden Modularisierung der Funktionalität führt. Funktionale Kohäsion kann ein Kriterium für eine entsprechende Zerlegung des MSS in Teilkomponenten sein (*Abb. 5-32*).

Desweiteren liefert die Forderung nach funktionaler Kohäsion eine theoretische Begründung für die Abgrenzung einer Data Warehouse-Lösung als Integrationskomponente der Datenlogistik gegenüber Anwendungssystemen zur Datenauswertung. Die unterschiedlichen funktionalen Anforderungen führen danach zu einer Trennung von Datenlogistik und Datenauswertung in verschiedenen Teilsystemen des betrieblichen Informationssystems.

5.3.5.4 Einfachheit

Die Einfachheit bezieht sich auf den strukturellen Aufbau eines Objekts. Demnach sollte die Funktionalität eines Objekts mit möglichst wenigen, verständlichen Strukturelementen (Daten- und Funktionsstrukturen) realisiert werden. "Simplicity is a virtue in any design approach." [CoYo91] Strukturelle Einfachheit ist begrifflich schwer zu fassen und wegen der komplexen, abzubildenden Realität oft auch schwierig zu erreichen. Dennoch tragen einfache Modelle entscheidend zur Qualität von Software bei, da sie die Komplexität reduzieren.

Einfachheit hängt mit wichtigen Qualitätseigenschaften wie Wiederverwendbarkeit, Erweiterbarkeit und Verständlichkeit (→*5.2.1.2*) zusammen. Ein Ziel der objektorientierten Modellierung ist es, Klassen, Objekte, Methoden und Nachrichten so einfach wie möglich zu gestalten.

Für die Modellierung der Datenlogistikprozesse tragen objektorientierte Prinzipien bereits zur strukturellen Einfachheit bei:

◻ Kapselung von Daten und Funktionalität (→*5.3.2.2*, →*5.3.2.3*)

Für anwendungssystemübergreifende Datenlogistikprozesse müssen nur schnittstellenrelevante Bestandteile des Data Mart betrachtet werden. Die Komplexität der Modelle für Datenlogistikprozesse verringert sich damit.

◻ Trennung von Innen- und Außensicht der Data Marts (→*5.3.5.1*)

In den Datenlogistikprozessen ist zunächst eine Abgrenzung und autonome Betrachtung der einzelnen, an der Datenlogistik beteiligten Data Marts möglich. Die konsolidierten Data Marts vereinfachen dann die Gestaltung der Interaktionen zwischen den Data Marts.

◻ Generische Data Marts (→*5.3.3.5*)

Strukturell gleichartige Data Marts mit identischen Metadaten können leichter gewartet werden.

Das in *4.5.3* vorgestellte Unimu-Schema besteht aus einfachen Datenstrukturen, die sehr flexibel einsetzbar sind. Die Uniformierung der Metadaten trägt dabei zur strukturellen Einfachheit bei.

Die untersuchten Kenngrößen *Kopplung* und *Kohäsion* für Objekte und deren Beziehungen stehen in bezug auf die Datenlogistik in einem engen Zusammenhang mit der Einfachheit, da die Anwendung objektorientierter Modellelemente entsprechend der aus beiden Kenngrößen abgeleiteten Gestaltungsregeln auch zur Einfachheit der Datenlogistikprozesse beiträgt.

5.3.5.5 Vollständigkeit

Vollständigkeit aus objektorientierter Sicht bedeutet, daß die Schnittstelle eines Objekts dessen gesamte Funktionalität nach außen repräsentiert. Die Schnittstelle muß für alle Clients (→*5.3.3.2*) des Objekts die notwendigen Funktionen zur Verfügung stellen, um effiziente Interaktionen zu gewährleisten.

Im Kontext der Datenlogistik charakterisiert die Kenngröße *Vollständigkeit* den funktionalen Umfang der Schnittstelle eines Data Mart im Verhältnis zu dessen gesamter (betriebswirtschaftlicher) Funktionalität. Enthält ein Data Mart S bspw. drei Tabellen, ist die Schnittstelle dann vollständig beschrieben, wenn alle Datensätze der drei Tabellen und ggf. Ergebnisse von Transformationsfunktionen in Data Mart S, die nicht als Daten abgelegt sind, für andere Data Marts zur

Verfügung stehen. Die Vollständigkeit steht oft im Widerspruch zur Einfachheit, da aus der Vollständigkeit der Schnittstelle i.d.R. eine höhere Komplexität folgt.

Für die Festlegung der Schnittstellenfunktionen eines Data Mart gibt es zwei grundsätzliche Alternativen:

- *Definition aus Innensicht:* Aus der Funktionalität und dem Datenumfang des Data Mart werden die Schnittstellen abgeleitet. Damit sind alle potentiell für andere Data Marts relevanten Daten in Schnittstellenfunktionen zu berücksichtigen, wodurch die Schnittstelle des Data Mart vollständig beschrieben ist. Dies hat den Vorteil, daß anhand der Schnittstellendefinition erkennbar ist, welche Daten der Data Mart zur Verfügung stellen kann. Die Erweiterbarkeit wird damit verbessert.

- *Definition aus Außensicht:* Die Schnittstelle des Data Mart ergibt sich schrittweise aus den Anforderungen der Client-Data Marts. Hat ein Client-Data Mart eine Anforderung, die ein Supplier-Data Mart (→*5.3.3.2*) aufgrund seiner Daten und Funktionalität erfüllen kann, so wird entweder eine vorhandene Schnittstellenfunktion genutzt oder eine neue geschaffen (→*5.1.3.4*). Damit existieren keine ungenutzten Schnittstellenbestandteile, wodurch die Schnittstelle einfacher wird. Allerdings kann diese Art des Vorgehens einen negativen Einfluß auf die Kohäsion (→*5.3.5.3.3*) haben, da eine aus der Sicht des Clients definierte Schnittstellenfunktion nur die Client-spezifische Teilfunktionalität enthält.

Bei der Gestaltung der Schnittstelle eines Data Mart muß somit ein Kompromiß zwischen Einfachheit und Vollständigkeit gefunden werden.

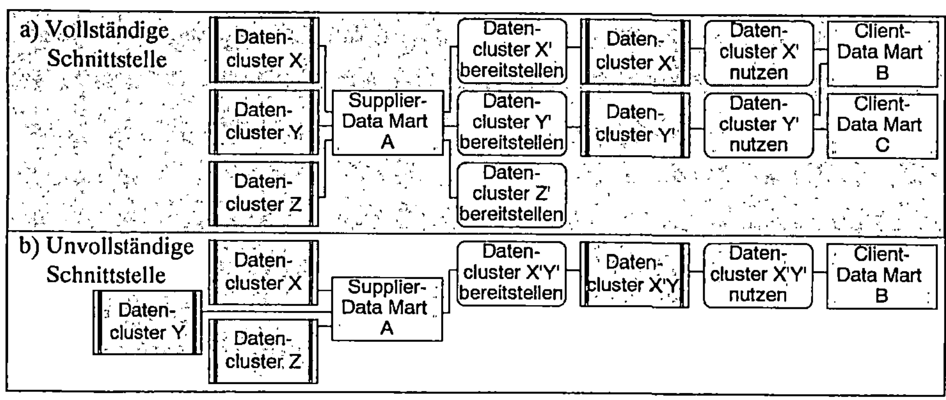

Abb. 5-48: Vollständigkeit der Schnittstelle

In *Abb. 5-48* sind Beispiele für die Vollständigkeit bzw. Unvollständigkeit einer Schnittstelle abgebildet. Dabei stellt der Supplier-Data Mart A über Schnittstellenfunktionen Daten für Client-Data Marts zur Verfügung. Data Mart A verwaltet drei schnittstellenrelevante Datencluster (X, Y, Z). In *Abb. 5-48 a)* stellt der Data Mart A schnittstellenrelevante Teilmengen (X', Y', Z') dieser Datencluster über drei Funktionen zur Verfügung. Die Schnittstelle des Data Mart A ist damit *vollständig* beschrieben. Allerdings werden nur die beiden Datencluster X' und Y' von Client-Data Marts verwendet. In *Abb. 5-48 b)* sind in der Schnittstellendefinition des Data Mart A nur die Funktionen vorhanden, die von Client-Data Marts verwendet werden. Die client-spezifischen Schnittstellenfunktionen bestimmen den Schnittstellenumfang, weshalb Datencluster Z bzw. dessen Teilmenge Z' nicht Bestandteil der somit *unvollständigen* Schnittstelle ist. In *Fall b)* benötigt Data Mart B die Datencluster X' und Y'. Beide Datencluster werden über eine Funktion zur Verfügung gestellt, wodurch eine schwache Schnittstellenkohäsion aufgrund von multipler Funktionalität gegeben ist. Dies kann zu Problemen führen, wenn ein drittes Data Mart nur das Datencluster Y' benötigt (wie in *Fall a)* der Client C), da es dafür keine Schnittstellenfunktion gibt.

Wesentlichen Einfluß auf die Vollständigkeit einer Schnittstelle hat das Vorgehen bei der Gestaltung der Datenlogistikprozesse. Bei einem Top-down-Ansatz (→*3.1.2*) werden ausgehend vom potentiellen Bedarf im gesamten Informationssystem die Schnittstellen eines Supplier-Data Mart anhand dessen Funktionalität und der verfügbaren Daten vollständig definiert. Ein Bottom-up-Ansatz (→*3.1.2*) geht von einzelnen Anforderungen der Client-Data Marts an die Datenlogistik aus und führt zu unvollständigen Schnittstellen der Supplier, die genau die Schnittstellenfunktionen zur Verfügung stellen, die von den Clients benötigt werden.

5.4 Auswirkungen auf die Integration

Die modularen, objektorientiert modellierten Datenlogistikprozesse führen zu folgenden Vorteilen für die Datenlogistik:

- Reduktion von Komplexität, indem Funktionalität in die Data Marts verlagert und dort gekapselt wird. Nur eine wohldefinierte Schnittstellenfunktionalität der Data Marts wird für die Integration herangezogen (→*3.4.3.2*).

- Problemadäquatheit aufgrund der strukturellen Äquivalenz objektorientierter Modelle zu verteilten Informationssystemen (→*2.3.3.2*, →*3.2.1*),

- Unterstützung eines evolutionären Vorgehens ausgehend von konsolidierten Teilinformationssystemen (Objekte) zu einer integrierten (objektübergreifenden) Datenlogistiklösung,

- Möglichkeiten des geeigneten Zusammenwirkens von integrierter Data Warehouse-Lösung und verteilten Data Marts (→*3.6.3.4*).

Mit der modularen Gestaltung der Datenlogistikprozesse soll keinesfalls die Notwendigkeit einer zentralen Komponente für die Integration der Datenlogistik negiert werden. Vielmehr reduziert die Verteilung von Funktionalität nach objektorientierten Prinzipien die Komplexität des Integrationsproblems in der Data Warehouse-Lösung. Damit wird ein Beitrag zur aktuellen, oft kontrovers geführten Diskussion um eine zentrale, unternehmensweite Data Warehouse-Lösung und dezentrale, bereichsgebundene Data Marts geleistet (→*3.6.3.2*).

5.4.1 Komplexitätsreduzierung durch Kapselung

Der für die Datenintegration notwendige Zugang zu den Daten dezentraler Data Marts für eine zentrale Data Warehouse-Lösung wird durch explizit definierte Schnittstellen der Data Marts vereinfacht.

Kapselung von Daten

Die Datenbank des Data Mart wird in gekapselte private Tabellen und schnittstellenrelevante öffentliche Tabellen bzw. Views unterteilt (→*5.3.2.2*, →*5.3.4.2.2*). Ausgehend von privaten Daten werden von Transformationsfunktionen (z.B. Datenbereinigung, Filterung) Schnittstellendaten bereitgestellt. Der Zugang zu den Daten erfolgt über definierte Schnittstellenfunktionen (→*5.3.4*).

Kapselung von Metadaten

Für die Automatisierung der Extraktion von Daten aus Data Marts in eine zentrale Data Warehouse-Lösung kann der Anpassungsaufwand für Extraktionsfunktionen bei Änderungen in den Datenstrukturen der Data Marts reduziert werden, da über die Schnittstellenschicht des Data Mart dessen Metadaten gekapselt sind.

Ein für die Datenintegration notwendiges unternehmensweites Datenmodell beschränkt sich demnach auf die in der Schnittstelle definierten Teildatenmodelle der einzelnen Data Marts (→*4.3.1.4*).

5.4.2 Problemadäquatheit durch Modularisierung

Mit objektorientierten Modellen können Datenstrukturen sowie Daten- und Steuerflüsse (Funktions- und Ablaufstrukturen) in einem verteilten Informationssystem adäquat beschrieben werden. Objekte spiegeln die an der Datenlogistik beteiligten Teilsysteme des Informationssystems wider. Die sich ergebenden Modelle für Datenlogistikprozesse sind Ausgangspunkt für Entscheidungen zur Verteilung von Datenlogistikfunktionalität auf Data Marts bzw. eine zentrale Data Warehouse-Lösung, wobei die zentrale Komponente die objektorientiert beschriebenen Beziehungen zwischen verteilten Data Marts integriert.

5.4.3 Vorgehen zur modular-integrierten Gestaltung der Datenlogistik

Das Vorgehen zur Unterstützung der Datenlogistik durch eine zentrale Integrationskomponente ist analog zur Anwendungssystementwicklung für betriebswirtschaftliche Prozesse (vgl. [Sche95a]) durch folgende Schritte gekennzeichnet:

1. Die identifizierten, nach Möglichkeit mit formalen oder halbformalen Methoden und entsprechenden Werkzeugen (z.B. ARIS oder SOM, →2.3) beschriebenen Datenlogistikprozesse werden *analysiert*.

2. Die Prozesse werden einem *Reengineering* unterzogen und für die angestrebte Integration in einer Data Warehouse-Lösung angepaßt.

3. Die Prozesse werden in einer Data Warehouse-Lösung *automatisiert* unterstützt.

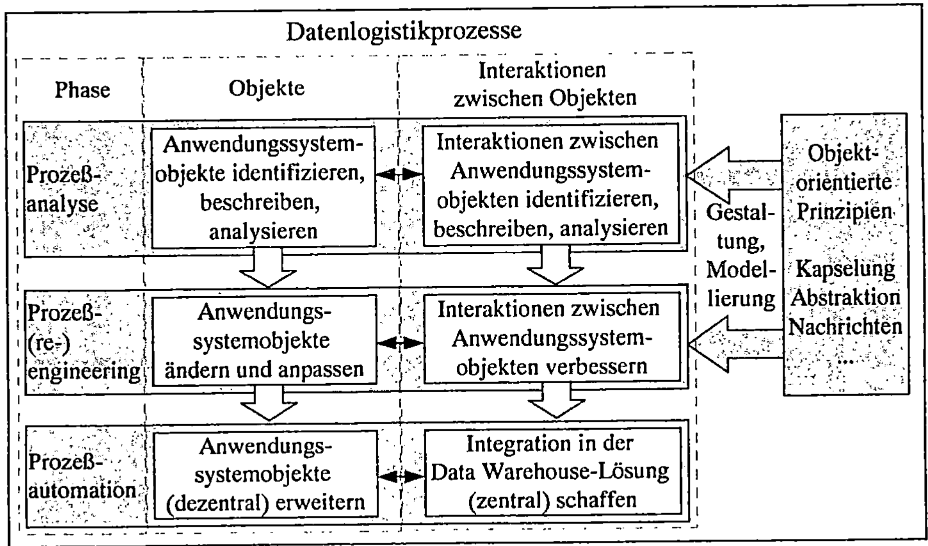

Abb. 5-49: Anwendung objektorientierter Prinzipien auf konzeptioneller Ebene

In *Abb. 5-49* wird dieses Vorgehen und die Anwendung objektorientierter Prinzipien deutlich. Die Objektorientierung führt dabei zu einer Dualität von Innenbetrachtung (→2.3.3.2) der Anwendungssystemobjekte (Data Marts, →5.3.2) und Interaktionsbetrachtung (→2.3.3.2) der Kooperation zwischen den Anwendungssystemobjekten (Beziehungen zwischen Data Marts, →5.3.3). Für die Prozeßautomation hat die Innenbetrachtung der Objekte eine lokale datenlogistische Erweiterung der Anwendungssystemobjekte zur Folge, während die Interaktionen in einer zentralen Data Warehouse-Lösung unterstützt werden können.

Die objektorientierte Sicht der Datenlogistik ermöglicht zunächst lokale Entscheidungen zu den Data Marts, wobei sich konzeptionelle Fehler in einem Data Mart nur schwach auf die gesamte Datenlogistiklösung auswirken. Die Modularisierung ist Grundlage eines evolutionären Vorgehens für die Entwicklung einer integrierten Datenlogistiklösung, bei der in aufeinanderfolgenden Iterationsstufen neue Data Marts in die Gesamtlösung integriert werden.

5.4.4 Zusammenwirken von modularen und integrierenden Komponenten

Die modulare Verteilung von für die Datenlogistik relevanten Funktionen, Daten und Abläufen in Data Marts hat Auswirkungen auf die Integration der Datenlogistik in einer Data Warehouse-Lösung, die sich in den Schnittstellen zwischen Data Marts und Data Warehouse-Lösung niederschlagen (*Abb. 5-50*).

Die Data Warehouse-Lösung liefert insbesondere durch einheitliche Metadaten für Datenlogistikprozesse Vorgaben für die Schnittstellengestaltung, nach denen sich die Data Marts zu richten haben (→*3.6.3*, →*5.2.2*). Die zentrale Data Warehouse-Lösung bestimmt mit Standards in Form von Metadatenstrukturen die Anpassung der einzelnen Data Marts. Gleichzeitig bestehen seitens der Data Marts Anforderungen hinsichtlich der Lieferung von Daten anderer Data Marts, die von der Data Warehouse-Lösung als Dienstleister zu erbringen sind. Der sich durch die objektinterne betriebswirtschaftliche Funktionalität eines Data Mart ergebende Datenbedarf führt zu einer automatisierten Unterstützung der für den Datenaustausch notwendigen Daten- und Steuerflüsse in der Data Warehouse-Lösung.

Wesentlich für die modular-integrierte Datenlogistik ist daher die Gestaltung der Arbeitsteilung zwischen Data Warehouse-Lösung und Data Marts, wobei ein geeigneter Kompromiß zwischen modularer Abgrenzung in den Data Marts und Integration in der zentralen Data Warehouse-Lösung zu finden ist.

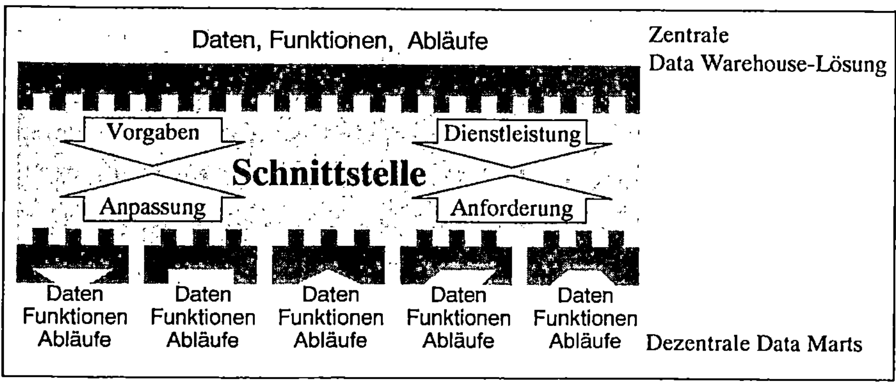

Abb. 5-50: Schnittstelle zwischen Data Warehouse-Lösung und Data Marts

6 Ausblick

Die Auseinandersetzung mit Aufgaben und Aufgabenträgern betrieblicher Informationssysteme zeigt, daß sich Informations- und Datenmanagement im Spannungsfeld von Verteilung und Integration bewegen. Das Datenmanagement muß die auf die Funktionalität der Anwendungssysteme ausgerichtete individuelle Datenverwaltung sicherstellen und gleichzeitig die anwendungssystemübergreifende Datenintegration gewährleisten. Existierende Konzepte berücksichtigen oft nur unzureichend diesen Zusammenhang und betonen einseitig Integrations- oder Verteilungsaspekt.

Ausgehend von Integrationsaufgaben in verteilten Informationssystemen übernimmt die Datenlogistik als Querschnittsfunktion die Steuerung und Regelung von Datenflüssen zwischen Anwendungssystemen unter Berücksichtigung räumlicher und zeitlicher Aspekte. Das Data Warehouse-Konzept wird an den Anforderungen der Datenlogistik ausgerichtet, indem Zusammenhänge zwischen den Data Warehouse-Komponenten und der logistischen Funktionalität hergestellt werden. Extraktions-, Transformations- und Verteilungsfunktionen der Input- und Output-Komponente korrespondieren mit Datenbeschaffung, Datenverarbeitung und Datenabsatz in Datenlogistikprozessen. In der Data Warehouse-Datenbank werden auf Grundlage einer geeigneten Datenmodellierung und Datenorganisation integrierte Daten gespeichert. Der Forderung nach einer modular-integrierten Datenlogistik wird durch Variationsmöglichkeiten von zentraler (integrierender) Data Warehouse-Lösung und verteilten (modularen) Data Marts entsprochen.

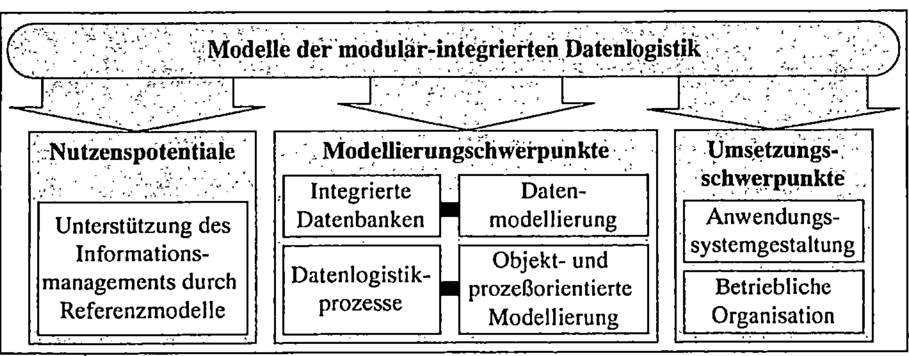

Abb. 6-1: Forschungsschwerpunkte in bezug auf die Datenlogistik

Als Grundlage anwendungssystem- und bereichsübergreifender Geschäftsprozesse ist die Datenlogistik zukünftig ein Forschungsschwerpunkt der Wirtschaftsinformatik. Hierzu bedarf es ausgereifter, umfassender Modellkonzepte, einer geeigneten betrieblichen Organisation und stabiler informationstechnischer Lösungen. Aus den Ergebnissen dieser Arbeit ergeben sich Forschungsaufgaben, die in *Abb. 6-1* zusammenfassend dargestellt sind.

Die in der Arbeit entwickelten Modelle zur modular-integrierten Datenlogistik sind weitgehend unabhängig von speziellen Anwendungsfällen und tragen Referenzcharakter. Für eine weiterführende Referenzmodellierung ist der Zusammenhang zwischen Geschäftsprozessen und Datenlogistikprozessen zu vertiefen und sind Einflußfaktoren wie Unternehmensgröße, Unternehmensorganisation, Branche und existierende Informationssystemarchitektur zu berücksichtigen.

Nutzenspotentiale von Referenzmodellen

Referenzmodelle der Datenlogistik können das Informationsmanagement in folgender Weise unterstützen:

□ Anhand von Referenzarchitekturmodellen können Soft- und Hardwarekomponenten im Zusammenhang mit der Datenlogistik eingeordnet werden. Dies dient als Argumentationsgrundlage für Entscheidungen im strategischen Informationsmanagement.

□ Die Investitionstätigkeit der Unternehmen wird unterstützt, indem das Zusammenwirken von Anwendungssystemen in verschiedenen Szenarien mit Hilfe eines Referenzmodells transparent dargestellt wird.

□ Für das Projektmanagement, z.B. von Data Warehouse-Projekten, ermöglichen Referenzmodelle die Verbesserung der Planung hinsichtlich Ressourcen-, Beratungs- und Zeitaufwand.

□ *Referenzdatenmodelle* unterstützen die Modellierung betriebswirtschaftlicher Daten, um bspw. Kennzahlen in geeigneter Weise abzubilden und betriebswirtschaftliche Inhalte der Anwendungssysteme für die Datenlogistik zu berücksichtigen.

□ *Referenzgeschäftsprozeßmodelle* auf betriebswirtschaftlicher, DV-Konzept- und Implementierungsebene können genutzt werden, um die Datenlogistik an Geschäftsprozessen auszurichten.

□ *Referenzvorgehensmodelle* können die Entwicklung von Datenlogistiklösungen unterstützen.

Schwerpunkte der Modellierung

Grundaufgaben der Datenlogistik sind der Transport und die Transformation von Daten in Datenlogistikprozessen sowie die integrierte Datenhaltung in Datenbanksystemen. Geeignete Datenmodelle für integrierte Datenbanken sind mit funktions- und ablauforientierten Modellen für Datenlogistikprozesse zu kombinieren, wobei über objektorientierte Modelle eine geeignete Modularisierung erreicht werden kann.

Das Uniforme Datenschema für multidimensionale Daten (Unimu-Schema) ermöglicht auf der Basis standardisierter Metadaten die einheitliche, dreidimensionale Modellierung kennzahlbezogener Daten. Weiterführend kann untersucht werden, für welche betriebswirtschaftlichen Anwendungsfälle dieses logische Modell multidimensionaler Daten geeignet ist und inwieweit logisches Datenmodell und semantische Ebene entkoppelt werden können. Neben den bereits angesprochenen Verbesserungspotentialen des Unimu-Schemas aus theoretischer Sicht sind Leistungsparameter der DBMS bei großen Datenmengen zu betrachten. Insbesondere sind die Auswirkungen umfangreicher Fakttabellen auf die Performance und entsprechende Optimierungsmöglichkeiten zu untersuchen.

Die geforderte modulare Datenlogistik wird auf objektorientierte Modelle zurückgeführt, was zu einer neuen Anwendungsmöglichkeit des objektorientierten Paradigmas innerhalb der Wirtschaftsinformatik mit folgenden Schwerpunkten führt:

- *Modellierung kooperierender Anwendungssysteme*

  Anwendungssysteme sind als Objekte zu modellieren, während Beziehungstypen zwischen Objekten auf die Kooperation von Anwendungssystemen übertragen werden.

- *Betrachtung personeller Aufgabenträger*

  Die in der Arbeit entwickelte objektorientierte Sicht der Anwendungssysteme ist in erweiterter Form für Unternehmensbereiche mit personellen Aufgabenträgern zu nutzen.

- *Vergleich von Software- und Prozeß-Engineering*

  Die konzeptionelle Beschreibung von Informationssystemarchitekturen kann wie der Entwurf von Softwareprogrammen auf objektorientierte Modelle zurückgeführt werden. Diese Analogien sind weiter zu erforschen, so daß Software- und Prozeß-Engineering gegenseitig Prinzipien und Methoden nutzen können.

- *Umsetzung bei der Implementierung*

  Die zur Modellierung von Data Marts und deren Beziehungen genutzten objektorientierten Prinzipien sind durch geeignete Methoden des Softwareentwurfs und der Programmierung bei der Implementierung umzusetzen.

- *Modulare Gestaltung der Datenlogistik*

  Die Kenngrößen *Kopplung, Kohäsion, Einfachheit* und *Vollständigkeit* dienen der zweckmäßigen Verteilung der Datenlogistikfunktionen in Anwendungssystemen. Für die modulare Gestaltung der Datenlogistik können weiterführend Kriterien der Anwendung solcher Kenngrößen untersucht werden.

□ *Anwendung von Metriken*

> Metriken dienen der Quantifizierung der Kenngrößen. In der Arbeit wurden meßbare Eigenschaften von Datenlogistikprozessen angegeben, die zu einem umfangreichen Katalog ausgebaut werden können.

Umsetzung der Modelle für die Datenlogistik

Für die informationstechnische Umsetzung der Datenlogistik in stabilen Anwendungssystemen sind Daten-, Funktions- und Ablaufmodelle in Soft- und Hardwarekomponenten zu implementieren. Dazu eignen sich u.a. DBMS, Workflowmanagementsysteme, spezielle Repositories oder Data Warehouse-Standardwerkzeuge. Für Transport- und Transformationsfunktionen in Datenlogistikprozessen oder integrierte betriebswirtschaftliche Daten können z.B. Metadaten in einer Data Warehouse-Lösung abgebildet werden, die der Planung, Steuerung und Kontrolle der Datenlogistik dienen. Eine Data Warehouse-Lösung ist so als Repository für das Datenmanagement in Unternehmen nutzbar.

Die Informationsbereitschaft der beteiligten Unternehmensbereiche ist ein wichtiger Erfolgsfaktor einer informationssystemweiten Datenlogistik. Es sind Organisationsformen zu entwickeln, bei denen fachliche Aufgaben der personellen Aufgabenträger und entsprechende Funktionen der verteilten Anwendungssysteme eingebunden werden. Im Zusammenhang mit der Datenlogistik wurden in der Arbeit geeignete Organisationsformen des Datenmanagements in Verbindung mit dem Informationsmanagement dargestellt. In den Unternehmen ist die Akzeptanz für die Entwicklung integrierter Informationssysteme zu schaffen. Die Wirtschaftsinformatik ist dabei gefragt, für die unternehmerische Praxis tragfähige und vor allem für die Entscheidungsträger transparente Organisationskonzepte zu entwickeln.

A Anhang zur Fallstudie in einem Energieversorgungsunternehmen

In der Fallstudie werden einige der theoretischen Erkenntnisse dieser Arbeit anhand praktischer Erfahrungen in einer Ferngasgesellschaft bestätigt. Da Entwicklungen in einem Unternehmen oft anders verlaufen als theoretische Ableitungen, folgt die Fallstudie nicht exakt der Gliederung der Arbeit. Vielmehr werden konkrete Projekte und Anwendungssysteme mit Bezug zur Datenlogistik zusammenhängend dargestellt, wobei auf verschiedene theoretische Aspekte verwiesen wird. Der Autor hat an Konzeption und Implementierung der vorgestellten Datenlogistiklösungen in Projekt- bzw. Realisierungsverantwortung aktiv mitgewirkt. Diese Tätigkeiten haben die Entstehung der Arbeit begleitet, so daß theoretische Ansätze angewendet und verifiziert werden konnten und gleichermaßen Projekterfahrungen wichtige Impulse für die Arbeit gaben. Ein Beispiel dafür ist das in *4.5* vorgestellte Unimu-Schema.

Im wesentlichen fließen folgende theoretischen Erkenntnisse, die in den angegebenen Abschnitten dargestellt wurden, in die Fallstudie ein:

- Notwendigkeit der Integration von Anwendungssystemen resultierend aus ...
    - ...einer heterogenen Anwendungslandschaft (→*3.2.1*),
    - ...der Forderung nach Managementunterstützung (→*3.2.2*),
    - ...der Zielstellung nach integriert unterstützten Geschäftsprozessen (→*3.2.3*),
- Anforderungen an die Datenlogistik unter den Bedingungen eines gewachsenen Informationssystems (→*3.4*),
- Umsetzung von Data Warehouse-Funktionalitäten (→*4.3.3*) in Anwendungssystemen,
- Konzepte für die Integration der Datenlogistik (→*4*),
- Abstimmung von Datenlogistik- und Informationsmanagement (→*4.2*),
- Entwicklung verteilter Datenlogistiklösungen in existierenden Anwendungssystemen unter Verantwortung verschiedener Fachbereiche (→*4.2*, →*5*),
- Notwendigkeit der informationssystemweiten und anwendungssystemspezifischen Modellbildung für Datenlogistikprozesse (→*4.3*),
- Nutzung eines ausgewogenen Werkzeugportfolios zur Datenauswertung in MSS (→*4.4*),
- Anwendung des Unimu-Schemas,
- Notwendigkeit und Möglichkeiten der Modularisierung der Datenlogistik (→*5*).

Abb. A-1 gibt einen Überblick über die in der Fallstudie behandelten Datenlogistiklösungen und deren Bezug zu theoretischen Erkenntnissen der vorliegenden Arbeit. Die Ausgangssituation eines dezentralen Informationssystems und
die Anforderungen der Management- und Geschäftsprozeßunterstützung (→*A.1*)
stehen im Zusammenhang mit der Notwendigkeit der Integration. Existierende
Anwendungssysteme tragen bereits als partielle Lösungen zur Integration der
Datenlogistik bei (→*A.2*) und bestätigen die Forderung nach einem geeigneten
Management der Datenlogistik auf der einen Seite und modularer Verteilung auf
der anderen Seite. Die Aspekte *Management* und *Modularisierung* der
Datenlogistik fließen so in die Konzeption einer integrierten Lösung (→*A.3*) ein.

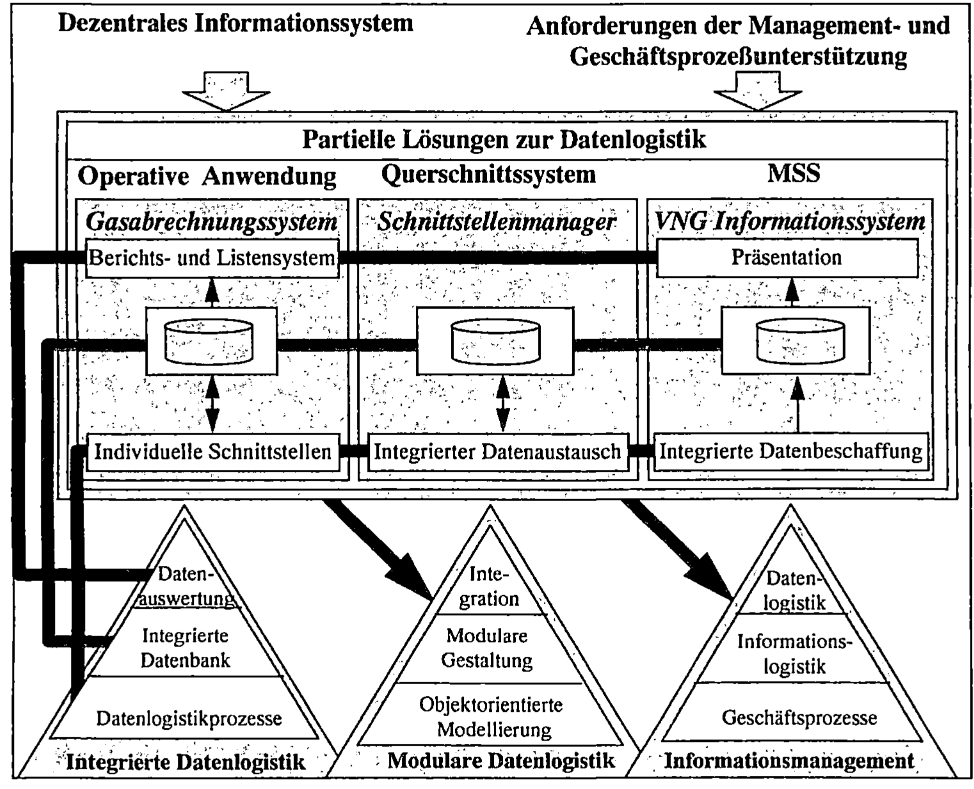

Abb. A-1: Einordnung der Fallstudie in den theoretischen Rahmen der Arbeit

In *Abb. A-1* ist der Zusammenhang zwischen Anforderungen an die Datenlogistik
(→*3.4.4*) und den in der Fallstudie vorgestellten informationstechnischen Lösungen dargestellt. Teilaspekte der Datenlogistik sind demnach in Anwendungssystemen bereits als partielle Datenlogistiklösungen verwirklicht. Aus den Erfahrungen
mit diesen Systemen leiten sich Konzepte für ein anwendungssystemübergreifendes Management unter Beibehaltung der existierenden modularen Verteilung ab.

A.1 Ausgangssituation

Unternehmen

Die VNG-Verbundnetz Gas Aktiengesellschaft (VNG) ist eine importierende Ferngasgesellschaft. Die Geschäftsprozesse sind im wesentlichen auf ein Produkt - hochkalorisches Erdgas - fokussiert, das von wenigen Lieferanten eingekauft und das an ca. 100 Kunden abgesetzt wird. Demgegenüber steht die Komplexität der Gasversorgungsaufgabe mit hohen Anforderungen an das Gasversorgungsmanagement. Diesem Umfeld muß insbesondere das Informationsmanagement Rechnung tragen.

Informationssystem

Bei VNG bestimmen eine Reihe spezialisierter Anwendungssysteme neben einer integrierten kaufmännischen Lösung das betriebliche Informationssystem. Dabei basiert jedes Anwendungssystem auf einer eigenen Datenhaltung mit individuellen Datenmodellen, häufig ohne Berücksichtigung von Mehrfachverwendungen der Daten in anderen Anwendungssystemen (→3.2.1). Diese Situation ist zum einen durch die speziellen Aufgabenstellungen der Fachabteilungen begründet, die nicht durch integrierende Standardsoftware unterstützt werden können und daher zu Anwendungssystemen mit spezieller gaswirtschaftlicher, kaufmännischer und technischer Funktionalität führen. Zum anderen besteht ein Bedarf an maschinellen und personellen Aufgabenträgern für die Koordination der Anwendungssysteme (→3.4.3.1, →4.2.2.2). Diese werden teilweise fachlich und technologisch in den Fachbereichen dezentral betreut und sind i.d.R. unabhängig voneinander, größtenteils durch externe Software- und Beratungsfirmen entwickelt bzw. eingeführt worden. Schnittstellen zwischen den Anwendungssystemen werden durch individuelle Organisations- und Softwarelösungen unterstützt.

Die heterogenen Anwendungssysteme führen bei VNG zur Notwendigkeit der Datenintegration mittels organisatorischer und informationstechnischer Lösungen für die Datenlogistik. Eine Studie kommt zu dem Schluß, daß im Informationssystem koordinierende Aufgabenträger zu schaffen sind [KrKK98, 13], um für Integrationsaufgaben einen zentralen, fachbereichs- und anwendungssystemübergreifenden Überblick über Daten und Prozesse des Informationssystems zu erhalten.

A.2 Ansätze zur integrierten Datenlogistik

Aus der dezentralen, teilweise nicht integrierten Informationssystemstruktur ergibt sich eine ebensolche Datenbankstruktur, woraus sich Notwendigkeit und Bedeutung einer integrierten Datenlogistik ableiten (→3.2.4, →3.4). Bei der VNG existieren partielle Lösungen mit integrierten datenlogistischen Funktionen, die von bestehenden Anwendungssystemen in unterschiedlichen Teilinformationssystemen (→*2.1.3.1*) ausgehen:

- *operatives Anwendungssystem*: Das integriertes Gasabrechnungssystem GAS-X unterstützt verschiedene Geschäftsprozesse und verwaltet insbesondere detaillierte Daten über Geschäftsbeziehungen zu Kunden [LeHe98, 155 ff.].

- *MSS*: Für das VNG Informationssystem (VIS) wurde ein individuelles Datenlogistikmodul geschaffen, das Daten aus anderen Anwendungssystemen extrahiert, transformiert und an das VIS weitergibt [EhPH98, 163 ff.].

- *Querschnittssystem:* Zur Unterstützung der Datenlogistikprozesse zwischen Anwendungssystemen existiert ein Schnittstellenmanager [GASX98].

A.2.1 Integriertes operatives Anwendungssystem

A.2.1.1 Aufgaben des Gasabrechnungssystems

Die Abrechnung der an Kunden gelieferten Gasmengen ist operative Kernfunktion eines Gasversorgungsunternehmens. Die Verarbeitung der Daten, ausgehend von den gemessenen physikalischen Größen in der Übergabestation bis hin zur fakturierten Rechnung für den Kunden, verlangt nach einer effizienten informationstechnischen Unterstützung.

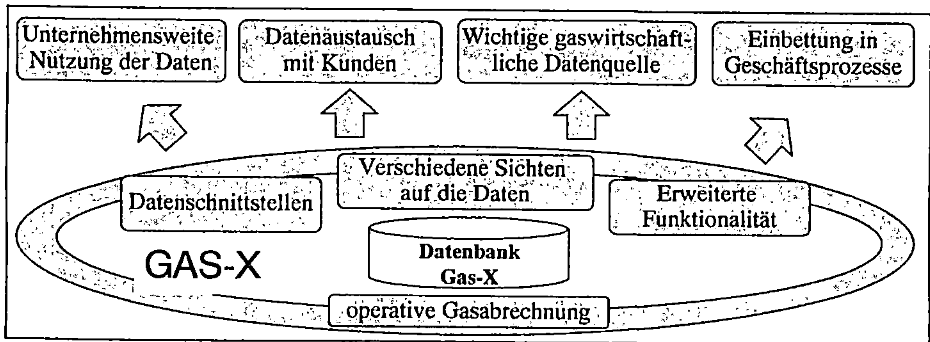

Abb. A-2: Zusammenhang zwischen Gasabrechnungssystem und Datenlogistik

Obwohl die operative Gasabrechnung die zentrale Aufgabe von GAS-X darstellt, ist das System als nutzbare Datenquelle ebenso wichtig für andere Geschäftsprozesse. Die integrierte Datenbank eröffnet Anwendungspotentiale, die in *Abb. A-2* dargestellt sind. Um diese Potentiale auszuschöpfen, ist es notwendig, GAS-X über die fachliche Funktion hinaus so zu erweitern, daß die Daten von anderen Fachbereichen und Anwendungssystemen genutzt werden können. Dazu zählen:

□ *erweiterte Funktionalitäten*: auf spezielle Anforderungen ausgerichtete Dialoge für unterschiedliche betriebswirtschaftliche Anwendungsfälle, die in einem Menüsystem über Metadaten nutzerspezifisch zu konfigurieren sind,

□ *Datenschnittstellen*: flexible Extraktion von Daten aus von GAS-X,

□ *verschiedene Sichten auf die Daten*: Datenbank-Views und Transformationstabellen, die aus Datenstrukturen für die Gasabrechnung auf andere Geschäftsprozesse ausgerichtete Datenstrukturen ableiten.

Damit wird deutlich, daß GAS-X neben fachlichen Funktionen in hohem Maße Datenlogistikfunktionalität enthält.

A.2.1.2 Datenmodellierung

Grundlage der mit GAS-X im Zusammenhang stehenden Datenlogistikprozesse ist die integrierte Datenbank und das Datenmodell. In den Tabellen von GAS-X spiegelt sich die Semantik des Abrechnungsprozesses wider, und gleichzeitig sind die Datenstrukturen und deren Dokumentation entscheidend für die unternehmensweite Nutzung der Daten. Dazu werden Methoden und Werkzeuge mit folgenden Zielstellungen eingesetzt:

□ durchgängige Unterstützung der Datenmodellierung vom Entwurf bis zur physischen Implementierung und

□ Transparenz der Datenmodelle für Systementwickler und Anwender.

Folgende Werkzeuge werden genutzt:

□ *Erwin:* Auf Grund der Komplexität des Datenmodells wurde nach einfachen, aber wirksamen Werkzeugen für Entwurf und Dokumentation gesucht, wobei die graphische Darstellung der Tabellen und ihrer Beziehungen wesentliches Ziel war. Mit einem solchen Werkzeug wurde zunächst automatisch die physische Struktur der Oracle-Datenbank von GAS-X in eine adäquate logische Struktur des Modellierungswerkzeugs ERwin (→*2.3.1.2*) überführt.

Der Einsatz des Werkzeugs hat u.a. folgende Vorteile:

o Datenobjekte und deren Beziehungen können graphisch besser als mit textuellen Beschreibungen visualisiert werden, was eine schnelle Übersicht über die Datenbank und die Funktionalität des Systems ermöglicht.

o Die Entwicklung des Datenmodells wird stark vereinfacht, da nicht SQL-Statements, sondern ein graphischer ERM-Browser genutzt wird. Konzepte wie Primärschlüssel, Fremdschlüssel verschiedener Kardinalität und Domänen werden mit geeigneten Mitteln unterstützt.

o Für die Implementierung des Datenmodells wird die übliche Trennung zwischen logischem und physischem Datenmodell vorgenommen. Damit ist es möglich, auf Basis des logischen Datenmodells zunächst eine prototypische

Realisierung auf einer Desktop-Datenbank zu generieren (z.B. MS-Access) und im zweiten Schritt aus dem selbem Modell die Server-Datenbank (z.B. ORACLE) für das Produktivsystem zu erzeugen.

□ *MS-Access:* Die Metadaten (Datenstrukturen) können aus ERwin über DDE (Dynamic Data Exchange) in relationale Strukturen (MS-Access) überführt und mit Anfrage- und Berichtswerkzeugen in verschiedener Form präsentiert werden.

□ *MS-Help:* Für die Dokumentation des Datenmodells wurde eine geeignete Präsentationsform gesucht, welche komplexe Datenstrukturen abbilden kann. Eine günstige Möglichkeit der Darstellung bietet das Hilfeformat von MS-Windows. Mit der bekannten Benutzeroberfläche eines Windows-Hilfesystems ist somit das Navigieren durch das Datenmodell möglich (*Abb. A-3*), was Datenbanknutzern den Umgang mit den Datenstrukturen erleichtert. Die Erstellung der Hypertextdokumentation des Datenmodells erfolgt automatisch. Die Informationen über das Datenmodell werden direkt aus den Oracle-Systemtabellen über programmierte Konvertierungsfunktionen in die entsprechende Syntax des Hilfe-Quelltextes überführt und mit einem Compiler übersetzt.

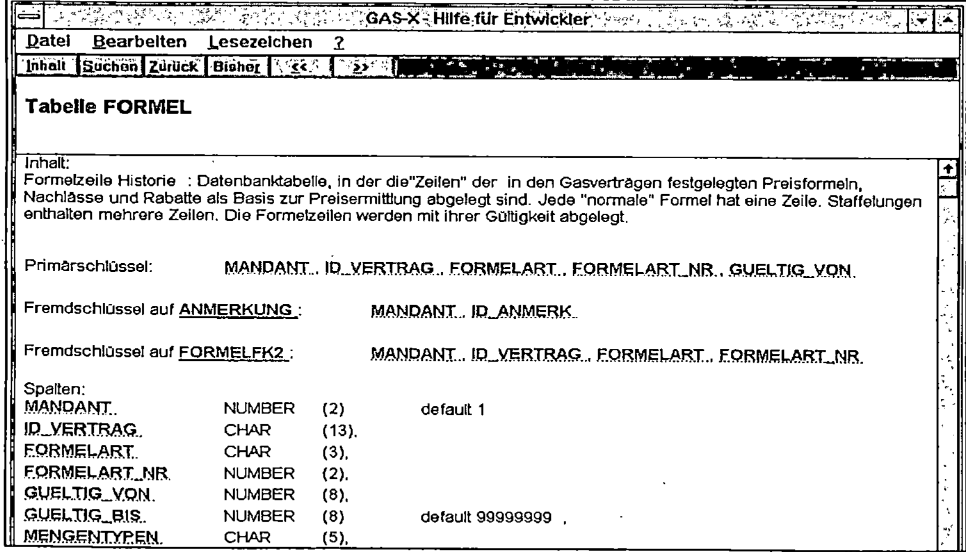

Abb. A-3: Hilfesystem zum Datenmodell

Abb. A-4 zeigt die Werkzeugkombination für Modellierung, Implementierung und Dokumentation der Datenstrukturen.

Neben dem Datenmodell sind ausgewählte Abläufe und Funktionen in GAS-X mit ARIS-Modellen (→*2.3.2.2*) dokumentiert, die als Beschreibung für zu integrierende Datenlogistikprozesse dienen.

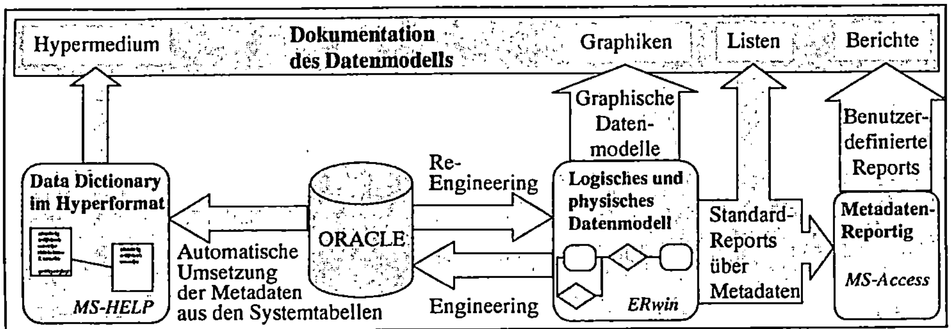

Abb. A-4: Möglichkeiten der Datenmodelldokumentation

A.2.1.3 Funktionale Bestandteile

Bereits in den wesentlichen funktionalen Bestandteilen von GAS-X kommt die Integrationsfunktion des Anwendungssystems zum Ausdruck:

□ Meßdatenerfassung und -verarbeitung,

□ Rechnungserstellung und -auswertung und

□ Stammdatenverwaltung.

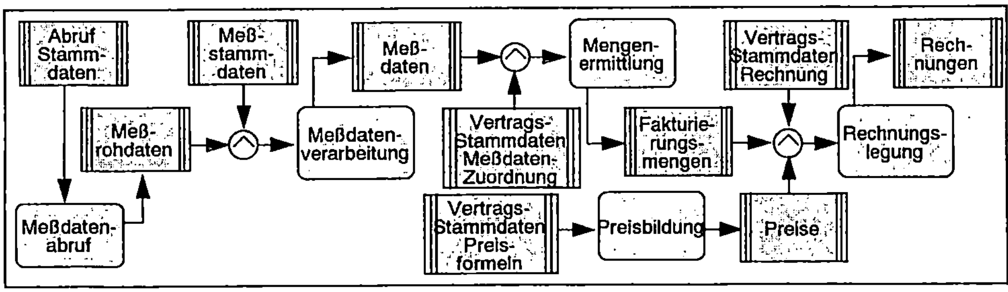

Abb. A-5: Prozeß der Gasverbrauchsabrechnung

Die Zusammenfassung dieser vorher auf verschiedene Insellösungen verteilten Funktionalitäten in einem Anwendungssystem basiert auf einer integrierten Datenbank, die Grundlage für die Integration des gesamten operativen Prozesses der Gasabrechnung ist (*Abb. A-5*):

□ Abruf von Meßdaten aus den Kundenübergabestationen und Weiterverarbeitung zu physikalischen Größen (z.B. Menge, Druck, Temperatur),

□ Berechnung von Fakturierungsmengen und Preisbildung sowie

❑ Verknüpfung von Preiskonditionen und Mengen zu Rechnungen.

Dazu sind abrechnungsrelevante Meßtechnik- und Vertragsstammdaten zu nutzen.

A.2.1.4 Unternehmensweite Nutzung der Daten

Die im Unternehmen qualitativ und quantitativ nur einmal vorhandene Datenbasis wird auch für andere Aufgaben außerhalb der Abrechnung genutzt. Mehr als zehn Millionen Meßwerte, Kundenstammdaten und Preise sind in der Datenbank abgelegt. Das Gasabrechnungssystem ist daher einer der wichtigsten Datenlieferanten für verschiedene Bereiche des Unternehmens. Neben der operativen Gasabrechnung enthält GAS-X dafür verschiedene Zusatzfunktionen. Zu den im kaufmännischem und gaswirtschaftlichen Bereich eingesetzten kommerziellen Anwendungssystemen (z.B. SAP-Module) und zu technischen Anwendungssystemen existieren Schnittstellenfunktionen (→*5.3.4*), über die Daten transferiert werden können (horizontale Integration, *Abb. A-6*), z.B.:

❑ Rechnungsdaten für die Finanzbuchhaltung (SAP-Modul),

❑ Absatz- und Erlösdaten für Bruttoertragsrechnungen,

❑ Absatz- und Erlösdaten für die Unternehmensplanung (Soll-Ist-Vergleiche),

❑ aktuelle Stamm- und Bewegungsdaten zu Übergabestationen für die Netzplanung.

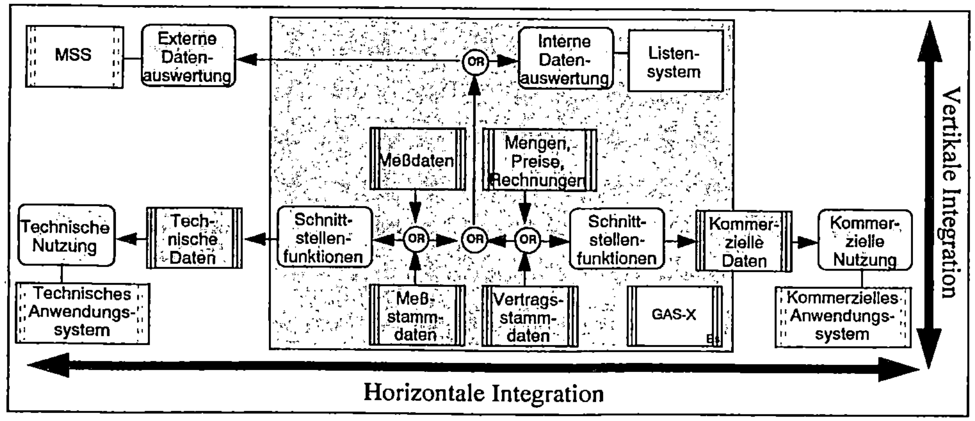

Abb. A-6: Schnittstellen zu operativen Anwendungssystemen und MSS

Die Übergabe kann in Listenform, auf externen magnetischen Datenträgern (off-line) oder direkt über Datennetze (on-line) erfolgen. Wichtige Aspekte dabei sind:

❑ Autorisierung und Überwachung der Datenbereitstellung,

❑ Beachtung von Sicherungs- und Wiederherstellungsanforderungen,

❑ Protokollierung, Archivierung und Dokumentation der Transferoperationen,

□ Abstimmung zwischen den Anwendungssystemen hinsichtlich Kontroll-möglichkeiten für die Korrektheit und Vollständigkeit der Daten.

A.2.1.5 Datenauswertung

Neben dem Datenaustausch für operative Zwecke werden die umfangreichen Datenbestände in internen Auswertemodulen von GAS-X sowie externen MSS (*Abb. A-6*) durch folgende personelle Aufgabenträger für die Datenauswertung genutzt:

□ Benutzer des GAS-X (z.B. Abrechner, Verkaufsleiter, Planer),

□ Nutzer anderer Anwendungssysteme innerhalb des Unternehmens (z.B. Vorstand als Nutzer des MSS, →*A.2.2*),

□ Kunden außerhalb des Unternehmens (z.B. Abrechner, Einkaufsleiter, Geschäftsführer).

Es erwies sich als zweckmäßig, in aufeinander aufbauenden Ausbaustufen Auswertemöglichkeiten der Datenbank zunächst innerhalb des Gasabrechnungs-systems und danach in separaten Anwendungssystemen zu schaffen. Dabei wurden verschiedene Arten der Datenauswertung (→*4.4.2*) genutzt und in jeder Phase Erfahrungen gesammelt, die im jeweils nächsten Schritt einfließen konnten (evolutionäres Vorgehen). Aus einem Standardlistensystem in GAS-X entstand ein Standardberichtswesen in einem separaten Anwendungssystem, welches letztendlich in ein MSS (→*A.2.2*) mündete.

Listensystem als Rahmen für Ad-hoc-Auswertungen

Eine Liste im Sinne von GAS-X ist eine Auswertung bzw. ein Report, der formatierte Daten aus der Datenbank enthält. Das Listensystem stellt dabei einen Rahmen für Erstellung, Verwaltung und Ausführung solcher Listen zur Ver-fügung. Eine Liste wird durch ein sogenanntes Listenprogramm erstellt. Dieses kann ein UNIX-Shellscript oder ein SQL-Script sein. Die Listenprogramme werden als Dateien verwaltet. Die zur Listenerstellung notwendigen Infor-mationen (Metadaten) werden in Datenbanktabellen abgelegt. Dazu zählen die Definition der Liste, Formateigenschaften und Parameter (*Abb. A-7*). Alle Listen werden über eine zentrale Funktion nach einem einheitlichen Ablaufschema er-stellt. Um das Auffinden zu erleichtern, sind die Listen in unterschiedlichen Grup-pen zusammengefaßt (Tabelle *LISTEG* in *Abb. A-7*). Die Listen können am Bild-schirm angezeigt, ausgedruckt und als Dokument persistent abgespeichert werden.

Die mit dem Listensystem im Zusammenhang stehenden Datenlogistikprozesse basieren auf dem Zusammenwirken mehrerer Teilmodule von GAS-X. Mit Hilfe des *integrierten Batchsystems* können Listen zyklisch zu bestimmten Zeitpunkten automatisch erzeugt werden, was bei zeitbezogenen Auswertungen sinnvoll ist. Die Liste wird wahlweise gedruckt, als Dokument abgelegt oder automatisch in ein Zielsystem transferiert. Die Parametrierung der Liste erfolgt in Abhängigkeit vom aktuellen Datum. Mit dem *Listenmodul* von GAS-X bspw. wird eine kundenspezifische Auswertung, z.B. eine Excel-Datei mit Absatzwerten eines bestimmten Zeitraums, erzeugt. Diese wird als Dokument in der *Dokumentenverwaltung* abgelegt und damit archiviert. Über einen *Kommunikationsserver* wird die Datei per Modem direkt an den Kunden gesandt. Dieser kann die Daten für spezielle Darstellungen oder Auswertungen nutzen und eine Nachricht zurücksenden, die wiederum als Dokument abgelegt und in GAS-X weiter verarbeitet wird. Die Auswertung der Daten über Listen, Dokumente oder SQL-Anfragen wird dabei über ein differenziertes *Berechtigungssystem* autorisiert.

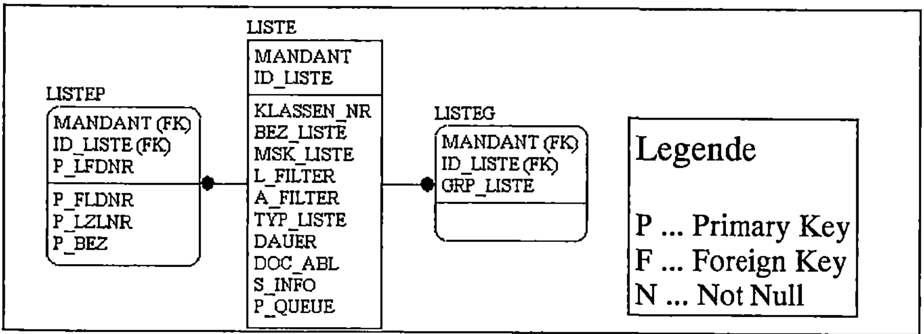

Abb. A-7: Datenmodell des Listensystems (in Anlehnung an [GASX97])

Das Format einer Liste kann je nach Zweck sehr unterschiedlich sein, z.B.

☐ pseudographisch aufbereitete, druckbare Texte,

☐ spezielle Schnittstellenformate für andere Systeme,

☐ spezielle Formate für die Weiterverarbeitung mit PC-Werkzeugen, z.B. Excel.

Mit dem Listensystem sind komplexe Auswertungen mit hoher Performance möglich, da die leistungsfähige Plattform des operativen Systems genutzt wird. Die Möglichkeiten der Gestaltung des Layouts sind allerdings begrenzt, da Listen nur mit Hilfe von ASCII-Zeichen gestaltet werden können.

Anwendungssystem zu Berichtserstellung

Wesentlicher Grund für die Entwicklung eines separaten Anwendungssystems zur Berichtserstellung mit speziellen Werkzeugen war die Forderung nach einer graphischen Präsentation der verfügbaren Daten. Das Berichtswesen wurde mit MS-Access unter MS-Windows realisiert und über Standardprotokolle mit der Oracle-Datenbank von GAS-X verbunden. Ähnlich zum Listensystem werden auch beim Berichtswesen die Reports und Eigenschaften, wie Verteiler, Parameter oder Gruppierungen als Metadaten in MS-Access-Tabellen verwaltet.

Mit dem zentralisierten, autorisierten und kontrollierten Berichtswesen werden u.a. folgende Ziele erreicht:

◻ einfache, reproduzierbare Erstellung von Berichten auf der Grundlage aktueller Daten,

◻ inhaltliche und zeitliche Abstimmung der Berichte,

◻ einheitliches, graphisch ansprechendes Layout der Berichte.

Jedoch werden im produktiven Betrieb des Berichtssystems auch Probleme in bezug auf Datenlogistik und Datenauswertung deutlich.

1. Beim direkten Zugriff auf die Oracle-Datenbank via ODBC (Open Database Connectivity) gibt es, bedingt durch Eigenschaften des Übertragungsprotokolls, erhebliche Performance-Probleme.

2. Die vordefinierten Auswertungen decken den sich ändernden Informationsbedarf oft nicht ab.

3. Die Auftraggeber erhalten die Informationen in ausgedruckter Form per Fax oder Hauspost.

Diese drei Probleme werden mit der Schaffung eines MSS durch folgende Maßnahmen behoben:

1. Trennung der Datenbank für die Managementunterstützung von operativen Datenbanken,

2. flexible Analysen auf der Grundlage multidimensionaler Datenstrukturen,

3. interaktive Informationsbereitstellung am PC mit Druckmöglichkeiten für Berichte.

A.2.2 Management Support System

A.2.2.1 Vorgehen zur Entwicklung des MSS

Ausgangspunkt für die Entwicklung eines MSS in der VNG war die Forderung des Vorstands nach dem Ausbau der computergestützten Berichterstattung (*Abb. A-8*). Insbesondere sollten kaufmännische Kennzahlen in verschiedenen Variationen für Vergangenheit, Gegenwart und Zukunft in geeigneter Weise präsentiert werden. Für das Verkaufsgeschäft bestand zudem die Möglichkeit, eine zeitliche und kundenbezogene Detaillierung der Absatz- und Umsatzdaten zur Verfügung zu stellen.

Ein Großteil der für die Informationsbereitstellung notwendigen Daten liegen in zwei Anwendungssystemen vor:

◻ Unternehmensplanungssystem (UPS) auf Basis der EIS-Komponente von SAP R/3 als Datenquelle für kaufmännische Daten und

◻ Gasabrechnungssystem GAS-X als Datenquelle für gaswirtschaftliche Daten (→*A.2.1*).

Für den kaufmännischen und für den gaswirtschaftlichen Bereich wurden parallel und zunächst unabhängig voneinander zwei Anwendungssysteme entwickelt. Aufgrund von Überschneidungen hinsichtlich der Inhalte und Nutzer wuchsen beide Anwendungssysteme zum Verbundnetz Gas Informationssystem (VIS) zusammen. Die Präsentation von Informationen im VIS ist mit den benutzten Werkzeugen verhältnismäßig einfach zu realisieren. Entsprechend wurde die erste Version des Systems mit geringen personellen Ressourcen (ca. 80 Personentage) entwickelt. Die große Akzeptanz im Unternehmen sorgt für eine schnelle Verbreitung und aus dem Prototyp wird ein produktives MSS. Die Zielgruppe für das unternehmensweit genutzte MSS erweitert sich nicht nur innerhalb, sondern auch außerhalb des Unternehmens durch die Kunden. So helfen z.B. detaillierte Auswertungen zum Absatzverhalten dem Kunden bei der Analyse seines Geschäfts.

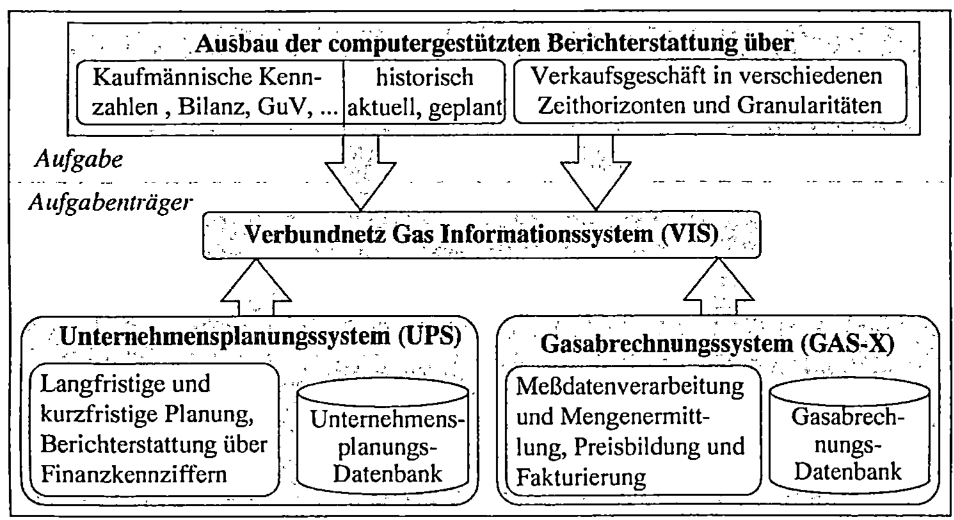

Abb. A-8: Aufgaben und Ausgangssysteme für das MSS der VNG

Die Berührungspunkte zwischen dem MSS und den Aktivitäten im Unternehmen (Systementwicklung, operative Geschäftsprozesse, Management) nehmen zu und wurden vielfältiger, was sich in den folgenden Aspekten niederschlägt:

▫ Erweiterung des Nutzerkreises: Das System verbreitet sich sowohl horizontal innerhalb einer Managementebene als auch vertikal, ausgehend vom Vorgesetzten zu den unterstellten Mitarbeitern.

▫ Erweiterung der Inhalte: Es entwickelt sich ein wachsender Bedarf an multidimensionalen Informationen mit z.T. hohem Detaillierungsgrad.

▫ Differenzierung der Inhalte für unterschiedliche Zielgruppen: Datenschutz und unterschiedliche Voraussetzungen bei den Anwendern erfordern eine starke Differenzierung bei der Bereitstellung von Informationen.

Daher sind informationstechnische und organisatorische Maßnahmen zu ergreifen, um ein reibungsloses Funktionieren des VIS zu gewährleisten, wobei sowohl der zentrale IT-Bereich für technologische Entscheidungen als auch Fachbereiche für inhaltliche Fragen einbezogen sind. Das System wird nach einer Entwicklungs- und Nutzungszeit von ca. 2,5 Jahren im gesamten Vorstand und in verschiedenen Managementebenen in allen Vorstandsbereichen bei ca. 40 Personen eingesetzt.

A.2.2.2 Betriebswirtschaftliche Inhalte und Datenmodellierung

Der *kaufmännische Teil* des VIS beinhaltet im wesentlichen Zeitreihen über Unternehmenskennzahlen (*Abb. A-9*). Die Kennzahlen werden in verschiedenen Kombinationen, z.B. Bilanz oder Gewinn- und Verlustrechnung, dargestellt. Die Zeitdimensionen umfassen den Rückblick über alle vergangenen Geschäftsjahre, Planung, Ziel-Ist-Vergleich und die Vorschau für das aktuelle Jahr mit Vorjahresvergleich und langfristige Jahresplanung in verschiedenen Planvarianten. Eine wesentliche Qualitätsverbesserung gegenüber Berichten in Papierform bietet hierbei eine Drill-down-Funktionalität (→4.5.2.3) zu Detailinformationen über bestimmte Kennzahlen.

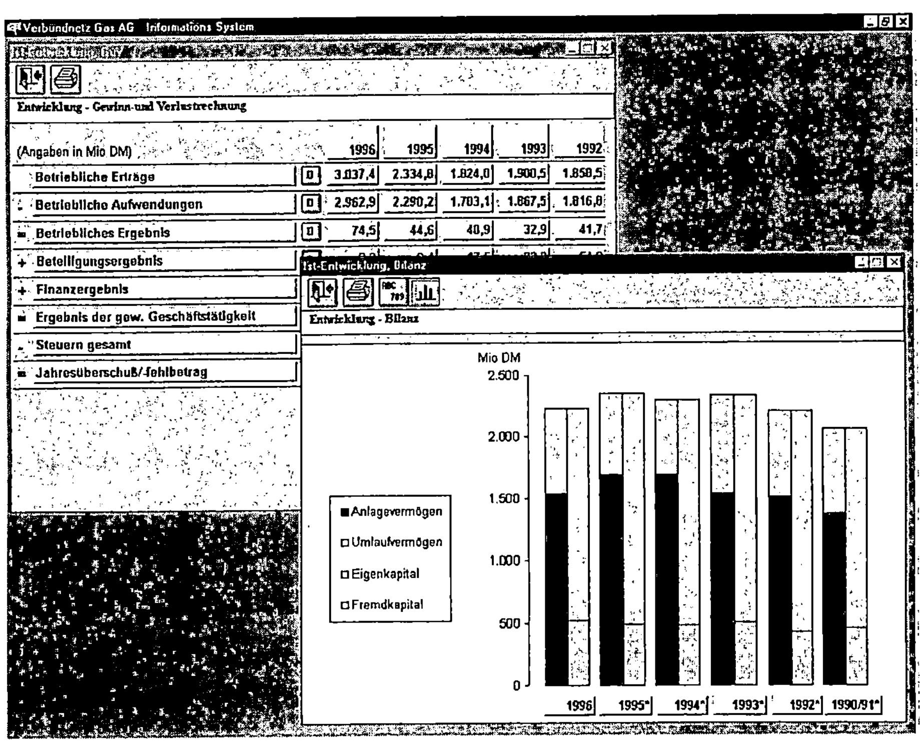

Abb. A-9: Kaufmännische Informationen (fiktive Daten)

Der gaswirtschaftliche Teil des VIS ermöglicht eine *multidimensionale Sicht* auf Absatz- und Erlösdaten (*vgl. Abb. A-10*). Die Aufbereitung und Darstellung der gaswirtschaftlichen Daten aus dem Gasabrechnungssystem GAS-X (→*A.2.1*) folgt den Anforderungen des OLAP (vgl. dazu [Codd94]). Dabei können *unterschiedliche Aggregationen* vorgenommen werden. Die Analyse reicht *von einzelnen Elementen* des Gasliefervertrages *bis zur Gesamtsumme* des Gasumsatzes des Unternehmens *für mehrere Kenngrößen* (z.B. Absatz, Nettoerlös) in *verschiedenen Zeithorizonten* (z.B. Monat, Gasjahr, Kalenderjahr, periodische Summen). Für die Systementwicklung war es dabei wichtig, spezifische Vorstellungen der Anwender (z.B. Vorstand, Verkaufsleiter) umzusetzen. So ist die Anregung eines Vorstandsmitglieds, gleitende Jahressummen über Monate grafisch darzustellen, derzeit eine der am häufigsten genutzten Informationen im System.

Kennzahl	Einheit	Objekt	Aggregations-Funktion	Zeit	
Absatzmenge	kWh wählbar in Potenzen von 10	VNG gesamt	Einzelobjekt	Monat	wählbar auf Zeitachse
		Bundesland	Vergleich		im Kalenderjahr
Nettoerlös	DM wählbar in Potenzen von 10	Abnehmer-klasse	Summe		im Gasjahr
Gaspreis	Pf/KWh	Kunde	Durchschnitt	Gleitende Summe	wählbar auf Zeitachse
Index (z.B. Ölpreis)		Gasliefer-vertrag	Leistungs-Spitze	Summe Gasjahr	periodisch für Monate
Temperatur		Kondition im Vertrag		Summe Kalenderjahr	periodisch für Monate
Absatzmenge Temperatur-bereinigt		Bindungsart		Tag	
		Station		Stunde	
Korrelationen		Absatzgebiet			

Abb. A-10: Gaswirtschaftliche Dimensionen

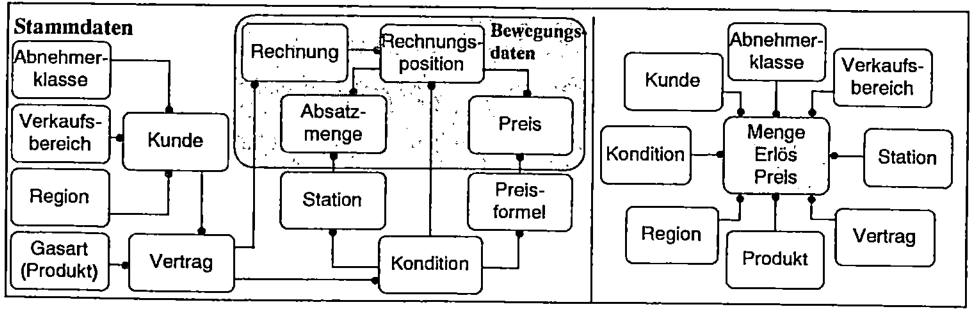

Abb. A-11: Traditionelle und dimensionsorientierte Modellierung

Grundlagen der Analyse sind die in *4.5* vorgestellten dimensionsorientierten Datenmodelle. In *Abb. A-5* ist die Datenmodellierung für operative Zwecke in GAS-X den Datenstrukturen für Analysezwecke im VIS gegenübergestellt. Die Informationen sind semantisch nahezu gleich, während sich die logischen Datenmodelle stark unterscheiden. Die normalisierten Datenmodelle in GAS-X sind auf den transaktionsorientierten Betrieb ausgerichtet, während in der Datenstruktur des VIS die aus GAS-X stammenden Stamm- und Bewegungsdaten in einem Star-Schema abgelegt sind (→*4.5.2.4*).

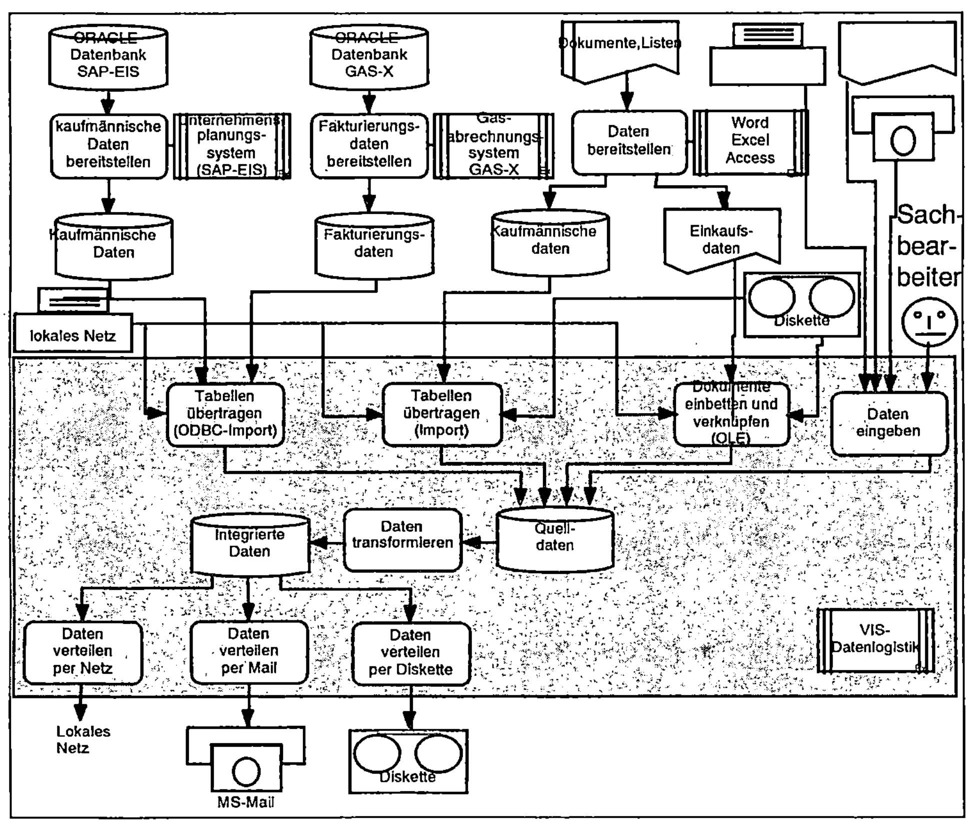

Abb. A-12: Datenflüsse des VIS

A.2.2.3 Schnittstellen und Datenlogistik

Entwicklung und Anwendung des VIS führten zu der Erkenntnis, daß die Datenauswertung in einem MSS auf einer leistungsfähigen Datenlogistikkomponente aufbaut, welche die notwendigen Daten aus verschiedenen Anwendungssystemen zusammenfaßt und bereitstellt. Basierend auf Standardprotokollen werden über Schnittstellen Daten unterschiedlicher Datenquellen (z.B. UPS, GAS-X) importiert, weiterverarbeitet und präsentiert. Dabei gelangen die Daten aus Oracle-Datenbanken über TCP/IP, SQL*Net und ODBC (Open Database Connectivity) in eine zentrale Datenbank. Weitere Informationen, z.B. Daten des Einkaufs, werden als Dateien direkt über OLE ins System eingebettet. Dies bietet sich dort an, wo bereits vorhandene Berichte über das VIS präsentiert werden sollen. Zudem besteht die Möglichkeit der Dateneingabe über Bildschirmmasken. In *Abb. A-12* sind die für das VIS relevanten Datenflüsse dargestellt.

Die hohe Akzeptanz des VIS im Unternehmen führte zu einen größeren Bedarf an Daten, was zur Folge hatte, daß immer mehr Datenflüsse zu implementieren und zu verwalten waren und gleichzeitig Aktualität und Konsistenz der Daten gewährleistet werden mußten. Bei der VNG wurde als informationstechnische Maßnahme dazu ein Anwendungssystem *„VIS-Datenlogistik"* für das Management der Datenlogistik unter Nutzung von Metadaten geschaffen (*Abb. A-13*):

❑ Datenbeschaffung (Input):

  o automatische Übernahme und Verarbeitung von Daten aus den Oracle-Datenbanken von UPS und GAS-X, .

  o Übernahme von Daten aus Dateien verschiedener Formate,

  o Eingabe von Daten (über Bildschirmmasken),

❑ persistente Speicherung abgeleiteter Daten (Speicherung),

❑ gezielte Bereitstellung der Daten für Nutzer des MSS (Output),

❑ Verwaltung der Metadaten für die Datenlogistik.

Anhand dieser Merkmale wird der Zusammenhang mit der logistischen Funktionalität und den Komponenten des Data Warehouse-Konzepts deutlich (→*3.6.2.1*, →*4.3.3*).

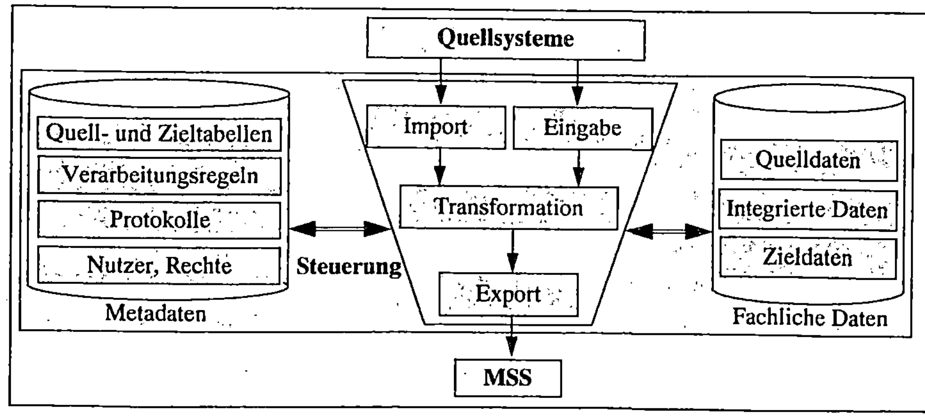

Abb. A-13: Schematische Darstellung des Datenlogistikmoduls

Mit der Erweiterung des Nutzerkreises wurde ein differenzierter Zugang zu den Informationen des VIS notwendig. Die Bereitstellung der Informationen für die Nutzer des VIS kann daher selektiv für bestimmte Nutzer und/oder für bestimmte Daten erfolgen. In *Abb. A-14* ist der dazu vorgesehene Dialog abgebildet, welcher ermöglicht, über Auswahlfelder Teilmengen der gespeicherten Daten als Tabellen oder Tabellencluster an Nutzer bzw. Nutzergruppen zu transferieren. Jede Datenübernahme wird protokolliert und ist nachvollziehbar. Alle importierten Daten können im Datenlogistikmodul angezeigt werden.

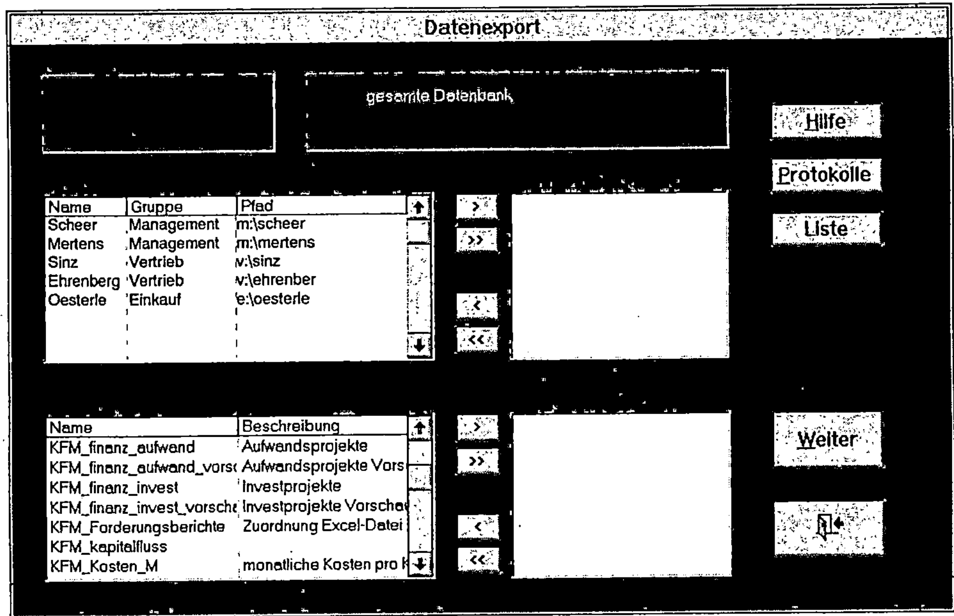

Abb. A-14: Administration der Datenlogistik

Neben der informationstechnischen Unterstützung der Datenlogistik waren organisatorische Verantwortlichkeiten für folgende Funktionen zu klären (→*4.2.2.2*):

- operative Betreuung der Logistik:
  - zyklische Übernahme bzw. Eingabe der Quelldaten,
  - fachliche Kontrolle der Daten,
  - Freigabe der Zieldaten für das VIS,
- permanente inhaltliche und informationstechnische Weiterentwicklung:
  - Anpassung der Datenlogistik bei fachlichen Erweiterungen,
  - Pflege und Anpassung der Schnittstellen bei Änderungen im MSS oder in den Quellsystemen,

◻ technologische Betreuung:

  ○ lokales Netz,

  ○ System- und Kommunikationssoftware,

  ○ Datenbankmanagementsystem.

A.2.2.4 Schlußfolgerungen für den Ausbau der Datenlogistik

In dem vorgestellten Pilotprojekt für das VIS wurden bereits informationstechnische Aspekte (Datenlogistik) und organisatorische Elemente (Beteiligung vieler Fachbereiche) einer Data Warehouse-Lösung verwirklicht. Für Nutzung und Administration des VIS ist das in *A.2.2.3* beschriebene Datenlogistikmodul zu einer integrierten Lösung für Datenlogistikprozesse weiterzuentwickeln. Aus dem Pilotprojekt ergeben sich folgende wesentliche Erkenntnisse, die mit den in *3.4* in allgemeiner Form formulierten Anforderungen übereinstimmen:

1. Für den Betrieb und die Wartung eines umfassenden MSS ist eine zentrale Komponente für das Datenlogistikmanagement mit geeigneten Schnittstellen zu den operativen Quellsystemen und den im MSS eingesetzten Analysewerkzeugen notwendig.

2. Für die Überschaubarkeit der Datenbestände und Datenflüsse, auch im Hinblick auf die Aktualität, werden konsistente Modelle vorausgesetzt. Dafür wird Wissen bspw. über die Abläufe im Unternehmen, über Strukturen der operativen Systeme sowie über logische Verknüpfungen zwischen Modellen und Anwendungen benötigt (Ablauf-, Daten- und Funktionsmodelle). Damit werden auch die auf Geschäftsprozeßmodellen basierenden Workflows zur Beherrschung der Datenlogistik berücksichtigt. Die erforderliche Flexibilität des Systems muß durch eine strukturierte Abbildung der Prozesse als Grundlage einer Metadatenbank stark unterstützt werden.

3. Das Data Warehouse-Konzept kann als Integrationsansatz für die Datenlogistik fachbereichs- und anwendungssystemübergreifende Aufgaben unterstützen. Dazu bedarf es einer geeigneten Kombination zentraler und dezentraler Organisationsstrukturen. Das bezieht sich insbesondere auf die Organisation der Berichtsprozesse, die Koordination der einzelnen Fachbereiche und der Anwendungssysteme im Zusammenhang mit einer Data Warehouse-Lösung.

4. Eine gute Grundlage für eine unternehmensweite bzw. bereichsübergreifende Data Warehouse-Lösung sind ausgereifte Data Marts (→*3.6.3.2*), die als eigenständige Anwendungssysteme oder Erweiterungen operativer Anwendungssysteme in konsolidierter Form vorliegen.

5. Für die Entwicklung und Umsetzung einer Data Warehouse-Lösung sind eine fachbereichsübergreifende Denk- und Arbeitsweise sowie Unterstützung durch die höchsten Leitungsebenen ausschlaggebend.

6. Entwicklung und Betrieb greifen aufgrund der Dynamik des Systems ineinander. Es erweist sich als günstig, überwiegend interne personelle Ressourcen zu nutzen, da dort das Verständnis für die Geschäftsprozesse vorliegt. Außerdem wird Konzeptions- und Entwicklungstätigkeit nicht kontinuierlich, sondern aufgabenabhängig ausgeführt, weshalb der Einsatz externer Ressourcen schwer zu planen und zu koordinieren ist.

7. Data Warehouse-Projekte stellen neben der informationstechnischen auch eine organisatorische Herausforderung dar. Dies ergibt sich aus der Einbeziehung heterogener Struktureinheiten. Die bestehenden Berichtsprozesse im Unternehmen ändern sich mit der schrittweisen Umsetzung des MSS. So erschließen sich auch Reengineering-Potentiale für Geschäftsprozesse.

A.2.3 Schnittstellenmanager

Der im folgenden in Anlehnung an [GASX98] vorgestellte Schnittstellenmanager wurde im Zusammenhang mit dem bereits erläuterten Gasabrechnungssystem GAS-X entwickelt, kann jedoch als separates Querschnittssystem (→2.1.3.1) für den Datenaustausch zwischen Anwendungssystemen genutzt werden. Er dient:

- der termingerechten und nachvollziehbaren Ausführung von Datenlogistikfunktionen,

- einer weitgehenden Automatisierung von zyklisch stattfindenden Datenlogistikprozessen,

- der Planung, Steuerung, Protokollierung und Kontrolle von Datenlogistikprozessen.

A.2.3.1 Funktionsweise

Der Schnittstellenmanager setzt die in *Abb. 3-24* geforderte Datenlogistikfunktionalität (→*3.4.1*) in einem Querschnittssystem um, indem er folgende Aufgaben übernimmt:

- Beschaffung von Daten aus Quellsystemen,

- Transformation und Zusammenfassung der Daten,

- Speicherung und ggf. Historisierung der Daten und

- Weitergabe der Daten an Zielsysteme.

Ein Datenlogistikprozeß zwischen Quell- und Zielsystemen wird in mindestens zwei Teilprozesse, Datenbeschaffung und Datenabsatz (→*3.4.1*), zerlegt. Der Datenbeschaffungsprozeß „kennt" die inneren Ablauf- und Datenstrukturen des Quellsystems und überträgt die Daten vom Quellsystem zum Schnittstellenmanager. Analog dazu „kennt" der Datenabsatzprozeß innere Ablauf- und Datenstrukturen des Zielsystems und überträgt die Daten vom Schnittstellenmanager zum Zielsystem. Die zu transferierenden Daten können in der Datenbank des Schnittstellenmanagers gespeichert und entsprechend den Anforderungen der Zielsysteme transformiert werden. Die Aufteilung des Datenlogistikprozesses in Teilprozesse bietet folgende Vorteile:

- Die Quell- und Zielsysteme sind in bezug auf den Datenlogistikprozeß stärker entkoppelt als bei einem direkten Datenaustausch.

- Die Teilprozesse können den an der Datenlogistik beteiligten Anwendungssystemen modular zugeordnet werden (→*3.4.3.2*).

- Die Teilprozesse für Datenbeschaffung, Datenverarbeitung und Datenabsatz (→*3.4.1*) lassen sich zeitlich trennen. Dies entspricht der Trennung von Extraktions-, Transformations- und Verteilungsfunktionen im Data Warehouse-Konzept (→*4.3.3*).

- Die Teilprozesse können untereinander Daten über ein vereinbartes Zwischenformat austauschen. Änderungen an einem Anwendungssystem wirken sich dann i.d.R. nur auf den zugehörigen Teilprozeß aus (Modularität, →*3.4.3.2*).

Weitere Vorteile gegenüber individuellen Schnittstellenlösungen in Datenlogistikprozessen sind:

- An einem Datenlogistikprozeß können mehrere Quell- oder Zielsysteme beteiligt sein, wobei die Koordination vom Schnittstellenmanager übernommen wird (→*4.1.1*).

- Die im Schnittstellenmanager unabhängig von Anwendungssystemen gespeicherten Daten können für verschiedene Zwecke, z.B. für Datenarchivierung und Datenauswertung, genutzt werden (Data Warehouse-Konzept, →*3.6.1.3*).

- Der Schnittstellenmanager steuert, wann welche Datenlogistikprozesse ablaufen. Sollten Quell- oder Zielsysteme zeitweise nicht verfügbar sein, werden nur Prozesse im Schnittstellenmanager beeinflußt. Dieser kann entsprechend reagieren (z.B. Wiederholung des Prozesses), während die Anwendungssysteme ihre Aufgaben abhängig von der Verfügbarkeit anderer Systeme erfüllen können.

Folgende Prinzipien werden im Schnittstellenmanager verfolgt:

- Die Datenquelle ist i.d.R. nicht verantwortlich für den Transport von Daten. Vorherrschend ist das Hole-Prinzip, d.h. benötigte Daten werden vom Schnittstellenmanager extrahiert (→*4.3.3.1*).

- Für zu transferierende Daten wird ein Übergabeformat vereinbart und eine spezielle Form für die Datenhaltung vorgesehen (z. B. Datenbanktabelle oder Datei).

❑ Die betriebswirtschaftlichen Inhalte der auszutauschenden Daten müssen dem Quell- und Zielsystem sowie dem Schnittstellenmanager zur Abwicklung des Datenaustauschs nicht bekannt sein (→*4.3.1.1*).

Dezentrale Bereitstellung der Quelldaten

Die Quelldaten werden von den Quellsystemen ...

a) ... permanent direkt als Datenbank-View zur Verfügung gestellt,

b) ... zu definierten Zeitpunkten aus einem Datenbank-View als Datei (z.B. im ASCII-Format) erzeugt oder

c) ... auf Anforderung als Datenbank-View oder Datei generiert.

Die Parameter für die Auswahl der Daten sind im Quellsystem, bspw. als View-Definition in der Datenbank, hinterlegt (a, b) oder werden dynamisch im Transferauftrag vereinbart (c).

Zentrale Extraktion, Transformation und Verteilung der Daten

In speziellen Extraktions- und Verteilungsprozessen (Datenbeschaffung, Datenabsatz) werden die Daten zwischen den Datenhaltungssystemen (Datenbank oder einzelne Datei) der Anwendungssysteme und des Schnittstellenmanagers transferiert. Den technischen Rahmenbedingungen entsprechend erfolgt dies als Remote-SQL-Zugriff (z.B. SQL*Net) oder über einen Filetransfer (z.B. ftp). Diese Prozesse oder ggf. separate Verarbeitungsprozesse übernehmen notwendige Transformationsaufgaben, z.B. Umschlüsselungen. Dafür notwendige Metadaten können im Schnittstellenmanager verwaltet werden.

Grundsätzlich könnten die Daten (nach der Extraktion und Transformation) zu jedem Zeitpunkt abgeholt werden. Um das Quellsystem so wenig wie möglich zu belasten, werden umfangreiche Datenübertragungen in Zeiten geringer Systembelastung (z.B. nachts) durchgeführt. Die Zieldaten werden direkt in die Datenbank oder eine Datei des Zielsystems transferiert. Dort sind Möglichkeiten für die Ablage Daten zu schaffen.

Datenhaltung im Schnittstellenmanager

Die Datenbank des Schnittstellenmanagers enthält:

❑ Metadaten für den Betrieb des Schnittstellenmanagers (Systemtabellen), d.h. für die allgemeine Steuerung und Verwaltung der Datenlogistikprozesse und

❑ schnittstellenspezifische fachliche Daten, die in den Datenlogistikprozessen ausgetauscht werden.

A.2.3.2 Metadaten zur Administration

Die in Systemtabellen abgelegten Metadaten dienen der Definition, Steuerung, Ausführung und Kontrolle von Datenlogistikprozessen (*Abb. A-15*). Eine Schnittstelle (Tabelle *SCHNITTSTELLE*) repräsentiert einen Datenlogistikprozeß zwischen zwei Anwendungssystemen und faßt zusammengehörende Datentransferjobs (Tabelle *JOB*) als Teilfunktionalitäten eines Datenlogistikprozesses zusammen. Die Tabelle *JOB_QUEUE* dient der Verwaltung und dem Monitoring auszuführender Datentransferjobs, während die Tabelle *LOG* Ergebnisse der Jobausführung protokolliert. Die Tabelle *SSM* enthält Konfigurationsdaten für den Schnittstellenmanager. In der Tabelle *SSM_SCHLUESSEL* können Informationen zur Umschlüsselung von Daten zwischen zwei Anwendungssystemen definiert werden. Weitere Metadaten zu Extraktions-, Transformations- und Verteilungsfunktionen sind nicht vorgesehen. Weiterführende Funktionen sind somit in Schnittstellenprogrammen zu implementieren. Die auf den Metadaten basierende Funktionalität des Schnittstellenmanagers wird im folgenden in Anlehnung an [GASX98] erläutert.

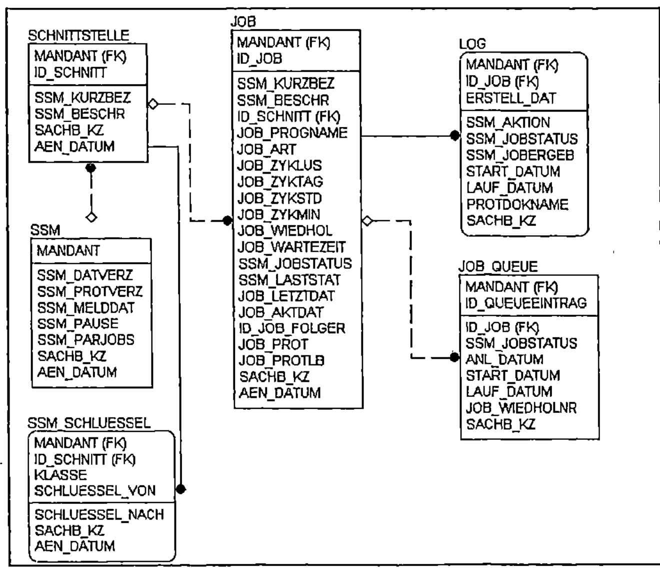

Abb. A-15: Graphisches Datenmodell des Schnittstellenmanagers (in Anlehnung an [GASX98, 21])

A.2.3.3 Konfiguration des Schnittstellenmanagers (Tabelle SSM)

Die Felder *ssm_datverz* und *ssm_protverz* dienen der Definition von Verzeichnissen für die temporäre Ablage der für die Datenlogistik relevanter Daten sowie der Protokolldateien für Datentransfers.

In dem in *ssm_datverz* definierten Verzeichnis werden ...

□ ... für den Schnittstellenmanager relevante Input-Daten abgelegt, bis sie durch einen Input-Job von dieser Dateiablage in die Datenbank des Schnittstellenmanagers oder eines externen Anwendungssystems transferiert werden (ggf. nach der Ausführung von Transformationsfunktionen). Für einzelne Schnittstellen können auch weitere Unterverzeichnisse angelegt werden.

❑ ... temporäre Output-Dateien der Schnittstellenprogramme während der Jobausführung gespeichert, bis sie, je nach Konfiguration des Datentransferjobs, in eine Datenbank übernommen werden.

Das in *ssm_protverz definierten* Verzeichnis ...

❑ ... enthält Steuerungsdateien des Schnittstellenmanagers, die u.a. den laufenden Schnittstellenmanager-Prozeß beenden können und Meldungen des Schnittstellenmanager-Prozesses über Fehler bei der Jobausführung und beim Zugriff auf die Datenbank protokollieren.

❑ ... dient als eventueller Speicherplatz für Dateien, die für einzelne Schnittstellen während der Job-Abarbeitung benötigt werden.

Das Feld *ssm_melddat* enthält den Namen der Datei, in der allgemeine Ausführungsfehler von Jobs durch den Schnittstellenmanager gespeichert werden. Im Feld *ssm_parjobs* ist die maximale Anzahl von Bearbeitern von Schnittstellenjobs enthalten. Der Schnittstellenmanager startet keine darüber hinausgehende Zahl von Jobs gleichzeitig. Durch den Eintrag im Feld *ssm_pause* kann der Administrator bestimmen, in welchem (Minuten-)Takt der Schnittstellenmanager das System nach zu startenden Jobs untersucht und diese dann startet.

A.2.3.4 Definition der Datenlogistikprozesse (Tabelle JOB)

Um die Abbildung von Datenlogistikprozessen im Schnittstellenmanager zu verdeutlichen, ist der zugehörige Dialog in *Abb. A-16* dargestellt. Die im folgenden beschriebenen Metadaten werden einzelnen Modellsichten zugeordnet (→*4.3.3*).

Der *Job-Identifikator* wird bei der Neuanlage automatisch vergeben. Mittels *Kurzbezeichnung* und *Beschreibung* wird die Aufgabe des Datentransferjobs beschrieben, beide Felder haben somit eine informative Funktion.

Die Auswahlliste *Status des Jobs* ermöglicht das Freigeben bzw. Sperren des Jobs, wobei der Job bei einer Sperrung unabhängig von weiteren Einstellungen nie gestartet wird (Ablaufsicht).

Job-Art charakterisiert, ob Daten in den Schnittstellenmanager importiert (Funktionssicht, Input-Funktion) oder vom Schnittstellenmanager zu einem anderen System exportiert (Funktionssicht, Output-Funktion) werden. Diese Einstellung wird den Schnittstellenprogrammen (→*A.2.3.7*), die durch die Eigenschaft *Zu startendes Programm* (Kommandozeile mit Parametern möglich) spezifiziert werden, mittels einer Option übergeben. Damit kann das selbe Schnittstellenprogramm sowohl Import- als auch Exportfunktionen ausführen, wobei die Richtung des Datentransfers durch den Parameter vorgegeben wird.

Zyklus und *Zyklusstart* legen die Häufigkeit und den Zeitpunkt der Ausführung eines Datentransferjobs fest, wobei letzteres vom Zyklus abhängt so daß z.B. bei stündlicher Ausführung die Angabe einer Minute gestattet ist und bei monatlicher Ausführung Tag, Stunde und Minute festzulegen sind (Ablaufsicht).

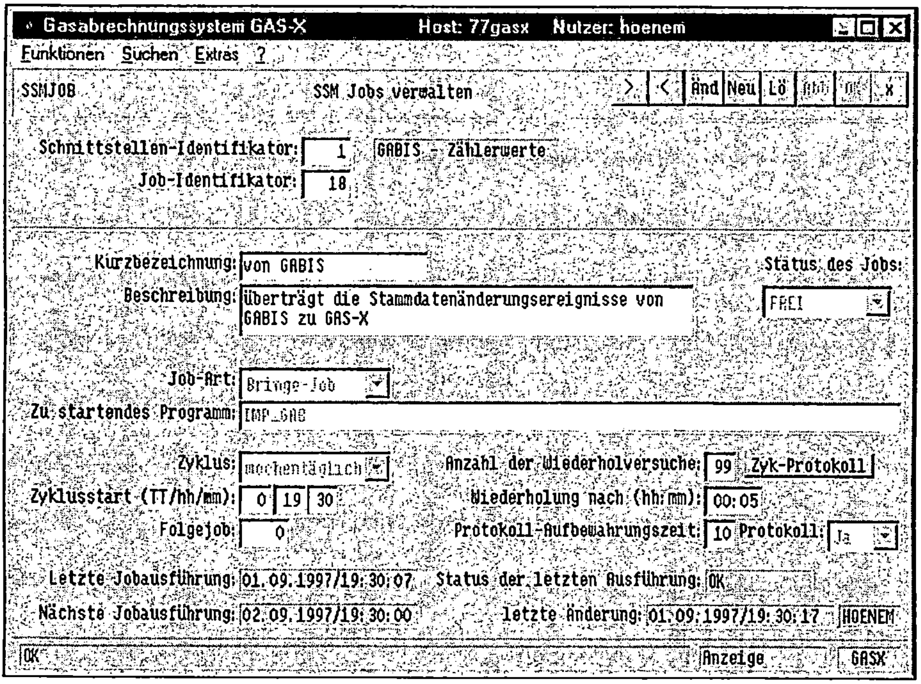

Abb. A-16: Dialog zu Datentransferjobs

Dem Job kann eine Protokolldatei zugeordnet sein, in der dieser alle Ergebnisse der Verarbeitungsfunktionen speichern kann. Die Verantwortung für die Speicherung dieser Informationen obliegt dem Datentransferjob (Ablaufsicht).

Das Feld *Folgejob* läßt die Angabe eines Folgejobs zu, der im Anschluß an eine korrekte Ausführung dieses Jobs zum sofortigen Start eingeplant wird. Dies bietet sich besonders bei logisch zusammengehörenden Jobs (eines Datenlogistikprozesses) an. Es können bspw. Jobs für folgende Aufgaben zu einem Datenlogistikprozeß verbunden werden (Ablaufsicht).

❑ Datenimport von einem Anwendungssystem zum Schnittstellenmanager (Extraktion, →*4.3.3.2.1*),

❑ Umschlüsselung (→*A.2.3.8*) der Daten (Transformation, →*4.3.3.2.2*),

❑ Datenexport vom Schnittstellenmanager zu einem Anwendungssystem (Output, →*4.3.3.4*).

Desweiteren kann die Anzahl der Wiederholversuche vorgegeben werden, welche bei Fehlerrückmeldungen der Datentransferjobs zur erneuten Ausführung betreffender Jobs nach der als Wiederholzeit in Stunden und Minuten festgelegten Pause führt, wenn die maximale Zahl der Wiederholversuche noch nicht erreicht worden ist (Ablaufsicht, Funktionssicht).

Schließlich ermöglicht das Auswahlfeld *Protokoll* die Festlegung, ob für jeden Lauf des betreffenden Datentransferjobs ein Protokoll erstellt und im Dokumentensystem abgelegt wird, welches die gesamten Ausgaben des Schnittstellenprogramms auf die Standardausgabe beinhaltet, oder ob lediglich ein LOG-Eintrag mit dem Rückkehr-Code und dem Ausführungsstatus des Jobs in die Datenbank aufgenommen wird. Falls die Protokollerstellung ausgewählt wird, bestimmt der Eintrag im Feld *Protokoll-Aufbewahrungszeit*, wie lange das Protokoll im Dokumentensystem (in Tagen) aufbewahrt wird, wobei der Eintrag 0 für unbefristete Zeit steht (Ablaufsicht, Funktionssicht).

In den restlichen Ausgabefeldern werden Informationen angezeigt, wann der Job zuletzt ausgeführt wurde, mit welchem Status er beendet wurde, und wann er wieder zur Ausführung kommt (Ablaufsicht).

A.2.3.5 Monitoring der Datenlogistikprozesse (Tabelle JOB_QUEUE)

Für jeden im Schnittstellenmanager eingeplanten (auszuführenden) Job werden in der Tabelle JOB_QUEUE Angaben zum Ablauf des Jobs verwaltet:

- ob ein eingeplanter Job gesperrt oder zur Ausführung freigegeben ist,

- wann der Job das nächste Mal vom Schnittstellenmanager zu starten ist,

- falls ein Job gerade läuft, wann er tatsächlich gestartet wurde,

- ob der Job erstmalig zur geplanten Zeit oder als Wiederholung läuft,

- durch welchen Sacharbeiter es wann zur Einplanung mit dieser Startzeit kam.

Während für alle Jobs, die zyklisch gestartet werden, ständig ein Listeneintrag vorhanden ist, wird dieser für nur als Folgejobs zu startende Datentransferjobs erst bei deren neuer Starteinplanung eingetragen und wieder entfernt, wenn der Job gestartet wurde.

A.2.3.6 Protokollierung der Datenlogistikprozesse (Tabelle LOG)

Zur Nachvollziehbarkeit von Datenlogistikprozessen ist es notwendig, über jeden Datentransfer notwendige Informationen aufzubewahren. Deshalb wird nach jeder Ausführung eines Datentransferjobs ein LOG-Eintrag mit folgenden Informationen erzeugt:

- zu welcher Zeit welcher Job welches Programm ausführte,

- wann der Job laut Einplanungszeit tatsächlich auszuführen und wann er beendet war,

- mit welchem Status das Programm beendet und welcher Rückkehr-Code geliefert wurde.

Wurde für einen Datentransferjob bei dessen Definition die Erstellung von Protokollen eingestellt, so wird der Name der Protokolldatei abgespeichert. Die Protokolle werden in einem Dokumentensystem in Datenbanktabellen abgelegt.

A.2.3.7 Einbindung neuer Schnittstellenprogramme

Ausgehend von definierten Datentransferjobs können ausführbare Binärfiles bzw. Shellskripte als Schnittstellenprogramme aktiviert werden. Bei der Einbindung neuer Schnittstellenprogramme ist folgendes zu beachten:

- Der Name des zu startenden Programmes wird im Feld *JOB.JOB_PROGNAME* eingetragen.

- Alle Ausgaben, die vom Programm an die Standardausgabe geschickt werden, sind vom Schnittstellenmanager in eine temporäre Datei umzuleiten. Wenn für den Datentransferjob eine Protokollierung gewünscht wird, so werden diese Ausgaben dann im Dokumentensystem dauerhaft gespeichert.

- Das Schnittstellenprogramm bekommt beim Aufruf mehrere Parameter übergeben:

  - die Wiederholungsnummer, mit der der Job gestartet wurde,

  - einen Protokollnamen, in den jeder Job unter eigener Verantwortung die Informationen eines Datentransfers (z.B. Abrechnungszeitraum: Monat) erfaßt,

  - die Identifikation der Datenbank,

  - in Abhängigkeit vom Feld JOB.JOB_ART einen Parameter, ob es sich um einen Job für den Datenimport oder den Datenexport handelt. Dies kann zur Ablaufsteuerung genutzt werden, wenn z.B. einunddasselbe Programm für Import und Export der Daten vom Schnittstellenmanager verantwortlich ist.

- Zur Steuerung der Ablaufplanung ist es erforderlich, daß alle Programme bestimmte Konventionen bei der Zuordnung eines Rückgabewertes beachten. Nur so ist es dem Schnittstellenmanager möglich, Erfolg oder Fehler einer Programmausführung festzustellen.

- Das Schnittstellenprogramm muß für folgende Objekte zugangsberechtigt sein:

  - Datenbank des Schnittstellenmanagers,

  - schnittstellenrelevante Tabellen in Quell- und Zieldatenbanken der Anwendungssysteme. Dabei ist zu beachten, daß sich der Schnittstellenmanager als spezieller Nutzer an der Datenbank anmeldet, um ...

- ...entsprechende Zugriffsrechte zu erhalten,

- ...Ereignisse zu steuern (z.B. Trigger zu aktivieren/deaktivieren), so daß bestimmte Zieltabellen nur vom Schnittstellenmanager, nicht aber vom Zielsystem manipuliert werden. Dies bedeutet, das beim Zugriff auf bestimmte Zieltabellen eventuell bestehende oder weiter hinzukommende Trigger den angemeldeten Nutzer abfragen müssen, wenn sie bei vom Schnittstellenmanager ausgeführten Änderungsoperationen aktiviert/deaktiviert sein sollen.

☐ Werden neue Schnittstellen entworfen, so sind unter Umständen neue Tabellen zur Ablage von Transferdaten und Metadaten für Transformationsfunktionen anzulegen.

A.2.3.8 Transformationsfunktionen

Für den Datenaustausch zwischen Anwendungssystem sind oft Umschlüsselungen der Stammdaten notwendig, z.B. unterschiedliche Nummernkreise für Kundenidentifikatoren (Transformation, →*4.3.3.2.2*). Eine solche Zuordnung hat meist folgendes Aussehen: Schlüssel x im Anwendungssystem A entspricht Schlüssel y im Anwendungssystem B. Aus diesem Grund benötigen Schnittstellenprogramme spezielle Zuordnungstabellen, die für den periodischen Datenaustausch der Systeme verwendet werden. Eine Möglichkeit ist, für jede Zuordnung eine spezielle Datenbanktabelle zu erstellen. Allgemeiner bietet der Schnittstellenmanager eine uniforme Transformationstabelle, die solche Zuordnungen aufnehmen kann.

A.3 Integrierte Lösung für die Datenlogistik

A.3.1 Konzeption

Innerhalb der Konzeptionsphase zur Schaffung einer integrierten Lösung für die Datenlogistik wurden verschiedene Ansätze verfolgt und iterativ weiterentwickelt. Wesentliches Problem bei der Auswahl eines Lösungsansatzes war, daß keine klaren Beschreibungen der Ist-Situation und die Ziele vorlagen. Die Konzeption bei VNG wurde von einem Team der Hochschule für Technik Wissenschaft und Kultur (HTWK) Leipzig begleitet. Im Ergebnis der Zusammenarbeit entstand eine Studie [KrKK98], die insbesondere Grundlage für die Abschnitte *A.3.1.3* und *A.3.2* ist.

A.3.1.1 Vorgehen

In *Abb. A-17* ist ein Vorgehensmodell der Konzeption einer Lösung für die integrierte Datenlogistik bis zur Projektdurchführung dargestellt. Nach Zieldefinition und Aufnahme der Ist-Situation ist die Erarbeitung einer einheitlicher Position im Unternehmen (interne Lösungssuche) ebenso wichtig wie die Nutzung von Erfahrungen externer Dienstleister (Beratungs- und Softwarehäuser) aus Referenzprojekten. Ergebnis kann entweder die Bestätigung der unternehmensweiten Integration oder die modulare Zerlegung in Teilinformationssysteme, sogenannte Integrationskreise (*A.3.2.1*), sein. Aus beiden Alternativen ergeben sich letztendlich Projekte für die Realisierung der Integrationslösungen.

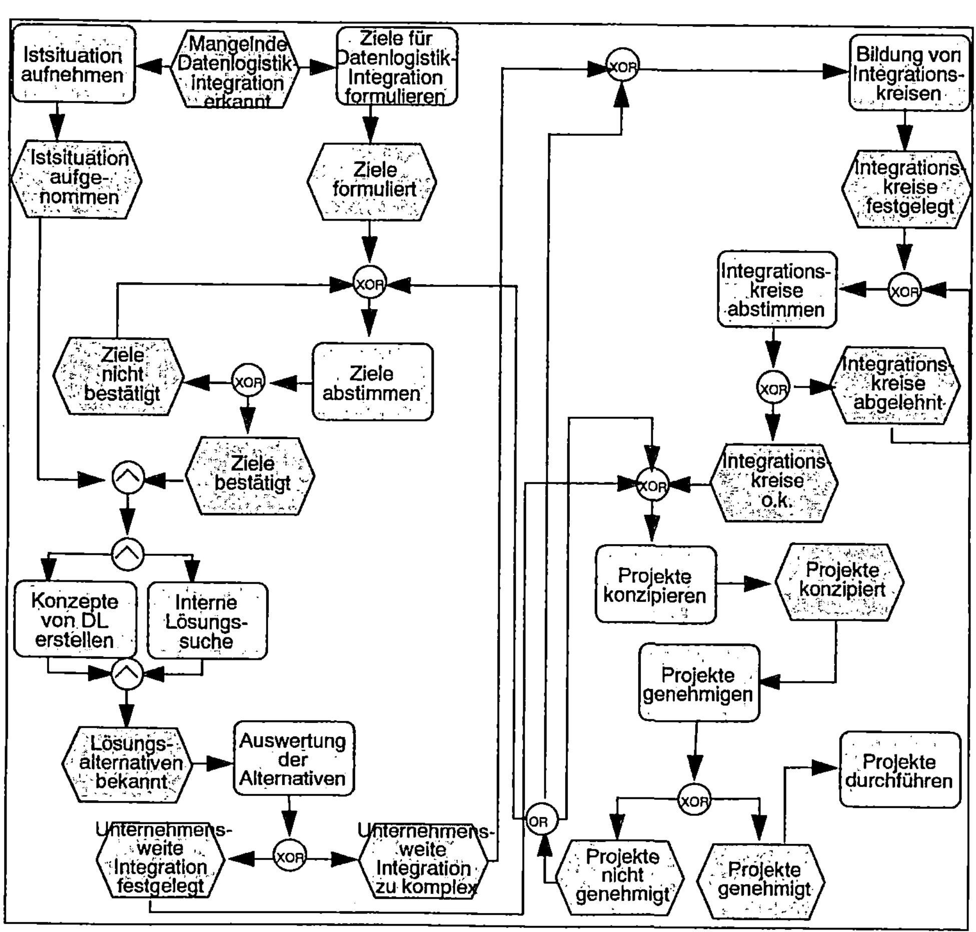

Abb. A-17: Vorgehen bei der Konzeption einer integrierten Datenlogistik

Wesentliche Erkenntnis der Konzeption bei VNG ist die Notwendigkeit einer permanenten Abstimmung beteiligter Organisationseinheiten hinsichtlich der Zwischenergebnisse. Im Vorgehensmodell in *Abb. A-17* wird deutlich, daß diese Abstimmung in bezug auf ...

❑ ... Ziele,

❑ ... Lösungsalternativen (vgl. weiterführend *A.3.1.2*),

❑ ... Integrationskreise (vgl. weiterführend *A.3.2.1*),

❑ ... Projekte zur Schaffung integrierter Lösungen für die Datenlogistik (→*A.3.3*)

erfolgte. Dies ist die Grundlage für eine gemeinsame Entscheidungsfindung im Unternehmen und die Ableitung von Projekten. Andernfalls ist es wahrscheinlich, daß aufgrund divergierender Zielstellungen und unterschiedlicher Vorstellungen über informationstechnische Konzepte bzw. betriebswirtschaftliche Inhalte ein unternehmensweiter Lösungsansatz nicht zustande kommt. Außerdem besteht die Gefahr, daß erst bei der Projektgenehmigung die Mängel des Lösungsansatzes erkannt bzw. unterschiedliche Meinungen ausgetauscht werden. Trotzdem lassen sich größere Zyklen nicht ganz ausschließen, wie z.B. in *Abb. A-17* die Möglichkeit der Zielkorrektur bei Nichtgenehmigung der Projekte.

A.3.1.2 Interne Lösungssuche

Ist-Aufnahme der Anwendungssysteme

Für einzelne Anwendungssysteme lagen Dokumentationen in unterschiedlichster Form als Datenmodelle oder textuelle Funktions-, Ablauf- und Organisationsbeschreibungen vor. Anhand dieser individuellen Darstellungen war eine zusammenhängende Ist-Aufnahme zu integrierender Teilinformationssysteme aufgrund unterschiedlicher Beschreibungsmethoden und logisch-inhaltlicher Divergenzen nicht möglich. Daraus resultiert der Bedarf einheitlicher anwendungssystemübergreifender Modelle verschiedener Sichten (→*4.3.1.3*, →*4.3.2*).

Ist-Aufnahme des Datenbedarfs

Um die Komplexität der Aufgabe, alle Datenlogistikprozesse zwischen den Anwendungssystemen beschreiben zu müssen, einzuschränken, wurde zunächst die Problemstellung dahingehend reduziert, nur die Schnittstellen ausgewählter Anwendungssysteme zu betrachten, in denen entweder Daten aus mehreren Systemen benötigt werden (VIS, →*A.2.2*) oder viele der unternehmensweit benötigten Daten vorliegen (GAS-X, →*A.2.1*).

In *Abb. A-18* sind die Datenlieferanten für das VIS in einer Übersicht dargestellt, wobei deutlich wird, daß neben der Datenbeschaffung aus Anwendungssystemen auch Daten speziell zu erfassen sind.

In bezug auf GAS-X wurde der Datenbedarf verschiedener technischer, gaswirtschaftlicher und kaufmännischer Anwendungssysteme und Fachbereiche aufgenommen und ausgewertet. In *Abb. A-19* ist der Erhebungsbogen zur Erfassung des Datenbedarfs dargestellt. Es wird darin insbesondere der multidimensionale Charakter der Bewegungsdaten mit den Dimensionen Objekt (Station, Vertrag, ...), Zeitraum (Stunde, Tag, ...) und Kennzahl (Normkubikmeter Vn, ...) deutlich.

Die Erhebungsbögen wurden von Verantwortlichen der Anwendungssysteme in den einzelnen Fachbereichen ausgefüllt. Der über die Erhebung ermittelte Datenbedarf anderer Anwendungssysteme war sehr vielfältig, da neben den Bewegungsdaten auch detaillierte Stammdaten gefordert wurden (→*4.1.4*). Es gab teilweise große Überschneidungen in den Anforderungen der befragten Fachbereiche, was die Notwendigkeit einer integrierten Datenlogistik bestätigt.

Daten	Datenquelle			Datentransfer		Inhalte
	Anwend	Bereich	Datenbank	Art	Beschreibung	
Jahresperiodenplanung, Vorschau	UPS	Controlling	Oracle	halbautomatisch	Datenbereitstellung im UPS, Übernahme/Kontrolle VIS-Datenlogistikmodul, Weitergabe an VIS-Präsentationsmodul	– Bilanz, GuV
10-Jahresplanung						– Bilanz, GuV, Finanzplan Unternehmenskennzahlen in verschiedenen Kombinationen
Jahresabschluß	-		-	manuell	Eingabe im VIS-Datenlogistikmodul, Weitergabe an VIS-Präsentationsmodul	– Bilanz, GuV – Kennzahlen
Aufwand-/ Investplanung	-		-			– Jahresplanung, Vorschau für Aufwand und Investprojekte
Beteiligungsunternehmen	Beteiligungssystem	Beteiligungen	MS-Access	halbautomatisch	Einspielen der Daten vom Beteiligungssystem in die Datenbank des VIS	– Unternehmenskennzahlen der Beteiligungsunternehmen – Stammdaten: Gesellschafter, Geschäftsführer, Aufsichtsrat, ...
Sonstige kaufmännische Daten	-	verschiedene	-	manuell	Eingabe im VIS-Datenlogistikmodul, Weitergabe an VIS-Präsentationsmodul	– Kredite, Forderungen, Lagerbestände, Personal, ...
Absatz- und Erlösdaten (Ist)	GAS-X	Gasabrechnung	Oracle	halbautomatisch	Datenbereitstellung im GAS-X (Exportfunktion Monatsextrakt), Übernahme/Kontrolle VIS-Datenlogistikmodul, Weitergabe an VIS-Präsentationsmodul	– Absatz- und Erlösdaten in unterschiedlichen Granularitäten – Arbeit und Leistung
Vorläufige Tageswerte Verkauf	-	Dispatching, Grundlagen	MS-Excel	manuell, halbautom.	halbautomatische Übernahme der Plandaten manuelle Eingabe der Ist-Daten im VIS-Importmodul	– Vorläufige Ist-Werte pro Gasart und für ausgewählte Kunden – Temperaturen
Einkauf	-	Gaseinkauf	MS-Excel	manuell, OLE	manuelle Eingabe der Plan- und Ist-Daten OLE-Verknüpfung zu Berichten	– Wochenbericht Einkauf (OLE) – Plan- und Ist-Werte pro Tag und Monat für Einkauf, Speicher
Technik/ Betrieb	verschiedene	verschiedene	MS-Excel/ Access/ Word, Graphik-Dateien	OLE	OLE-Verknüpfung zu Berichten in definierten Verzeichnisssen	– Landkarten: Gasverbundsystem, Leitungsnetz; Leitungsnetz, Speicher, Verdichter – Tages- und Wochenberichte Gasversorgung, Störungen – Unfallbericht, Projekt, – Dienstleistungsgeschäft

Abb. A-18: Datenlieferanten des VIS

Erhebungsbogen für den Datenbedarf Meßstamm- und -bewegungsdaten

Zielsysteme

o _ _ _ _ _ _

o _ _ _ _ _ _

Bewegungsdaten

Zeitraum	Stunde	Tag		Monat		Jahr					
		Plan	Ist	Plan	Ist	Plan	Ist	Plan	Ist	Plan	Ist
Station, Speicher E/A	o	o	o	o	o	o	o	o	o	o	o
Vertrag	o	o	o	o	o	o	o	o	o	o	o
Abnehmerklasse	o	o	o	o	o	o	o	o	o	o	o
gesamt	o	o	o	o	o	o	o	o	o	o	o
	o	o	o	o	o	o	o	o	o	o	o
	o	o	o	o	o	o	o	o	o	o	o

o Vn (m3)

o Qn (kWh)

o _ _ _ _ _ _

o Andere abgeleitete Daten Þ _ _ _ _ _ _
  Þ _ _ _ _ _ _
  Þ _ _ _ _ _ _

Stammdaten

o Kunde/Vertrag Þ _ _ _ _ _ _
  Þ _ _ _ _ _ _

o Station Þ _ _ _ _ _ _
  Þ _ _ _ _ _ _

o MRG, DSfG Þ _ _ _ _ _ _
  Þ _ _ _ _ _ _

Übernahmezyklus

o online

o täglich

o monatlich

o auf Abruf

Format

o Datenbank ORACLE

o Datenbank Access

o Excel

o ASCII-Text

o _ _ _ _ _ _

Anmerkungen

Abb. A-19: Ausschnitt aus dem Erhebungsbogen zur Erfassung des Datenbedarfs

Lösungsalternativen

Im nächsten Schritt wurden mögliche Lösungsansätze für die Unterstützung der Datenlogistik von Vertretern der Fachbereiche und der zentralen Informationsverarbeitung diskutiert.

Im wesentlichen war die Entscheidung zwischen dem Ausbau der individuellen Schnittstellen und einer integrierten Datenlogistik zu treffen. Vor- und Nachteile beider Alternativen sind in *Abb. A-20* dargestellt. Folgende Gründe waren ausschlaggebend, eine zentrale integrierte Datenlogistiklösung zu schaffen:

- hohe Datenredundanz und daraus resultierender Abstimmungsbedarf zwischen den Anwendungssystemen,

- höhere Kosten für Entwicklung und Betrieb individueller Schnittstellen,

◻ Notwendigkeit, Geschäftsprozesse über die Integration der Anwendungssysteme durchgängig zu unterstützen.

Die angestrebte integrierte Variante führte jedoch zu Problemen bei der Festlegung personeller Aufgabenträger. Idealerweise sollte die Lösung unter zentraler Verantwortung organisatorisch, inhaltlich und technologisch konzipiert, realisiert und betreut werden. Diese Zielstellung konnte aufgrund nicht vorhandener personeller Ressourcen und verteilter Verantwortung für das Informationsmanagement nicht umgesetzt werden. Für die Entwicklung wurde daher eine organisatorisch dezentrale Projektverantwortung festgelegt, wobei die Zuständigkeit für die zukünftige Betreuung der integrierten Datenlogistiklösung offen blieb. Die organisatorische und inhaltliche Verantwortung für die einzelnen Schnittstellen übernehmen die Fachbereiche (Modularisierung) jeweils für ihre Datenlogistikaufgaben, wodurch vorhandene Budgets für einzelne Anwendungssystemprojekte bzw. für die Betreuung der Anwendungssysteme genutzt werden können. Die notwendige Integration sollte durch folgenden Maßnahmen sichergestellt werden:

◻ Der IT-Bereich ist dafür zuständig, daß in den einzelnen Projekten auf gleiche Technologien und Werkzeuge zurückgegriffen wird.

◻ Ein Mitarbeiter kontrolliert die teilprojektübergreifenden Datenmodelle auf logisch-inhaltlicher Ebene.

Individueller Datenaustausch	Integrierte Datenlogistik
Technologie und Organisation auf jeweilige Schnittstelle ausgerichtet	Aufbau einer integrierten Datenlogistik mit geeigneter Technologie und Organisation
+ schnelle Ergebnisse + unkomplizierte Projektierung	+ Integration der Anwendungssysteme + Bündelung der Schnittstellen + Einhaltung von Standards bei VNG + einheitliche Datenverwaltung und Administration der Schnittstellen
− mangelhafte Integration der Anwendungssysteme − u.U. verschiedene Werkzeuge für gleichartige Probleme − unkoordinierte, redundante Datenverwaltung und Administration der Schnittstellen	− Abstimmungsprozeß − spätere zentrale Organisation und Wartung und Betreuung

Abb. A-20: Alternativen für die Unterstützung der Datenlogistik

Dieses Vorgehen bestätigt den Kompromiß zwischen Koordination und Modularisierung bei der Integration der Datenlogistik.

A.3.1.3 Konzepte externer Unternehmensberatungen

Nach einer ersten unternehmensinternen Meinungsbildung wurden ausgewählte, in der Energie- und Softwarebranche tätige Unternehmensberatungen, die über detaillierte Kenntnisse des Unternehmens, insbesondere der Geschäftsprozesse und spezieller Anwendungssysteme verfügen, mit folgenden Zielen in die Konzeption einbezogen:

- die Einschätzung der Datenlogistik zwischen Anwendungssystemen bei VNG und daraus folgende Lösungsansätze zur Integration sowie

- die Nutzung bestehender Erfahrungen aus der Entwicklung von Datenlogistiklösungen, insbesondere aus Referenzprojekten, für das Vorgehen bei VNG.

Die Unternehmensberatungen sollten dabei Aussagen zu folgenden Punkten treffen:

- Methodik der Datenlogistikintegration,

- Architekturvarianten,

- Standardsoftwareprodukte,

- organisatorische Regelungen,

- Projektvorgehen und Zeitbedarf,

- Organisation, Administration und Ressourceneinsatz im produktiven Betrieb,

- Referenzprojekte.

Die Unternehmensberatungen wurden aufgefordert, anhand ihrer Erfahrungen und den Ergebnissen der bisherigen internen Lösungssuche mögliche Konzepte für die Datenlogistik bei VNG vorzuschlagen. Die Ergebnisse der dazu durchgeführten Präsentationen sind in *Abb. A-21* dargestellt. Dabei wird die begriffliche Ausdrucksweise der Unternehmensberatungen übernommen, um die unterschiedlichen Herangehensweisen zu verdeutlichen. Als wichtiges Problem wurde erkannt, daß Ist-Situation sowie Aufgaben- und Zielstellung bei VNG nur unscharf beschrieben vorlagen. Es fehlten insbesondere anwendungssystemübergreifenden Modelle, wiesie in *4.3.2* dargestellt wurden. Dies führte dazu, daß kein konkreter Anforderungskatalog für die Unternehmensberatungen vorlag und diese bei der Vorbereitung ihrer Präsentationen auf relativ allgemeine Informationen zur Ist-Situation zurückgreifen mußten. Demnach konnten die Dienstleister nur beschränkte eigene Erfahrungen vergangener Projekte und vorhandene Kontakte bei VNG nutzen.

Die Ergebnisse der Veranstaltungen mit den Dienstleistern können folgendermaßen zusammengefaßt werden:

- Bestätigung der Notwendigkeit der Integration,

- Zerlegung des Problems in Teilprobleme aus Komplexitätsgründen und

- Entwicklung von Lösungskonzepten erst nach einer mehrmonatigen Analysephase.

Die Präsentationen waren teilweise durch folgende Schwächen gekennzeichnet:

- Die Ansätze gingen über die Problemanalyse kaum hinaus.

Beurteilung	Vorgehen	Lösungsansatz	Problemanalyse	UB

• Problemanalyse auf abstrakten und allgemeinen Niveau und für jedes IT-Projekt anwendbar
• unternehmensneutrale Ideenentwicklung
• Spezifika der Datenlogistikintegration und der Situation bei VNG ungenügend berücksichtigt
	Grundaussage:
	• Methodik bei der Durchführung solcher Projekten aufgrund verschiedenartiger Anwendungssysteme und unterschiedliche Organisationsformen nicht übertragbar
	Grundsätzliche Schritte:
	• exakte Zielsetzung und der Definition des Projektumfanges
	• Analysephase: organisatorischer und technologischer Ist-Zustand
	• technisches Grobkonzept
	• fachliches Feinkonzept zu Organisation und Technologie
		• Datenaustausch über einzurichtende Schnittstellen
		• Einrichtung eines Informationspools auf der Grundlage einer Informationsbedarfsermittlung
		• zentrale Konsolidierungsdatenbank:
		 • physisch Verwaltung der konsolidierten Daten in Tabellen oder virtuell als Views bzw. Links auf eine dezentrale Datenbank
		 • Verwaltung von Metadaten:
		  • Daten identifizieren, klassifizieren und beschreiben
		  • Informationen zur Steuerung des Datenflusses
			• Dateninseln in operativen Systemen
			• redundante Datenspeicherung
				A

• hohe Kompetenz für komplexe Datenintegrationslösungen • zielgerichtetes Grobkonzept • Berücksichtigung spezifischer Geschäftsabläufe eines Gasversorgungsunternehmens unter einer prozeßorientierter Ausrichtung	• schrittweises Vorgehen zur Erreichung der Ziele • einheitliches, unternehmensweites Konzept • konkrete Teilprojekte für detailliertes Vorgehen und Beachtung von Aufwand-Nutzen-Relationen und vorgegebener Budgets • Referenzmodell für Data Warehouse-Einführung liegt vor	• Konsolidierung von Datenbestände der AWS →Verknüpfung der AWS durch eine koordinierende Schnittstellenlösung • Aufbau zentraler Datenbanken für informationssystemweit genutzte Daten →Integration von AWS durch eine Data Warehouse-Lösung Entwicklung der Komponenten: • Individualentwicklung für Datenlogistikintegration unter Nutzung von Standardprodukten für die Datenspeicherung und Repositories für die Modellierung der Datenflüsse • Standardsoftwareprodukte für Datenauswertung	Aufgaben: • Datenaustausch mit dem Ziel der Prozeßunterstützung • Datenaustausch mit dem Ziel einer einheitlichen Abbildung der Infrastruktur • Datenakquisition betriebs- und energiewirtschaftlicher sowie technischer Daten mit dem Ziel der Managementunterstützung	B
• Problemlösungsansatz stark auf die Technologie bezogen und sehr von der Darstellung des CORBA-Ansatzes getragen • Darstellung branchenfremder Referenzprojekte, obwohl von UB C bereits eine Integrationslösung bei VNG implementiert wurde	Phasen: • Geschäftsprozesse und Informationen beschreiben • Gesamtarchitektur und Bebauungsplan festlegen • Integrationskreise und betroffene Systeme definieren • Projektstruktur und Organisation festlegen • Zeit- und Mittelplanung (Budgetierung) Querschnittsprojekt für die erforderlichen Eingriffe in vorhandene AWS und die Integration zukünftiger AWS	• Schaffung von Integrationskreisen ausgehend von zwei existierenden Anwendungssystemen, die jeweils eine zentrale Rolle im Integrationskreis einnehmen • Kombination von • Data Warehouse-Konzept für Integration und • CORBA-Technologie für Schnittstellen • Schnittstellen zu den heterogenen Anwendungssystemen werden mit CORBA-Technologie standardisiert • Input- und Output-Komponente der Data Warehouse-Lösung basieren auf standardisierten CORBA-Schnittstellen	Fragen: • Technologien für die Systemintegration • beteiligte AWS • Prioritäten bei der Umsetzung • Ausbaustufen Zu unterstützende Kernprozesse: • Wertschöpfungsprozesse • technischen Bereitstellungsprozesse • Berichtsprozesse	C

Abb. 1-21: Ansätze von Unternehmensberatungen zur Integration der Datenlogistik

❑ Es wurden keine organisatorischen Alternativen im Zusammenhang mit dem existierenden Informationsmanagement bei VNG diskutiert.

❑ Methodische Ansätze für die Integration, insbesondere für die Modellbildung unter den Bedingungen des verteilten Informationssystems bei VNG waren nur bei einer Unternehmensberatung erkennbar.

❑ Modellkonzepte für die Datenlogistik aus verschiedenen Sichten fehlten, obwohl bspw. Prozessen eine große Bedeutung beigemessen wurde.

❑ Es wurden kaum adäquate Referenzarchitekturen zur Einordnung der Informationssystemarchitektur bei VNG genutzt.

❑ Nur eine Unternehmensberatung stellte Referenzvorgehensmodelle vor.

❑ Die Kompetenz der Unternehmensberatungen konnte durch geeignete Referenzprojekte nicht ausreichend nachgewiesen werden.

Die Ergebnisse der Präsentationen durch die Unternehmensberatungen entsprechen in Ansätzen theoretischen Erkenntnissen dieser Arbeit:

❑ Es bestehen i.d.R. Interdependenzen zwischen der vertikalen Integration zur Managementunterstützung in MSS und der horizontalen Integration operativer Anwendungssysteme. Diese Abhängigkeit ist in Projekten zu berücksichtigen.

❑ Die logistikbezogenen Data Warehouse-Funktionen Input, Speicherung und Output sind in nahezu jeder Datenintegrationslösung enthalten, unabhängig davon, ob operative Anwendungssysteme oder MSS mit Daten aus anderen Anwendungssystemen zu versorgen sind.

❑ In Datenlogistikprozessen ist aus Gründen der Konsistenz neben dem Austausch von Bewegungsdaten immer der Abgleich der Stammdaten zu berücksichtigen. Vor allem in MSS ist neben der multidimensionalen Analyse von Bewegungsdaten der Kontext durch eine Auswahl an Stammdaten der Analyseobjekte darzustellen.

❑ Für eine Datenintegration heterogener Anwendungssysteme ist nicht nur die Datensicht mit dem Ergebnis einer Integrierten Datenbank zu berücksichtigen, sondern vor allem die Ablauf- und Funktionssicht der Datenlogistikprozesse.

❑ Die ausschließliche Nutzung einer Data Warehouse-Lösung durch MSS ist nicht zwingend, vielmehr können alle Anwendungssysteme im Unternehmen die integrierten Daten verwenden.

❑ Die Problemkomplexität ist durch eine geeignete Zerlegung in Teilprobleme zu reduzieren, um sowohl technologisch als auch organisatorisch sinnvolle Lösungen zu ermöglichen.

Die im *4.* Kapitel erarbeitete Einordnung der Datenlogistik in das Informationsmanagement und die Systematik zur Modellbildung für die Datenlogistik als Grundlagen der Integration sowie die im *5.* Kapitel erläuterten Ansätze zur

Komplexitätsreduzierung durch Modularisierung können daher genutzt werden, die Problemsituation bei VNG methodisch weiter zu durchdringen und praktikable Lösungskonzepte zu entwickeln.

A.3.2 Prinzipien der Umsetzung

A.3.2.1 Modularisierung der Datenlogistik

Der theoretisch gerechtfertigte informationssystemweite Integrationsansatz für die Datenlogistik wurde bei VNG im Resultat der Firmenpräsentationen und Diskussionen zugunsten eines praktikablen Konzepts von Integrationskreisen als Grundlage für durchzuführende Projekte aufgegeben. Unter einem Integrationskreis ist dabei ein zu interierendes Teilinformationssystem, bestehend aus in Zusammenhang stehenden Anwendungssystemen, zu verstehen. Die Zerlegung in Teilsysteme steht im Zusammenhang mit der innerhalb dieser Arbeit ausführlich erläuterten objektorientierten Modularisierung von Informationssystemen (→*2.3.3.2*, →*5*). Die mit der Bildung von Integrationskreisen verbundene Modularisierung ist entsprechend den Erkenntnissen dieser Arbeit wiederum mit teilsystemübergreifenden Integrationsmaßnahmen zu koppeln (→*5.4*). Es bietet sich dabei an, die in *4.3.1.4* für die Modellbildung vorgeschlagene Vorgehensweise zu nutzen.

Aufgrund der vielfältigen Beziehungen zwischen den Anwendungssystemen, war es nicht möglich, überschneidungsfreie Integrationskreise zu bilden. Anwendungssysteme bzw. deren Datenbanken, die in zwei Integrationskreisen liegen, sind daher entweder in Teilbereiche zu zerlegen, die den Integrationskreisen zugeordnet werden oder den entstehenden Redundanzen zwischen den Integrationskreisen ist mit Abstimmungsmaßnahmen zu begegnen.

Bei VNG wurden zwei Integrationskreise ermittelt [KrKK98, 31 ff.], die jeweils Gegenstand eines Projekts sind. In beiden Integrationskreisen sind Anwendungssysteme verschiedener Informationssystemebenen (→*2.1.3.1*, →*3.2.2.1*) enthalten, wobei operative Systeme und MSS ähnliche Daten benötigen. Damit wird wiederum die Verbindung von horizontaler und vertikaler Integration bestätigt (→*4.1.4*).

A.3.2.2 Management der Datenlogistik

Ein Vorteil des Integrationskreis-Konzeptes ist die Komplexitätsreduzierung. Im Zusammenhang mit Integrationskreisen besteht allerdings die Gefahr, daß wiederum Integrationsinseln und damit Teillösungen entstehen. Folglich soll ein unternehmensweit übergreifendes Konzept den Projekten für die einzelnen Integrationskreise die Ausrichtung liefern. Aus diesem Grund wurde in [KrKK98, 31] vorgeschlagen, einem personellen Aufgabenträger die Verantwortung für das Gesamtkonzept und die Koordination der Aktivitäten zu übertragen. Die entsprechend Integrationskreisen und Vorgehensschritten durchgeführten Projekte sollen damit eine einheitliche Ausrichtung und insbesondere eine methodische und technologische Orientierung erhalten, um nachträgliche Änderungen der Integrationslösungen zu vermeiden.

Gleichzeitig soll mit einem für die unternehmensweite Datenlogistik verantwortlichen personellen Aufgabenträger internes Know-how in bezug auf das betriebliche Informationssystem aufgebaut werden, um so Optimierungs- und Synergiepotentiale für die Datenlogistik zu erkennen und zu nutzen. Die Vorschläge der Unternehmensberatungen und Erfahrungen mit den in *A.2* aufgeführten partiellen Schnittstellenlösungen lassen den Schluß zu, daß der Anteil der organisatorischen Aufgaben, insbesondere für Koordination und Schaffung der Akzeptanz in den Fachbereichen, einen erheblichen Anteil des Gesamtaufwandes ausmacht und vor allem dann noch relevant ist, wenn die technische Realisierung der Integrationslösung schon abgeschlossen ist (→*4.3.2*).

A.3.3 Projekte zur Umsetzung

Im Ergebnis der Konzeptionsphase wurden folgende Entscheidungen hinsichtlich der Lösungen für die Datenlogistik getroffen:

□ Für die identifizierten Integrationskreise „Gaswirtschaftlich-kommerzielle Systeme" und „Technische Systeme" wird jeweils ein Projekt zur Schaffung einer Integrationslösung für die Datenlogistik durchgeführt. Zwischen beiden Projekten hat eine Abstimmung hinsichtlich der Technologie zu erfolgen.

□ Die Datenlogistiklösungen enthalten eine integrierte Datenbank, in der redundant zu den existierenden Anwendungssystemen Daten in konsistenter Form zur Nutzung vorliegen.

□ Bei der Auftragsvergabe zur Entwicklung einer integrierten Datenlogistiklösung ist ein Dienstleistungsunternehmen zu bevorzugen, das neben ausgewiesenem methodischen Know-how auf diesem Gebiet durch realisierte Projektlösungen über direkte Erfahrungen im Unternehmen bzw. der Branche verfügt. Nur durch die Kenntnis der zugrunde liegenden Geschäftsprozesse kann ein unternehmensweites Integrationsprojekt erfolgreich durchgeführt werden.

□ Existierende und neu zu schaffende Anwendungssysteme nutzen die geschaffenen Lösungen für den Datenaustausch mit anderen Anwendungssystemen und liefern ihrerseits Vorgaben für die integrierte Datenlogistik. Diese Ausrichtung der Anwendungssysteme ist organisatorisch und technologisch sicherzustellen.

Abb. A-22 zeigt beispielhaft, wie die letzte Forderung für das VIS umzusetzen ist, indem die Interdependenzen zwischen den beiden Projekten „Integrierte Datenlogistik gaswirtschaftlich-kommerzieller Anwendungssysteme" und „Ausbau und Erweiterung des VIS" als EPK dargestellt sind:

Danach wird die aus dem Grobkonzept zur Datenlogistik resultierende technologische und organisatorische Lösung zunächst auf die Schnittstellen von VIS und GAS-X angewendet, wobei das VIS als Zielsystem (Z) und GAS-X als Quellsystem (Q) fungiert. Die Einführung der Technologien und die Schaffung des konzeptionellen und technologischen Rahmens für die schrittweise Integration einzelner Anwendungssysteme wird im Rahmen dieser Projekte abgewickelt. Unter Nutzung der integrierten Datenlogistiklösung werden evolutionär in Ausbaustufen und unter Fachbereichsverantwortung datenlogistische Schnittstellen zwischen weiteren Anwendungssystemen realisiert. Die Verantwortung für die technologische Lösung (Lizensierung, Schulung, Benutzerservice) liegt im IT-Bereich. Die Fachbereiche sind dezentral für Projektdurchführung sowie später für die Administration der Datenlogistikprozesse zuständig.

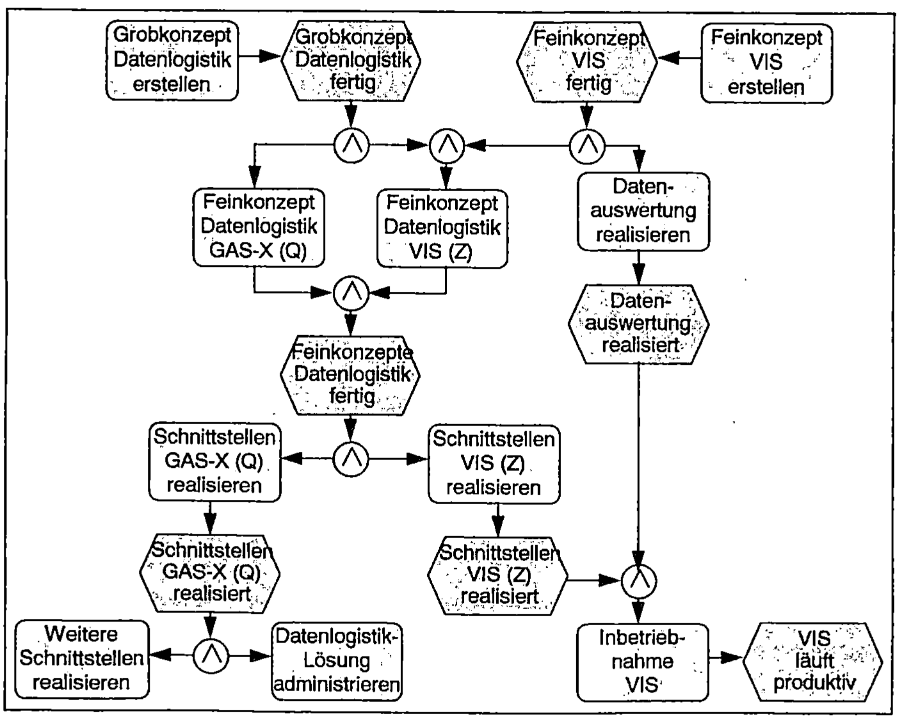

Abb. A-22: Vorgehen zur Entwicklung von Datenlogistiklösung und MSS-Erweiterung

Literaturverzeichnis

[Alab88]   ALABISO, B.: **Transformation of Data Flow Analysis Models to Object-Oriented Design**, In: *OOPSLA '88 Proceedings*, 1988, S. 335-353

[Appl96]   APPLETON, E.L.: **Use Your Data Warehouse to compete**, In: *Datamation 42 (1996) 15. Mai*, S. 94-98

[ARIS96]   O.V.: **Handbuch ARIS-Methoden**, Version 3.1, IDS Prof. Scheer GmbH, Stand Mai 1996

[Bage97]   BAGER, J.; BECKER, J.; MUNZ, R.: **Zentrallager; Data Warehouse - zentrale Sammelstelle für Informationen**, In: *c't Magazin für Computertechnik (1997) 3*, S. 284-291

[Balz96]   BALZERT, H.: **Lehrbuch der Software-Technik**, Spektrum, Heidelberg, 1996

[Barb96]   BARBITSCH, C.: **Einführung integrierter Standardsoftware: Handbuch für leistungsfähige Unternehmensorganisation**, Hanser, München, 1996

[Baue96]   BAUER, T.: **Welche Informationen benötigt eine Führungskraft**, In: *it Management 3 (1996) 09/10*, S. 22-25

[Baum90]   BAUMGARTEN, B.: **Petri-Netze, Grundlagen und Anwendungen**, BI-Wiss., Mannheim, 1990

[Behm93]   BEHME, W.: **Entwurf eines objektorientierten Meta-Informationssystems zur Unterstützung der Informationslogistik**, Dissertation, Hildesheim, 1993

[Behm96]   BEHME, W.: **Business-Intelligence als Baustein des Geschäftserfolgs**, In: *[MuBe96]*, S. 27-46

[BeMu96]   BEHME, W.; MUCKSCH, H.: **Die Notwendigkeit einer unternehmensweiten Informationslogistik zur Verbesserung der Qualität von Entscheidungen**, In: *[MuBe96]*, S. 3-26

[BeSc93]   BEHME, W.; SCHIMMELPFENG, K. (HRSG.): **Führungsinformationssysteme - Neue Entwicklungstendenzen im EDV-gestützten Berichtswesen**, Gabler, Wiesbaden, 1993

[Beta96]   BETANCOURT, R.: **Data Warehousing: Understanding its Role in a Business Management Architecture**, Whitepaper, SAS Institute, Heidelberg, 1996

[BiHa93]   BISSANTZ, N.; HAGEDORN, J.: **Data Mining (Datenmustererkennung)**, In: *Wirtschaftsinformatik 35 (1993) 5*, S. 481-487

[Bird96]   BIRD, J.: **Switching on to intranets**, In: *Management Today 64 (1996) 12*, S. 78-81

[Bode93]   BODE, J.: **Betriebliche Produktion von Information**, Dt.Univ., Wiesbaden, 1993

[Boeh78]   BOEHM, B.: **Characteristics of Software Quality**, North-Holland, Amsterdam, 1978

[Bol96]   BOL, G. ET AL. (HRSG.): **Wissensgewinnung aus großen Datenbasen**, Seminar im Wintersemester 95/96, Universität Karlsruhe, Februar 1996, http://theseus.ubka.uni-karlsruhe.de/ira-techreport/1996/1996-08.html, Abruf: 1997-10-12

[Booc86]   BOOCH, G.: **Object-Oriented Development**, In: *IEEE Transactions on Software Engineering 11 (1986) 2*

[Booc95]   BOOCH, G.: **Objektorientierte Analyse und Design**, Addison-Wesley, Bonn, 1995

[Brac96]   BRACKETT, M.H.: **The Data Warehouse Challenge - Taming Data Chaos**, Wiley, New York, 1996

[BrSp96]   BROY, M.; SPANIOL, O. (HRSG.): **Lexikon Informatik und Kommunikationstechnik**, 2. Aufl., VDI, Düsseldorf, 1996

[BuFB93]   BULLINGER, H.J.; FRÖSCHLE, H.P.; BRETTREICH-TEICHMANN, W.: **Informations- und Kommunikationsinfrastrukturen für innovative Unternehmen**, In: *zfo 62 (1993) 4*, S. 225-234

[Bull91]   BULLINGER, H.J. (HRSG.): **Handbuch des Informationsmanagements im Unternehmen**, Band I u. II, 3. Aufl., Beck, München, 1991

[Bull93]   BULLINGER, H.J.: **Qualität der Information - Information für Qualität**, In: *[SeHa93]*, S. 73-93

[Bulo95]   BULOS, D.: **How to Evaluate OLAP Servers**, In: *DBMS 9 (1995) 3*, S. 96-102

[Bulo96]   BULOS, D.: **A New Dimension**, In: *Database Programming & Design 8 (1996) 6*, S. 33-37

[Chen76]   CHEN, P.P.: **The Entity-Relationship Model - Toward a Unified View of Data**, In: *ACM Transactions on Database Systems 1 (1976) 1*, S. 9-36

[Chen83a]   CHEN, P.P. (HRSG.): **Entity-Relationship Approach to Information Modelling and Analysis**, In: *Proceedings of the 2nd International Conference on Entity-Relationship Approach (1981)*, North-Holland, Amsterdam, 1983

[Chen83b]   CHEN, P.P.: **A Preliminary Framework for Entity-Relationship Models**, In: *[Chen83a]*, S. 19-28

[Clas98]   CLABEN, L.; MATTHE, F.; SANDAU, J.; ALBRECHT, P.: **Integration und Erweiterung technischer Informationssysteme**, Folien zum Vortrag der Mummert+Partner Unternehmensberatung AG, VNG AG Leipzig, 1998-05-28

[ClSe96a]   O.V.: **IBMs Geschäft mit den Daten**, In: *Client-Server Computing (1996) 3*, S. 50

[ClSe96b]   O.V.: **Schnelle Hilfe für Entscheider**, In: *Client-Server Computing (1996) 3*, S. 52

[ClSe96c]   O.V.: **Lösungsansatz zweier Landesregierungen**, In: *Client-Server Computing (1996) 3*, S. 41-46

[CoCo93]   CODD, E.F.; CODD, S.B.: **On-Line Analytical Processing**, In: *Computerworld 27 (1993) 1993-7-26*, S. 26-27

[Codd70]   CODD, E.F.: **A Relational Model of Data for Large Shared Data Banks**, In: *Communications of the ACM 13 (1970) 6*, S. 377-387

[Codd94]   CODD, E.F.: **OLAP On-Line Analytical Processing mit TM/1**, Whitepaper, 1994

[Coma96]   COMAFORD, C.: **Net Feast: gag me with a data spoon**, In: *PC Week 18 (1996) 11*, S. 18

[CoYo91]   COAD, P.; YOURDON, E.: **Object-Oriented Design**, Yourdon Press, Upper Saddle River, 1991

[CoYo94]   COAD, P.; YOURDON, E.: **Objektorientierte Analyse**, Prentice Hall, München, 1994

[DaFo96]   O.V.: **Virtuelles Data Warehousing: Schneller Daten-Durchgriff**, In: *Datenbank Fokus (1996) 2*, S. 34-36

[Darl96]   DARLING, C.B.: **How to integrate your DWH**, In: *Datamation 42 (1996) 15. Mai*, S. 40-51

[Data96]   O.V.: **The Decision Maker's Gold Mine - A Summary of keynote presentations**, In: *Advertising Section of Datamation from Datamation and Software AG*, als Beilage in: *Datamation 42 (1996) 1. Februar*, S. S1-S12

[Date90]   DATE, C.J.: **An Introduction to Database Systems**, Vol. 1, 5. Aufl., Addison-Wesley, Reading, 1990

[DeMa78]   DE MARCO, T.: **A Structured Analysis and System Specification**, Prentice Hall,
            New York, 1978

[DeVÖ95]   DERUNGS, M.; VOGLER, P.; ÖSTERLE, H.: **Kriterienkatalog Workflow-Systeme**,
            Bericht Nr.: IM HSG/CC PSI/1, Version 1.0, Hochschule St. Gallen für Wirtschafts-,
            Rechts- und Sozialwissenschaften, Institut für Wirtschaftsinformatik, 1995

[DoCh83]   DOGAC, A.; CHEN, P.P.: **Entity Relationship Model in the ANSI/SPARC
            Framework**, In: *[Chen83a]*, S. 357-374

[Dorn94]   DORN, B. (HRSG.): **Das informierte Management**, Springer, Berlin, 1994

[Dumk92]   DUMKE, R.: **Softwareentwicklung nach Maß**, Vieweg, Wiesbaden, 1992

[Dumk93]   DUMKE, R.: **Bibliographie zu Software-Metriken**, In: *Softwaretechnik-Trends 13
            (1996) 2*, S. 62-69

[EhHe98a]   EHRENBERG, D.; HEINE, P.: **Konzept zur Datenintegration für Management
            Support Systeme auf der Basis uniformer Datenstrukturen**, In:
            Wirtschaftsinformatik 40 (1998) 6 S. 503-512

[EhHe98b]   EHRENBERG, D.; HEINE, P.: **Das Unimu-Schema**, Arbeitsbericht Nr. 28 des Instituts
            für Wirtschaftsinformatik der Universität Leipzig, September 1998

[EhKr98]   EHRENBERG, D.; KRAUSE, D.: **Studie zu ausgewählten Messagingsystemen**, Studie
            des Instituts für Wirtschaftsinformatik der Universität Leipzig, November 1998

[EhKS98]   EHRENBERG, D.; KRAUSE, D.; SCHULZ, R.: **Empirische Untersuchung ausgewählter
            OLAP-Werkzeuge**, Arbeitsbericht Nr. 27 des Instituts für Wirtschaftsinformatik der
            Universität Leipzig, Juli 1998

[EhPH98]   EHRENBERG, D.; PETERSOHN, H.; HEINE, P.: **Prozeßorientierte Datenlogistik für
            Managementinformationssysteme**, In: *[Humm98]*, S. 163-178

[Eick94]   EICKER, S.: **IV-Dictionary: Konzept zur Verwaltung der betrieblichen
            Metadaten**, DeGruyter, Berlin, 1994

[Eick96a]   EICKER, S.: **Data Dictionaries und Repositories**, In: *[Krac98]*, Abschnitt 6.1.1

[Eick96b]   EICKER, S.: **Plädoyer für eine Metadatenintegration**, In: *[Krac98]*, Abschnitt 6.2.1

[Eick96c]   EICKER, S.: **Metadaten Engineering**, In: *[Krac98]*, Abschnitt 6.2.3

[ElKT93]   ELMASRI, R.; KOURAMANJAN, V.; THALHEIM, B. (HRSG.): **Proceedings of 12th
            International Conference on the Entity Relationship Approach**, Springer, Berlin,
            1994

[Ensl78]   ENSLOW, P.H.: **What is a 'Distributed' Data Processing System?**, In: *IEEE
            Computer 11 (1998) 1*, S. 13-21

[ErSc95]   ERDL, G.; SCHÖNECKER, H.G.: **Workflowmanagement: Workflow-Produkte und
            Geschäftsprozessoptimierung**, B.BIT Consult, FBO, Wiesbaden, 1995

[Erwi95]   O.V.: **ERwin Methods Guide**, Logic Works Inc., Princeton, 1995

[Esch85]   ESCHENRÖDER, G.: **Planungsaspekte einer ressourcenorientierten
            Informationswirtschaft**, Eul, Bergisch Gladbach, 1985

[Fent91]   FENTON, N.E.: **Software Metrics**, Chapman & Hall, London, 1991

[FeMi86]   FELDMANN, P.; MILLER, D.: **Entity model clustering: Structuring a data model by
            abstraction**, In: *The Computer Journal 29 (1986) 4*, S. 348-360

[FeSA96]   FERSTL, O.; SINZ, E.; AMBERG, M.: **Stichwörter zum Fachgebiet
            Wirtschaftsinformatik**, *Bamberger Beiträge zur Wirtschaftsinformatik 36*, 1996
            (erschienen auch In: *[BrSp96]*)

[FeSi84]   FERSTL, O.; SINZ, E.: **Softwarekonzepte der Wirtschaftsinformatik**, DeGruyter, Berlin, 1984

[FeSi93]   FERSTL, O.; SINZ, E.: **Der Modellierungsansatz des Semantischen Objektmodells (SOM)**, *Bamberger Beiträge zur Wirtschaftsinformatik 18*, 1993

[FeSi94]   FERSTL, O.; SINZ, E.: **Grundlagen der Wirtschaftsinformatik**, Band 1, 2. Aufl., Oldenbourg, München, 1994

[FeSi95]   FERSTL, O.; SINZ, E.: **Der Ansatz des semantischen Objektmodells zur Modellierung von Geschäftsprozessen**, *Bamberger Beiträge zur Wirtschaftsinformatik 21*, 1995 (erschienen auch In: *Wirtschaftsinformatik 37 (1995) 3*)

[Fick91]   FICKENSCHER, H.; HANKE, P.; KOLLMANN, K.-H.: **Zielorientiertes Informationsmanagement**, 2. Aufl., Vieweg, Braunschweig, 1991

[Fole96]   FOLEY, M.J.: **Hot new database technologies**, In: *Datamation 42 (1996) September*, S. 44-50

[Fres92]   FRESE, E. (HRSG.): **Handwörterbuch der Organisation**, 3. Aufl., Poeschel, Stuttgart, 1992

[Fres95]   FRESE, E.: **Grundlagen der Organisation, Konzept - Prinzipien - Strukturen**, 6. Aufl., Gabler, Wiesbaden, 1995

[Füti97]   FÜTING, C.U.: **Projekt-Management und -controlling von Data Warehouse-Projekten**, In: *[MuBe97a]*, S. 329-350

[Gabl96]   O.V.: **Der Weg zum vernetzten Unternehmen**, In: *Gablers Magazin 10 (1996) 5*, S. 36-39

[GaGl97]   GABRIEL, R.; GLUCHOWSKI, P.: **Semantische Modellierungstechniken für multidimensionale Datenstrukturen**, In: *HMD - Theorie und Praxis der Wirtschaftsinformatik 34 (1997) 195*, S. 18-37

[GaSc94]   GALLER, J.; SCHEER, A.-W.: **Workflowmanagement: Die ARIS-Architektur als Basis eines multimedialen Workflow-Systems**, Institut für Wirtschaftsinformatik im Institut für empirische Wirtschaftsforschung an der Universität des Saarlandes, Heft 108, Saarbrücken, 1994

[GASX97]   O.V.: **Systembeschreibung Listensystem**, Dokumentation zum Gasabrechnungssystem GAS-X, Mummert+Partner Unternehmensberatung AG, 1997

[GASX98]   O.V.: **Systembeschreibung Schnittstellenmanager**, Dokumentation zum Gasabrechnungssystem GAS-X, Mummert+Partner Unternehmensberatung AG, 1998

[Gera93]   GERARD, P.: **Unternehmensdaten-Modelle haben Erwartungen nicht erfüllt**, In: *Computerwoche 20 (1993) 42*

[Gern87]   GERNET, E.: **Das Informationswesen in der Unternehmung**, Hanser, München, 1987

[GiRa96]   GILL, H.S.; RAO, P.C.: **The Official Client/Server Computing Guide to Data Warehousing**, Que Corporation, Indianapolis, 1996

[Gluc97]   GLUCHOWSKI, P.: **Data Warehouse**, In: *Informatik-Spektrum 20 (1997) 1*, S. 48-49

[GrGG73]   GROCHLA, E.; GARBE, H.; GILLNER, R.: **Gestaltungskriterien für den Aufbau von Datenbanken**, Westdeutscher Verl., Opladen, 1973

[Grie93]   GRIESE, J.: **Computergestützte Informationssysteme**, in: *[Witt93]*, Sp. 1767-1778

[Griff98]   GRIFFEL, F.: **Componentware. Konzept und Techniken eines Softwareparadigmas**, dpunkt, Heidelberg, 1998

[Grim96]   GRIMM, C.: **Build your warehouse on MPP**, In: *Datamation 42 (1996) Dezember*, S. 102-104

[Groc75]   GROCHLA, E. (HRSG.): **Handwörterbuch der Betriebswirtschaftslehre**, Band II, 4. Aufl., Pöschel, Stuttgart, 1975

[HaCa96]   HAMMER, M.; CHAMPY, J.: **Business Reengineering**: die Radikalkur für das Unternehmen, 6. Aufl., Campus, Frankfurt, 1996

[Halb88]   HALBERT, D.; O'BRIEAN, P.: **Using Types and Inheritance in Object-Oriented Programming**, In: *IEEE Software 5 (1988) 4*, S. 74

[Hann96]   HANNIG, U.: **Königsweg zur Information. Data Warehouse**, In: *Business Computing 8 (1996) 4*, S. 42-44

[Hans96]   HANSEN, H.-R.: **Wirtschaftsinformatik I**, 5. Aufl., Fischer, Stuttgart, 1996

[Hans97]   HANSEN, W.-R.: **Vorgehensmodell zur Entwicklung einer Data Warehouse-Lösung**, In: *[MuBe97a]*, S. 311-328

[Hase96]   HASEK, G.: **Data's new dimension: intranets are revolutionizing the way companies communicate within their own organizations**, In: *Industry Week 945 (1996) 23*, S. 95-69

[HaSt95]   HAMMER, M.; STANTON, S.A.: **Die Reengineering Revolution**, Campus, Frankfurt, 1995

[Hein90]   HEINRICH, L.: **Der Prozeß der Systemplanung und -entwicklung**, In: *[KuSt90]*

[Hein92]   HEINRICH, L.: **Informationsmanagement**, 4. Aufl., Oldenbourg, München, 1992

[Hein93]   HEINRICH, L.: **Informationsmanagement**, In: *[Witt93]*, Sp. 1749-1759

[Hein93b]   HEINE, P.: **Qualitätssicherung mittels objektorientierter Entwurfstechniken und Software-Metriken**, Diplomarbeit, Technische Universität Clausthal, 1993

[Hein98]   HEINE, P.: **Data-Warehouse-basiertes Integrationskonzept für Informationsprozesse**, In: *[Roit98]*, S. 143-162

[HeHR96]   HEILMANN, H.; HEINRICH, H.J.; ROITHMAYR, F. (HRSG.): **Information Engineering**, Oldenbourg, München, 1996

[HePe98]   HEINE, P.; PETERSOHN, H.: **Interdependenzen zwischen Data Warehouse, Managementinformationssystem und Geschäftsprozeßmodellen**, In: *Information Management 13 (1998) 2*, S. 78-82

[HeRo92]   HEINRICH, L.; ROITHMAYR, F.: **Wirtschaftsinformatik-Lexikon**, 4. Aufl., Oldenbourg, München, 1992

[Heue92]   HEUER, A.: **Objektorientierte Datenbanken: Konzepte, Modelle, Systeme**, Addison-Wesley, Bonn, 1992

[HiMo92]   HICHERT, R.; MORITZ, M. (HRSG.): **Management-Informationssystem**, Springer, Berlin, 1992

[Hint96]   HINTZE, R.: **Parallelism in the Data Warehouse**, In: *Tagungsdokumentation: Informationsfokus im Data-Warehouse*, Veranstalter: IT-Verl., München, 1996-10-14

[Holt95]   HOLTHUIS, J.; MUCKSCH, H.; REISER, M.: **Das Data Warehouse Konzept - Ein Ansatz zur Informationsbereitstellung für Managementinformationssysteme**, Arbeitsbericht des Lehrstuhls für Informationsmanagement und Datenbanken, European Business School, Oestrich-Winkel, 1995

[Holt97]   HOLTHUIS, J.: **Multidimensionale Datenstrukturen**, In: *[MuBe97a]*, S. 137-186

[HoMa89]   HORVÁTH, P.; MAYER, R.: **Prozeßkostenrechnung**, In: *Controlling 1 (1989) 4*, S. 214-219

[Humm92]   HUMMELTENBERG, W.: **Realisierung von Managementunterstützungssystemen mit Planungssprachen und Generatoren für Führungsinformationssysteme**, In: *[HiMo92]*, S. 187-208

[Humm98]   HUMMELTENBERG, W. (HRSG.): **Information Management for Business and Competitive Intelligence and Excellence**, Proceedings der Frühjahrstagung Wirtschaftsinformatik `98, Vieweg, Wiesbaden, 1998

[Inmo96]   INMON, W.H.: **Building the Data Warehouse**, 2. Aufl., Wiley, New York, 1996

[Inmo97a] INMON, W.H.: **Are multiple data warehouses too much of a good thing?**, In: *Datamation 43 (1997) April*, S. 94-96

[Inmo97b] INMON, W.H.: **Does your data mart vendor care about your architecture?**, In: *Datamation 43 (1997) März*, S. 105-107

[Jaco95]   JACOBSEN, I.; ERICSON, M.; JACOBSEN, A.: **The Object-Advantage**, Addison-Wesley, Wokingham, 1995

[Jaes96]   JAESCHKE, P.: **Integrierte Unternehmensmodellierung**, Dt.Univ., Wiesbaden, 1996

[Jahn93]   JAHNKE, B.: **Einsatzkriterien, Kritische Erfolgsfaktoren und Einführungsstrategien für Führungsinformationssysteme**, In: *[BeSc93]*, S. 29-43

[Jahn96]   JAHNKE, B.: **On-Line Analytical Processing (OLAP)**, In: *Wirtschaftsinformatik 38 (1996) 3*, S. 321-232

[Jenz95]   JENZ, D: **Ein Weg zur wirtschaftlicherer Informationsverarbeitung. Data Warehousing und Online Analytical Processing**, In: *it Management Spezial 2 (1995) 9/10*, S. 18-26

[Kahl98]   KAHLERT, D.: **Prozeßorientierter Entwurf für ein Data Warehouse am Beispiel des Berichtswesens im Rahmen der Datenlogistikprozesse der Verbundnetz Gas AG**, Hausarbeit, HTWK Leipzig, Fachbereich Wirtschaftswissenschaften/ Wirtschaftsinformatik, März 1998

[Kais97]   KAISER, B.-U.: **Das Data Warehouse-Konzept, Basis erfolgreicher Managementunterstützung bei Bayer**, In: *[MuBe97a]*, S. 527-546

[Kell93]   KELLER, G.: **Informationsmanagement in objektorientierten Organisationsstrukturen**, Gabler, Wiesbaden, 1993

[Kell94]   KELLY, S.: **Data Warehousing. The route to Mass Customisation**, Wiley, Chichester, 1994

[KeMe94]   KELLER, G.; MEINHARD, S.: **Business process reengineering auf Basis des SAP R/3-Referenzmodells**, In: *[Sche94]*, S. 35

[Kemp91]   KEMPER, H.G.: **Entwicklung und Einsatz von Executive Information Systems (EIS) in deutschen Unternehmen - Ein Stimmungsbild -**, In: *Information Management 6 (1991) 4*, S. 70-78

[KeNS92]   KELLER, G.; NÜTTGENS, M.; SCHEER, A.-W.: **Semantische Prozeßmodellierung auf der Grundlage der „Ereignisgesteuerten Prozeßketten (EPK)"**, In: *[Sche93]*, S. 49-54

[KeTe95]   O.V.: **An Introduction to Multidimensional Database Technology**, Whitepaper, Kenan Technologies, 1995

[KiKl77]   KIRSCH, W.; KLEIN, H.K.: **Management-Informationssysteme I**, Kohlhammer, Stuttgart, 1997

[Kimb96]   KIMBAL, R.: **The Data Warehouse Toolkit**, Wiley, New York, 1996

[Klei92]	KLEINHANS, A.; RÜTTLER, M.; ZAHN, E.: **Management-Unterstützungssysteme - Eine vielfältige Begriffswelt**, In: *[HiMo92]*, S. 1-14

[KlHe94]	KLOTZ, M.; HERRMANN, W. (HRSG.): **Führungsinformationssysteme im Unternehmen**, in *[Kral94]*

[KlRe94]	KLOTZ, M.; REICHARDT, K.: **Wann ist ein Unternehmen reif für ein Führungsinformationssystem ?**, In: *[KlHe94]*, S. 49-69

[Know96]	KNOWLES, J.: **Explore Data Warehousing**, In: *Datamation 42 (1996) Dezember*, S. 30

[Korn94]	KORNBLUM, W.: **Einsatz innovativer Führungsinformationssysteme für eine effiziente Unternehmenssteuerung**, In: *[KlHe94]*, S. 13-30

[Koss96]	KOSSEL, A.: **Hausmannskost, Wie die Softwareindustrie das Intranet schmackhaft machen will**, In: *c't Magazin für computer technik (1996) 10*, S. 298-300

[KoZi96]	KOCH, O.; ZIELKE, F.: **Workflow Management**, Markt und Technik, Haar bei München, 1996

[Krac98]	KRACKE, U. (HRSG.): **Datenbankmanagement**, INTEREST, Augsburg, 1998

[Kral94]	KRALLMANN, H. (HRSG.): **Betriebliche Informations- und Kommunikationssysteme**, Band 18, Erich-Schmidt, Berlin, 1994

[Kral97]	KRALLMANN, H. (HRSG.): **Wirtschaftsinformatik '97**, Physica, Heidelberg, 1997

[Kric95]	KRICKL, O.C.: **Business Redesign: Neugestaltung von Organisationsstrukturen unter besonderer Berücksichtigung der Gestaltungspotentiale von Workflowmanagementsystemen**, FBO, Wiesbaden, 1995

[KrKK98]	KRUCZYNSKI, K.; KAHLERT, D.; KIRSTEN, T.: **Konzepte zu Datenlogistik und Data Warehousing für die Verbundnetz Gas AG**, HTWK Leipzig, Fachbereich Wirtschaftswissenschaften/Wirtschaftsinformatik, August 1998

[KrSc94]	KRCMAR, H.; SCHWARZER, B.: **Prozeßorientierte Unternehmensmodellierung - Gründe, Anforderungen an Werkzeuge und Folgen für die Organisation**, In: *[Sche94]* , S. 13

[KuSt90]	KURBEL, K. (HRSG.): **Handbuch Wirtschaftsinformatik**, Poeschel, Stuttgart, 1990

[Kyas97]	KYAS, O.: **Vom Internet zum Intranet**, In: *Datacom 14 (1997) 4*, S. 56-58

[Lawt96]	LAWTON, G.: **Warehousing offers storage and services**, In: *Digital News & Review 12 (1995) 8*, S. 18-21

[LeHe98]	LETSCH, A.; HEINE, P.: **Integriertes Gasabrechnungssystem zur Sonderkundenabrechnung**, In: *gwf Gas-und Wasserfach 139 (1998) 3*, S. 175-185

[LeMa94]	LEHNER, F.; MAIER, R.: **Information in Betriebswirtschaftslehre, Informatik und Wirtschaftsinformatik**, Forschungsbericht Mai.94, Koblenz, 1994

[Lieb88]	LIEBERHERR, K.J.; HOLLAND, I.: **Assuring Good Style for Object-Oriented Programs**, In: *IEEE Software 5 (1988) 9*, S. 38-48

[LiWe94]	LINDENLAUB, F.; WEBERSINKE, K.: **Strukturwandel der Unternehmen und Folgen für die DV-Infrastruktur; Bedeutung eines Information Warehouses**, In: *[Dorn94]*, S. 61-74

[Löbe97]	LÖBEL, S.: **Entwicklungstendenzen und Synergiemöglichkeiten durch den kombinierten Einsatz von Data Warehouse-Konzepten und der Intranet/Internet-Technologie in der betrieblichen Informationssystem-Architektur**, Diplomarbeit, Universität Leipzig, 1997

330   Literaturverzeichnis

[Maie96]   MAIER, R.: **Qualität von Datenmodellen**, Gabler, Wiesbaden, 1996

[MaKl90]   MARTINY, L.; KLOTZ, M.: **Strategisches Informationsmanagement**, 2. Aufl., Oldenbourg, München, 1990

[Mars96]   MARSHALL, M.: **Worries about warehouses**, In: *Communication Week 616 (1996)*, S. 16-17

[Mart89]   MARTIN, J.: **Information Engineering**, Book 1: Introduction, Prentice Hall, Englewood Cliffs, 1989

[Mart96]   MARTIN, W.: **DSS-Werkzeuge - oder: Wie man aus Daten Informationen macht**, In: *Datenbank Fokus (1996) 2*, S. 10-21

[Mart97]   MARTIN, W. (HRSG.): **Data Warehousing: Fortschritte des Informationsmanagements**, Verl. Online GmbH, Velbert, 1997

[Mart98]   MARTIN, W. (HRSG.): **Data Warehousing: Steuern und Kontrollieren von Geschäftsprozessen**, Verl. Online GmbH, Velbert, 1998

[Mase98]   MASER, A.: **Auf dem Weg zum Data Warehouse, Aufbau anhand eines Referenz-Architekturmodelles**, In: *[Mart98]*, C811

[Maur95]   MAURICE, F.: **The truth about OLAP**, In: *DBMS 8 (1995) 9*, S. 40-46

[MeGr91]   MERTENS, P.; GRIESE, J.: **Integrierte Informationsverarbeitung 2 - Planungs- und Kontrollsysteme**, 6. Aufl., Gabler, Wiesbaden, 1991

[MeKn95]   MERTENS, P.; KNOLMAYER, G.: **Organisation der Informationsverarbeitung**, 2. Aufl., Gabler, Wiesbaden, 1995

[Mert90]   MERTENS, P.: **Lexikon der Wirtschaftsinformatik**, Gabler, Wiesbaden, 1990

[Mert95]   MERTENS, P.: **Integrierte Informationsverarbeitung 1 - Administrations- und Dispositionssysteme in der Industrie**, 10. Aufl., Gabler, Wiesbaden, 1995

[Mert95b]   MERTENS, P.; BODENDORF, F.; KÖNIG, W.; PICOT, A.; SCHUMANN, M.: **Grundzüge der Wirtschaftsinformatik**, 3. Aufl., Springer, Heidelberg, 1995

[Meye90]   MEYER, B.: **Objektorientierte Software-Entwicklung**, Hanser, München, 1990

[Mist91]   MISTELBAUER, H.: **Datenmodellverdichtung: Vom Projektmodell zur Unternehmensarchitektur**, In: *Wirtschaftsinformatik 33 (1991) 4*, S. 289-299

[MoMo97]   MOCKER, H.; MOCKER, U.: **Intranet - Internet im betrieblichen Einsatz**, Datakontext, Frechen, 1997

[Morg97]   MORGENROTH, K.; NEEB, T.; BÖHNLEIN, M.; AMBERG, M.: **SOMpro-Spezifikation, Datenbankmodell und Tabellenvorgaben**, Universität Bamberg, Lehrstuhl für Wirtschaftsinformatik, insb. Systementwicklung und Datenbankanwendung, 1997-05-05

[MuBe96]   MUCKSCH, H.; BEHME, W. (HRSG.): **Das Data-Warehouse-Konzept**, Gabler, Wiesbaden, 1996

[MuBe97]   MUCKSCH, H.; BEHME, W.: **Das Data Warehouse-Konzept als Basis einer unternehmensweiten Informationslogistik**, In: *[MuBe97a]*, S. 31-94

[MuBe97a]   MUCKSCH, H.; BEHME, W. (HRSG.): **Das Data Warehouse-Konzept**, 2. Aufl., Gabler, Wiesbaden, 1997

[Muck96]   MUCKSCH, H.: **Charakteristika, Komponenten und Organisationsformen von Data Warehouses**, In: *[MuBe96]*, S. 85-116

[Muck97]   MUCKSCH, H.: **Das Management von Metainformationen im Data Warehouse**, In: *[Mart97]*, C811

[MuHR96]   MUCKSCH, H.; HOLTHUIS, J.; REISER, M.: **Das Data Warehouse-Konzept - ein Überblick**, In: *Wirtschaftsinformatik 38 (1996) 4*, S. 421-433

[Munk97]   MUNKELT, I.: **Neue Erkenntnisse für kreative Prozesse**, In: *Absatzwirtschaft 21 (1997) 3*, S. 36-41

[Nimi96]   NIMIS, J.: **Einführung in die Methoden der Wissensgewinnung**, In: *[Bol96]*, S. 1-18

[NoFr95]   NOLDEN, M.; FRANKE, T.: **Das Internet Buch**, 2. Aufl., Sybex, Düsseldorf, 1995

[Norm90]   NORMAN, R.: **Object-Oriented Analysis & Design**, DPMA Information Technology Conference, San *Diego*, 1990

[Nütt95]   NÜTTGENS, M.: **Rahmenkonzept für ein koordiniert-dezentrales Informationsmanagement**, In: *m&c-Management & Computer 3 (1995) 3*, S. 207-213

[Ortn91]   ORTNER, E.: **Informationsmanagement: Wie es entstand, was es ist und wohin es sich entwickelt**, In: *Informatik-Spektrum 14 (1991)* , S. 315-327

[Öste90]   ÖSTERLE, H.: **Computer aided software engineering - Von Programmiersprachen zu Softwareentwicklungsumgebungen**, In: *[KuSt90]*, S. 345-362

[Öste95]   ÖSTERLE, H.: **Business Engineering**, Springer, Heidelberg, 1995

[PeHe98]   PETERSOHN, H.; HEINE, P.: **Interdependencies between Data Warehouse Concept, Management Information System and Business Process Model**, In: *Proceedings of the 6th European Conference on Information Systems*, 4.6. - 6.6. 1998, Aix-en-Provence, 1998, S. 1305-1319

[Pete98]   PETERSOHN, S.: **Stars: A Pattern Language for Query Optimized Schema**, http://c2.com/ppr/stars.html, Abruf: 1998-08-28.

[Petr62]   PETRI, C.A.: **Kommunikation mit Automaten**, Dissertation, Universität Bonn, 1962

[Petr96]   PETRIK, C.E.: **Mut zum Chaos: SNI baut Intranet für bessere Kommunikation**, In: *Gateway (1996) 9*, S. 95-69

[PeTj92]   PERNUL, G.; TJOA, A.M. (HRSG.): **Proceedings of the 11th International Conference on the Entity-Relationship Approach, Karlsruhe, 1992**, Springer, Berlin, 1992

[Pfoh88]   PFOHL, H.-C.: **Logistiksysteme**, 3. Aufl., Springer, Berlin, 1988

[PfWe94]   PFEIFFER, W.; WEIB, E.: **Lean Management, Grundlagen der Führung und Organisation lernender Unternehmen**, 2. Aufl., Erich-Schmidt, Berlin, 1994

[Pico89]   PICOT, A.: **Organisation**, In: *Vahlens Kompendium der Betriebswirtschaftslehre*, Band 2, 2. Aufl., Vahlen, München, 1989

[PiMa92]   PICOT, A.; MAIER, M.: **Computergestützte Informationssysteme**, In: *[Fres92]*, Sp. 923-936

[Poe96]   POE, V.: **Building a Data Warehouse for Decision Support**, Yourdon Press, Upper Saddle River, 1996

[Rade98]   RADEN, N.: **Star-Schema**, http://members.aol.com/nraden/str101.htm, Abruf: 1998-08-28

[RaSt92]   RAUH, O.; STICKEL, E.: **Entity Tree Clustering - A method for simplifying ER design**, In: *[PeTj92]*, S. 62-78

[Raut97]   RAUTENSTRAUCH, C.: **Effizienter Einsatz von Arbeitsplatzsystemen, Konzepte und Methoden des persönlichen Informationsmanagement**, Addison-Wesley, Bonn, 1997

[ReHo96]   REISER, M.; HOLTHUIS, J.: **Nutzenspotentiale des Data Warehouse-Konzepts**, In: *[MuBe96]*, S. 117-129

[Remu97a]   REMUS, A.: **Zuverlässiger Datentransfer ist die Basis**, In: *Client Server Computing (1997) 8*, S. 76

[RePo97]   RECHENBERG, P.; POMBERGER, G. (HRSG.): **Handbuch der Informatik**, Hanser, München, 1997

[Rich97]   RICHTER, L.: **Data Warehouse-Konzept und eine Betrachtung von Analysekomponenten**, Diplomarbeit, Universität Leipzig, 1997

[RoDL88]   ROCKART, J.F.; DELONG, D.W.: **Executive Support Systems - The emerge of Top Management Computer Use**, Business One Irwin, Homewood Illinois, 1988

[Roit88]   ROITMAYR, F.: **Controlling von Informations- und Kommunikationssystemen**, Oldenbourg, München, 1988

[Roit98]   ROITMAYR, F.; EHRENBERG, D.; GRIESE, J.; FINK, K.: **4. Internationales Doktoranden-Symposium Wirtschaftsinformatik 1997**, Schriftenreihe der Österreichischen Computer Gesellschaft, Band 105, Wien, 1998

[Rose96]   ROSENHAGEN, J.: **Interaktives Data Warehousing auf Basis unternehmensweiter C/S-Architekturen**, In: *Datenbank Focus (1996) 2*, S. 46-48

[Rupp96]   RUPP, D.: **Tech versus touch**, In: *HR Focus 73 (1996) 11*, S. 16-17

[Rütt91]   RÜTTLER, M.: **Information als strategischer Erfolgsfaktor**, Erich-Schmidt, Berlin, 1991

[Sapi98]   SAPIA, C.; DINTER, B.; HÖFLING, G.; BAUMANN, P.: **Die passende DW Architektur: Der Grundstein zum Erfolg**, In: *[Mart98]*, C810

[Schä96]   SCHÄFER, C.: **Abfragen und Antworten querbeet, Strategie für virtuelles Data Warehousing**, In: *Client Server Computing (1996) 3*, S. 36-40

[Scha90]   SCHAEFER, H.: **International Standard for Software Quality Assurance**, In: *Proceedings des Workshops "Rechnergestützte Softwarebewertung"*, TU Magdeburg, Oktober 1990, S. 64-73

[Scha96]   SCHAUDT, A.: **Parallel processing: neue Technologie im Kampf um den Bankkunden**, Haupt, Bern, 1996

[Sche90]   SCHEER, A.-W.: **EDV-orientierte Betriebswirtschaftslehre**, Springer, Berlin, 1990

[Sche93]   SCHEER, A.-W. (HRSG.): **Veröffentlichungen des Instituts für Wirtschaftsinformatik**, Heft 89, Saarbrücken, 1992

[Sche94]   SCHEER, A.-W. (HRSG.): **Schriften zur Unternehmensführung – Prozeßorientierte Unternehmensmodellierung**, Wiesbaden, 1994

[Sche95]   SCHEER, A.-W.: **Wirtschaftsinformatik**, 6. Aufl., Springer, Berlin, 1995

[Sche95a]   SCHEER, A.-W.: **Unterlagen zum Seminar "Scheer-Kurs '95"**, Frankfurt, 1995

[Sche96]   SCHEER, A.-W.: **Data Warehouse und Data Mining: Konzepte der Entscheidungsunterstützung**, In: *Information Management, 11 (1996) 1*, S. 74-75

[Sche98a]   SCHEER, A.-W.: **ARIS - Modellierungsmethoden, Metamodelle, Anwendungen**, Springer, Berlin, 1998

[Sche98b]   SCHEER, A.-W.: **ARIS - Vom Geschäftsprozeß zum Anwendungssystem**, Springer, Berlin, 1998

[Schm86]   SCHMUCKER, K.J.: **Object Oriented Programming for the Macintosh**, Hayden, Hasbrouck Heights, 1986

[Schm96]   SCHMITS.: **Data Warehouse-Realisierungen: Regeln für erfolgreiche Projekte**, In: *Datenbank Fokus (1996) 2*, S. 22-26

[Schm98]   SCHMIDT-MELCHIORS, T.: **Überlegungen zum Aufbau eines Data Warehouse in einer gewachsenen heterogenen Informationssystem-Landschaft**, In: *[Mart98]*, C824

[Schn90]   SCHNEIDER, U.: **Kulturbewußtes Informationsmanagement**, Oldenbourg, München, 1990

[Schö93]   SCHÖNECKER, H.G.: **Begriffe zum Geschäftsprozeß-Management** In: *Office Management 7 (1993) 8*, S. 56-57

[Schr96]   SCHREIER, U.: **Verarbeitungsprinzipien in Data-Warehousing-Systemen**, In: *HMD - Theorie und Praxis der Wirtschaftsinformatik 33 (1996) 187*, S. 78-93

[Schu87]   SCHULTE, U.: **Praktikable Ansatzpunkte zur Realisierung von Datenmanagement-Konzepten**, In: *Information Management 2 (1987) 4*, S. 26-31

[Schw96]   SCHWAB, W.: **Data Warehouse als Grundlage für Management Informationssysteme (MIS)**, In: *DV-Management (1996) 2*, S. 79-82

[ScSB91]   SCHASCHINGER, H.; SIKORA, H.; BÄUCHLER, I.: **OOA, OOD - Überblick und kritische Betrachtung**, In: *Softwaretechnik-Trends 4 (1991) 11*, S. 11-43

[SeHa93]   SEGHEZZI, H.D.; HANSEN, J.R. (HRSG.): **Qualitätsstrategien**, Hanser, München, 1993

[Seib90]   SEIBT, D.: **Information Resources Management bzw. Informationsmanagement**, In: [Mert90], S. 212-215

[Sell98]   SELLER, S.: **Vorgehensmodell für die Migration integrierter Standardanwendungssoftware**, In: *[Roit98]*, S. 143-162

[ShMe88]   SHLAER, S.; MELLOR, S.J.: **Object-Oriented Systems Analysis - Modelling the World in Data**, Yourdon Press, Prentice Hall, Englewood Cliffs, 1988

[SiAm97]   SINZ, E.J.; AMBERG, M.: **Produktinformation SOMpro Version 1.1**, Universität Bamberg, Lehrstuhl für Wirtschaftsinformatik, insb. Systementwicklung und Datenbankanwendung, 1997

[Sinz90]   SINZ, E.J.: **Das Entity-Relationship-Modell (ERM) und seine Erweiterungen**, In: *HMD - Theorie und Praxis der Wirtschaftsinformatik 27 (1990) 152*, S. 17-29

[Sinz96a] SINZ, E.J.: **Ansätze zur fachlichen Modellierung betrieblicher Informationssysteme - Entwicklung, aktueller Stand und Trends -**, *Bamberger Beiträge zur Wirtschaftsinformatik 34*, 1996 (erschienen auch in *[HeHR96]*)

[Sinz96b] SINZ, E.J.: **Kann das Geschäftsprozeßmodell das unternehmensweite Datenschema ablösen**, *Bamberger Beiträge zur Wirtschaftsinformatik 33*, 1996

[Sinz97a] SINZ, E.J.: **Flexible Organizations Through Object-oriented and Transaction-oriented Information Systems**, In: *[Kral97]*, S. 393 412.

[Sinz97b] SINZ, E.J.: **Architektur betrieblicher Informationsysteme**, *Bamberger Beiträge zur Wirtschaftsinformatik 40*, 1997 (erschienen auch in *[RePo97]*)

[Snee96]   SNEED, H.M.: **Begegnung mit der dritten Art**, In: *Computerwoche, Beilage Computerwoche Fokus (Software Engineering) 24 (1996) 5*, 1996-09-20, S. 16-17

[Stae90]   STAEHLE, W.H.: **Management**, 5. Aufl., Vahlen, München, 1990

[Stah95]   STAHLKNECHT, P.: **Einführung in die Wirtschaftsinformatik**, 7. Aufl., Springer, Berlin, 1995

[StTe95]   O.V.: **Designing the Data Warehouse On Relational Databases**, Whitepaper, Stanford Technologies Group, San Francisco, 1995

[Stau91]   STAUFFERT, T.K.: **Information und Kommunikation im Büro der Zukunft**, In: *[Bull91]*, S. 455-486

[SyGr81]   SYNNOT, W.R.; GRUBER, W.H.: **Information Resource Management, Opportunities and Strategies for the 1980s**, New York, 1981

[SzKl93]   SZYPERSKI, N.; KLEIN, S.: **Informationslogistik und virtuelle Organisationen**, In: *DBW (1993) 2*, S. 187-203

[Tanl96]   TANLER, R.: **Putting the data warehouse on the intranet**, In: *Internet Systems: A DBMS Supplement 9 (1996) 5*, S. S34-S37

[UhBr98]   UHR, W; BREUER, S.-E. (HRSG.): **Integration externer Informationen in Management Support Systems**, Wirtschaftsinformatik Fachtagung, Technische Universität Dresden 08.-09.10.1998

[Vask96]   VASKE, H.: **Ein Data-Warehouse verlangt Know-how auf allen Gebieten**, In: *Computerwoche 24 (1996) 7*, S. 50-53

[Vinc88]   VINCENT, J.; WATERS, A.; SINCLAIR, J.: **Software Quality Assurance**, Vol. I u. II, Prentice Hall, New Jersey, 1988

[Vorw96]   VORWEG, H.: **IBM Information Warehouse - ein Data Warehouse Plus!**, In: *it Management Spezial - Data Warehouse II - 3 (1996)*, S. 18-27

[Wall90]   WALLMÜLLER, E.: **Software-Qualitätssicherung in der Praxis**, Hanser, München, 1990

[Weiß95]   WEIßENBORN, B.: **Ziele, Konzept und Perspektiven der betrieblichen Informationsversorgung**, Diplomarbeit, Universität Leipzig, 1995

[Welc96]   WELCH, J.D.: **Business Requirements Analysis: The Missing Link of Data Warehousing**, Whitepaper, http://www.tekptnr.com/tpi/tdwi/lessons, Abruf: 11-23-1996

[Wess96]   WESSELER, B.: **Stärken beim Data Warehousing auf Application Warehousing übertragen** (Interwiew mit E. Königs, Vorstandsvorsitzender der Software AG), In: *Client/Server Magazin (1997) 3/4*, S. 20-24

[Wiek97]   WIEKEN, J.-H.: **Meta-Daten für Data Marts und Data Warehouses**, In: *[MuBe97a]*, S. 267-310

[Wint95]   WINTERKAMP, T.: **Schlagwort oder schlagkräftiges Konzept? Data Warehousing**, In: *it Management Spezial 2 (1995) 9/10*, S. 34-36

[Witt93]   WITTMANN, W. (HRSG.): **Handwörterbuch der Betriebswirtschaftslehre**, Band II, 5. Aufl., Fischer, Stuttgart, 1993

[Wöhe90]   WÖHE, G.: **Einführung in die Allgemeine Betriebswirtschaftslehre**, 17. Aufl., Vahlen, München, 1990

[Wohl95]   WOHLAND, G.: **Durch Theorie und Praxis - Jenseits von Taylor**, In: *Software Report 11 (1995)*, S. 27-31

[Wolf98]   WOLF, J.: **Integration von Anwendungsinformationssystemen**, Folienvortrag, VNG Verbundnetz Gas AG, 1998

[Your95]   YOURDON, E.; WHITEHEAD, K.; THOMANN, J.; OPPEL, K.; NEVERMANN, P.: **Mainstream Objects**, Yourdon Press, Upper Saddle River, 1995

[Zila93]   ZILAHI-SZABO, M.G.: **Wirtschaftsinformatik**, Oldenbourg, München, 1993

Stichwortverzeichnis